U0342367

现代铝加工生产技术丛书

主编 周江 赵世庆

铝合金材料组织与金相图谱

李学朝 编著

北京

冶金工业出版社

2019

内 容 简 介

本书是《现代铝加工生产技术丛书》之一，详细介绍了铝及铝合金 8 个系以及粉末冶金铝合金和铝合金双金属复合板的主要相组成及其特征，各种加工方式（压延、压挤、锻造、冷拉等）对合金组织的影响，各种热处理状态（均匀化、退火、淬火、时效等）下合金组织的特点和规律，加工制品主要缺陷产生原因和对材料性能的影响，对其较为典型的组织状态，均附有图片和必要的说明。本书在内容组织和结构安排上，力求理论联系实际，突出实用性、科学性和行业特色，为读者提供一本实用的技术著作。

本书是铝加工生产企业工程技术人员和管理人员必备的技术读物，也可供从事有色金属材料与加工的科研、设计、生产和应用等方面的技术人员与管理人员使用，同时可作为大专院校有关专业师生的教学参考书。

图书在版编目（CIP）数据

铝合金材料组织与金相图谱 / 李学朝编著. —北京：冶金工业出版社，2010.7（2019.5 重印）
（现代铝加工生产技术丛书）
ISBN 978-7-5024-5263-6

Ⅰ．①铝…　Ⅱ．①李…　Ⅲ．①铝合金—相图—图谱
Ⅳ．①TG146.2-64

中国版本图书馆 CIP 数据核字（2010）第 085046 号

出 版 人　谭学余
地　　址　北京市东城区嵩祝院北巷 39 号　邮编　100009　电话　(010)64027926
网　　址　www.cnmip.com.cn　电子信箱　yjcbs@cnmip.com.cn
责任编辑　张登科　美术编辑　李　新　版式设计　孙跃红
责任校对　王永欣　责任印制　牛晓波
ISBN 978-7-5024-5263-6
冶金工业出版社出版发行；各地新华书店经销；三河市双峰印刷装订有限公司印刷
2010 年 7 月第 1 版，2019 年 5 月第 3 次印刷
787mm×1092mm　1/16；25 印张；2 彩页；612 千字；387 页
228.00 元
冶金工业出版社　投稿电话　(010)64027932　投稿信箱　tougao@cnmip.com.cn
冶金工业出版社营销中心　电话　(010)64044283　传真　(010)64027893
冶金工业出版社天猫旗舰店　yjgycbs.tmall.com
（本书如有印装质量问题，本社营销中心负责退换）

《现代铝加工生产技术丛书》
主要参编单位

东北轻合金有限责任公司

西南铝业（集团）有限责任公司

中国铝业股份有限公司西北铝加工分公司

北京有色金属研究总院

广东凤铝铝业有限公司

广东中山市金胜铝业有限公司

上海瑞尔实业有限公司

《丛书》前言

节约资源、节省能源、改善环境越来越成为人类生活与社会持续发展的必要条件，人们正竭力开辟新途径，寻求新的发展方向和有效的发展模式。轻量化显然是有效的发展途径之一，其中铝合金是轻量化首选的金属材料。因此，进入 21 世纪以来，世界铝及铝加工业获得了迅猛的发展，铝及铝加工技术也进入了一个崭新的发展时期，同时我国的铝及铝加工产业也掀起了第三次发展高潮。2007 年，世界原铝产量达 3880 万吨（其中：废铝产量 1700 万吨），铝消费总量达 4275 万吨，创历史新高；铝加工材年产达 3200 万吨，仍以 5%～6% 的年增长率递增；我国原铝年产量已达 1260 万吨（其中：废铝产量 250 万吨），连续五年位居世界首位；铝加工材年产量达 1176 万吨，一举超过美国成为世界铝加工材产量最大的国家。与此同时，我国铝加工材的出口量也大幅增加，我国已真正成为世界铝业大国、铝加工业大国。但是，我们应清楚地看到，我国铝加工材在品种、质量以及综合经济技术指标等方面还相对落后，生产装备也不甚先进，与国际先进水平仍有一定差距。

为了促进我国铝及铝加工技术的发展，努力赶超世界先进水平，向铝业强国和铝加工强国迈进，还有很多工作要做：其中一项最重要的工作就是总结我国长期以来在铝加工方面的生产经验和科研成果；普及和推广先进铝加工技术；提出我国进一步发展铝加工的规划与方向。

几年前，中国有色金属学会合金加工学术委员会与冶金工业出版社合作，组织国内 20 多家主要的铝加工企业、科研院所、大专院校的百余名专家、学者和工程技术人员编写出版了大型工具书——《铝加工技术实用手册》，该书出版后受到广大读者，特别是铝加工企业工程技术人员的好评，对我国铝加工业的发展起到一定的促进作用。但由于铝加工工业及技术涉及面广，内容十分丰富，《铝加工技术实用手册》因篇幅所限，有些具体工艺还不尽深入。因此，有读者反映，能有一套针对性和实用性更强的生产技术类《丛书》与之配套，相辅相成，互相补充，将能更好地满足读者的需要。为此，中国有色金属学会合金加工学术委员会与冶金工业出版社计划在"十一五"期间，组织国内铝加工行业的专家、学者和工程技术人员编写出版《现代铝加工生产技术丛书》（简称《丛书》），以满足读者更广泛的需求。《丛书》要求突出实用性、先进性、新颖性和可读性。

《丛书》第一次编写工作会议于 2006 年 8 月 20 日在北戴河召开。会议由中国有色金属学会合金加工学术委员会主任谢水生主持，参加会议的单位有：西南铝业（集团）有限责任公司、东北轻合金有限责任公司、中国铝业股份有限公司西北铝加工分公司、北京有色金属研究总院、广东凤铝铝业有限公司、华北铝业有限公司的代表。会议成立了《丛书》编写筹备委员会，并讨论了《丛书》编写和出版工作。2006 年年底确定了《丛书》的编写分工。

第一次《丛书》编写工作会议以后，各有关单位领导十分重视《丛书》的编写工作，分别召开了本单位的编写工作会议，将编写工作落实到具体的作者，并都拟定了编写大纲和目录。中国有色金属学会的领导也十分重视《丛书》的编写工作，将《丛书》的编写出版工作列入学会的 2007 ~ 2008 年工作计划。

为了进一步促进《丛书》的编写和协调编写工作，编委会于 2007 年 4 月 12 日在北京召开了第二次《丛书》编写工作会议。参加会议的有来自西南铝业（集团）有限责任公司、东北轻合金有限责任公司、中国铝业股份有限公司西北铝加工分公司、北京有色金属研究总院、广东凤铝铝业有限公司、上海瑞尔实业有限公司、广东中山市金胜铝业有限公司、华北铝业有限公司和冶金工业出版社的代表 21 位同志。会议进一步修订了《丛书》各册的编写大纲和目录，落实和协调了各册的编写工作和进度，交流了编写经验。

为了做好《丛书》的出版工作，2008 年 5 月 5 日在北京召开了第三次《丛书》编写工作会议。参加会议的单位有：西南铝业（集团）有限责任公司、东北轻合金有限责任公司、中国铝业股份有限公司西北铝加工分公司、北京有色金属研究总院、广东凤铝铝业有限公司、广东中山市金胜铝业有限公司、上海瑞尔实业有限公司和冶金工业出版社，会议代表共 18 位同志。会议通报了编写情况，协调了编写进度，落实了各分册交稿和出版计划。

《丛书》因各分册由不同单位承担，有的分册是合作编写，编写进度有快有慢。因此，《丛书》的编写和出版工作是统一规划，分步实施，陆续尽快出版。

由于《丛书》组织和编写工作量大，作者多和时间紧，在编写和出版过程中，可能会有不妥之处，恳请广大读者批评指正，并提出宝贵意见。

另外，《丛书》编写和出版持续时间较长，在编写和出版过程中，参编人员有所变化，敬请读者见谅。

《现代铝加工生产技术丛书》编委会
2008 年 6 月

前　言

迄今，我国铝及铝合金材料与加工业已走过近 60 年的历程，在这几十年里，特别是改革开放以来，我国铝加工业有了飞速的发展。从 2005 年起，我国成为世界第一大铝加工材生产国，并连续几年雄踞世界之首，2009 年我国铝加工材产量达 1620 万吨/年，成为名副其实的铝加工材产销大国、出口大国和贸易大国。但应看到，我国还不是一个铝加工强国，特别是在铝合金材料方面，尚未形成完整的合金体系和热处理状态体系；在生产效益与质量方面，仍远远落后于国际先进水平，许多高档的、高质量铝材仍然依赖进口；在产品质量检测与控制方面，与工业发达国家相比，仍存在很大差距。这些都大大制约了我国铝加工业的发展。因此，积极总结我国长期积累的科研成果与生产实践经验，吸收、消化国外先进技术，努力提高我国铝加工业技术水平已成为必然，也是人们的迫切希望。

本书是《现代铝加工生产技术丛书》之一，是按照《现代铝加工生产技术丛书》的统一规划和要求进行编写的。早在 20 世纪 70 年代，由原冶金工业部委托冶金工业出版社和东北轻合金加工厂，由变形铝合金金相学专家、研究员级高级工程师李学朝先生主持，组织编写了《变形铝合金金相图谱》一书，该书于 1975 年 8 月由冶金工业出版社出版，对我国铝合金加工业的发展曾经起到了很大的促进作用。该书至今已过去 30 多年，我国的铝合金及其加工技术有了很大的变化，就连合金牌号和状态也修改过几次，技术和设备也有了很大的发展，其内容已远远不能满足我国铝加工业发展的需要。鉴于此，《现代铝加工生产技术丛书》编委会决定编写本书，基本思路是在 1975 年 8 月出版的《变形铝合金金相图谱》的基础上，本着吸取有用的，删除过时的，有选择地增加新的、较为先进和成熟的技术内容为原则编写。

本书由原《变形铝合金金相图谱》的组织者和编者之一，原东北轻合金加工厂金相室主任李学朝先生主持编写，并联合东北轻合金有限责任公司、西南铝业（集团）有限责任公司、中铝西北铝加工分公司、上海瑞尔实业有限公司等企业的有关专家共同编撰完成。

本书虽以原《变形铝合金金相图谱》为基础，但从结构到内容，均有较大变化，在保留原书有用内容的基础上，增加了多年来我国铝合金加工业在合金系和产品品种生产及工艺研究中的新成果，以合金组织为重点，适当增补有关力学性能和耐腐蚀性能方面的新内容。本书增补了 2×××系(铝-铜系)、3×××系(铝-锰系)、5×××系(铝- 镁系)、6×××系(铝-镁-硅系)的内容，新增加了 4×××

系(铝-硅系)、8×××系(以铝-铜-锂系为主)、烧结铝合金以及铝合金复合材料等内容。本书举例典型，数据翔实，图文并茂，深入浅出地解释了生产中出现的有关技术质量难题，可以说是一本结合实践，能解决相关理论与技术问题，并反映现代铝加工材料组织性能和金相图谱的实用读本。

本书是铝加工生产企业工程技术人员和管理人员必备的工具书，也可供从事有色金属材料与加工的科研、设计、生产和应用等方面的技术人员与管理人员使用，同时可作为大专院校有关专业师生的教学参考书。

本书共分11章，具体撰稿人及撰稿章节如下：

第1章由李学朝、李健成编写；第2章由李学朝编写；第3章中的3.1节由程远明、邵尉田编写，3.2节由林浩编写，3.3节由汪洋编写；第4章中的4.1节由宋明文编写，4.2、4.3节由刘静安、林林、温庆红编写；第5章由周学博、李建荣编写；第6章由沈韵琪、李学朝编写；第7章中的7.1节由周约礼编写，7.2节由邵尉田、李建荣、李学朝编写；第8章由李念奎编写；第9章由林林、温庆红、刘静安编写；第10章由吕新宇编写；第11章由邵尉田编写。全书由谢水生教授和刘静安教授审定。

本书在编写过程中，李健成和李健军、李健强以及上海瑞尔实业有限公司汽车配件轻量化研究中心有关专家、学者和工人师傅给予了许多帮助，并做了大量具体工作。同时本书参考了国内外有关专家和学者的一些文献资料，应用了一些企业的图表、数据等，并得到中国有色金属学会合金加工学术委员会和冶金工业出版社的大力支持，在此一并表示衷心的感谢。

由于作者水平有限，书中不妥之处，敬请广大读者批评指正。

作 者

2010 年 5 月 10 日

目　　录

部分照片彩图

1 总   论

随着我国国民经济的快速持续发展，铝及铝合金板、带、箔、管、棒、型、线、锻件等制品在机械制造、交通运输、电气、造船、汽车、航空、航天、化工、建筑等国民经济中已得到广泛应用。

由于铝合金成分、加工变形方式、热处理等生产工艺参数对合金半成品的组织性能有不同影响，因此研究不同状态和条件下，铝及其合金制品的相组成及其组织特征和性质的关系，对提高产品质量，改进生产工艺，制造高、精、尖和质量精密的铝合金制件，正确选用材料，研发新型铝合金都有十分重要的意义。

1.1 变形铝及其合金的分类和状态

铝合金通常按合金系、热处理特性及性能用途三种方式分类。我国生产的变形铝合金以前是按性能和用途分类的，即工业纯铝、防锈铝、硬铝、超硬铝及锻铝，还有烧结铝和复合铝及其合金材料半成品，除工业纯铝外，其他均属铝和一种或几种主要元素形成的合金。属于防锈铝的有 Al-Mg 系、Al-Mn 系合金；属于硬铝的有 Al-Cu-Mg 系、Al-Cu-Mn 系合金；而 Al-Zn-Mg-Cu 系是超硬铝；Al-Mg-Si 系、Al-Mg-Si-Cu 系和 Al-Cu-Mg-Fe-Ni 系为锻铝；其中 Al-Cu-Mg-Fe-Ni 系及 Al-Cu-Mn 系合金中的 2A16、2A02 有较好的耐热性，称为耐热铝合金。除工业纯铝和防锈铝不能热处理强化外，其他各系合金均可用热处理强化。

由于我国铝加工业的发展与壮大需要和国际接轨，所以对原有的变形铝及其合金的牌号和状态进行修订是必要的，目前采用国际四位数字体系命名牌号。纯铝和变形铝合金牌号如表 1-1 所示，所属合金牌号见附录 1。根据国际通用的状态代号并结合我国特有的状态代号规定了变形铝及铝合金的状态代号，详见表 1-2，细分状态代号见附录 5 和 GB/T 16475—1996。

表 1-1 纯铝和变形铝合金牌号

组 别	牌号系列	原 属 合 金 系
铝(铝含量不小于 99.00%)	1×××	工业纯铝
以铜为主要元素的铝合金	2×××	Al-Cu-Mg、Al-Cu-Mn、Al-Cu-Mg-Si、Al-Cu-Mg-Fe-Ni 系
以锰为主要元素的铝合金	3×××	Al-Mn 系
以硅为主要元素的铝合金	4×××	Al-Si 系
以镁为主要元素的铝合金	5×××	Al-Mg 系
以镁和硅为主要合金元素并以 Mg$_2$Si 相为强化相的铝合金	6×××	Al-Mg-Si 系

组　别	牌号系列	原属合金系
以锌为主要元素的铝合金	7×××	Al-Zn、Al-Zn-Mg、Al-Zn-Mg-Cu 系
以其他合金元素为主要合金元素的铝合金	8×××	
粉末冶金铝合金		

表 1-2　变形铝及铝合金的状态代号

代　号	名　称	原　代　号
F	自由加工状态	部分可对应原"R"热加工状态
O	退火状态	M
H	加工硬化状态	Y(含原 Y_1、Y_2、Y_3、Y_4)
W	固溶热处理状态	CZ(固溶热处理后淬火的自然时效状态)
T	热处理状态(与 F、O、H 状态不同)	CS(固溶热处理后淬火并人工时效状态是"T"状态中的 T6 状态)

按现在国际四位数字体系牌号命名，则原合金牌号所属合金系有如下变动：

2×××系中，包括了原 Al-Cu-Mn 系合金 2A16、2A17 和 Al-Cu-Mg-Fe-Ni 系合金 2A70、2A80，还有 Al-Cu-Mg-Si 系的 2A50、2B50、2A14，把 6A02 合金并入 6×××系，详见 GB/T 16475—1996 和 GB/T 3190—1996。

上述各系合金根据其性能和用途，通过铸造和不同的压力加工方式（压延、挤压、拉伸、模锻（含自由锻）、冷拉伸及冷拔、冷轧)生产成各种板、带、箔、管、棒、型、线及锻件。本书按国际四位数字体系牌号和国际通用状态代号叙述，以合金相组成及组织特征为重点，并配以相应的力学性能数据，从而体现合金半成品组织及力学性能的相互关系。

鉴于 2A50、2B50 合金时效强化以 Mg_2Si 为主，所以在本书图谱中将这两个合金仍并入 Al-Cu-Mg-Si 系叙述。

1.2　变形铝合金中的主要元素及相组成和力学性能

在常用的合金元素中，铝和银、锌、镁、铜、锂、锰、镍、铁及非金属元素硅在靠铝一边形成共晶反应；和铬、钛形成包晶反应；在 Al-Pb 系中出现偏晶反应。它们在铝中的固溶度以银、锌、镁、铜、锂最大，锰、硅、镍、钛、铬、铁次之，以铅为最小。

从图 1-1 Al-Ag 平衡图看出，银在铝中的固溶度随温度变化的情况和锌相似。而且随温度上升，其固溶度有规律地增加，到 527℃(800K)时发生急骤变化，566℃(839K)时发生 L$\Longleftrightarrow$(Al)+Ag_2Al 共晶反应。银在铝中的固溶度高达 55.6%，而锌在铝中发生共析反应时的最大固溶度为 31.6%。银的这种变化近年来已引起人们的注意。研究表明：微量银可显著扩大 Al-Zn-Mg 系合金达到最大时效效果的温度区间，提高合金的强度和耐应力腐蚀能力。在 Al-Cu-Mg 系合金中，当铜比镁的比例较高时，加入少量银能导致形成亚稳相 θ′($CuAl_2$)，从而提高合金强化效果。把银和镁一起加入 Al-Cu-Li 合金中，可同时使 θ′

和 S′ 及 $T_1((Al_6CuAg)Mg_4)$ 相在不同晶面析出，钉扎位错移动，显著提高合金强度，成为超轻重量材料。Al-Mg 系合金在室温时时效强化效果很低，但加入银后不但可提高镁在铝中的固溶度，而且还产生 $T(Mg_{32}(Al·Ag)_{49})$ 和 GP 区同时存在，使 Al-Mg 合金成为热处理可强化的合金。银能提高铝的再结晶温度，使合金的硬度随其含量的增加而升高，而且晶界和晶粒中心硬度相近。

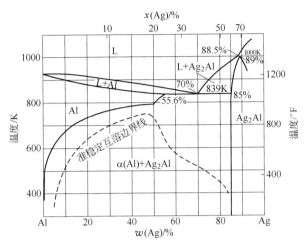

图 1-1　Al-Ag 相图的铝端

虚线：亚稳定相区线

　　合金中的铜、锂等元素以及合金中的化合物 Mg_2Si、$MgZn_2$、$S(CuMgAl_2)$ 相等，由于随温度高低有较大的固溶度变化，所以经淬火及时效后能使合金显著强化。

　　铁、硅在有的合金中作为杂质加以控制，它们和铝形成 $FeAl_3$、$α(FeSi_3Al_{12})$、$β(Fe_2Si_2Al_9)$，并会和合金中的锰等形成更复杂的化合物 $(FeMn)Al_6$、Mn_3SiAl_{12}、Cu_2FeAl_7、$(FeMnSi)Al_6$。其中 $(FeMn)Al_6$ 是铁溶于 $MnAl_6$ 或锰溶于 $FeAl_3$ 中的固溶体，而 $(FeMnSi)Al_6$ 则为铁溶于 Mn_3SiAl_{12} 中的固溶体。由于这些化合物都不能固溶或很少固溶于 $α(Al)$ 中，所以对合金的时效强化作用很小，或不参与强化。

　　综上所述，这些杂质相对合金的时效强化虽有不良影响，但如果据其特性合理使用，则可以改变合金的其他性能。例如 Fe/Si≥2 时，工业纯铝中有更多的 $FeAl_3$ 相，这时有好的耐高温动水腐蚀性能。调整铁、硅含量或加入其他元素能使合金中的铁、硅杂质相成为骨骼状的 $α(FeSi_3Al_{12})$ 或 $(FeMnSi)Al_6$，便可消除因 $β(Fe_2Si_2Al_9)$ 或 $(FeMn)Al_6$ 粗大片状物造成的合金塑性和工艺性能降低的现象。

　　固溶于铝中的锰、铬、锆等元素不但能提高合金的再结晶温度，而且即使在比较缓慢的冷却速度下也很难析出，必须在随后加热时才析出，这种现象称为回火分解，析出物呈点状，是锰、铬和铝及其他元素的化合物，是有些合金弥散强化的主要相，其分布状态对合金性能影响很大。研究表明，这些化合物会随着合金温度的升高和保温时间的延长聚集长大或成小串分布，其大小和相似程度，对合金的热加工工艺和恢复及再结晶行为有明显影响。

　　钪是铝合金最佳变质剂，溶入铝中生成 $ScAl_3$ 可显著细化铝合金铸态组织，改变半连续铸造铸锭结晶过程，使铸锭获得非树枝状组织。钪还是变形铝合金最佳的抗再结晶元素，其对再结晶温度提高的程度比锆更显著。

钛是某些合金已广泛应用的变质剂，可细化合金的晶粒，能使连续铸造铸锭不易产生"孪晶"（即不易出现羽毛状晶）并提高铝的再结晶温度。由于钛可细化变形合金的晶粒，而且在有铁存在的情况下，其提高再结晶温度的能力比无铁时更大，从而提高合金力学性能，保证合金具有良好的工艺性能和机加工性。

除 1×××系工业纯铝外，系统地了解其他各系合金平衡图靠铝（角）部分的相区分布，对分析合金的相组成和其强化机制、制订热处理工艺制度都有很大的意义。

2×××合金包括 Al-Cu-Mg 和 Al-Cu-Mn 和原 Al-Cu-Mg-Fe-Ni 系及原 Al-Mg-Si-Cu 系的大部分。从 Al-Cu-Mg 系平衡图（图 1-2、图 1-3）看出该系合金除了产生 CuAl$_2$、Mg$_2$Al$_3$ 外，还生成 S(CuMgAl$_2$)相及 T (CuMg$_4$Al$_6$)相。在 507℃(780K)发生三元共晶反应：L$\Longrightarrow$(Al)+CuAl$_2$+ S(CuMgAl$_2$)相，共晶成分为：33.1%Cu、6.25%Mg 。在共晶温度下 α(Al)中最大溶解度为 4.1%Cu、1.7%Mg；当温度为 518℃(791K)时，成分为 24.5%Cu 及 10.5%Mg 的液体发生 L$\Longrightarrow$α(Al)+ S (CuMgAl$_2$)相的伪二元共晶反应，此时 α(Al)中的最大固溶度为 2.9%Cu 及 2.9%Mg。图 1-3 所示工业生产的 2×××系硬铝合金的成分大都处于上述三相区和两相区，而且成分在该三相区、并靠近 α(Al)+ S(CuMgAl$_2$)两相区的合金强度最高，成分在 α(Al)+ S(CuMgAl$_2$)相区者有高的耐热性。

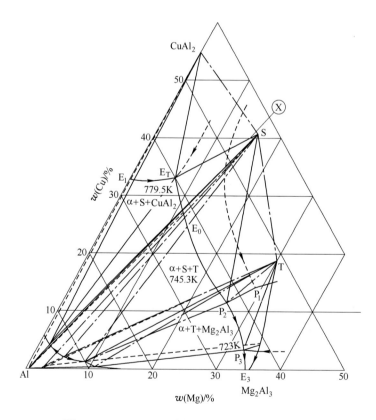

图 1-2 Al-Cu-Mg 系合金平衡图靠近铝角部分

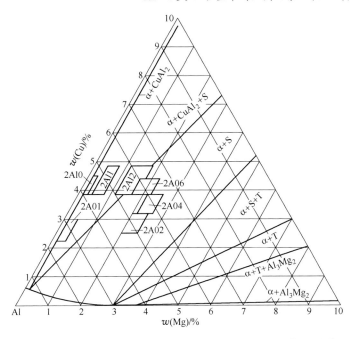

图 1-3　Al-Cu-Mg 系工业合金的位置及在 200℃的相区分布

Al-Cu-Mn 系平衡图如图 1-4、图 1-5 所示。图 1-4 是靠铝角液相面，图 1-5 是不同温度的相区分布。

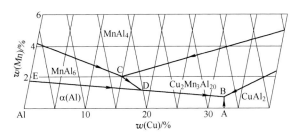

图 1-4　Al-Cu-Mn 系相图铝角（液相面）

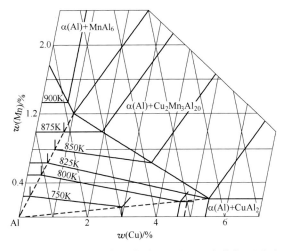

图 1-5　Al-Cu-Mn 系相图铝角（不同温度的相区分布）

从图 1-4 中看出有两个二元共晶反应，如 A、E 点所示：

A 点：L⇌α(Al)+CuAl₂ 共晶成分：33.0%Cu；共晶温度：548℃(821K)

E 点：L⇌α(Al)+MnAl₄ 共晶成分：1.9%Mn；共晶温度：658℃(931K)

有一个三元共晶反应，如 B 点所示：

B 点：L⇌α(Al)+ CuAl₂+Cu₂Mn₃Al₂₀ 共晶成分：32.5%Cu、0.6%Mn；共晶温度547.5℃(820.5K)

还有两个三元包晶反应，即 C、D 点所示：

C 点 L+MnAl₄⟶MnAl₆+Cu₂Mn₃Al₂₀ 包晶成分：15.6%Cu、3.1%Mn；包晶温度 615℃(898K)

D 点 L+MnAl₆⟶α(Al)+Cu₂Mn₃Al₂₀ 包晶成分：14.8%Cu、0.9%Mn；包晶温度 616℃(889K)

由于含 6%Cu 的 Al-Cu 合金耐热性水平不高，其强化相是 CuAl₂，加入锰和钛后，能使其在 250～350℃的温度下耐热性明显提高 1～1.5 倍。这是由于锰不但能显著降低铜在铝中的扩散系数，减缓 α(Al)固溶体在 250～350℃时的分解作用，而且还可降低 CuAl₂ 的聚集速度。钛能提高再结晶温度，并能保证合金在高温和应力共同作用下组织的稳定性。2×××系中的 2A16 和 2A17 合金即属 Al-Cu-Mn 系，镁是以 Al-Cu-Mg 系为基的硬铝合金中的主要元素，给 2A16 合金中加 0.25%～0.45%Mg，即成为 2A17 合金。该合金不但在人工时效状态的强度被提高，而且其在 150～250℃时的耐热性显著上升。

统观 2×××系合金，大多数都以 Al-Cu-Mg-Mn 系为基。图 1-6、图 1-7 是在该系各相区中的合金在自然时效状态于室温和 200℃保温 15min 强度的分布情况。图 1-8、图 1-9 是其高温持久性能的分布情况。图中数据系用该系合金非包覆板材研究测定的。

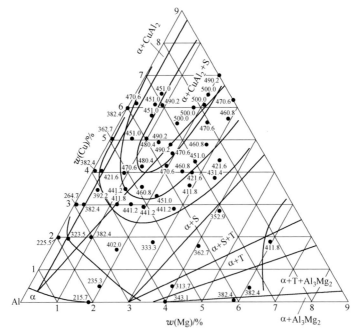

图 1-6 Al-Cu-Mg-Mn 系（0.6%～0.7%Mn）合金新淬火和自然时效状态室温抗拉强度 R_m（MPa）近似值分布情况

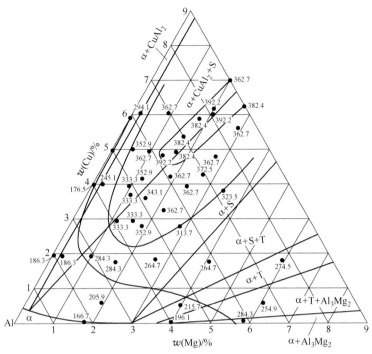

图 1-7　Al-Cu-Mg-Mn 系（0.6%～0.7%Mn）**合金 200℃**（473K）**保温 15min 抗拉强度 R_m**（MPa）**近似值分布情况**

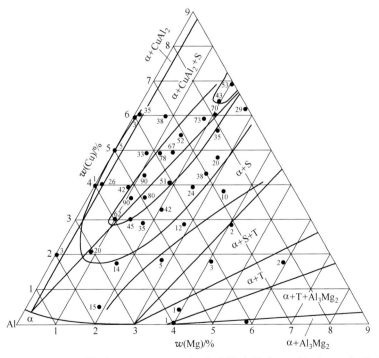

图 1-8　Al-Cu-Mg-Mn 系（0.6%～0.7%Mn）**合金淬火后在 250℃**（523K）**和 98 MPa 应力作用下持久强度近似值**（以试样断裂时间表示）**分布情况**

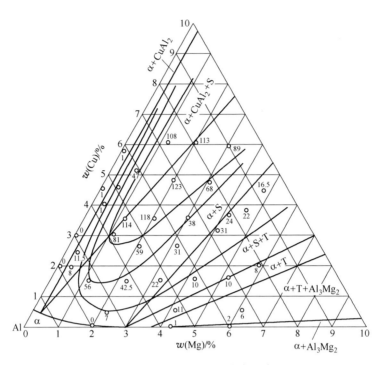

**图 1-9 Al-Cu-Mg-Mn 系（0.6%～0.7%Mn）合金淬火后在 200℃（473K）和 157 MPa
应力作用下持久强度近似值（以试样断裂时间表示）分布情况**

从以上各图可以看出以下几点：

（1）该系合金在自然时效状态下，其常温时的最大力学性能是处于 α(Al)+CuAl$_2$+S 三相区并靠近含 4%Cu 和再高一些铜的 α(Al)+S(Al$_2$CuMg)相区(伪二元共晶相区)，此处正是 2A12 合金含铜、镁元素的上限。

（2）在 200℃(473K)和 200℃(473K)以上加热 20h，合金的最大强度性能向 α(Al)+S 两相区移动，此处含 3%～6%Cu 和 2%～3%Mg，2A02 合金处于此范围。

（3）具有在 200℃(473K)和 250℃(523K)时最高持久强度的合金，位于含 3%Cu 以上，而且处于 w(Cu):w(Mg)=2.6 的 α(Al)+S 两相区，随着铜、镁含量增加，合金成分偏离 α(Al)+S 伪二元相区，持久强度相应降低，尤其当镁含量大于 2.5%时降低更明显。

有关 2×××系上述合金中各合金元素及相组织的相互关系及冷热加工工艺和热处理对组织性能的影响，详见第 3 章 2×××系合金。

以 Al-Cu-Mg-Mn 系为基，减少锰含量，给合金中加入铁和镍即为 2×××系的 2A70、2A80 合金。该合金具有比 2A11、2A12 合金在 100～150℃长时间工作条件下更加稳定的性能和小的蠕变。减少锰含量使合金再结晶温度降低，从而改变了热加工状态合金的再结晶行为，使合金在变形和淬火人工时效后具有完全再结晶组织，性能稳定。合金中加入铁、镍形成 FeNiAl$_9$化合物相，该相能明显提高合金持久强度，阻止合金高温形变，是良好的热强相。

表 1-3 所示是 2A11 和 2A80 及 2A90 合金在不同温度下蠕变试验的结果。

表 1-3 2A11 和 2A80 及 2A90 合金在不同温度下蠕变试验的结果

合　金	各温度时 $\sigma_{0.1}/300'$ 值				备　注
	200℃	250℃	270℃	300℃	
2A11	12.0	8.5(230℃)			按残余变形，测量蠕变极限
2A80	14	6.5	4.0	2.6	
2A90	11.5	5.0	2.5	1.3	

为了得到高的热强性，不但应保持以 α(Al)+S(Al₂CuMg)相为主的合金基体，而且应尽量使合金中存在大量 FeNiAl₉化合物。

图 1-10 所示为 Al-Cu-Ni-Fe 系四元相图和该系中含 2.2%Cu 时的 Al-Ni-Fe 系截面（详见图 1-11）。图 1-12～图 1-16 为 Al-Cu-Ni 系和 Al-Cu-Fe、Al-Ni-Fe 系液相面和固态相区分布(Al-Cu-Fe 固态相区分布图见 2×××系图)。从各图中相区分布的情况可以看出，在不影响 S(Al₂CuMg)相的情况下，要得到充分数量的 FeNiAl₉化合物，必须在 Fe∶Ni=1∶1 时合金处 α(Al) + FeNiAl₉ 两相区才能实现。有关各合金元素对生成 FeNiAl₉和保证合金热强性的叙述详见 3.2.1 节。

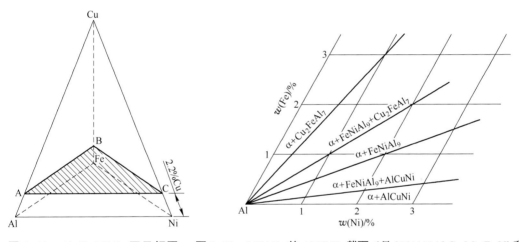

图 1-10　Al-Cu-Ni-Fe 四元相图　图 1-11　2.2%Cu 的 Al-Ni-Fe 截面（见 2×××Al-Cu-Mg-Fe-Ni 系）

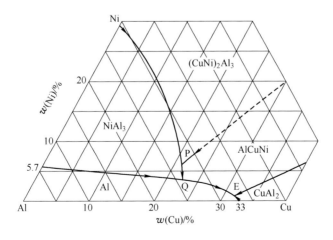

图 1-12　Al-Cu-Ni 系合金液相面平衡图

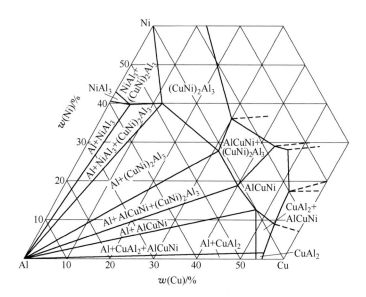

图 1-13 **Al-Cu-Ni** 系合金固态相区分布图

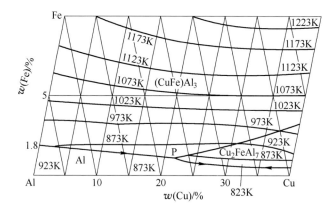

图 1-14 **Al-Cu-Fe** 系合金液相面平衡图

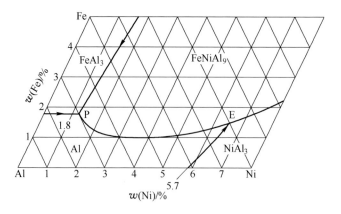

图 1-15 **Al-Ni-Fe** 系合金液相面平衡图

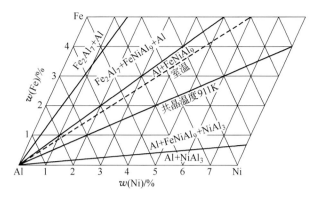

图 1-16　Al-Ni-Fe 系合金固态相区分布图

图 1-17～图 1-19 是在铁、镍含量对合金中 FeNiAl$_9$ 化合物数量影响下对合金高温持久性能的影响，从各图中看出，只有当 Fe：Ni=1：1，而且二者含量都在 1.0%～1.5% 时，FeNiAl$_9$ 含量能使合金的持久强度最高。

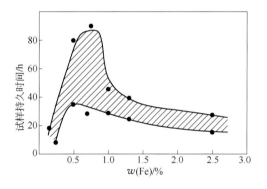

图 1-17　含镍量为 1.0%时铁含量对 2.2%Cu、1.6%Mg 的 Al-Cu-Mg 合金在 300℃、39.2MPa 应力作用下持久强度的影响

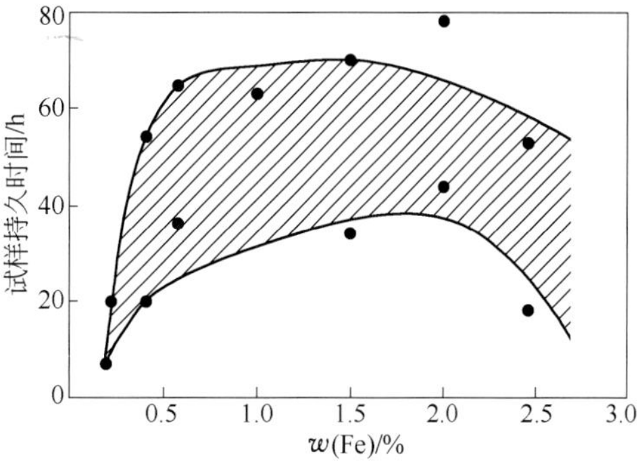

图 1-18　含镍量为 1.5%时铁含量对 2.2%Cu、1.6%Mg 的 Al-Cu-Mg 合金在 300℃、39.2MPa 应力作用下持久强度的影响

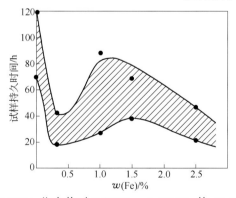

图 1-19　FeNiAl$_9$ 化合物对 2.2%Cu、1.6%Mg 的 Al-Cu-Mg 合金在 300℃、39.2MPa 应力作用下持久强度的影响（Fe：Ni=1：1）

3×××系和 5×××系均系热处理不能强化的合金，它们的塑性高，焊接性能好，强度都比工业纯铝高，其耐蚀性与工业纯铝相近，在退火、冷作硬化和半冷作硬化状态使用。

图 1-20 是靠铝一边的 Al-Mn 合金平衡图，可以看出以下几个特点：

（1）液相线斜率很小，等温结晶间隔很宽。

（2）液相线和固相线垂直结晶间隔很小，仅 0.5～1.0℃。

（3）在 658℃(931K)、1.9%Mn 时发生 L$\rightleftharpoons$α(Al)+MnAl$_6$ 的共晶反应。这时锰在铝中的最大固溶度为 1.8%，和共晶成分仅差 0.1%～0.13%Mn，而且锰在铝中的溶解度由共晶温度时的 1.8%到室温时几乎降到零。

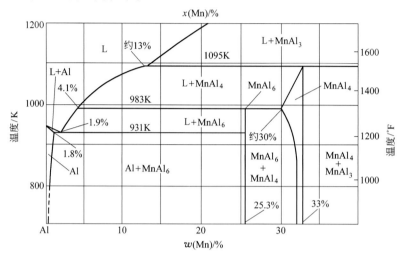

图 1-20 Al-Mn 相图的铝端

上述结晶特点，使 Al-Mn 合金具有很大的过冷能力，快速冷却凝固时锰在铝中的溶解度很高，可达到 4%Mn，甚至可以生成含 9.3%Mn 的过饱和固溶体，所以使半连续铸造铸锭中产生铸态时含锰的过饱和 α(Al)固溶体和锰的晶内偏析现象。

图 1-21 是靠铝一边 Al-Mg 系平衡图。

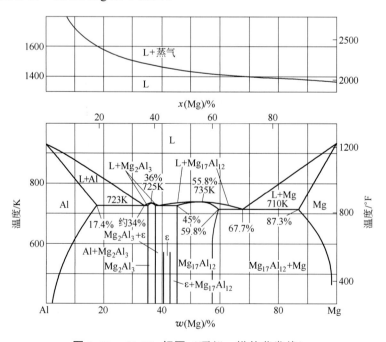

图 1-21 Al-Mg 相图（顶部：镁的蒸发线）

在 450℃(723K)、合金成分为 35.3%Mg 时，发生 L⇌α(Al)+Mg₂Al₃ 共晶反应，这时镁在铝中的最大固溶度为 17.4%。从平衡图看出，虽然镁在铝中的固溶度从共晶温度时的 17.4%降到室温时的 1.9%，但该合金没有可觉察到的时效硬化作用，对这个现象有以下几种解释：

（1）Al-Mg 合金在淬火后形成的 GP 区很小(直径为(10～15)×10⁻¹⁰m)，而大部分过剩空位仍以云状形式分布在 GP 区周围，使时效应变很小或没有，以致不能出现可察觉到的强化作用。

（2）时效析出的临界温度很低，为 47～67℃，在该温度以上不形成 GP 区，到此温度就出现 β′ 相，在该相周围即出现溶质贫乏区。在此区之外又是约 10 nm 的空位贫乏区，此处很少发生或不发生沉淀现象。即使在晶粒中心有 β′ 相沉淀，上述溶质和空位贫乏区的作用仍然有影响，加之母相随即发生再结晶，其结果是进一步降低合金的强化作用。

（3）淬火后 α(Al)和析出相 Mg₂Al₃ 的界面能很低，因此沉淀相 Mg₂Al₃ 很快聚集，降低强化效果。

从以上各论点均表明：Al-Mg 系合金不但热处理不能强化，而且也无明显的沉淀硬化现象。

以 Al-Si 系为基的合金属 4×××系，图 1-22 为 Al-Si 平衡图。

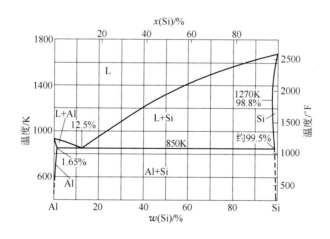

图 1-22 Al-Si 系相图

合金在 577℃（850 K）、成分为 12.5%Si（通常在 11.7%～14.5%Si）时，产生 L⇌α(Al)+Si 二元共晶反应，这时铝对硅的最大固溶度为 1.65%。由表 1-4 可见：随温度下降，硅在铝中的固溶度相应降低，合金应有热处理强化效果，但是由于析出相是溶质元素硅，当其原子从 α(Al)固溶体中析出时，因成核作用的共格畸变很大，以致使其达到稳定成核时失去共格作用，迅速经过 GP 区脱溶阶段，以平衡相 Si 析出，所以强化效应甚微。

表 1-4 不同温度时硅在铝中的固溶度

温 度		固溶度质量分数/%
℃	K	
577	850	1.65
550	823	1.3
500	773	0.8
450	723	0.48
400	673	0.29
350	623	0.17
327	600	0.1
300	573	0.1
200	473	0.05

Al-Si 合金凝固时的冷却速度对靠近共晶成分附近的合金组织有很大影响。其次是硅含量，快速冷却有利于初生硅的形成，慢速冷却增加共晶组织含量。生产检验表明：含硅量很低时，因快速凝固而使合金中产生伪共晶组织并以离异共晶形式出现，这种不稳定的组织特点，使硅在铝中引起的相组织的变化，对合金半连续铸造铸锭的组织和其加工工艺有一定影响，例如工业纯铝半连续铸造铸锭出现的热裂纹与此组织现象有关。其他详见第5 章。

图 1-23 是 Al-Mg-Si 系靠铝角液相面，可以看出靠铝角有两个二元共晶（A、B 点）反应，一个伪二元共晶（C 点）和两个三元共晶（D、E 点）反应，各定温反应的温度和成分详见表 1-5，图 1-24 是固态相区分布。

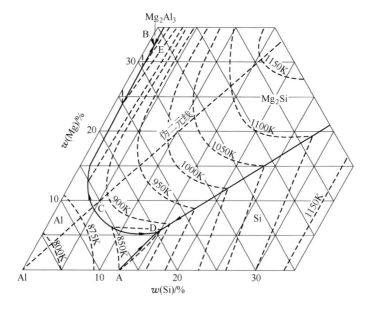

图 1-23 Al-Mg-Si 相图铝角液相面

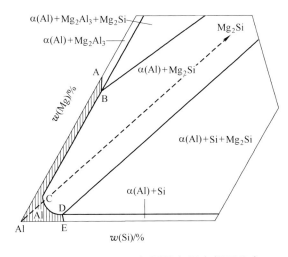

图 1-24 **Al-Mg-Si** 相图铝角固态相区分布

表 1-5 **Al-Mg-Si** 系靠铝角的定温反应

反　　应	成分（质量分数）/%				温度/℃(K)
	共晶成分		共晶温度 Mg、Si 的最大固溶度		
	Mg	Si	Mg	Si	
A：L⇌α(Al)+Si	—	12.5	—	1.65	577 (850)
B：L⇌α(Al)+Mg₂Al₃	34.0	—	17.4	—	450(723)
C：L⇌α(Al)+Mg₂Si(伪二元)	8.15	7.75	1.17	0.68	595(868)
D：L⇌α(Al)+Mg₂Si+Si	4.96	12.95	0.85	1.10	555(828)
E：L⇌α(Al)+Mg₂Si+Mg₂Al₃	32.2	0.37	15.3	0.05	449(722)

表 1-6 是相区分布图中 A、B、C、D、E 各点定温反应时铝对镁、硅的最大固溶度，也即是所辖相区靠铝角的最边缘处。

表 1-6 **Al-Mg-Si** 系靠铝角各定温反应时铝对镁、硅的最大固溶度

温度/℃(K)	A w(Mg)/%	B		C		D		E w(Si)/%
		w(Mg)/%	w(Si)/%	w(Mg)/%	w(Si)/%	w(Mg)/%	w(Si)/%	
595 (868)	—	—	—	1.17	0.68	—	—	—
577(850)	—	—	—	1.10	0.63	—	—	1.65
552(825)	—	—	—	1.00	0.57	0.83	1.06	1.30
527(800)	—	—	—	0.83	0.47	0.6	0.8	—
502(775)	—	—	—	0.70	0.40	0.5	0.65	0.80
452(725)	17.4	15.3	0.1	0.48	0.27	0.3	0.45	0.48
402(675)	13.5	11	0.0X	0.33	0.19	0.22	0.3	0.29
302(575)	6.7	5	0.0X	0.19	0.11	0.1	0.15	0.06

现行 6×××系合金绝大部分硅、镁总含量都在 2%以内，所以对镁、硅含量小于 2%的合金非平衡共晶的固溶行为进行研究，所用合金详见图 1-25 和表 1-7。上述合金均进行均匀化处理后，再于 280～560℃不同温度淬火，后经金相检查 Si、Mg₂Si 的情况如表

1-8 所示，从表 1-8 可看出在 α(Al)+ Mg_2Si 伪二元共晶截面及其附近的合金。在 440℃以上未发现残留 Si 或很少有残留 Si，而 Mg_2Si 残留物到 560℃淬火仍可看到，可见在固溶处理时 Si 的固溶情况比 Mg_2Si 充分。

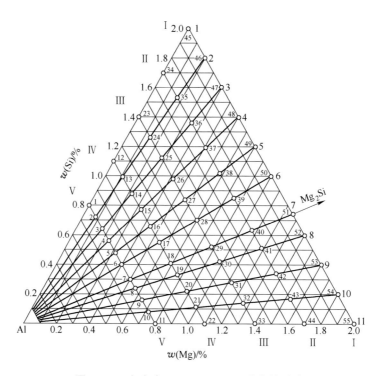

图 1-25 合金在 Al-Mg-Si 三元系中的分布

表 1-7 图 1-25 所示各号合金的成分

Σ（Mg+Si）	Mg/Si										
	0	0.111	0.25	0.428	0.667	1.0	1.73	2.33	4.0	9.0	
2%	0.0 2.0	0.2 1.8	0.4 1.6	0.6 1.4	0.8 1.2	1.0 1.0	1.267 0.733	1.4 0.6	1.6 0.4	1.8 0.2	2.0 0.0
合金号 No.	45	46	47	48	49	50	51	52	53	54	55
1.7%	0.0 1.7	0.17 1.53	0.34 1.36	0.51 1.19	0.68 1.02	0.85 0.85	1.078 0.622	1.19 0.51	1.36 0.34	1.53 0.17	1.7 0.0
合金号 No.	34	35	36	37	38	39	40	41	42	43	44
1.4%	0.0 1.4	0.14 1.26	0.28 1.12	0.42 0.98	0.56 0.84	0.70 0.70	0.888 0.512	0.98 0.42	1.12 0.28	1.26 0.14	1.4 0.0
合金号 No.	23	24	25	26	27	28	29	30	31	32	33
1.1%	0.0 1.1	0.11 0.99	0.22 0.88	0.33 0.77	0.44 0.66	0.55 0.55	0.66 0.44	0.77 0.33	0.88 0.22	0.99 0.11	1.1 0.0
合金号 No.	12	13	14	15	16	17	18	19	20	21	22
0.8%	0.0 0.8	0.08 0.72	0.16 0.64	0.24 0.56	0.32 0.48	0.4 0.4	0.514 0.286	0.56 0.24	0.64 0.16	0.72 0.08	0.8 0.0
合金号 No.	1	2	3	4	5	6	7	8	9	10	11

表 1-8 图 1-25 中合金经均匀化处理再分别于以下温度淬火后 Si、Mg_2Si 残留物的情况

序号	560℃ Mg_2Si	560℃ Si	540℃ Mg_2Si	540℃ Si	520℃ Mg_2Si	520℃ Si	500℃ Mg_2Si	500℃ Si	480℃ Mg_2Si	480℃ Si	440℃ Mg_2Si	440℃ Si	400℃ Mg_2Si	400℃ Si	280℃ Mg_2Si	280℃ Si
1	—	—	—	—	—	—	—	+	—	+	—	+	—	+	—	+
2	—	—	—	—	—	—	—	—	—	+	—	+	—	+	—	+
3	—	—	—	—	—	—	—	—	—	—	—	+	—	+	+	+
4	—	—	—	—	—	—	—	—	—	—	—	+	+	+	+	+
5	—	—	—	—	—	—	—	—	—	—	+	+	+	+	+	+
6	—	—	—	—	—	—	—	—	—	—	+	—	+	—	+	+
7	—	—	—	—	—	—	—	—	—	—	+	—	+	—	+	+
8	—	—	—	—	—	—	—	—	—	—	+	—	+	—	+	+
9	—	—	—	—	—	—	—	—	—	—	+	—	+	—	+	+
10	—	—	—	—	—	—	—	—	—	—	—	—	+	—	+	+
11	—	—	—	—	—	—	—	—	—	—	—	—	—	—	—	—
12	—	—	—	—	—	+	—	+	—	+	—	—	—	—	—	+
13	—	—	—	—	—	—	—	—	—	—	—	—	—	+	—	+
14	—	—	—	—	—	—	—	—	—	—	—	—	—	+	—	+
15	—	—	—	—	—	—	—	—	—	—	+	+	—	+	—	+
16	—	—	—	—	—	—	—	—	+	—	+	+	—	+	—	+
17	—	—	—	—	—	—	+	—	+	—	+	+	—	+	—	+
18	—	—	—	—	—	—	+	—	+	—	+	+	—	+	—	+
19	—	—	—	—	—	—	+	—	+	—	+	+	—	+	—	+
20	—	—	—	—	—	—	+	—	+	—	+	+	—	+	—	+
21	—	—	—	—	—	—	—	—	—	—	+	—	—	+	—	+
22	—	—	—	—	—	—	—	—	—	—	—	—	—	—	—	—
23	—	+	—	+	—	+	—	+	—	+	—	+	—	+	—	+
24	—	—	—	—	—	+	—	+	—	+	—	+	—	+	—	+
25	—	—	—	—	—	+	—	+	—	+	+	+	—	+	—	+
26	—	—	—	—	—	+	—	+	+	+	+	+	—	+	—	+
27	—	—	—	—	—	—	+	+	+	+	+	+	—	+	—	+
28	+	—	+	—	+	—	+	—	+	—	+	—	—	—	+	—
29	—	—	+	—	+	—	+	—	+	—	+	—	—	—	+	—
30	—	—	+	—	+	—	+	—	+	—	+	—	—	—	+	—
31	—	—	—	—	+	—	+	—	+	—	+	—	—	—	—	—
32	—	—	—	—	—	—	+	—	+	—	+	—	—	—	—	—
33	—	—	—	—	—	—	—	—	—	—	—	—	—	—	—	—
34	—	+	+	+	—	+	+	—	—	+	—	+	—	—	—	+
35	—	—	+	—	+	—	+	+	+	—	—	+	—	+	+	+
36	—	—	+	—	+	—	+	+	+	—	—	+	—	+	+	+
37	—	—	—	—	+	—	+	+	—	—	—	+	—	+	—	+
38	—	—	—	—	—	—	+	+	—	+	—	+	—	+	—	+
39	—	—	+	—	+	—	+	—	+	—	+	—	+	—	—	—
40	+	—	+	—	+	—	+	—	+	—	+	—	+	—	—	—
41	+	—	+	—	+	—	+	—	+	—	+	—	—	—	—	—
42	+	—	+	—	+	—	+	—	+	—	+	—	—	—	—	—
43	—	—	—	—	+	—	+	—	+	—	+	—	—	—	—	—
44	—	—	—	—	—	—	—	—	—	—	—	—	—	—	—	—
45	—	+	—	+	—	+	—	+	—	+	—	+	—	+	—	+
46	—	+	—	+	—	+	—	+	—	+	—	+	—	+	—	+
47	—	—	—	—	—	+	—	+	—	+	+	+	—	+	—	+
48	—	—	—	—	—	+	—	+	+	+	+	+	—	+	—	+
49	—	—	+	—	+	—	+	+	+	+	+	+	—	+	—	+
50	+	—	+	—	+	—	+	+	+	+	+	+	—	+	—	+
51	+	—	+	—	+	—	+	—	+	—	+	—	—	+	—	—
52	+	+	+	—	+	—	+	—	+	—	+	—	—	+	—	—
53	+	—	+	—	+	—	+	—	+	—	+	—	—	+	—	—
54	—	—	+	—	+	—	+	—	+	—	+	—	—	+	—	—
55	—	—	—	—	—	—	—	—	—	—	—	—	—	—	—	—

注:"+"有此相发现;"—"未发现此相。

图 1-26 是 L $\rightleftharpoons$ α(Al)+Mg₂Si 伪二元共晶靠铝角垂直截面图。在共晶温度 595℃ (868K)时，铝对 Mg₂Si 的最大固溶度为 1.85%；500℃(773K)时为 1.05%；300℃(573K)时降到 0.27%。所以 Mg₂Si 是 Al-Mg-Si 系合金中的主要强化相。图 1-27 是 540℃(813K)到 300℃(573K)，镁、硅在铝中的固溶度变化的情况。

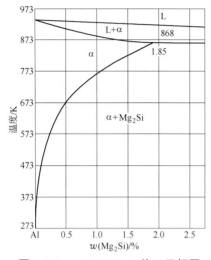

图 1-26 α (Al)-Mg₂Si 伪二元相图

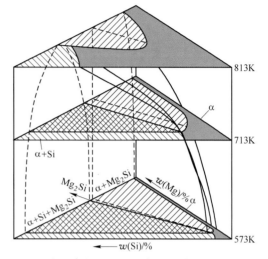

图 1-27 镁和硅在 α(Al)固溶体中随温度变化的情况

研究表明：处于 L $\rightleftharpoons$ α(Al)+Mg₂Si 伪二元共晶左边 α(Al)+Mg₂Si+Si 三相区的合金在自然时效和人工时效状态都具有最大强度，其退火状态的伸长率比 α(Al)区还高，所以合金于新淬火及退火状态都有很好的冷加工（拉伸、冲压、卷边等）性能。各相区内成分和力学性能的关系详见图 1-28～图 1-35。

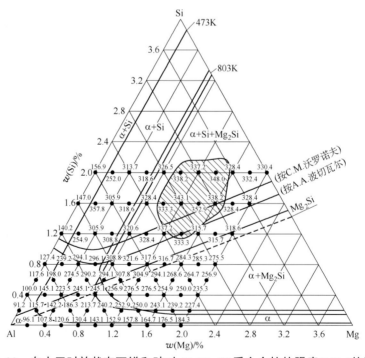

图 1-28 在人工时效状态下镁和硅对 Al-Mg-Si 系合金抗拉强度(MPa)的影响

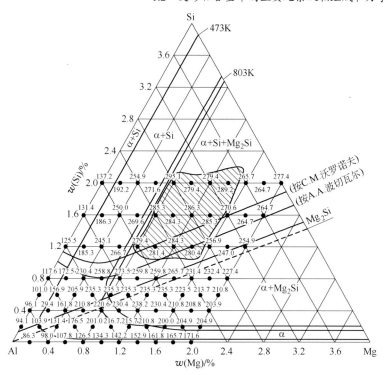

图 1-29 在自然时效状态下镁和硅对 **Al-Mg-Si** 系合金抗拉强度(MPa)的影响

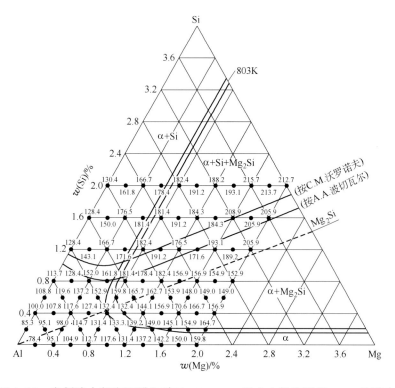

图 1-30 在新淬火状态下镁和硅对 **Al-Mg-Si** 系合金抗拉强度(MPa)的影响

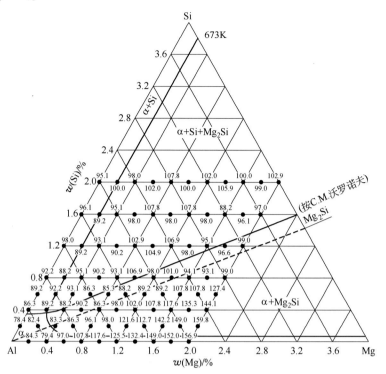

图 1-31 在退火状态下镁和硅对 **Al-Mg-Si** 系合金抗拉强度(MPa)的影响

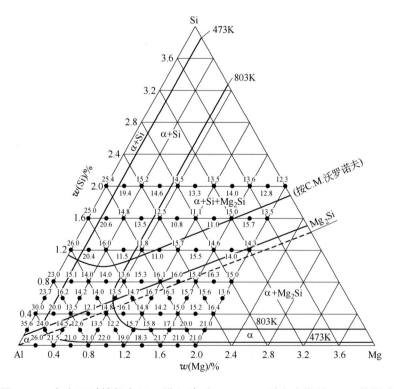

图 1-32 在人工时效状态下，镁和硅对 **Al-Mg-Si** 系合金塑性 A(%)的影响

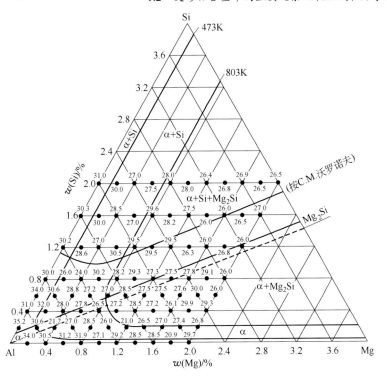

图 1-33 在自然时效状态下镁和硅对 Al-Mg-Si 系合金塑性 A(%)的影响

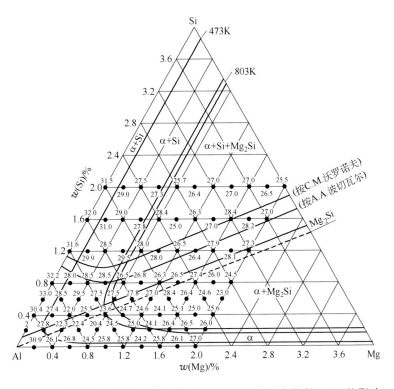

图 1-34 在新淬火状态下镁和硅对 Al-Mg-Si 系合金塑性 A(%)的影响

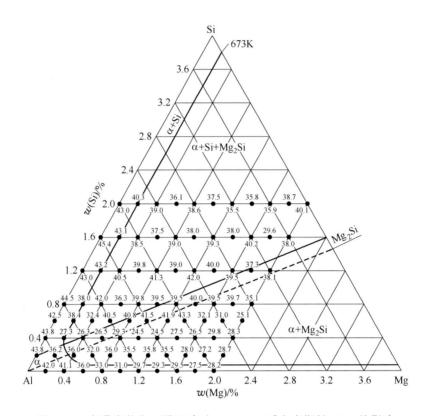

图 1-35　在退火状态下镁和硅对 Al-Mg-Si 系合金塑性 A(%)的影响

所以工业用 Al-Mg-Si 系合金的成分一般都处于上述三元共晶温度时 α(Al)对镁、硅合金元素的最大溶解度以内，而且限制在 L⇌α(Al)+Mg₂Si 的伪二元共晶截面附近。

有关 6××× 系中主要合金元素镁、硅及铜、锰添加元素及相组成和半成品组织特征及性能的关系详见第 7 章。

在 Al-Zn-Mg 系中出现 Mg₂Al₃、MgZn₂ 及 Mg₃Zn₃Al₂ 等相，从 Al-Zn-Mg 系合金平衡图(图 1-36)看出，该系中发生两个两相共晶反应。一个是 L⇌α(Al)+MgZn₂，成分为 11.5%Mg 及 61%Zn，共晶温度为 475℃(748K)，此时 α(Al)对镁、锌的最大溶解度为 2.65%Mg 及 14.25%Zn；另一个是在 489℃(762K)，成分为 17%Mg 和 45%Zn 时发生 L⇌α(Al)+Mg₃Zn₃Al₂ 共晶反应，此时 α(Al)对镁、锌的最大固溶度为 4.2%Mg 和 11.4%Zn。在 530 ℃(803K)还发生 L+MgZn₂⟶Mg₃Zn₃Al₂ 伪二元包晶反应，工业用超硬铝成分均位于上述两个两相共晶截面之间或其附近，见图 1-37 影线区域。

为了改善 Al-Zn-Mg 系合金的耐应力腐蚀性和工艺性能，合金中在适当的镁、锌含量下加入铜及少量的锰、铬等合金元素，所以超硬铝实际上是以 Al-Zn-Mg-Cu 系为基的合金，这些元素对合金组织性能的影响详见第 8 章。

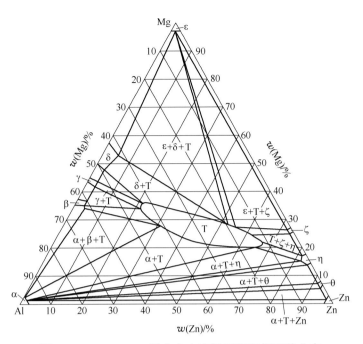

图 1-36 Al-Zn-Mg 系合金在室温下固态相区的分布

β—Mg$_2$Al$_3$；γ—Mg$_3$Al$_4$；δ—Mg$_{17}$Al$_{12}$；T—Mg$_3$Zn$_3$Al$_2$；ζ—MgZn；η—MgZn$_2$；θ—MgZn$_5$

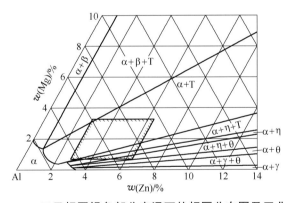

图 1-37 Al-Zn-Mg 三元相图铝角部分室温下的相区分布图及工业合金所处区域

α—α(Al)；β—Mg$_2$Al$_3$；γ—γ(Zn)；T—Mg$_3$Zn$_3$Al$_2$；η—MgZn$_2$；θ—MgZn$_5$

图 1-38 是 Al-Zn-Mg-Cu 系四元合金状态图，在该图中有三组相能形成完全互溶的固溶体，成为贯穿该四元相图中的三条柱体，它们是：CuMg$_4$Al$_6$ 和 Mg$_3$Zn$_3$Al$_2$、MgZn$_2$ 和 CuMgAl$_2$、Cu$_6$Mg$_2$Al$_5$ 和 Mg$_2$Zn$_{11}$。

图 1-39 是该四元相图靠铝角的投影图，可看出其相区分布。图 1-40 是 90%Al 平面上 200℃(473K)时相区的分布，工业合金 7A04 等 7×××系合金处于 α(Al)+MgZn$_2$+S+T 相区。

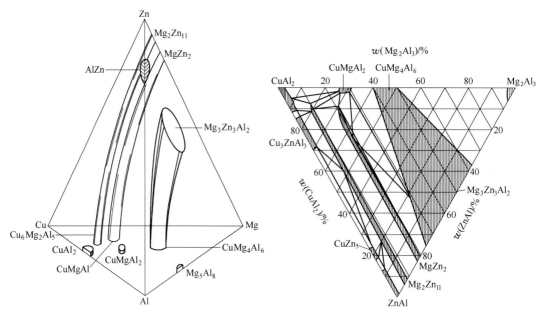

图 1-38　Al-Zn-Mg-Cu 相图铝角的单相区　　　图 1-39　Al-Zn-Mg-Cu 系铝角的投影图
分布状态（示意图）　　　　　　　　　　　　　（固态相区分布）

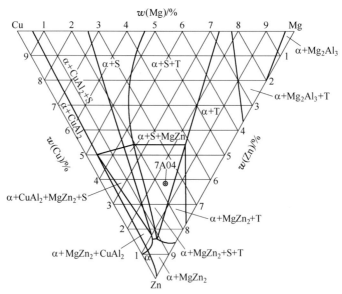

图 1-40　Al-Zn-Mg-Cu 四面体中含 90%Al 平面上 200℃时相区的分布
S—S(CuMgAl₂)；T—AlZnMgCu

　　图 1-41、图 1-42 所示是 Al-Zn-Mg-Cu 系中处于各相区内不同镁、锌、铜含量的合金在 465℃(738K)淬火后于新淬火状态的抗拉强度。

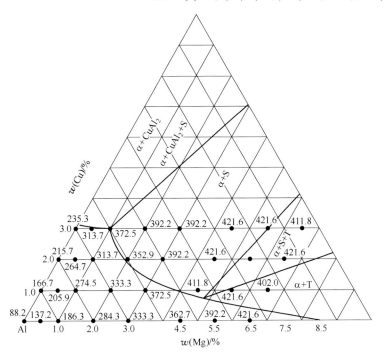

图 1-41　Zn 含量在 4%时 Al-Zn-Mg-Cu 系合金（0.4%Mn、0.2%Cr）
在新淬火状态的抗拉强度(MPa)(淬火温度 465℃)

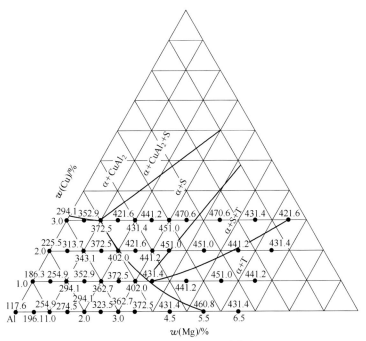

图 1-42　Zn 含量在 7%时 Al-Zn-Mg-Cu 系合金(0.4%Mn、0.2%Cr)
在新淬火状态的抗拉强度(MPa) (淬火温度 465℃)

　　图 1-43、图 1-44、图 1-45 是在淬火及人工时效状态下的抗拉强度。从上述各图中合金元素及相组成和其力学性能的比较可以看出，Al-Zn-Mg 系合金加入铜可提高强度，而

且随着铜和镁含量的增加，合金强度增加到最大值，然后下降。最大强度处于 α(Al)+S，α(Al)+S+T 和 α(Al)+T 最大固溶度处及其附近。

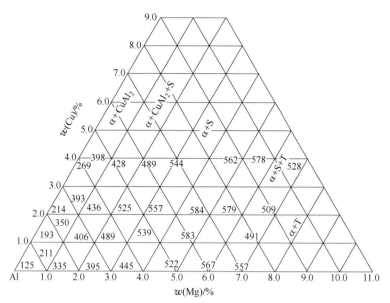

图 1-43 Zn 含量在 4%时 Al-Zn-Mg-Cu 系合金(0.4%Mn、0.2%Cr)
在完全热处理(淬火+人工时效)**状态下的抗拉强度**(MPa)

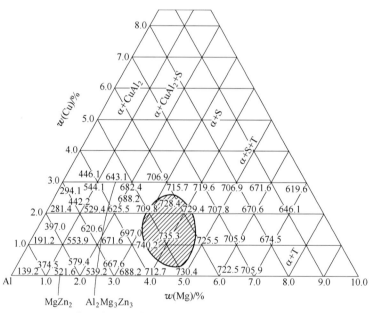

图 1-44 Zn 含量在 7%时 Al-Zn-Mg-Cu 系合金(0.4%Mn、0.2%Cr)
在完全热处理(淬火+人工时效)**状态下的抗拉强度**(MPa)
影线区的合金是具有最大强度的合金

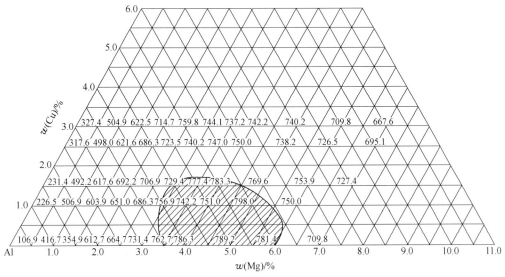

图 1-45 Zn 含量在 10%时 Al-Zn-Mg-Cu 系合金(0.4%Mn、0.2%Cr)

在完全热处理(淬火+人工时效)**状态下的抗拉强度**(MPa)

影线区的合金是具有最大强度的合金

　　8×××系中的 8090 合金属于 Al-Cu-Li 系。由于锂的密度小(0.53g/cm³)、弹性模量高，所以可作为变形铝合金更轻量化的主要元素。图 1-46 是 Al-Li 合金二元状态图。

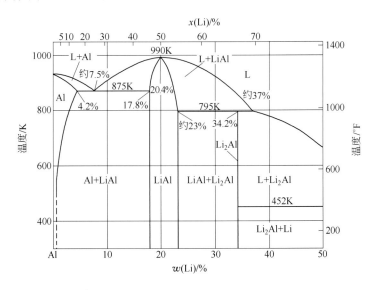

图 1-46 Al-Li 相图的铝端

　　合金在 602℃(875K)、7.5%Li 时产生 L⇌α(Al)+LiAl 共晶反应，此时锂在铝中的最大固溶度为 4.2%，随温度下降，固溶于铝中的锂相应降低，到 527℃(800K)时为 3.1%，427℃(700K)时为 2.2%，327℃(600K)时为 1.6%，227℃(500K)时为 1.10%，室温时为 0.7%。显然锂在铝合金中有时效强化的效果，其强化相是中间相 δ′(LiAl)，为球形点状物，并与 α(Al)共格。

图 1-47 是 Al-Cu-Li 系合金靠铝角相区分布，可以看出在合金中出现五个化合物相，其中有两个二元化合物即 $CuAl_2$ 和 $AlLi$；三个三元化合物 $CuLi_3Al_5$、$CuLiAl_2$ 和 Cu_4LiAl_7，它们和 α(Al)分别形成五个二元相区，在各二元相区中间，共出现 4 个三元相区，即：

$$\alpha(Al) + LiAl + CuLi_3Al_5$$
$$\alpha(Al) + CuLi_3Al_5 + CuLiAl_2$$
$$\alpha(Al) + CuLiAl_2 + Cu_4LiAl_7$$
$$\alpha(Al) + Cu_4LiAl_7 + CuAl_2$$

图 1-47 中实线表明是在 502℃(775K)时 α(Al)固溶体的最大固溶度。随温度下降，最大固溶度相应减少到 327℃(600K)时的固溶情况如虚线所示，在上述各相中以 $CuLiAl_2$ 强化效应高。

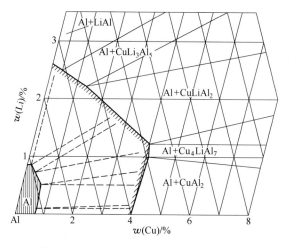

图 1-47 Al-Cu-Li 系相图铝角在 502℃(775K 实线)和 327℃(600K 虚线)相图分布

图 1-48 是在 467℃(740K)时 Al-Li-Mg 系靠铝角相区分布情况，可以看出有 LiAl、Mg_2Al_3、$Mg_{17}Al_{12}$、$LiMgAl_2$ 四个相，各相与 α(Al)形成四个两相区，即 α(Al)+LiAl、α(Al)+ Mg_2Al_3、α(Al)+ $Mg_{17}Al_{12}$ 和 α(Al)+ $LiMgAl_2$。并在上述两相区的中间分配有三个三相区，在 467℃(740K)时，各三相区对锂、镁的最大固溶度随温度的变化情况详见表 1-9。

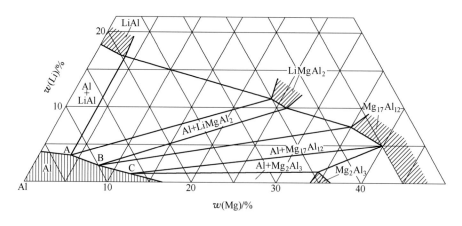

图 1-48 Al-Li-Mg 系相图铝角在 740K 时的相区分布

表 1-9 三相区对锂、镁的最大固溶度随温度的变化

三 相 区	470℃(743K)时		427℃(700K)时		202℃(475K)时	
	Li	Mg	Li	Mg	Li	Mg
A: $\alpha(Al)+LiAl+LiMgAl_2$	3.0	3.8	2.2	3.0	1.0	2.0
B: $\alpha(Al)+LiMgAl_2+Mg_{17}Al_{12}$	1.4	9.3	1.2	7.0	0.32	3.4
C: $\alpha(Al)+Mg_{17}Al_{12}+Mg_2Al_3$	0.8	14.0	0.5	12.5	0.2	3.6

从对以 Al-Cu-Li 和 Al-Mg-Li 两个三元系为基的合金研究表明它们都具有比 2×××系中各合金低的密度和高的比强度、比刚度和高的弹性模量。其中 Al-Cu-Li 系为基的合金在人工时效状态下既有高的强度，且在 225℃(498K)以下有高的持久强度和抗蠕变性能；以 Al-Mg-Li 系为基的合金在人工时效后有高的强度。由于添加锰、锆、硅等元素，还改善了合金的耐蚀性。有关各添加元素对 Al-Cu-Li 合金组织和性能的影响详见第 9 章8×××系中铝-铜-锂系合金。

我国铝加工工业现行合金牌号标准在 GB/T 3190—1996 中共包括 43 个牌号的合金，分 8 个系。在各系中常出现的相除 $\alpha(Al)$、Si 外，还有 Mg_2Al_3、$MnAl_4$、$MnAl_6$、$TiAl_3$、$CuAl_2$、$FeAl_3$、Mg_2Si、$MgZn_2$、$LiAl$、VAl_{10}、$\alpha(FeSi_3Al_{12})$、$\beta(Fe_2Si_2Al_9)$、$(FeMn)Al_6$、Mn_3SiAl_{12}、$S(CuMgAl_2)$、$(FeNi)Al_9$、Cu_2FeAl_7、Cu_3NiAl_6、$T(CuMnAl_{12})$、$T(Mg_3Zn_3Al_2)$、$T_1(CuLiAl_2)$、$T_2(CuLi_3Al_5)$、$T_8(Cu_4LiAl_7)$、$MgLiAl_2$、$W(Cu_4Mg_5Si_4Al_x)$、$(FeMnSi)Al_6$ 等。除此以外，还会出现 $CrAl_7$、$(MnCr)Al_6$、$AlCuMnSi$。在含锆合金中，还会出现 $ZrAl_3$。在半连续铸造的超硬铝合金中，当锰、铬、钛含量较高时，还能出现更复杂的多元化合物 $(Cr_xFeMnSi)Al_6$。铅、镉、铋、铍、锡等微量加入的元素因其在铝中不固溶或很少固溶，都以纯金属形式出现。

上述各相中，除了 Si、$MnAl_4$、$MnAl_6$、$TiAl_3$、$ZrAl_3$、Mg_2Si 对铝和该化合物的另一组元（Mg_2Si 对 Mg、Si）都无固溶度外，其他各二元相对铝和其组元都有不同程度的固溶度。在三元及四元化合物中，除 $S(CuMgAl_2)$相外，其他各相对其组元都有一定的固溶度，其中尤以 $T(Mg_3Zn_3Al_2)$ 相最宽，$W(Cu_4Mg_5Si_4Al_x)$ 相较窄，$S(CuMgAl_2)$相几乎为零。

在 Al-Cu-Li、Al-Mg-Li 系中的三元化合物对所含组元固溶情况为：

$T_1(CuLiAl_2)$52.8%Cu、5.4%Li；$T_2(CuLi_3Al_5)$28.8%Cu、9.6%Li；$T_8(Cu_4LiAl_7)$56.5%Cu、1.5%Li。

在变形铝合金的生产条件下，铸造时的结晶速度、化学成分、热处理工艺、加工方式对上述各相的形态都有一定的影响。本书所介绍的各种纯金属相和化合物相是通过金相分析和电子探针微区分析共同验证，合金试样是采用一定的熔铸工艺和热处理方法制备的。图 1-49 表示慢速结晶时各种化合物的特征；各化合物的晶体结构及浸蚀剂对它们的作用见附录 2；至于各工业合金系中的各种化合物相的分析在第 2 章～第 9 章相分析中分别介绍。

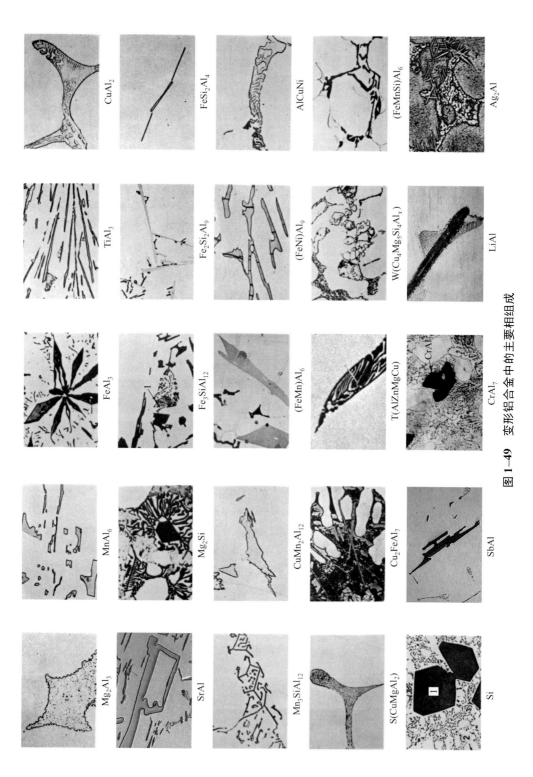

图 1-49　变形铝合金中的主要相组成

1.3 变形铝合金铸锭(DC)及其加工制品在各种状态下的组织与性质

1.3.1 半连续铸造铸锭(DC)的组织和均匀化

1.3.1.1 半连续铸造铸锭(DC)的组织

为了提高半连续铸造铸锭的组织质量，可采用热顶铸造(HT)，能细化晶粒，减少偏析，对小规格铸锭效果较好。还有气压、气滑式热顶铸造及磁力铸造，虽能提高铸锭表面质量、细化晶粒，使成分均匀，但都因其辅助设备复杂、不易操作、生产效率低而未得到广泛应用。而直接水冷半连续铸造(DC)方法比铁模铸造生产率高、成本低、占地小，铸锭中偏析夹杂少，质量好，工艺定型，广为运用，我们对其组织性能进行全面分析。

变形铝合金在半连续铸造时，由于冷却速度较大，组织中往往出现不平衡共晶组织及其他介稳定相，这个情况可用图 1-50 来说明。

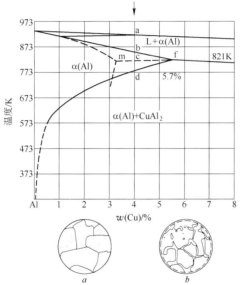

图 1-50 平衡和不平衡状态合金组织示意图
a—平衡状态组织；*b*—不平衡状态组织

例如，含 4%Cu 的合金，如果按平衡结晶，到 b 点时就完全凝固，在 b 至 d 点之间，合金具有均匀的单相 α(Al)固溶体。温度下降到 d 点以下，α(Al)固溶体发生分解，从基体中析出 CuAl₂ 质点。在半连续铸造急剧冷却条件下，合金在凝固时有很大的结晶速度，破坏了平衡结晶条件。合金中 α(Al)固溶体成分不按照平衡图固相线变化，而是按照图 1-50 中所示的平均成分虚线变化。于是，含 4%Cu 的合金必须冷却至 c 点才能完全凝固，显然合金在到达共晶温度时，仍有相当数量的液体凝固成共晶组织。它们分布在树枝状晶体的枝权和晶粒边界上，因含量较少，虽是亚共晶组织，但往往以离异共晶形态出现，即共晶中的 α(Al) 和 α(Al) 基体连接起来，使组成共晶的化合物被孤立的呈现出来。在光学显微镜下观察时，由于切取的试片是树枝状晶粒的截面，所以呈网状，通常称为枝晶网状组织。显然每个网络内的组织是初生的 α(Al)固溶体，而网络组成物就是不平衡共晶，所以在实际生产中称此组成物为"二次晶"。图 1-50a 表示的是平衡状态下的组织；图 1-50b 表示的是不平衡状态的组织。

在每一树枝晶的枝叉内，由于铸造时选择结晶的结果，合金元素也分布不均，形成枝叉内部偏析，呈水波状，形成机制详见图1-51。

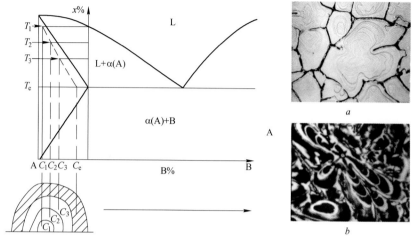

图1-51 晶内偏析示意图

a—晶内偏析显微组织(60～70℃的10%NaOH溶液浸蚀)；
b—在相衬显微镜下观察的晶内偏析的显微组织

假设成分为 x%的 A-B 合金在凝固到 T_1 时的成分为 C_1，由于不平衡冷却扩散作用不能充分进行，合金成分以非平衡固相线变动到 T_2 时为 C_2，温度再下降到 T_3 成分为 C_3，最终到共晶温度时成分为 C_x 的固溶体成为非平衡共晶组织，显然随温度下降 $C_1<C_2<C_3<C_x$ 这就是枝晶内部偏析。

这种偏析表现的形式与合金平衡图类型有关，在共晶型的合金中，在枝晶中心含合金元素最低，从中心至边缘逐渐增高，在包晶反应的合金中则相反。

合金快速冷却时，有些化合物的组成与平衡状态下不完全一致，产生了介稳定组织。例如，含 9.7%Mn 的 Al-Mn 合金，在室温平衡状态下，形成的是 $MnAl_6$ 化合物；而在快速结晶时，则得到的是以 $MnAl_6$ 包 $MnAl_4$ 的层状组织。这是由于 $L+MnAl_4 \rightarrow MnAl_6$ 包晶反应进行不完全的结果，如图 1-52 所示。

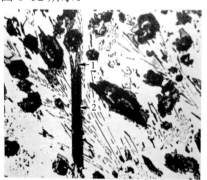

图1-52 Al-Mn 合金中，以 $MnAl_6$ 包 $MnAl_4$ 的层状组织

合　　金	Al-9.7%Mn
状　　态	铸态
浸 蚀 剂	10%NaOH 水溶液
组织特征	1—$MnAl_6$；
	2—$MnAl_4$

前已叙述铸锭的显微组织是枝晶网状，例如图 1-53 中 A 是 2A12 合金半连续铸造铸锭的组织，呈枝晶网状。因树枝状晶枝叉边界和晶界组织相同，所以使二者难以区分，试样必须经阳极复膜，在偏振光下观察，才能将晶粒与树枝状晶枝叉区分开来，同一个颜色区域就表示一个晶粒(图 1-53 中 B)。

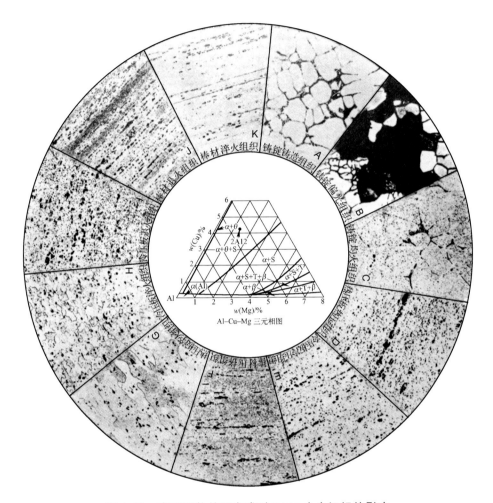

图 1-53　变形和热处理方式对 2A12 合金组织的影响

在铸锭内枝晶网格的大小及网络厚度分布也是不均匀的，如图 1-54 所示是 6A02 合金 ϕ272 mm 圆铸锭的低倍及显微组织。铸锭边部偏析浮出物处的枝晶网格细小，而网络较厚；其内层也就是临近偏析浮出物的边部细晶区，网格粗大而网络较稀薄；铸锭中间的枝晶网格比边部细晶区的细小而且不均匀，网络较厚，中心部位则大小不均，但普遍比边部临近偏析浮出物区域要细小。

从以上分析和生产检验表明半连续铸造铸锭结晶方式不完全按顺序结晶进行，由于在临近液穴液面或是距结晶前沿较远的区域先期生核而长大的悬浮晶，枝晶粗细不均，进而落入液穴底部，不但影响顺序结晶进行，而且使铸锭的组织更不均匀。

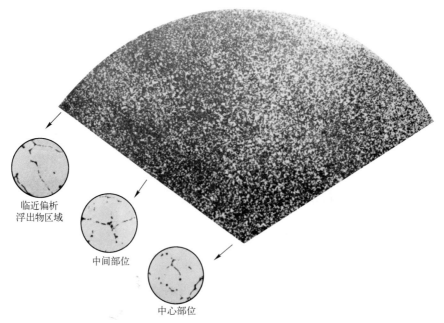

临近偏析
浮出物区域

中间部位

中心部位

图 1-54 6A02 合金 φ272mm 圆铸锭的低倍及显微组织

由此可见,在半连续(DC)铸造铸锭内枝晶网格大小和网络厚度分布都是不均匀的,而且除合金元素含量高的 2A12、2A16 和 7A04 等合金铸锭偏析浮出物处枝晶网格大都封闭外,其他合金边、中间、中心部位枝晶网格不封闭,网络也不连续。我们用定量金相方法测量 2A12、7A04、7A10 合金不同规格铸锭各部位枝晶间距,从而可较确切地了解其枝晶粗细情况,如表 1-10 所示。

表 1-10 半连续铸造铸锭横截面不同部位枝晶间距平均尺寸

合 金	铸锭直径 φ/mm	枝晶间距尺寸/μm		
		临近偏析浮出物区域(边部)	中间部位	中心部位
2A12	162	65.4	53.6	48.5
	405	69.4	59.4	52.9
7A10	162	49.1	56	47.8
7A04	350	60.5	53.2	58

从表 1-10 看出,大规格铸锭枝晶均比小规格的粗,表明前者结晶速度比后者小。可见铸造时的结晶速度直接影响枝晶网格的大小,结晶速度愈大,枝晶间距平均尺寸愈小。枝晶网格大小对性能影响很大,特别是对合金元素含量高的合金更明显,因为它可以直接影响到枝晶间化合物(共晶组织)的大小及分布状态。枝晶网格细,化合物细小且分布均匀,铸锭的组织质量就好。

如采用不适当的合金成分和工艺制度,铸锭内还会出现一次晶的偏析聚集物,如在 3A21 合金中 $w(Fe+Mn)>1.85\%$ 时,会出现$(FeMn)Al_6$ 的一次晶偏析。2A80 合金,铁、镍含量超标也会出现 $FeNiAl_9$ 一次晶偏析聚集现象,其组织特征见第 3 章 3.2 节 Al-Cu-Mg-Fe-Ni 系合金。铸造温度偏低,漏斗预热不够会加剧这些偏析的产生。

在半连续铸造铸锭的枝晶网内,有时可看到亚晶粒(嵌镶块),如图 1-55 所示,其大小与铸造时的结晶速度有关。慢速结晶其尺寸大,快速结晶尺寸小,而且在均匀化处理时,会随处理温度的增高而变大。

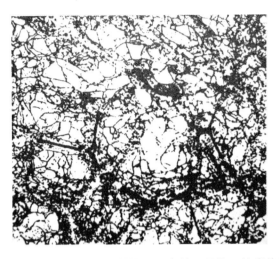

图 1-55　半连续铸造铸锭枝晶网内的亚晶粒（镶嵌块）

　　半连续铸造铸锭的晶粒大小及其分布状态与合金铸造工艺有关。不含钛等元素变质剂的工业纯铝和含镁量低的 Al-Mg 系合金可分成三个晶粒区，即边部细晶粒区、柱状晶粒区及中心部位等轴晶区（详见第 2 章 1×××系工业纯铝和第 6 章 5×××系合金铸锭宏观组织）。向上述合金内加入变质剂（钛）后，发生显著的组织变化，柱状晶区不发达，等轴晶粒也细化，见图 1-56a。在不正常的铸造工艺下，1060、5A05、7A04 等合金铸锭中也能出现粗大等轴晶、粗大柱状晶和羽毛状晶组织（图 1-56b 及图 1-56c）。当工艺正常时，在合金元素含量较高的多元合金（2A12、2A80、7A04）铸锭中，柱状晶不发达，基本上是等轴细晶粒组织，如图 1-56d 所示。

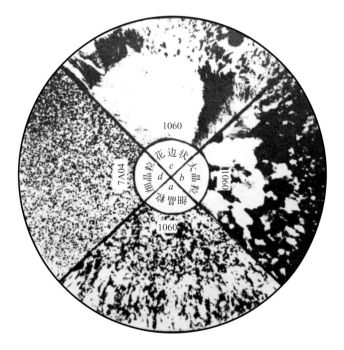

图 1-56　铝合金半连续铸造铸锭的晶粒大小对比

1.3.1.2 半连续铸造铸锭（DC）均匀化状态的组织与性质

铸锭的均匀化处理是将合金加热到接近固相线或接近共晶温度，长时间的保温，然后按要求以不同速度冷至室温。均匀化的目的在于消除或减低晶内化学成分和组织的不均匀性，改善合金组织，提高合金塑性，便于加工变形，降低半成品的各向异性。有些低塑性的高强度铝合金经均匀化后，会使合金在铸造快速冷却时所产生的内应力消除或减少，以免铸锭在锯切或碰撞时产生炸裂的危险性。

在实际生产中，铸锭的均匀化处理从合金非平衡结晶的理论上看应该是将合金加热到非平衡固相线温度以下，保温一定时间，以消除非平衡共晶组织。可是生产中合金的非平衡固相线温度受成分、工艺等因素影响而难以确定，也不能对每种产品均匀化前都进行非平衡固相线温度的测定，所以最基本的还是以合金中主要共晶温度和相应的平衡固相线温度为根据，由试验确定合金的固溶最佳温度和过烧温度，从而得出可靠的均匀化温度和相应的保温时间。表 1-11 所示是现行实际生产上所用的铸锭均匀化制度。

表 1-11 变形铝合金半连续铸造铸锭均匀化处理制度

合 金	均匀化温度(金属温度)/℃	保温时间/h	备 注
5A02、5A03、5A05、5A06、5B06	460~475	24	
5A12、5A13	445~460	24	
3A21	600~620	4	
2A02	470~485	12	
2A10	500~515	20	
2A11、2A12	480~495	8~12	
2A16	515~530	24	保温时间是从金属温度达到均匀化温度下限时开始计算
2A17	505~520	24	
6A02、6061	525~540	16	
6063	535~550，(550~560)	12，(6~8)	
2A50、2B50	515~530	12	
2A70、2A80	485~500	16	
7A03、7A04	450~465	24~36	

铝合金半连续铸锭在均匀化初期非平衡共晶组织固溶较快，随着 α(Al)合金成分的增加，相应变慢，需要很长时间也很难达到充分均匀化的程度，除非再提高均匀化温度，但这样又会使合金过烧，所以在生产上拟定的均匀化制度，实际上是从合金元素和残留共晶组织分布所能达到大部分均匀化的程度。

合金在均匀化时温度的作用比时间大得多，因为均匀化是依靠合金元素的扩散而实现的，当浓度梯度 $\dfrac{\mathrm{d}C}{\mathrm{d}t}$ 和扩散流量 J 都随均匀化时间和假设铸锭因体积各向同性而变化的条件下进行扩散，则可以从以下偏微分方程关系式看出：

$$J = -D\left(\frac{\partial C}{\partial x}\right) \qquad \text{Fick 第一定律} \qquad (1-1)$$

$$\frac{-J_x}{\partial x} = \frac{\partial C}{\partial t} \qquad \text{Fick 第二定律} \qquad (1-2)$$

式中，J 表示某合金元素的扩散流量；$\dfrac{\partial C}{\partial x}$ 表示该合金元素沿着扩散方向 x 的浓度梯度；D 为扩散系数（直接和合金元素有关。合金元素不同，D 也不一样）；负号表示扩散方向与浓度梯度的方向相反；$\dfrac{\partial C}{\partial t}$ 表示单位时间内合金元素浓度的改变。

从式（1-1）可得：$J_x = -D_x \dfrac{\partial C}{\partial x}$，将其代入式（1-2），最后得到：

$$\frac{\partial C}{\partial t} = D \frac{\partial^2 C}{\partial x^2}$$

实验证明：扩散系数 D 与温度有以下关系：

$$D = D_0 \exp[-Q/(RT)]$$

由此看出温度和扩散系数成指数关系变化，强烈影响 $\dfrac{\partial x}{\partial t}$，从而加速合金的均匀化过程，可见铸锭均匀化时提高温度比延长时间的作用大得多。

生产检验表明：大规格的方铸锭比小规格圆铸锭均匀化的速度快。例如 2A12 合金同样在 500℃均匀化 8 h，方铸锭均匀化的程度比圆铸锭大，特别是 α(Al)分解产物分布的均匀度表现更明显，这种现象是由于铸造条件不同所致，小圆铸锭铸造时，结晶速度比大铸锭大，则其不平衡冷却的强度大，二次晶多，晶内偏析严重，所以其均匀化速度小。

以 2A12 合金为例，在金相组织检验和定量金相测量的配合下，人们研究了非平衡相随温度变化的动力学行为，也就是合金的均匀化过程，如表 1-12 所示。随加热温度的提高，非平衡共晶中化合物和其他可溶性杂质相的含量 V_A 和其平均尺寸 $\overline{L}_A$ 都逐渐减少，枝晶间距 $\overline{T}_A$ 相应增大。当温度到 500℃(773K)时上述参数达到极限，在 530℃(803K)以后，各参数变化则相反，500℃(773K)正是明显变化的拐点，这时合金已达到可进行均匀化处理的实际应用状态，这些组织变化都为金相检验验证。若再提高温度到 505℃(778K)，合金发生过烧。

表 1-12　均匀化温度对 2A12 合金半连续铸造铸锭非平衡共晶 V_A、$\overline{L}_A$ 及 $\overline{T}_A$ 含量的影响

温度/℃(K) 参数	室温	300 (573)	350 (623)	400 (673)	450 (723)	480 (753)	500 (773)	530 (803)
V_A /%	23.1	17.7	15.0	13.8	10.22	8.94	5.18	7.10
$\overline{L}_A$/μm	6.38	5.28	4.71	4.26	5.81	4.70	3.97	4.84
$\overline{T}_A$/μm	21.2	24.5	36.6	30.2	50.1	47.8	70.0	63.0

铸锭在均匀化加热时，发生两个相反的组织变化过程，即不平衡共晶（如 α(Al)+CuAl₂，α(Al)+CuAl₂+S(Al₂CuMg)或 α(Al)+Mg₂Si 等）固溶到 α(Al)中，随温度的提高和时间的延长使枝晶网解体，残存少量枝晶网痕迹，而且枝晶内部偏析程度降低。另外从过饱和 α(Al)内，析出含锰、铬或锆等过渡元素的化合物质点。在加热后慢速冷却时，从固溶体中还析出可溶性化合物（如 CuAl₂、S(Al₂CuMg)）等点状物，见图 1-53C 和各章均匀化组织图。

铸锭经均匀化后，抗拉强度 R_m 及屈服强度 $R_{p0.2}$ 变化不十分明显，但伸长率 A 却显著提高，详见表 1-13。

表 1-13 均匀化处理对 2A12 合金中 280mm 铸锭力学性能的影响

合 金	制品名称及规格	状 态	力 学 性 能						备 注
			抗拉强度 R_m/MPa		屈服强度 $R_{p0.2}$/MPa		伸长率 A/%		
			纵向	横向	纵向	横向	纵向	横向	
2A12	ϕ280mm 半连续铸造铸锭	铸 态	248	210	200	176	1.94	1.49	均匀化温度，487℃保温时间 720 min
		均匀化状态	232	181	199	148	2.85	2.21	

铸锭均匀化后的冷却速度，应按对产品性能要求而定。为了使半成品具有高的强度，而伸长率不高，可对铸锭进行短时间的均匀化处理后快冷，这样能使锰、铬等化合物质点不聚集，从而使合金具有未再结晶组织，才能满足上述性能要求。若使均匀化保温时间延长，并慢速冷却，锰、铬化合物质点聚集，则得到再结晶组织，这时合金半成品具有高的延伸率，而强度不高。必须指出：如果冷却速度很慢，便会出现魏氏组织（图 1-57）。即是从 α(Al)中析出的化合物呈针状，并沿一定的晶面析出，彼此保持一定的位向关系。加热温度愈高，冷却速度愈小，析出物愈粗大，从而降低铸锭工艺性能和其半成品的力学性能。

图 1-57 2A12 合金半连续铸造铸锭均匀化后产生的魏氏组织 ×600

把铸锭在非平衡固相线温度以上，平衡固相线温度以下进行均匀化处理，称为高温均匀化。对 2A12 合金可在 515～520℃（788～793K）进行高温均匀化，试验表明，若按现均匀化加热方式只提高均匀化温度，合金过烧及高温吸气量(氧、氮、氢)增加，对此过烧组织的遗传性还尚待全面研究，所以生产中对此工艺未广泛采用。

对 7×××系合金 7475 采用缓慢加热和分级均匀化处理方式，能提高合金的屈服强度和断裂韧性，现已用于生产，详见第 8 章 Al-Zn-Mg-Cu 合金。

1.3.2 变形铝及其合金的塑性变形和半成品的恢复与再结晶

铝及其合金在变形时是通过晶粒内沿{111}，在<110>方向上的滑移实现的，这时在晶粒内呈现出一系列复杂变化。图 1-58 为铝经变形后在光学显微镜下的组织，出现了一系列线条状或带状组织，称其为滑移带。把 99.95%的纯铝用变形后退火而再结晶的方法得到铝单晶，经王水深浸蚀后，用氧化膜覆型法观察其电子显微镜组织，未变形的单晶体铝，表面组织是由整齐立方体的方块组成，如图 1-59 所示。经 20%的变形后，方块内部出现滑移现象，滑移带宽度的数量级为 0.25 μm，40%变形后滑移增加，方块面和方块棱边发生弯曲。详见图 1-58～图 1-62。

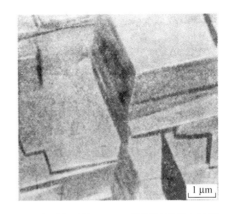

图 1-58 铝中的滑移带 ×145   图 1-59 未受变形的 99.95%的再结晶状态纯铝 ×7000

图 1-60 变形 20%后的组织 ×7000

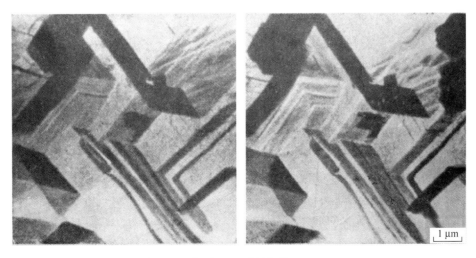

图 1-61 变形 40%后的组织 ×7000

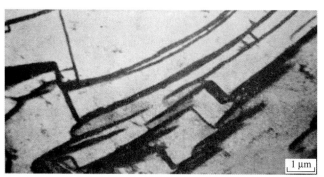

图 1-62 变形 40%后的组织 ×21000

变形铝及其合金塑性变形时发生位错的移动和增殖。当冷变形量不大时金属内位错紊乱而无规则地分布在晶体中；当变形量增加时，随着位错大量滑移和交滑移的出现，使其增殖并大多集聚一起形成位错缠结，从而在合金中出现由位错结构分割而形成的区域，称为胞状结构，如图 1-63 所示；图 1-64 是纯铝经 70%压延变形后与压延织构方向一致的组织特征。

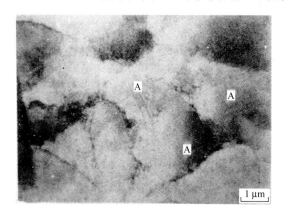

图 1-63 纯铝冷变形后的电子显微镜组织

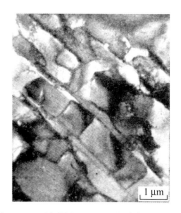

图 1-64 纯铝经 70%压延变形后具有明显方向性的组织特征

在每个胞内的位错密度很低，而胞壁位错密度很高，胞壁两侧晶体的取向差很小，对铝的分析表明，一般小于 2°。当达到一定尺寸后就不再改变。X 光金相测定变形胞状结构一般尺寸为 $10^{-6} \sim 10^{-5}$m，而另有资料介绍电子显微镜观察尺寸为 1～3 μm。

合金在冷变形状态产生的残留应力和畸变可以分为以下三类：即与变形体积相适应的宏观应力，称为第 I 类应力，其次是第 II、III 类应力。第 II 类应力是变形后各晶体碎块之间存在的应力，第 III 类应力是因晶体畸变而存在的应力，即变形发生的位错储存能，约占残留应力的 98%以上，是主要的残留应力能量。

冷加工状态的合金制品由于存在上述应力情况，在热力学上处于不稳定的亚稳定状态，当在低温加热时可趋于稳定状态，从而使合金的物理、力学性能恢复到未加工前或接近加工前的状态，这个过程称为回复。在这个过程中，合金的变形组织变化不大，随着加热温度升高和时间的延长，胞状结构通过螺旋位错交滑移和刃型位错攀移，互相合并，在合金内形成多边化效应，这时能观察到的亚晶尺寸比胞状结构大一个数量级（10 倍以上），如图 1-65 及图 1-66 所示。

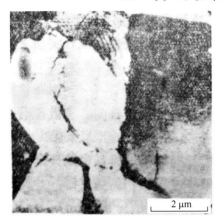

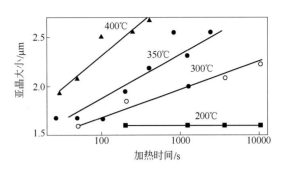

图 1-65　纯铝经 5%冷变形后在 200℃
回复处理 5 h 的电子显微镜组织

图 1-66　纯铝单晶变形后回复期内亚晶
大小的变化

由于铝是高层错能金属，其扩展层错狭窄，加热回复时，位错聚集和分布状态的变化和空位的扩散很强烈，不但使第Ⅰ、Ⅱ类残留应力消除，而且也使第三类残留应力明显降低，从而释放大量储存能。有资料表明铝在这时释放的能量和其在再结晶时消耗的能量几乎相当。可见铝及其合金有很强的恢复能力，为其加工变形制品中出现多边化而形成较显著又稳定的亚结构组织创造了有利条件。

铝合金经变形后，在足够高的温度加热时，会在原来晶体中重新生核长大，发生新晶粒长大和聚集，这个过程称其为再结晶。从而对半成品的各项性能发生明显影响。

铝合金在再结晶时，会在变形的基体中重新生核，核是从回复形成的某些亚结构中产生的。在实际生产中合金的变形处于非均匀状态，当这些亚结构中有的与周围基体有大的取向差并有可动性较大的大角度晶界时，这个亚结构即可能成为再结晶晶核，靠吞食周围形变基体而长大，长大的驱动力主要是晶粒内部以位错形式保留的应变能，这个应变能可以下式表示，即：

$$\mathrm{d}G = -P\mathrm{d}x\mathrm{d}A = -P\mathrm{d}V$$

就是说再结晶晶核的晶界移动 $\mathrm{d}x$ 所需的驱动力为 P，所需要的功来自合金自由能 (ΔG)的降低，其值在面积为 $\mathrm{d}A$ 的晶界上扫过的晶体体积为 $\mathrm{d}V$，则：

$$P = -\mathrm{d}G/\mathrm{d}V$$

再结晶晶核的晶界就是在该驱动力推动下向其曲率中心相反的方向移动。当原变形基体为彼此接触的新的无畸变的晶粒所占据时，则初次再结晶阶段完成。由于晶界曲率中心和基体畸变能的差异，所以该再结晶晶粒晶界界面大小和凹凸程度不同，继续加热再结晶晶粒，以其不同移动的方式而长大，其长大的驱动力主要是晶界的界面能，这个驱动力可以拉普拉斯方程示出，即：

$$P = \gamma\,(1/\rho_1 + 1/\rho_2)$$

其中 P 为驱动力，ρ_1、ρ_2 为晶界的两个主曲率半径，γ 为单位面积晶界的自由能。在二维系统中 $\rho_2 \to \infty$，所以上式可写成：

$$P = \gamma/\rho$$

在再结晶的晶粒组织中由于小晶粒的界面数少而具有凸形晶界，大晶粒界面数较多则具有凹形晶界，所以在上述驱动力 P 的作用下，有向其曲率中心移动，使之平直化的趋势，使凹形晶界推移，凸形晶界缩小，大晶粒吞食小晶粒，具有平直晶界的晶粒则稳静不变，从而完成聚集再结晶过程。必须指出：在晶界移动过程中同一晶粒不同的界面不但被吞食的晶粒不同，而且其吞食速度亦异，所以最后聚集的再结晶晶粒外形各异，尺寸不等。这种现象与合金及其加工方式有直接关系。

二次再结晶的实质是在原再结晶组织的基础上发生异常晶粒长大现象，这种组织是当合金在退火时，温度较高使合金中杂质相或残留二次晶显著固溶，合金中锰、铬等回火分解产物聚集粗化并有初次再结晶织构时才出现。

变形铝合金制品的再结晶组织特征与合金成分、加工方式及热处理工艺有密切关系。工业纯铝及一些再结晶温度低的合金，如 Al-Mg 系中含镁量低的合金，其再结晶组织比较简单。完全再结晶后，晶粒呈等轴或近似等轴状，晶界比较平直。其再结晶晶粒的长大和变化基本符合金属学一般规律，即变形程度愈大，退火温度愈高，保温时间愈长，晶粒愈粗大。

当合金中加入过渡元素锰、铬和锆时，能明显提高合金的再结晶温度，必须指出:这是指合金在空气炉内退火或慢加热的条件下合金再结晶的情况，如图 1-67 所示。

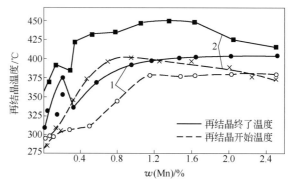

图 1-67 锰含量对合金再结晶温度的影响

1—高纯合金；2—工业纯合金

图 1-67 是锰对 Al-Mn 合金再结晶温度的影响，由图可知，锰对工业合金的影响比高纯合金大，在含锰量小于 1.2%时，其再结晶温度提高得明显，再结晶温度区间大，约 40~45℃。超过 1.2%Mn，则再结晶温度虽稍有下降，但再结晶温度区间出现最大值(约 55℃)。高纯合金在低锰含量时再结晶温度提高明显，而且再结晶温度区间为 30~35℃，锰含量在 0.2%附近再结晶温度区间高达 70℃。锰含量超过 1.2%后，再结晶温度和其区间均变化不大。

图 1-68 是锆对 1 mm 厚 Al-Zr 合金板材再结晶温度的影响。可以看出锆不但显著提高合金开始再结晶温度，还显著提高合金终了再结晶温度。特别是当含 0.25%Zr 时，其再结晶温度区间高达 200℃(473K)，显然锆对变形铝合金再结晶的影响比锰大。研究表明，锆特别对多元素高含量变形铝合金的再结晶影响显著。如给 2A12 合金中加入 0.2%Zr，可将 1.0 mm 厚的板材的再结晶温度提高 20~30℃，而钪对合金再结晶的作用比锆还大。对于含有锰、铬、锆能提高再结晶温度的合金，其再结晶组织与工业纯铝和不含锰的 Al-Mg 系合金的组织特征有明显差别。当合金变形后加热到开始再结晶与终了再结晶温度区间时，出现的再结晶晶粒具有不完全封闭或呈齿形的晶界，并沿主变形方向延伸成纤维状。某些加锆的合金，即便加热温度高于终了再结晶温度，再结晶后的晶粒仍呈纤维状，并且

可消除粗晶环(或减小其大小)，而且不但提高了合金固溶体的稳定性，使挤压效应不易丢失，还有利于合金制品的淬透性并提高其横向性能。

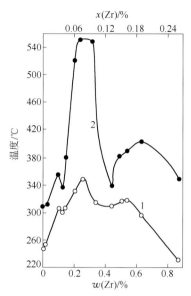

图 1-68 厚 1 mm Al-Zr 合金板材再结晶温度和含锆量的关系

1—开始再结晶温度；2—终了再结晶温度

用金相检验方法研究变形铝合金再结晶过程时，首先是确定无畸变的再结晶晶粒的晶核。合金在退火加热时，出现第一个新晶粒的晶核或锯齿状的局部晶界，是用金相氧化膜偏光检查法来发现的。其方法是变换偏振光方向，纤维状变形组织基体发生一系列色彩上的变化，一旦发现其中有一小区域颜色的均匀度不变，而且光线反射强烈，我们认为它就是再结晶晶核。锯齿状局部晶界也是在其两侧色差变化不大且颜色均匀而认定的。前者属于恢复状态的多边化过程产生的稳定亚晶粒成核，后者可能为局部应力集中区或大角度晶界或原始晶界遗传成核。我们就将出现再结晶晶核的退火温度确定为合金的开始再结晶温度。必须指出，随合金和制品工艺的不同，用金相方法测定的再结晶温度一般比用 X 光掠射法测的温度高 5～10℃。

图 1-69 所示是退火温度对 5A66 合金（厚 2.0 mm）冷轧板组织影响的研究，可以看出，其再结晶过程是合金在冷变形状态为典型纤维状变形组织，相应的 X 光掠射相为强烈织构。215℃保温 1 h 虽仍为纤维状组织，但其反射光线变弱，表明为恢复亚晶所干扰。220℃退火，金相组织和 215℃一样，但 X 光分析表明，合金已开始再结晶，X 光掠射相中出现虚点。225℃退火金相组织为在纤维状变形组织的基体中出现反射强烈的再结晶晶核区，这时的 X 光相和 220℃的相似。225℃到 250℃纤维状变形组织都很明显。260℃退火后金相组织仍是在纤维状变形组织中出现更多的再结晶组织。直到 280℃退火，金相组织中再结晶组织增加，仍存在少量纤维状变形组织。但 X 光掠射相表明合金已完全再结晶，X 光掠射花样已全部成为点群状。290℃退火，金相组织全为细小等轴再结晶组织。310℃退火，金相组织中再结晶晶粒略有增长，仍为等轴晶。X 光掠射花样中点群更明显，表明这时合金已发生聚集再结晶。由此可见，随温度提高，合金发生初始再结晶出

现再结晶晶核区域逐渐长大，数量增多，直到纤维状变形组织完全消除，此时合金已完成初始再结晶，温度再提高，晶粒长大，合金处于聚集再结晶状态，至于在合金制品中出现特别粗大又不均匀的再结晶组织，这是由于发生二次再结晶作用引起的。

A 冷变形状态

B 冷变形状态

C 215℃退火状态

D 215℃退火状态

E 220℃退火状态

F 220℃退火状态，再结晶开始

G 225℃退火状态，再结晶开始

H 225℃退火状态

I　230℃退火状态

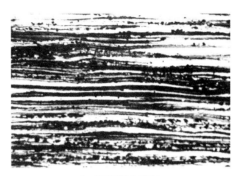

J　260℃退火状态

K　280℃退火状态

L　280℃退火状态，完全再结晶

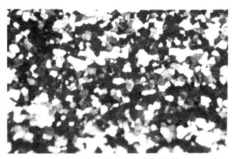

M　290℃退火状态，完全再结晶

N　310℃退火状态，聚集再结晶

O　310℃退火状态，聚集再结晶

图 1-69　阳极复膜偏振光下组织

A，C，E，G，I，J，K，M，N—阳极复膜偏振光下组织（×100）；

B，D，F，H，L，O—X 光掠射相

加热速度对变形铝合金的最终晶粒度大小有明显影响。特别是含锰的铝合金其敏感性很大,快速加热产生细晶粒。这是因为快速加热时,金属内存在的晶格畸变现象来不及恢复,自扩散系数急剧增加,使合金再结晶晶核增多,各部位普遍发生再结晶作用的结果。慢速加热时出现粗晶,其原因是缓慢加热使变形金属未达到再结晶温度前就因更充分的恢复作用降低了产生再结晶的驱动力,使再结晶核心减少,合金再结晶后晶粒长大。

压延板材(特别是冷压板)其再结晶温度低,再结晶温度区间小,经正常工艺水冷淬火后已完全再结晶,晶粒近似等轴晶状,晶界也不十分弯曲。这种组织现象,包括含锰铝合金都是如此(见图 3-32,图 3-33)。

热挤压产品,特别是一次挤压和含有提高再结晶温度的元素的合金,其再结晶温度比压延产品高,再结晶温度区间大。含锰、铬的合金在再结晶温度区间加热时大多生成齿形晶界或弯曲晶界而且晶界并不完全封闭。在终了再结晶温度以上加热时,也很难形成等轴晶。

1.3.3 变形铝及其合金的动态恢复和动态再结晶及制品热加工状态的组织和性质

在变形铝合金热加工过程中,会出现与变形同时发生的回复和再结晶过程,分别称为动态回复和动态再结晶。

变形铝及其合金在再结晶温度以上进行加工变形称为热加工。通常人们用 $T_{再}=0.4T_m$ 作为金属的再结晶温度($T_{再}$),T_m 表示金属熔点(绝对温度),在 $T_{再}$ 以下变形称为冷加工,在 $T_{再}$ 以上变形叫热加工。在生产上热加工开始温度一般选在合金固相点 $0.9\sim0.95T_{固}$ 范围内,由于合金中含有提高再结晶温度的元素,如锰、铬、锆等及受变形温度、变形速度等可变因素的影响,合金再结晶温度变化很大。为了得到恢复或再结晶组织,所以热变形终了温度对合金半成品的组织性能有很大影响。我们对几种主要合金厚度为 $0.5\sim2.0$ mm 冷轧板再结晶温度研究的结果,拟定了合金再结晶温度和其熔点温度的关系,如表 1-14 所示。

表 1-14 变形铝及其合金 $T_{再}/T_{熔}$ 关系值

铝及其合金	$T_{再}/T_{熔}$(绝对温度)	备 注
工业纯铝(1A30)	0.58~0.59	空气炉退火
5A02	0.62~0.68	空气炉退火
5A05	0.58~0.62	空气炉退火
3A21	0.86~0.87	空气炉退火
6A02	0.68~0.72	空气炉退火
2A14	0.68~0.82	空气炉退火
2A11	0.6~0.7	空气炉退火
2A12	0.64~0.75	空气炉退火
7A04	0.71~0.86	空气炉退火

从表 1-14 $T_{再}/T_{熔}$ 数值可以看出,杂质和合金元素,尤其是能提高合金再结晶温度的过渡族元素锰、铬、锆等能明显提高再结晶温度。例如,99.999%纯铝再结晶温度为 85 ℃ (358 K),99.997%纯铝为 100℃(373 K),表 1-14 中对工业纯铝 1A30(99.3%Al)$T_{再}/T_{熔}$=0.58~0.59,推算其 $T_{再}$ 为 268℃(541 K)~277℃(550 K),符合铝中杂质含量愈多,再结晶温度愈高的规律。另外,合金元素含量愈高,再结晶温度也高,尤其是含锰的合金,其 $T_{再}/T_{熔}$

=0.86～0.87。有趣的是上述关系中，还表明合金元素含量高的合金的再结晶温度区间比合金元素含量低的合金如 3A21 合金大。综上所述，可见我们从生产试验中推算的 $T_{再}/T_{熔}$ 关系式能够反映出影响合金再结晶的各种因素，可供实际生产拟定最终热加工温度时参考。

1.3.3.1 热压延状态的组织

热压延板材时由于铝合金堆垛层错能高，变形过程中即发生很强的恢复作用，使合金中点缺陷（位错和空位）密度减少，从而降低了发生再结晶的驱动力，使动态再结晶相应滞后。因此在实际生产中，热压延板材的组织往往不都是完全再结晶组织，有的甚至没有再结晶，只处于恢复状态，如图 1-70 所示。热压延板材的组织与热压终了温度和压延速度有关，其变化很大。大多数情况下板材的热压终了温度处于再结晶温度以下或再结晶温度区间内。

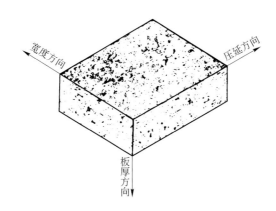

图 1-70　2A12 合金 8 mm 厚热压延板材立体显微组织

合金热压延时，动态恢复作用进行较充分，动态再结晶滞后，变形继续进行，这时合金中某些因变形而发生畸变剧烈区的驱动力能引起动态再结晶作用发生，其再结晶晶粒呈扁平状。当动态再结晶未进行完全时，合金停止压延，这时则呈再结晶加纤维状变形组织。可看到铸态晶粒和枝晶网残留物被压碎，晶粒沿压延方向延伸，化合物成行排列起来。具有明显的方向性，成为沿压延主变形方向拉长的纤维状组织（见图 1-53D）。由此可见在热压板材合金基体中就是发生动态再结晶也不是同步的，所以在同一压延阶段不同部位会出现不同程度的再结晶组织。

板材热压延时，表面和中心的应力和温度分布很不均匀，在板材与轧辊接触的表面因产生紊乱层，所以比中心部位位错等点缺陷密度大而且其分布特微亦有差异。从而有较大的驱动力引起动态再结晶作用发生，以致产生完全再结晶组织。而中心部位金属流动较平稳，位错等点缺陷密度较小，由于温度较高，动态恢复作用较强，以致动态再结晶作用进行很少。例如 1060 工业纯铝板材在 520℃(793 K)热压时表面已完全再结晶，晶粒呈等轴状，但仍有残留铸造组织。而板材中心区域只出现少量再结晶组织和大量纤维状变形组织，而且铸造枝晶网则已完全被破碎，此处还有纤维状变形组织，见图 1-71 及图 2-23、图 2-24、图 2-27、图 2-28。

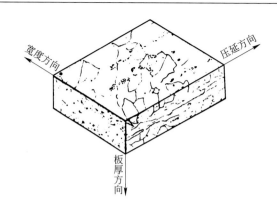

图 1-71　1060 工业纯铝 10 mm 厚热压板材立体显微组织（热压延温度 520℃）

　　热压延板材的组织是不均匀的。在板材与轧辊接触的表面，由于摩擦力作用使表层金属承受较大切应力，使表面部位金属流动紊乱，这个紊乱层的分布特点如图 1-72 所示，热压温度分别为 480℃(753K) 及 490℃(763K)，厚为 6.0 mm 的 1060 工业纯铝热压板材，其紊乱层的厚度从边部至中心是逐渐增加的，而且在板材中间部分则保持不变。

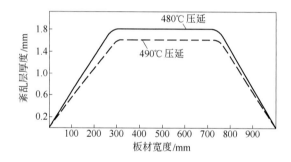

图 1-72　6.0 mm 厚 1060 工业纯铝热压板宽度方向紊乱层的分布

1.3.3.2　热挤压状态的组织和性质

　　铝及其合金铸锭在不用润滑剂正向挤压时，枝晶网被破碎，金属在挤压过程中，呈层状流动，具有强烈的方向性，晶粒沿挤压主变形方向被拉长，变形程度越大，则伸长得越厉害，同时化合物破碎程度也越大，见图 1-53F。

　　由于合金热挤压时，其应力状态图为三向压应力，这就使合金已因其堆垛层错能高，且层错狭窄，使动态恢复作用很强烈，从而显著降低合金内位错密度，使能发生动态再结晶的驱动力更减小，使动态再结晶作用更加滞后。如合金内含有提高再结晶温度的元素锰、铬、锆等，更使其不易发生动态再结晶。所以同一合金，热加工工艺相差不大时，热挤压制品一般较其他加工方式的制品的再结晶温度高，含锰、铬、锆等合金的挤压制品，其再结晶温度更高。例如非均匀化状态的 2A12、6A02 合金棒材在热挤压状态只处于动态恢复状态，没有发生动态再结晶作用或动态再结晶作用甚微。

　　图 1-73 是正常生产中 2A12 合金挤压状态的亚晶粒，它与第 7 章中图 7-39 所示的 6A02 合金棒材淬火及人工时效(T6)状态的亚晶粒，所指的亚晶即是由动态回复作用形成的亚晶。二者尺寸差别明显，前者较细，约为 3~8 μm，后者较粗，约为 7~15 μm。可见加工工艺、加工方式、热处理工艺及合金的不同，对恢复后的亚晶大小有影响。

图 1-73 2A12 合金热挤压状态组织中的亚晶粒

含锰、铬、锆元素的大多数合金，如果其铸锭不经均匀化处理，不但在热挤压状态没有发生动态再结晶，即使是在淬火自然时效或人工时效状态也不发生动态再结晶或只发生部分动态再结晶作用（详见图 3-48、图 3-52 及图 3-54、图 3-57）。显然合金中不出现再结晶组织或再结晶组织甚微是由于动态恢复作用甚强，发生动态再结晶的驱动力很小，以致连动态再结晶形核的孕育期还未达到时，热变形即停止并快速冷却，所以未发生明显动态再结晶作用。

合金挤压制品淬火及时效状态出现的再结晶组织不都是动态再结晶的产物，其中一部分是由于挤压过程中因某些物理变形因素使位错密度还不是很低，合金在停止变形前尚有一定的驱动力使动态再结晶形核并孕育成长为再结晶组织，这部分组织应是动态再结晶组织，而另一部分再结晶组织应该是在淬火加热后形成的，这部分再结晶组织应该是静态再结晶组织。

再结晶温度较低的合金(如工业纯铝 1A30、5A06、2A16)热挤压终了温度高时，形成的是再结晶组织（详见图 2-43、图 2-46、图 2-48）。热挤压终了温度低时则再结晶作用不完全，形成的是部分再结晶和纤维状的变形组织。总之，再结晶温度低的合金因不含锰、铬，在热挤压过程中没有从 $\alpha(Al)$ 中分解析出的 $MnAl_6$、$CrAl_7$ 等化合物弥散质点对位错的钉扎作用，所以合金有一定的驱动力能够发生动态再结晶。至于动态再结晶作用发展得如何，主要取决于热挤压温度和挤压终了温度。挤压温度高，变形速度小，挤压终了温度低，动态恢复作用强于动态再结晶，最后得到的是再结晶加纤维状变形组织。挤压温度较低，变形速度大，挤压终了温度高，使动态再结晶作用能充分进行，最后得到大部分再结晶或完全再结晶组织。

把半连续铸造的铸锭(DC)进行均匀化处理，包括工业纯铝在内，都能降低合金的再结晶温度，尤其对含锰、铬、锆等过渡元素的合金，这种现象更明显。为了得到再结晶组织，应当注意以下两点：

（1）在合金不发生过烧的情况下，均匀化加热温度高、时间长，有利于动态再结晶的发展。因为这样可使从 $\alpha(Al)$ 中回火分解并能提高再结晶温度的弥散析出物如 $MnAl_6$、$CrAl_7$ 等聚集粗化，失去对位错的钉扎作用，增加了发生动态再结晶的驱动力，从而保证再结晶作用的进行。

（2）铸锭均匀化后，宜慢速冷却，使弥散析出物能进一步聚集，促进挤压过程动态再结晶作用更充分发展。

大多数铝合金在热挤压后经淬火及时效处理的制品，比其他热加工(压延、锻造及模压)和冷加工(冷轧及冷拉)制品在同样淬火及时效状态下的强度高，而且沿挤压方向的强度提高得更明显，这种现象称为挤压效应，对其实质有不同的看法，我们认为有以下几点：

（1）有非完全再结晶组织，即动态恢复形成的细小亚晶粒和部分再结晶组织(其量不定，有多有少)和合金时效强化叠加互补的结果。因为时效强化虽能显著提高合金强度，但可使伸长率及韧性下降，而细小的恢复亚晶不但使合金在强度和伸长率都提高的同时，更提高制品的断面收缩率，并能改善冲击韧性。电子显微镜研究表明：时效相不但规则的分布在亚晶界和晶界上而且也脱溶于晶内及回火分解产物周边，从而使合金显著强化(详见图 1-101)。

（2）从 $\alpha(Al)$ 中析出的 $MnAl_6$、$CrAl_7$ 等弥散化合物质点沿挤压主变形方向排列并分布在被挤压拉长的晶粒周围，从而促使制品沿挤压方向强度提高更明显。

（3）热挤压制品中的挤压织构<111>和<100>平行于挤压制品轴向的晶体学特征，也是促使其各向异性的因素。<111>和<100>两种轴向织构其中大多数晶粒都是沿着棒材轴线<111>位向取向，而<100>成分的数量随着固溶体浓度的增加可增加到 30%～40%。

挤压制品的组织性质与合金成分、模具孔型、挤压温度、变形率及挤压次数有关，例如 2A12 合金中杂质铁含量为 0.7%～0.8%时，因获得完全再结晶组织，可使强度下降，挤压效应相应降低。而硅含量为 0.3%～0.5%时，也使抗拉强度 R_m、屈服强度 $R_{p0.2}$ 和伸长率 A 均下降，而且使制件在 250℃的高温性能下降更大。这是因为硅杂质含量增加，产生 Mg_2Si 和杂质相 AlCuFeSi，使该合金主要强化相及热强化相 $S(Al_2CuMg)$ 减少所致。二次挤压能使一次挤压产品的各向异性降低，这是因为二次挤压进一步的变形改变了一次挤压所形成的纤维状组织（图 1-74 及图 1-75），使从原来成行排列的化合物和变形亚晶互相混合，加之多次加热引起 $\alpha(Al)$ 中锰的更进一步的分解，使合金再结晶温度降低及挤压效应减弱或消失，再结晶更充分，纤维状组织减弱或消失，如图 1-76 及图 1-77 所示。

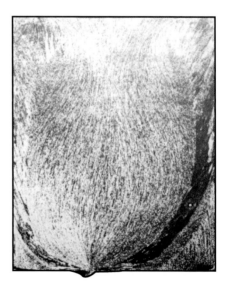

图 1-74 一次挤压时金属流动的情况　　　图 1-75 二次挤压时金属流动的情况

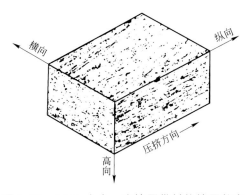

图 1-76　6A02 合金一次挤压带材热挤压状态立体组织概貌（规格为 90 mm×230 mm，变形率为 87.6%）

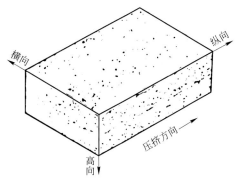

图 1-77　6A02 合金二次挤压型材热挤压状态立体组织概貌（规格为 AP-218，变形率为 94.2%）

上述组织变化对挤压制品力学性能的影响如表 1-15 所示。

表 1-15　2A12 合金一次挤压棒材和二次挤压型材 T4 状态力学性能

合金	制品名称	热挤压制度	自然时效状态(T4)	力学性能(沿挤压方向)			备注
				抗拉强度 R_m/MPa	屈服强度 $R_{p0.2}$/MPa	伸长率 A/%	
2A12	棒材	一次挤压规格：ϕ40 mm 挤压温度：320～450℃ (593～723K)	T4: 495～500℃ (768～773K) 保温 40 min， 常温水淬火	554.12	403.43	15.52	均从棒材、型材的前端取试样
	型材	二次挤压规格：厚 20 mm 挤压温度：320～450℃ (593～723K)	T4: 495～500℃ (768～773K) 保温 20 min， 常温水淬火	463.73	288.33	21.22	

表 1-15 数据表明，合金成分、挤压温度和热处理制度(T4)都相同，但一次挤压制品比二次挤压的抗拉强度 R_m、屈服强度 $R_{p0.2}$ 都高，而伸长率 A 却低，这主要是二次挤压降低了一次挤压所得到的挤压效应造成的。

不带润滑剂正向挤压铸锭时，金属变形不均匀，所以组织和性能也不均匀，由于铸锭和挤压筒内表面发生的摩擦力，使金属在挤压筒内流动不均匀，这可从图 1-78 对 ϕ280 mm2A12 合金铸锭正向挤压成 ϕ124 mm 棒材过程中水平坐标线的变化看出（铸锭挤压温度 425～435℃，挤压筒温度比挤压温度低 60～80℃）。显然，铸锭坐标网络愈到中心部位愈向模孔方向弯曲，表明此处金属有前滑现象。所以合金在挤压时形成如图 1-79 所示的三个变形区，即 V_1、V_2 和 V_3 区。

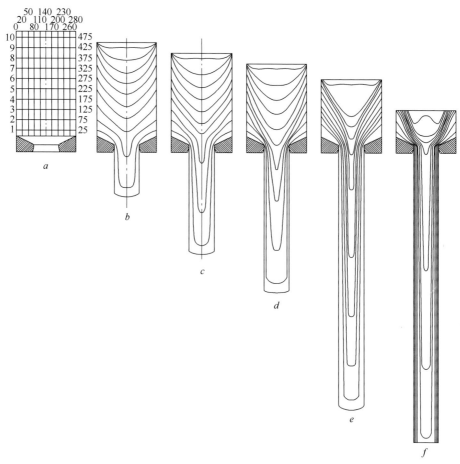

图 1-78　不带润滑剂正向挤压法将 φ280 mm 铸锭挤压成 φ124 mm 棒材过程中水平坐标线的变化

a—铸锭开始状态；b—挤出原长 0.1；c—挤出原长 0.2；

d—挤出原长 0.27；e—挤出原长 0.46；f—挤出原长 0.8

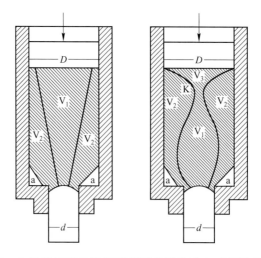

图 1-79　金属挤压时各种变形区域的形态分布（根据古布金）

在挤压过程中，V_1 区金属最容易从模孔流出经受挤压变形，V_2 区域金属流动相应滞后，到挤压后期一部分 V_2 流入 V_1 中，一部分增加到 V_3 区内，所以挤压制品前端比后端物理变形程度低，在同一截面上，边缘部位比中间和中心部位的物理变形程度大，其中以中心部位最低，这种差别在挤压制品前端表现得最明显，由前向后，差别减弱。所以 V_1 区愈到中心，金属在各向不均匀压力作用下，铸锭晶粒被拉长，晶界未完全破碎(晶粒和晶界被破碎程度不定，随挤压工艺而变)，甚至保持原晶界形貌，而且晶粒内枝晶网还基本保持原形(详见第 3 章图 3-46、图 3-47)。这种铸造组织的遗传现象，在挤压制品前段表现最明显。由前向后，由中心到边缘，变形愈大，枝晶网完全解体，二次晶化合物愈被破碎（详见第 3 章图 3-52、图 3-53）。

图 1-80 所示是 6A02 合金挤压棒材压余的低倍组织。箭头所指处可以看出在死角和中间金属区之间有一粗大晶区，此处金属组织是在挤压过程中经受外摩擦力出现的。摩擦力有以下三个来源：（1）铸锭和挤压筒内壁的摩擦力。（2）挤压过程中由于 V_1 区金属流动比 V_2 区大，二者之间的相对流动产生的摩擦力。（3）合金快出挤压筒时再次经受死角和 V_1 区和模子之间产生更大的摩擦力。在这些摩擦力的共同作用下使此处金属残留二次晶更加破碎细化，物理变形更复杂，空位、位错密度骤增。X 光检测表明此处除须点状德拜环外，还有劳埃点，此处显微组织中晶粒大小相差悬殊，而且晶格常数比中心部位低，弥散析出物聚集，表明不但残留二次晶因固溶于 α(Al) 中而减少，而且锰等回火分解产物粗化失去对位错的钉扎作用，为合金产生二次再结晶创造了条件。当此处金属随制品流出模口，再经固溶处理淬火后，合金发生二次再结晶现象，即形成粗晶环。

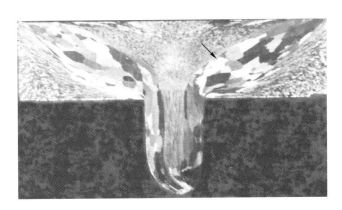

图 1-80 6A02 合金挤压棒材压余的低倍组织

挤压过程中因金属流动速度差异和金属与挤压筒内壁的摩擦力都是逐渐增大的，所以粗晶环也是在挤压制品后端最厚，由后向前逐渐变薄，愈到前端逐渐消失。

图 1-81、图 1-82 是 6A02 合金棒材组织示意图。图中所示表面的粗晶区，即粗晶环。从棒材前端(图 1-81)到后端（图 1-82），由无粗晶区到有粗晶区，其深度逐渐变大。

粗晶区在制品断面上所分布的形状与挤压模孔形状和孔数有关。以棒材为例，单孔的呈环形，多孔呈月牙形。截面为方形、长方形的挤压制品由于四角处有更大的区域应力，所以粗晶环比平面处更深。从图 1-81、图 1-82 所示的显微组织特征中也明显看出棒材前后端及同截面边缘、中间及中心组织差异的情况。挤压棒材前后端力学性能的分布情况如表 1-16 所示，粗晶环对挤压制品力学性能的影响如表 1-17 所示。

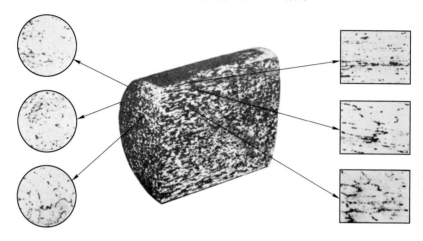

图 1-81　6A02 合金棒材前端组织示意图

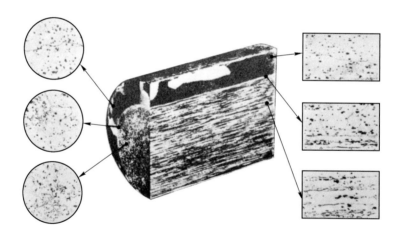

图 1-82　6A02 合金棒材后端组织示意图

表 1-16　挤压棒材前后端力学性能

合金	棒材规格 /mm	热处理状态	力学性能(挤压方向—纵向)						备 注
			抗拉强度 R_m/MPa		屈服强度 $R_{p0.2}$/MPa		伸长率 A/%		
			前端	后端	前端	后端	前端	后端	
2A11	20	T4	493	515	333	348	16	16.6	后端试样是截去压余后再取试样

合金	棒材规格 /mm	热处理状态	力学性能(挤压方向—纵向)						备 注
			抗拉强度 R_m/MPa		屈服强度 $R_{p0.2}$/MPa		伸长率 A/%		
			前端	后端	前端	后端	前端	后端	
2A11	120	T4	487	508	319	339	15.2	16	后端试样是截去压余后再取试样
2A12	20	T4	487	542	329	367	15	14.6	
2A12	75	T4	529	562	367	379	14.2	15.5	
2A07	180	T6	403	417	303	321	15.6	17.6	

表 1-17 2A12 合金带材粗晶环和中心部位细晶区力学性能

合金	取样部位	拉伸方向	力 学 性 能			备 注
			抗拉强度 R_m/MPa	屈服强度 $R_{p0.2}$/MPa	伸长率 A/%	
2A12	粗晶环区	挤压方向(纵向)	437	347	8.6	均从挤压带材后端取试样
	粗晶环区	垂直挤压方向(横向)	406	320	13.2	
	细晶区	挤压方向(纵向)	534	429	15.4	
	细晶区	垂直挤压方向(横向)	440	371	10.2	

表 1-16、表 1-17 数据表明：挤压制品后端比前端抗拉强度 R_m、屈服强度 $R_{p0.2}$ 都高，而伸长率相差不大，粗晶环能降低制品纵横向的抗拉强度 R_m 和屈服强度 $R_{p0.2}$，同截面从中心到边缘的性能也有差异。

疲劳试验表明：2A12 合金型材淬火自然时效状态在 2.0×10^6 次循环作用下，粗晶环区的疲劳强度比中心细晶区低，试样不是沿粗细晶区边界破裂。

1.3.3.3 锻造状态的组织和性质

变形铝合金锻件主要用作航空、航天、汽车等工业制件，正确掌握其组织质量对保证制件的性能和使用有重要意义。

锻造制品低倍金相组织中流纹的粗细与锻造毛料组织和锻造工艺有关。用挤压毛料一次模压，金属沿模型轮廓流动的方向性很强，淬火后，形成细的流纹；用铸造毛料模压或经多方锻造、多次模压生产的产品，金属流动的方向性较弱，淬火及时效后，流纹较粗。锻件的组织变化很复杂，和锻件大小、模锻工艺、锻件形状有关。锻件淬火及人工时效后的显微组织与挤压制品的相似，即再结晶组织或部分再结晶组织与纤维状变形组织，化合物被破碎，并沿模型轮廓或锻造主变形方向排列，如图 1-83 所示。

必须指出：大多数热模锻产品在淬火及人工时效状态下，可看到再结晶组织及呈区域性分布的亚晶粒，详见第 7 章 6×××图 7-92。

锻件组织的不均匀性主要表现在厚壁部位，因变形程度较小，存在着残留铸造组织。从图 1-83 及对照表 1-18 性能数据可看出：变形率愈小，铸态组织破碎程度愈低，枝晶网轮廓愈明显，即残留铸造组织愈多，锻件的横向伸长率也愈低。

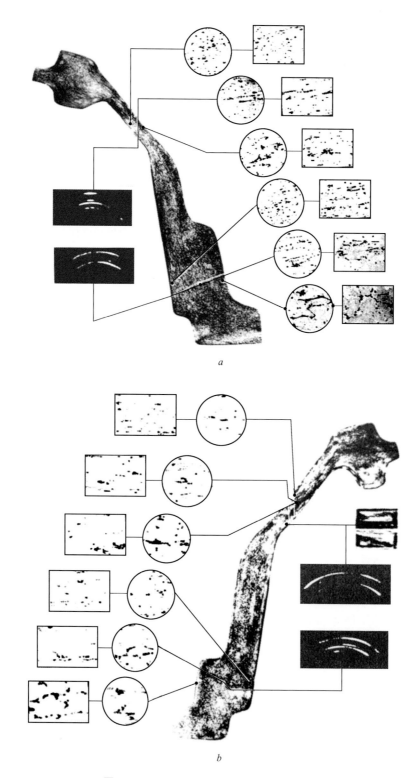

图 1-83　6A02 合金模锻件综合组织特征

a—锻造状态；b—淬火及人工时效状态

表 1-18 6A02 合金 Д2 锻件力学性能

合金	锻件名称	加工制度	热处理制度	力学性能						备注
				抗拉强度 R_m/MPa		屈服强度 $R_{p0.2}$/MPa		伸长率 A/%		
				纵向	横向	纵向	横向	纵向	横向	
6A02	Д2	锻造温度：450～490℃(723～763K)变形率：80%	"F"状态 未热处理	148(薄壁)		134(薄壁)		26.4(薄壁)		
				158(厚壁)		138(厚壁)		26.6(厚壁)		
			T6状态 淬火温度：510～540℃(783～813K) 保温 90 min 人工时效温度：150～185℃(423～458K) 保温 720～900 min	364(薄壁)		315(薄壁)		16.1(薄壁)		淬火水温(常温)
				368(厚壁)	373(厚壁)	305(厚壁)	341(厚壁)	17.8(厚壁)	13.9(厚壁)	

图 1-84 是 2A11 合金锻件不同部位的低倍金相组织。变形率大的部位，铸态晶粒已明显的变形，其纵向伸长率可高达 20%，而变形率小的部位，还能分辨出铸态晶粒的外形，伸长率只有 2%。

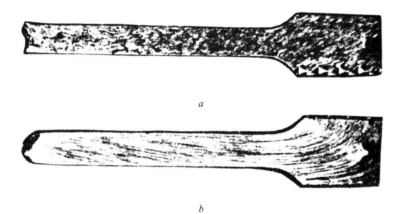

a

b

图 1-84 2A11 合金锻件不同部位的低倍金相组织

a—变形率小的部位伸长率为 2%；b—变形率大的部位伸长率为 20%

在变形铝合金锻件中，常出现粗大晶粒现象，以 2A50、2B50 合金锻件最常见，其分布形态有以下三种：

（1）沿锻件周围出现连续或不连续的粗晶区域，这是采用带有粗晶环的挤压毛坯造成的。实验表明，将毛坯粗晶环深度降到不大于 3 mm，可减轻或消除这种粗晶区。

（2）锻件中出现局部粗晶区，其部位多处于剪流与难变形区交界处，此处物理变形大而不均匀，显微组织是恢复亚晶和少量再结晶组织，晶粒大小很不均匀。锰、铬析出物聚集粗化，显然这种粗晶是因为在难变形区附近变形不均匀，以个别稳定恢复亚晶为核心成长的晶粒吞食周围小晶粒，从而发生二次再结晶引起的。研究指出：在 360～380℃(633～653K)以下低温变形，尤其当锻模温度低到 200～250℃(473～523K)时，金属温度也低(≤350℃)，两次锻压时，更加剧变形不均匀现象，即出现严重粗晶组织。

（3）在锻件整个截面出现粗晶组织，这种粗晶沿流纹分布略具方向性，比局部和边缘粗晶稍细。实验表明：在合金化学成分和热处理工艺稳定的情况下，终锻温度不能低于 390℃(663K)，并随变形程度的增加，变形温度亦应提高到 400℃(673K)，这样即可得到全截面细晶组织。总之，低温大变形是产生粗晶组织的主要原因。

生产实践表明：对 2A11 合金桨叶模锻件，不但终锻温度应高于 400℃，模具的预热温度亦应适应，必须在 400～450℃，否则会在桨叶上出现粗大晶粒组织。

有趣的是，金相显微组织和 X 光掠射检验表明 2A50 合金在 340℃(613K)终锻,其组织特征为变形纤维组织，而 400℃(673K)终锻合金为典型恢复亚晶并有少量再结晶组织。经 513±2℃(786±2K)保温 90 min 后于常温水中淬火。前者为粗晶组织，这是因为终锻温度低于 366～385℃(639～658K)，使合金承受冷作变形，从而使物理变形量增加(位错密度等增加)，合金有一定驱动力在高温淬火的热激发下不但发生静态再结晶，而且晶粒聚集粗化。但终锻温度为 400℃的锻件因其温度比上述终锻温度高，合金锻造完毕即因动态再结晶作用已完成，而且组织较均匀，所以在淬火后不致发生二次再结晶，不会出现晶粒粗化现象。2A50 合金 A70 模锻件粗晶区对力学性能影响的情况如表 1-19 所示。

表 1-19　2A50 合金 A70 模锻件粗、细晶区力学性能

合金及锻件名称	热处理制度	晶粒组织情况	力学性能											
			拉力试验性能									冲击试验		备注
			纵　向			横　向			高　向			冲击韧性 $/J \cdot cm^{-2}$	布氏硬度	
			抗拉强度 R_m /MPa	屈服强度 $R_{p0.2}$ /MPa	伸长率 A /%	抗拉强度 R_m /MPa	屈服强度 $R_{p0.2}$ /MPa	伸长率 A /%	抗拉强度 R_m /MPa	屈服强度 $R_{p0.2}$ /MPa	伸长率 A /%			
2A50 合金 A70 模锻件	固溶处理温度 513℃±2℃ (786K±2K) 保温 90 min，常温水淬火人工时效温度：153～160℃，保温 5 h	粗晶	428	365	16.7	402	346	16	457	380	14.7	45.9	129	拉力试验为四个试样平均值
		细晶	483	416	15.1	475	395	12	462	388	12	27.4	129	
标　　准			382	275	10	363	245	7	343		5		100	

表 1-19 数据表明，粗晶组织降低模锻件纵、横、高三个方向的抗拉强度 R_m 和屈服强度 $R_{p0.2}$，其中以横向抗拉强度 R_m 降低最明显，高向较弱，而伸长率 A 却上升，其中横向伸长率 A 增加最多。锻件中粗细晶区的布氏硬度一致，而且粗晶区的冲击韧性几乎比细晶区高一倍。粗晶组织的晶间腐蚀深度虽略有增加，但和细晶区同评为三级晶间腐蚀。

2A70 合金锻件比 2A50、2B50 锻件具有较均匀的晶粒组织，合金在淬火及人工时效状态已完全再结晶，基本上呈大小相差不大的等轴再结晶晶粒。这是由于合金中不含锰 (< 0.2%Mn)，而且也视硅为杂质(<0.35%Si)，从而使合金再结晶温度低的结果。

2A50、2B50 合金锻件在粗细晶区都呈沿流线分布的纤维状或被拉长的晶粒组织，而 2A70 合金锻件晶粒沿主变形方向无明显方向性，而且在大变形处仍为细晶组织，但 2A50、2B50 合金都会出现粗大晶区。

2A70 合金锻件能在金属流动速度最小处出现粗大晶区，这可能是二次再结晶造成的。2A70 合金大型模锻件力学性能如表 1-20 所示。

表 1-20　2A70 合金大型模锻件 S_1 力学性能

合金及锻件名称	热处理制度	力 学 性 能								备注
		抗拉强度 R_m/MPa			伸长率 A/%			布氏硬度 HB		
		纵向	横向	高向	纵向	横向	高向	纵向	横向	
2A70 S_1 模锻件	固溶处理温度：535℃±5℃(808K±5K)保温150 min，常温水淬火，人工时效温度：155℃±3℃(428K±3 K)保温 10 h	408～432	418～431	397～404	16～18	13～16	10.8～12	120～123	121～124	
技术标准	纵　向	373			4%			100		
	横　向	333			4%			100		

从表 1-20 数据看出，由于 2A70 合金锻件具有完全再结晶组织而且晶粒趋于等轴，没有明显的方向性，所以其各向异性比其他合金锻件低。

由于 2A70 合金不含锰、铬等提高再结晶温度的合金元素，其再结晶行为与含锰合金不同。在模锻工艺生产上不宜多次加热和模锻，否则既产生粗大晶粒也相应降低其抗拉强度 R_m，而伸长率 A 上升，如表 1-21 所示。

表 1-21　2A70 合金模锻件模锻次数对力学性能的影响

锻件流纹方向	低倍组织特征	力 学 性 能			
		两次模锻成型		一次模锻成型	
		抗拉强度 R_m/MPa	伸长率 A/%	抗拉强度 R_m/MPa	伸长率 A/%
纵向(顺流纹方向)	粗晶区	357.8～397	13.0～17.0	460.8～421.5	10.0～14.0
	细晶区	392～421.5	12.0～16.0		
横向(垂直流纹方向)	粗晶区	352.9～372.6	12.0～13.0	436～421.5	10.0～12.0
	细晶区	392～406.8	14.0～15.0		

对出现粗晶区的锻件，金相生产检验时应对粗晶区进行布氏硬度试验。如果硬度合格，其他性能也合格，则认为此锻件合格，可以使用。这个处理方法国内外一致。

1.4　冷压延、冷拉伸及冷拔、冷轧状态的组织

冷变形的组织与变形量有密切关系。在冷变形率小时，还可以看到原始晶粒的形状，晶粒沿变形方向伸长。逐渐提高变形率，晶粒破碎程度增大，其原始晶粒外形逐渐消失。图 1-85 表示各种冷加工状态制品的组织特征。

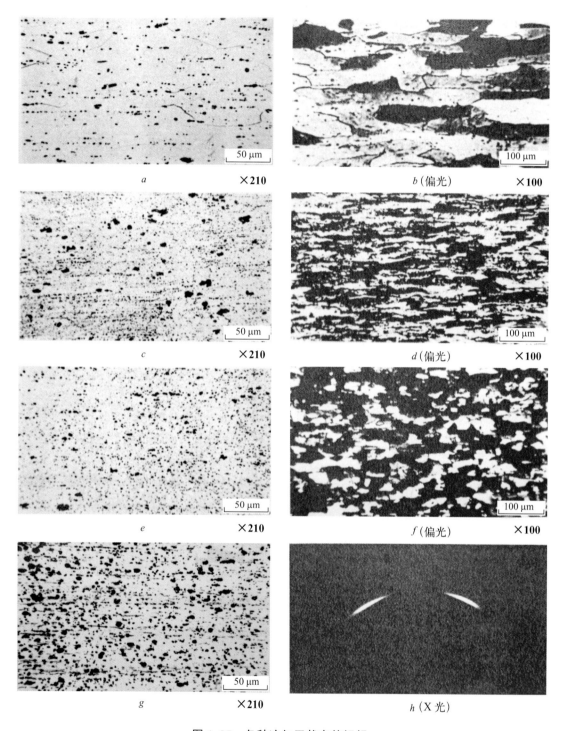

图 1-85 各种冷加工状态的组织

a，b—冷拉伸管材，冷变形率 14%；c，d—冷压延板材，冷变形率 80%；

e，f—冷拔线材，冷变形率 45%；g，h—冷轧管材，冷变形率 35%

1.5　变形铝合金热处理状态的组织和性质

1.5.1　退火状态的组织和性质

变形铝合金制品的退火可分为低温退火和高温退火两大类。低温退火包括消除冷变形产品中内应力的恢复处理、高镁合金的稳定化处理及不同硬状态的部分软化退火。恢复处理组织变化在前面已谈过；稳定化处理时在晶界上有 $\beta(Mg_2Al_3)$ 相析出，从而可防止高镁合金冷加工产品在长期放置时发生软化和腐蚀，详见第 6 章 5×××系合金；部分软化退火温度是在开始再结晶温度和终了再结晶温度之间。所以，部分软化退火的组织特征，是在纤维状的变形组织基体上有再结晶组织出现，随着温度的升高，再结晶晶粒组织也愈多，详见第 2 章工业纯铝图 2-5 组织图。

高温退火时，组织发生明显变化。工业纯铝高温退火后，只发生再结晶；而合金进行高温退火时，除了产生再结晶外，还发生 $\alpha(Al)$ 固溶体的分解和残留的可溶性化合物的聚集作用。在 $\alpha(Al)$ 基体上除了化合物外，还密布着分解产物，由于挤压制品的再结晶温度一般很高，退火时，大部分制品再结晶不完全。因为分解产物密布在 $\alpha(Al)$ 基体上，使再结晶晶粒不易分开（见图 1-53I 及图 1-53J），必须于偏振光下观察才能区分出晶粒。

加工制品退火后抗拉强度、屈服强度都下降，而伸长率上升。这种性能上的变化，冷加工制品比热加工制品表现的更明显。表 1-22 所示是 1060 工业纯铝和 2A12 合金制品退火状态的力学性能。

表 1-22　1060 工业纯铝和 2A12 合金制品冷、热加工和退火状态力学性能

合金	制品名称	规格或型号/mm	状态	加工制度		热处理制度		力　学　性　能												布氏硬度 HB
				温度/℃(K)	变形率/%	温度/℃(K)	保温时间/min	抗拉强度 R_m/MPa				屈服强度 $R_{p0.2}$/MPa				伸长率 A/%				
								纵	横	45°	高	纵	横	45°	高	纵	横	45°	高	
1060	热压板	厚 10.5	F	400(673)	98			93.4	93.6	85.4		63.1	73.1	65.5		33.27	27.03	29.56		24.2(边部) 27.4(中间) 28.4(中心) 23.4(表面)
1060	热压板	厚 10.5	O	400(673)	98	400(673)	60	76.9	77.8	80.9		44	44.6	45		41.5	31.7	41.03		23.0(边部) 23.8(中间) 25.9(中心) 22.2(表面)
1060	冷压板	厚 0.5	H₁	室温	95			181.8	188.6	185.5						7.19	4.06	5.26		41.5
1060	冷压板	厚 0.5	O	室温	95	400(673)	60	86.8	80.9	91.6						33.4	35.8	42.1		23.4
2A12	冷压板	厚 1.0	H₁	室温	80			283.3	297.1	285.1		275.5	290.9	275.6		13				
2A12	冷压板	厚 1.0	O	室温	80	350~420 (623~693)	60 ~180	140.9	185.8	183.7		115.6	114.5	112.4		20.4	19.36	23.0		
2A12	一次挤压棒材	φ40	O	320~450 (593~723)	97	380~420 (653~693)	120	217.9				138.4				16.95				
2A12	一次挤压型材	壁厚 2.0	O	320~450(593~723)		380~420 (653~693)	120	208.6				139.7				16.25				

1.5.2　淬火及时效状态的组织和性质

热处理可强化的变形铝合金制品，其淬火及时效状态的组织性质是它使用性能的基础。了解和掌握该状态组织形成机理、特征和性能的关系，对研究合金的组织及金相生产检验、保证制品质量、正确使用材料都有重要意义。

合金在淬火及时效状态的组织应从三个方面理解：（1）合金中残留二次晶组成和少量杂质相的含量，大小和其分布状态；（2）合金经固溶处理后因高温加热形成的静态再结晶和原动态再结晶晶粒及亚结构的变化；（3）合金自然时效或人工时效形成的组织特征。前面两种组织现象在普通显微镜下可观察。时效状态的组织必须通过 X 光结构分析或在电子显微镜下观察，才能了解其组织特征和分布状态。

变形铝合金制品淬火前的加热使可溶性的强化相，即残留二次晶（如 $CuAl_2$，$S(CuMgAl_2)$，Mg_2Si 等）最大限度的固溶到 α(Al)中。所以制品在新淬火状态的组织是化合物比淬火加热前显著减少，还有 Fe、Si 等杂质相（如 $FeAl_3$，α(AlSiFe)，AlMnFeSi 等）相应细化。如果合金中含有锰、铬等元素，则在 α(Al)基体上还分布有它们与铝形成的化合物（$MnAl_6$，$CrAl_7$）等。所有上述这些化合物相，彼此难以区分。在 α(Al)基体上的分布状态随制品加工方式和变形工艺而不同，可结合各种加工方式对组织的影响进行分析。

由于淬火前固溶处理时的加热使 α(Al)固溶体发生再结晶作用，这时的再结晶有两种情况：一种是在热加工时已形成的动态再结晶组织进行得更充分，或使晶粒长大；另一种是已动态恢复的 α(Al)固溶体发生再结晶作用（这时的再结晶可认为是静态再结晶）。正常淬火及时效状态 α(Al)固溶体的恢复亚晶和再结晶晶粒都具有纤细的晶界。实际生产中，因合金中固溶成分的均匀性和分布状态，以及变形过程中工艺参数的波动，由此引起合金在加工变形时物理变形不均匀，畸变能分布也很不均匀，再结晶晶粒的长大和合并总是以大晶粒吞并小晶粒，晶界向着曲率中心的方向移动而实现的，在晶粒长大时，晶界推进的过程因应力分布不均进行得既参差不齐，也不同步，所以大多形成"齿形"晶界。这个现象合金制品比工业纯铝明显，尤其是含锰、铬、锆的合金显著。对于含有铜、锌的合金在再结晶晶粒间还有不同的颜色对比度，对比度越大，说明合金固溶越充分。

加工制品固溶加热完毕，为了防止晶界脱溶，必须迅速浸入到冷却水中，其转移时间不得超过 25～30 s。一般情况下淬火水温不超过 30℃，为了防止大型制件和形状复杂制品歪曲甚至裂纹，可将水温适当提高到 30～50℃。

研究表明：对于大型铝合金锻件，用沸水淬火可防止制件机加工过程中发生变形、翘曲，以保证其精加工制件的尺寸精度和稳定性。

随制品加工方法的不同，晶粒的分布状态也不一致。以 2A12 合金为例，如冷压延板、冷轧管淬火时效后已完全再结晶具有近似等轴的再结晶晶粒。热压延板材淬火后虽已完全再结晶，但非等轴，晶粒沿压延主变形方向排列，详见图 1-53G。

一次挤压和锻造的制品淬火时效后，均出现恢复亚晶和再结晶共存的组织，而且亚晶粒呈区域性的分布着。挤压制品再结晶晶粒均沿挤压主变形方向拉长，锻造产品再结晶晶粒沿低倍组织流纹分布，其典型组织特征详见图 1-53K 和第 3 章 2×××系中 Al-Cu-Mg 系图 3-58、图 3-59 及第 7 章 6×××系中 Al-Mg-Si-Cu 系图 7-37、图 7-39、图 7-92，第 8 章 Al-Zn-Mg-Cu 系图 8-78、图 8-85。上述这些组织特征都是因为加工变形的方式不同，物理变形不均匀，使各组织形成时再结晶行为不同的结果。而且这些制品都未完全再结晶，其终了再结晶温度很高，像 2A12 合金，再结晶终了温度有时比其过烧温度还高，所以在生产检验和一般工艺研究工作中，我们称这种组织现象为处于再结晶状态的非定型再结晶组织。

在检验和研究加工制品的组织时，虽应考虑各方向组织的分布，以得到全面概念，但对纵向组织的分析，最能表现制品的组织分布状态，这是因为再结晶和亚晶粒的晶界都非常纤细，而且有的晶粒的晶界不封闭，分布很不规整造成的。这种组织在横向上观察不易得到完整概念，而在纵向上观察则可较完整的看到各种相组织互相间的分布特征，尤其在偏光下观察更明显，详见第 2 章工业纯铝图 2-33、图 2-34 及第 7 章 6×××中 Al-Mg-Si-Cu 系图 7-39、图 7-40 和第 8 章 7×××Al-Zn-Mg-Cu 系图 8-82、图 8-92、图 8-93。所以在检查和研究加工制品组织时，尤其是对含有提高再结晶温度锰、铬、锆等元素的合金，如对板、棒、型、管材以纵向为主，舌型模挤压的空心型材还应检查其焊缝处的组织质量（详见第 7 章 6×××中 Al-Mg-Si-Cu 系合金图 7-49），锻件在变形最大和最小的部位沿流纹方向观察。

具有细的恢复亚晶与再结晶晶粒的 6A02 合金棒材，在淬火及人工时效状态于常温下的抗拉强度和屈服强度均比具有粗晶的棒材高，而伸长率和断面收缩率却相差不大，如表 1-23 所示。

表 1-23 6A02 合金 ϕ40mm 棒材淬火及人工时效状态（T6）力学性能

合金	制品及规格 /mm	热处理状态	恢复亚晶或再结晶晶粒尺寸 /μm	力学性能				备注
				抗拉强度 R_m/MPa	屈服强度 $R_{p0.2}$/MPa	伸长率 A/%	断面收缩率 Z/%	
6A02	棒材 ϕ40	T6	104～335	290	275	17	46	纵向拉伸力学性能
			16～25	359	326	17.2	51	

2A12 和 2A70 合金板材晶粒尺寸在常温时对强度性能的影响如图 1-86 所示。当晶粒尺寸在 20～60 μm 范围内，合金的抗拉强度 R_m 和屈服强度 $R_{p0.2}$ 变化不大，只是 2A12 合金的伸长率在自然时效状态下，随晶粒粗化而显著降低。

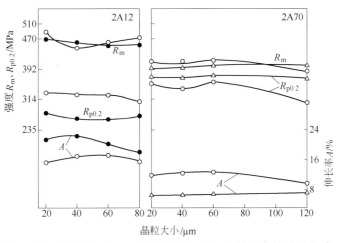

图 1-86 晶粒尺寸对 2A12 和 2A70 合金板材强度性能的影响

●—淬火+自然时效；○—淬火+人工时效；△—淬火+矫直+人工时效

表 1-24 所示是在淬火及时效状态下晶粒尺寸对 2A12 合金板材蠕变强度影响的情况，显然晶粒尺寸为 50 μm 的板材在自然时效和人工时效状态下的蠕变强度都比尺寸为 20 μm 板材的高。

表 1-24　在淬火及时效状态下晶粒尺寸对 2A12 合金板材蠕变强度的影响

晶粒尺寸 /μm	状　态	在下列时效制度后的残余变形/%			蠕变极限(0.2%，在 175℃ 经 100h)/MPa
		150℃人工时效 100 h	150℃人工时效 1000 h		
		σ=167 MPa	σ=167 MPa	σ=176 MPa	
20	自然时效	0.109	0.214	0.358	137.3
	人工时效(190℃ 时效 12h)	0.080	0.261	0.336	137.3
50	自然时效	0.051	0.115	0.152	186.3
	人工时效(190℃ 时效 12h)	0.053	0.104	0.108	186.3

2A12 合金板材晶粒尺寸由 20 μm 增加到 60 μm 时，在温度为 150℃、应力为 275 MPa 的条件下，板材的断裂时间可延长 1.5～2 倍，而且经微量变形(2%)的板材反比未变形的到达断裂的时间更长，如图 1-87 所示。

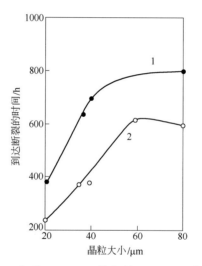

图 1-87　在 150℃和 275 MPa 的条件下，2A12 合金板材试样
的断裂时间与晶粒尺寸的关系
1—2%变形；2—未变形

以上试验表明，具有粗晶的 2A12 板材在高温情况下，其持久强度和蠕变强度均比细晶高，具有优越的高温使用条件。

2A12 和 2A70 合金在不同温度加热，随时间变化而软化的动力学曲线如图 1-88 所示。从图中可以看出：2A12 合金的强度在 150℃到 200℃加热时随时间变化，合金软化的速度比 2A70 合金大；而到 200～350℃，两种合金软化的速度逐渐变慢，而且加热时间越长软化行为越相似，但是 2A12 合金在 350℃加热 100 h 的强度仍比 2A70 高 39～40 MPa。

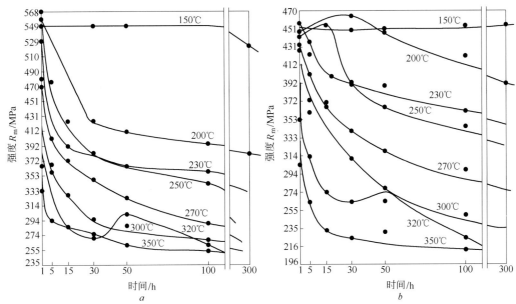

图 1-88　合金在不同温度加热随时间变化而软化的动力学曲线（室温下）

a—2A12 合金；*b*—2A70 合金

为了探明 2A12 和 2A70 合金板材在使用过程中的可靠性，进行了断裂功的试验，如图 1-89、图 1-90 所示。

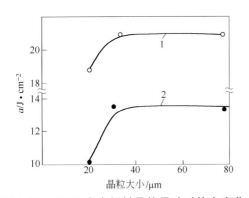

图 1-89　2A12 合金板材晶粒尺寸对静力弯曲时带裂纹试样单位功的影响

1—2A12 自然时效状态；2—2A12 人工时效状态

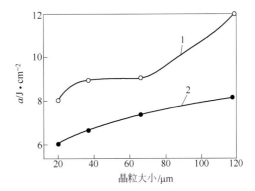

图 1-90　2A70 合金板材晶粒尺寸对冲击弯曲时带裂纹试样单位功的影响

1—人工时效状态；2—人工时效+150℃、1000 h

以上两图均表明随着晶粒的粗化，其断裂功相应增高。

对带有中心裂纹的试样进行重复轴向拉伸试验，测定试样的断裂"寿命"，表明：粗晶板材亦有其优越性，如 2A70 合金粗晶板材的试验"寿命"比细晶的高 1.5 倍，2A12 合金粗晶板材抗断裂能力比细晶的也大，而且这种差别在人工时效状态表现的更明显。当循环应力为 147 MPa 时，细晶板材的断裂速度比粗晶的几乎大 2 倍。

综上所述，可见具有粗晶组织的板材有高的耐热性能，其耐热强度，持久强度和蠕变强度和带裂纹试样的断裂功均较高，抵抗断裂的能力较大，断裂的速度较小，因此其使用可靠性大。所以选择在高温下长期工作的材料时，使用晶粒较粗的板材是合理的。这时可靠的晶粒尺寸在 35～50 μm 范围内。比其更细的晶粒的板材上述各性能均较低。

应当指出：晶粒较粗大的板材的疲劳极限值低，而且在拉伸变形时容易出现粗糙的表面，即橘皮现象。

用 X 光结构分析和电子显微镜观察的方法研究合金淬火后，因时效引起的组织变化表明，在较低温度时效时，α(Al)的分解过程比较复杂。表 1-25 是几种主要合金在时效时 α(Al)过饱和固溶体的分解序列(括号内表明了时效时密集溶质原子的合金元素或形成的析出相)。

表 1-25 几种主要合金时效时过饱和固溶体的分解序列

合 金	时 效 序 列
Al-4%Cu	SS → GP(I)(Al·Cu) → 分支上: GPⅡ(θ″)(有序化) → θ(CuAl₂)；中: θ′ → θ(CuAl₂)；下: GPⅡ(θ″)(有序化) → θ′ → θ(CuAl₂)
Al-Ag	SS → GP(Al·Ag) → γ′ → γ(AlAg₂)
2A12	SS → GP(Al·Cu·Mg) → 有序的GP区 → S′ → S(CuMgAl₂)
2A11	SS → GP(Al·Cu) → θ′ → θ(CuAl₂)
Al-Mg-Si	SS → GP(Mg·Si) → 有序的GP区 → β′ → β(Mg₂Si)
Al-Zn-Mg	SS → GP(Al·Mg·Zn) → 上: M′ → M(MgZn₂)；下: T′ → T(Mg₃Zn₃Al₂)

上述各合金的时效序列中，由于 GPⅠ，GPⅡ 阶段和 α(Al)基体完全共格，使合金强化，特别是 GPⅡ 阶段强化效应最大，在过渡相阶段和 α(Al)基体部分共格强化效果已不如 GPⅡ。到出现稳定相时，由于和 α(Al)基体完全不共格，合金即软化。

电子显微镜研究确定 GP 区的形态是由溶质原子和溶剂原子大小差别所决定的。例如铝、铜原子半径相差较大，GP 区为片状。这样它与基体有较大的接触面积，可以减小晶格畸变。几种主要合金 GP 区的形状见表 1-26，过渡相的形状和存在状态如表 1-27 所示。

表 1-26 几种主要合金 GP 区的形状

合 金 系	GP 区情况	
	形 状	存在状态
Al-Cu	片状①	共 格
Al-Ag	球 状	
Al-Si	球 状	非共格
Al-Zn	球 状	共 格
Al-Mg-Si	针状①	共 格
Al-Cu-Mg	针状或球状	共 格
Al-Zn-Mg	球 状	共 格

① 用氧化膜覆型法观察合金在自然时效的 GP 区为点片状。

表 1-27   几种主要铝合金时效过渡相的形状和存在状态

合 金 系	过 渡 相	形 状	位 向 关 系	存 在 状 态	生核情况
Al-Ag	γ'		与 α(Al)基体 {111} 共格		
Al-Cu	θ''	圆片状	{100} Al	共格	均匀
	θ'	圆片状	(100) θ' // (100) Al	部分共格	均匀或不均匀
Al-Mg	β'	棒状	平行于 <100>Al		均匀或不均匀
		片状	{100} Al，或 {120} Al		
Al-Si	纯 Si 片	片状	一组在 {100} Al	不共格或很少部分共格	均匀
			二组在 {111} Al		
			二组在 {112} Al		
Al-Mg-Si	β'	棒状	[100] β' // [100] Al		
			[011] β' // [100] Al		
Al-Cu-Mg	S''	针状	[011] S'' // [035] Al	共格	
	S'	棒状	[010] S' // [021] Al		
Al-Zn	α'	片状	{111} Al		均匀
Al-Zn-Mg	η'	片状	(0001) η' // {111} Al	部分共格	均匀或不均匀
			[11$\bar{2}$0] η' // [$\bar{1}\bar{1}$0] Al		

各种合金经淬火后，按合金中溶质原子结构、原子半径大小和过饱和固溶体浓度的不同，出现表 1-25 所述各时效序列，但各时效序列并不都是按次序进行，有的可越过，有的可进行到中途而终止。只有适当控制这种序列变化的特性才可使合金强化，例如 Al-Cu 合金在 GPⅡ(θ'')过渡相阶段强化最明显。若按序进行到最后阶段，出现与母体(α(Al)固溶体)失去共格状态的稳定相 θ(CuAl$_2$)时合金即软化。

合金在淬火状态的过饱和固溶体时效时受合金成分、工艺因素的影响，其脱溶过程很复杂。所以不但不同合金系的合金脱溶序列不完全相同，就是同系而成分不同的，时效温度相同其脱溶序列也可能有差异。或者是同一合金成分而时效温度不同，也可导致时效序列不同。更应当指出的是在一般生产条件下，一种合金在一定的时效温度下，因其所处加工状态和工艺的不同造成物理变形程度的不均匀性，使多晶体的过饱和固溶体中点缺陷(空位、位错)分布不同，使合金中不同部位或区域因能量差异出现不同的脱溶序列，从而使晶内出现 GP 区或过渡相，而晶界上产生稳定相，甚至出现像 Al-Zn-Mg 系、Al-Zn-Mg-Cu 系、Al-Cu-Li 系中的无沉淀带(PFZ)。

可热处理强化的变形铝合金淬火后于室温下停放一定时间，其室温强度 R_m 和硬度显著上升，而伸长率 A 却比新淬火状态下降，这种自发强化的现象称为自然时效。合金系不同其需要达到自然时效效果的时间也不相同。Al-Cu，Al-Cu-Mg 系合金淬火后 10 h 即可出现较明显的时效强化现象。2A12 合金在室温下停置 4 昼夜后其抗拉强度 R_m 由新淬火状态的 305 MPa 提高到 412 MPa，所以该系合金半成品在只要求室温力学性能和硬度情况下均使用自然时效。但在高于 125~150℃情况下使用时，2A12 合金必须进行人工时效。Al-Mg-Si 系合金，自然时效和人工时效均能达到时效强化效果，但自然时效所需时间较长，一般到 10~15 昼夜才可出现较明显的强化现象。Al-Mg-Zn(含 Al-Mg-Zn-Cu 系)合金所需自然时效时间更长，如 7A04 合金自然时效三个月也不能达到最高强化效果，而且还使耐蚀性降低。所以这两系合金均需在高于室温并保持一定时间后，才能达到时效强化效果，即进行人工时效。对于 Al-Cu-Mn，Al-Cu-Mg-Fe-Ni 系(这两系合金现均属 2××× 系合金)以及 8××× 系的 Al-Cu-Li，Al-Cu-Li-Cd 系合金，它们的自然时效的强化效果也都不十分明显，均需进行人工时效才有高的强化效果和高的高温持久强度。由此可见，合金系不同其所能应用的时效制度不同，而且一种时效制度也不能完全改变合金的所有力学和物理性能和耐腐蚀性能。

对经时效处理后的铝合金，再于固溶处理温度以下短时加热并迅速冷却，这时合金的性能基本恢复到新淬火状态，称为时效回归现象。所以工业上利用这个特性对 2××× 系(Al-Cu-Mg)中作铆钉的材料在自然时效状态给予回归处理后使塑性恢复即可进行铆接。

鉴于回归现象的本质是使时效相重新固溶的结果，需要加热的时间很短。若时间长，就会出现相应温度下的脱溶相或又使强度升高，或过时效而使强度下降，而且合金也不宜反复回归，如经多次回归后，对其力学性能和耐腐蚀性均不利。

有些需要进行人工时效的合金，淬火后在室温下停放一段时间再人工时效，则会降低合金制品的抗拉强度 R_m 和屈服强度 $R_{p0.2}$，而使伸长率 A 稍有提高。如将停放时间延长到 2 昼夜则强度下降的较少，这种现象称为合金的停放效应。给 Al-Mg-Si 系合金中加入 Cu，即成为 Al-Mg-Si-Cu 系合金后如 2A50、2B50 和 2A14 等合金可减缓停放效应。Al-Zn-Mg 系合金如 7075 合金虽亦有此现象，但表现不明显。鉴于在生产情况下，产品在生产线上运输、装炉总要延误时间，所以对不同合金规定如下：

（1）6A02 合金淬火后在 3h 之内或 48h 以后进行人工时效，或将合金制件淬火后立即在 150~180℃保温 5~20 min 后，可停放任意时间再人工时效也不再使强度下降。

（2）对 2A02、2A50、2B50、2A14、7A04 合金的规定如表 1-28 所示。

表 1-28 对 2A02、2A50、2B50、2A14、7A04 合金停放效应的规定

合 金	停 放 规 定	备 注
2A02	合金淬火后不迟于 3 h 或淬火后在 15~100 h 之间进行人工时效	不按此规定办理合金强度有所下降
2A50，2B50	淬火后到人工时效间隔时间小于 6 h	
2A14	淬火后到人工时效间隔时间小于 3 h 或大于 48 h	
7A04	淬火后在 4 h 之内或在 2~10 昼夜之间进行人工时效	

随着建筑型材工业的发展，对 6063 合金采用专用工艺规定克服停放效应。详见第 7 章 6××× 系合金中 Al-Mg-Si 系合金。

Al-Cu-Mg 和 Al-Mg-Si、Al-Mg-Zn 系中主要合金在自然时效和人工时效状态下的力学性能和耐腐蚀性能，如表 1-29~表 1-36 所示。

表 1-29 Al-Cu-Mg 系变形铝合金加工制品室温力学性能

合金	状 态	力 学 性 能				备 注
		抗拉强度 R_m/MPa	屈服强度 $R_{p0.2}$/MPa	伸长率 A/%	布氏硬度 HB	
2A01	自然时效	295	166	24	70	
2A10	自然时效	392		20		
2A11	退火+淬火状态	392	196	23		
	淬火自然时效	402	245	15	115	
2A12	退火+淬火状态	422	265	20		
	淬火状态	441	294	17		
	自然时效	510	373	12	130	
	人工时效	461	422	6		
2A02	淬火状态	431	294	20		(挤压棒材)
	人工时效	473	310	15.5	135	R_m、$R_{p0.2}$ 为工业统计最低值
		537	389			R_m、$R_{p0.2}$ 为工业统计最高值

表 1-30 Al-Cu-Mg 系 2A12 合金大型挤压型材力学性能

合金	状态		拉伸方向	力学性能			备注
				抗拉强度 R_m/MPa	屈服强度 $R_{p0.2}$/MPa	伸长率 A/%	
2A12	自然时效		纵向	476	323	16.6	试验温度20℃。纵向为沿挤压方向；横向为垂直挤压方向
			横向	430	302	12.2	
	人工时效	130℃/20h	纵向	476	327	15.9	
			横向	430	303	13.2	
		180℃/8h	纵向	471	339	15.2	
			横向	416	305	12.6	

表 1-31 2A12 合金型材高温持久强度

合金	试验温度/℃	应力 σ/MPa	时效制度	试样到破坏的平均时间/h	备注
2A12	200	255	自然时效	42	型材腹板厚3 mm
			人工时效(190℃保温 6h)	77	
	250	167	自然时效	22	
			人工时效(190℃保温 6h)	39	

表 1-32 2A12 合金厚 2 mm 板材平面应力断裂韧性

合金	品种及规格	原始状态	人工时效制度	最终状态	抗拉强度 R_m/MPa	屈服强度 $R_{p0.2}$/MPa	断裂韧性 K_{1C}/MN·m$^{-3/2}$	备注
2A12	板材厚度 2 mm	自然时效	—	自然时效	461	384	112	淬火温度：495～500℃常温水中淬火
		自然时效	190℃保温 12 h	人工时效	476	412	60	

表 1-33 2A12 合金不包铝板材耐蚀性能

合金及品种	试验条件	时效制度	随后加热制度	抗拉强度损失/%	备注
2A12 合金不包铝板材	腐蚀介质：3%NaCl+0.1%过氧化氢(H$_2$O$_2$)溶液 腐蚀时间：5 昼夜	自然时效	不加热	14.8	淬火温度：495～500℃常温水中淬火
		自然时效	150℃，50 h	46.0	
		自然时效	200℃，5 h	20.6	
		自然时效	200℃，50 h	20.6	
		人工时效(190℃保温 12 h)	不加热	16.1	
		人工时效(190℃保温 12 h)	150℃，10 h	15.8	
		人工时效(190℃保温 12 h)	150℃，50 h	15.0	
		人工时效(190℃保温 12 h)	200℃，5 h	17.2	
		人工时效(190℃保温 12 h)	200℃，50 h	19.3	

表 1-34　Al-Mg-Si 系合金加工半成品的力学性能

合　金	状　态	抗拉强度 R_m/MPa	屈服强度 $R_{p0.2}$/MPa	伸长率 A/%	布氏硬度 HB	备　注
6063	自然时效	166	78	20	80～86	
	人工时效	235	196	10		淬火温度：
6061	自然时效	225	127	18	96～100	520～530℃
	人工时效	313	265	12		常温水中淬火
6A02	自然时效	255	166	22	95～110	
	人工时效	333	275	14		

Al-Mg-Si 系合金的耐腐蚀性高，在自然时效和人工时效状态均无应力腐蚀破裂倾向，其中 6063 合金耐腐蚀性最好。

含 Cu 的 Al-Mg-Si 系合金如 6A02 及 2A50、2B50、2A14 的耐腐蚀性能均不如 6063 高。含 Cu 的合金中又以 6A02 耐腐蚀性高，其次是 2A50、2B50，以 2A14 最差。

Al-Zn-Mg-Cu 系 7A04 合金在自然时效时力学性能的变化和物理性能不同。其弹性极限和强度极限之比变化不明显，伸长率变化也不大，晶格常数不变，而电阻升高，在人工时效时弹性极限和强度极限之比升高，晶格常数变化也较明显，电阻下降，挤压型材在不同时效状态的力学性能如表 1-35 所示，时效制度对其板材耐腐蚀性的影响见表 1-36。

表 1-35　Al-Zn-Mg-Cu 系 7A04 变形铝合金大型挤压型材（厚 10 mm）力学性能

合　金	状　态	型材拉伸试验方向	抗拉强度 R_m/MPa	屈服强度 $R_{p0.2}$/MPa	伸长率 A/%	布氏硬度 HB	备　注
7A04	自然时效	纵向	534	439	8.7		淬火温度：470℃
		横向	510	373	9.5		
	人工时效：140℃保温 16 h	纵向	601	550	8.2	150～157	
		横向	566	476	6.0		

表 1-36　时效制度对 Al-Zn-Mg-Cu 系 7A04 变形铝合金板材耐腐蚀破裂时间的影响

合金及品种规格	时效制度	试验的试样到破裂的时间（昼夜）					备　注
		1 号试样	2 号试样	3 号试样	4 号试样	5 号试样	
7A04 合金 1.5mm 厚包铝板材	120℃保温 24 h	5	4	4	4	7	淬火温度：470℃
	140℃保温 16 h	4	9	9	7	20	
	(120℃保温 2 h) +(160℃保温 2 h)	>54	>54	>54	>54	>54	
	(120℃保温 3 h) +(160℃保温 3 h)	>54	>54	>54	>54	>54	
	(120℃保温 8 h) +(160℃保温 4 h)	>54	>54	>54	>54	>54	

注：上述耐腐蚀试验条件为：板材先在 50～60℃ 10% NaOH 水溶液浸蚀，然后再在 15%HNO₃ 水溶液中去除浸蚀产物。除去包铝层，再将板材试样弯曲成环形，浸入到 3%NaCl 溶液中进行耐腐蚀试验。

从表 1-36 耐腐蚀破裂试验数据表明，合金经两次不同阶段的人工时效处理后，其抗腐蚀破裂的能力显著增强，所以根据铝合金时效理论的发展，对各合金系时效序列动力学的研究，提出了固溶处理和时效组织成核理论。以此为基础，研究了淬火及时效制度，对合金过饱和固溶体空位和 GP 区的影响和其相互关系，提出了分级时效(也叫阶段时效或双级时效)的理论和工艺，从而显著拓宽了变形铝合金热处理的使用范围。

分级时效的实质就是把合金在人工时效前先在较低的温度下进行一次或多次预时效处理，使合金有稳定的脱溶成核基体，再进行人工时效，从而控制合金 α(Al)基体内的析出相及分布状态与晶间析出相的形态及尺寸和晶间无析出区(PFZ)的宽度。由此而调整合金的力学性能和改善耐腐蚀性。试验表明：分级时效能显著降低合金在应力作用下的剥落腐蚀和腐蚀破裂的倾向性，而且还可以提高合金的断裂韧性。金相试验指出，对 Al-Mg-Zn 系合金在 T6(470±5℃)固溶处理后在水中淬火，再在 120℃人工时效 24 h。此时合金组织很不均匀。在晶粒内部虽然出现细的点状 η′(MgZn₂)相，但在其晶界上却为近似链形的相距较近而又较粗的化合物，并在晶界出现宽约 30～40 nm 的无析出区(PFZ)。在无析出区内也有较粗的 η′(MgZn₂)棒状析出相，而且 PFZ 的宽度随时效温度升高而变宽，但随淬火温度的升高而变窄。淬火时的冷却条件对合金组织亦有显著影响。在水中冷却 PFZ 很窄，基体析出相很细。在油中淬火 PFZ 又变宽，析出相也粗化。

从以上显微组织的分析中，人们提出不同的对 Al-Mg-Zn 系合金耐应力腐蚀的组织条件，有的认为应当消除 PFZ 和细化析出相质点，有的特别指出析出相的性质是主要的。当时效温度低时，析出相 GP 区与 α(Al) 固溶体共格时对应力腐蚀敏感。当时效温度较高时析出相如 η(MgZn)与 α(Al) 固溶体非共格时耐应力腐蚀性就高。另一种意见是在上述观点的基础上提出更量化的理论，即认为合金抗应力腐蚀的性能与 PFZ 的宽度和基体析出相的性质无关，只要在晶界上析出相的质点粗大，彼此距离远，单位面积上的质点数 $N<25/\mu m^2$ 时，合金的耐应力腐蚀性能就高，甚至基本上不出现或出现很弱的应力腐蚀现象。

电子显微镜研究厚度为 6 mm 的 7A04 合金热轧包铝板材淬火后矫直，在 120℃保温 3 h，再在 165℃保温 3 h 进行分级时效的组织表明：在 120℃保温 3 h 时效时，合金处于区时效和相时效阶段，在晶内和亚晶界及晶界上出现非常弥散的析出物。在 165℃保温 1 h 即开始出现片状析出物。随保温时间的增加片状析出物长大，它们可能是 η′(MgZn₂)，分布在晶粒内部和亚晶界上。在晶界和锰、铬化合物边界上，出现密集而粗大并互不相连且孤立的析出相 η(MgZn₂)(或 η(MgZn₂)+T(AlZnMgCu))，并在晶界和锰、铬化合物边界形成无析出区(PFZ)，晶内析出物大小不均匀，少量粗大析出相呈魏氏组织特征。无析出区(PFZ)的宽度随时效温度而变化，在 175℃高温时效时，无析出区(PFZ)，宽约 50～60 nm，在 165℃低温时效时无析出区（PFZ），宽约 40～50 nm。

经分级时效后板材的力学性能、疲劳性能如表 1-37 所示。

表 1-37 时效制度对 Al-Zn-Mg-Cu 系 7A04 变形铝合金板材拉伸力学性能和疲劳性能的影响

合金品种及规格	时效制度	力学性能				低周疲劳			备注
		抗拉强度 R_m/MPa	屈服强度 $R_{p0.2}$/MPa	伸长率 A/%	缺口抗拉强度 R_{mH}/MPa	n 循环 /min	应力 /MPa	疲劳寿命 N/次	
7A04 合金厚 2 mm 板材	人工时效：120℃保温 24 h 140℃保温 16 h	539 539	451 475	15 12.5	534 534	8～10	375 375	1220 1930	淬火温度：470℃
	分级时效(双级时效)：120℃保温 3 h +160℃保温 3 h	529	464	11.7	532		373	2680	
7A04 合金厚 4 mm 板材	人工时效：120℃保温 24 h 140℃保温 16 h	529 517	456 464	14.9 12.3	529 519		371 364	1698 2589	
	分级时效(双级时效)：120℃保温 3 h +160℃保温 3 h	510	456	12.2	513		356	2815	

表 1-37 数据表明，合金经分级时效后力学性能和人工时效的比较，除伸长率 A 略有降低

外，强度性能没有明显减少，但是在抗蚀性大大改善的同时，疲劳性能提高了约 30%～40%。

综上所述：认为晶界析出相的大小和分布状态是决定合金抗应力腐蚀性能的观点符合以上试验结果，所以按对合金制品使用性能的要求，在稳定成核的基础上，适当调整预时效和最终时效温度和保温时间，可以得到有特殊性能要求的制品。如要制品有良好的强度性能，可用人工时效即进行 T6 处理。如要求有良好的抗应力腐蚀性能，则用分级时效，而且半成品加工方式不同，其时效工艺参数也不一致。这些制度各有特点，如 T73 状态有良好的抗应力腐蚀性能。T76 状态有好的抗剥落腐蚀性能。而 T736 状态能保证在强度损失不大的情况下，使合金能有好的抗应力腐蚀性能，这些时效制度的详情，见第 8 章 7×××系(Al-Zn-Mg-Cu 系)合金。

把变形铝合金制品固溶处理淬火后，给予适当的冷变形再进行人工时效，或在人工时效后进行冷变形再人工时效，采用这样的形变硬化和时效强化的综合处理称为低温形变时效，这是由于冷变形使合金过饱和固溶体中位错和空位的增殖和分布发生变化，引起时效序列和时效相成核几率不同，加速析出相形成的结果，使用适当的形变热处理方法，可改善合金材料的断裂韧性、疲劳强度及抗应力腐蚀裂纹等性能。

鉴于形变时效对不同合金系时效行为的影响不同，所以按不同工艺可将形变热处理分为以下三类：（1）低温(最终)形变热处理；（2）中间形变热处理（ISML 中间形变热处理）；（3）高温形变热处理。

低温形变热处理按工序有以下三种：

（1）淬火—冷变形(或热变形)—人工时效；

（2）淬火—自然时效—冷变形—人工时效；

（3）淬火—人工时效—冷变形—人工时效。

低温形变热处理用于 Al-Cu-Mg 系合金效果最佳，也是该合金系的特点，尤其是靠近 $\alpha(Al)+S(Al_2CuMg)$伪二元共晶截面附近的合金。当其处于 GP 区+S′(Al_2CuMg)状态强度最高，这时给予适当(<10%)的冷变形会使 S′(Al_2CuMg)相更加密集细化，从而更显著提高合金室温强度，也使其高温强度提高。如 2A12 合金包铝板材淬火后在自然时效状态抗拉强度 R_m 为 419.6 MPa，屈服强度 $R_{p0.2}$ 为 272.5 MPa，伸长率 A 为 11.3%。按技术条件给予冷变形，加工硬化后抗拉强度 R_m 为 441.2 MPa，屈服强度 $R_{p0.2}$ 为 338.2 MPa，伸长率 A 下降到 9%。同样的板材在淬火后人工时效状态抗拉强度 R_m 为 421.6 MPa，屈服强度 $R_{p0.2}$ 为 365.7 MPa，伸长率 A 为 5%。给予冷变形加工硬化后，抗拉强度上升到 465.7 MPa，屈服强度上升到 436.3 MPa，伸长率 A 为 3.5%。如果把淬火后的板材给予 6%的冷变形，然后在 190℃人工时效 7 h，不但抗拉强度上升为 490.2 MPa，屈服强度上升为 450.9 MPa，伸长率 A 为 5%，而且也提高了板材的高温强度。

我国国产形变热处理的 2A12 合金的工艺和性能如表 1-38 所示。

表 1-38　经形变热处理的 2A12 合金板材的力学性能

状态	规格 (厚度) /mm	形变热处理制度	力学性能				符合标准
			抗拉强度 R_m/MPa	屈服强度 $R_{p0.2}$/MPa	伸长率 A/%	弯曲角 /(°)	
T81	2.0	在 495～501℃固溶 25 min，淬入水温不高于 38℃水中，转移时间不大于 20 s，经 6～8 h 预时效，给予 1%～2%的冷加工，再在 180～190℃人工时效 12 h	462～471	444～449	5.4～6.0	—	QQ-A-250/SF

状态	规格(厚度)/mm	形变热处理制度	力学性能				符合标准
			抗拉强度 R_m/MPa	屈服强度 $R_{p0.2}$/MPa	伸长率 A/%	弯曲角/(°)	
T861	2.0 11	在 495～501℃固溶 25～45 min，转移时间不大于 20 s，淬入水温不高于 38℃水中，经 6～8 h 预时效，给予 6%～7%的冷变形，再在 180～190℃人工时效 8 h	485～542	458～537	5.2～7.4	—	AMS 4195
T361	2.0 11	在 495～501℃固溶 25～45 min，转移时间不大于 20 s，淬入水温不高于 38℃水中，经 6～8 h 预时效，给予 6%～7%的冷加工变形，再经 96 h 以上的自然时效	462～498	399～439	11.5～14.3	180	AMS 4194

注：表中数据表明，经各形变热处理的板材性能均符合美国联邦规范和宇航材料规范的要求。

在 Al-Cu-Mg 系合金铆钉材料的设计应用方面，也引用了形变时效作用，如在 GB/T 3196—2001 中规定 2B11、2B12 自然时效状态的抗剪强度各为 235 MPa、265 MPa。为防止铆接变形时影响其时效过程，要求在设计使用时，将抗剪强度指标按以下数据计算：2B11 为 215 MPa，2B12 为 245 MPa(详见 GB/T 3196)。

把低温形变热处理和双级时效联合应用于 Al-Cu-Mg 系合金，能够得到更高的力学性能。以 2024(2A12)合金为例，对厚为 3.17 mm 的板材进行以下处理：（1）在 489～499℃固溶处理，于室温水中淬火。（2）在 185～196℃人工时效 105～135 min，在组织上，再未出现进一步变化时快速冷到室温。（3）在室温下进行 15%～25%的塑性变形(滚轧、锻打、拉伸等)。（4）在 144～154℃人工时效 25～35 min，快速冷却到室温。（5）按原厚度百分比将材料再进行 15%～25%的附加变形。（6）将上述经两次加工的材料在 144～154 ℃人工时效 35～40 min，迅速冷到室温。该板材经以上处理后的力学性能如下：

抗拉强度 R_m：586.3～654.9 MPa；

屈服强度 $R_{p0.2}$：516.6～586.3 MPa；

伸长率：8%～10%。

Al-Mg-Si 系合金的形变时效行为和 Al-Cu-Mg 系不同。据资料介绍，该系合金形变时效行为和 Al-Cu-Mg 系相似，但也有资料指出 Al-Mg-Si 系和 Al-Zn-Mg 系形变时效反而使其时效硬化能力显著下降。近年来的研究表明：形变时效作用均能用于上述合金系，但必须经过适当的工艺调整。如对 Al-Mg-Zn 系合金，必须在淬火+人工时效后进行冷（热）变形或再做最后的人工时效，也就是说，把形变时效和分级时效联合使用，从而使合金的强度和塑性均比淬火和人工时效状态好。中间形变热处理是细化 Al-Mg-Zn 系合金板材晶粒的良好工艺，其特点是利用预先低温均匀化既使不平衡共晶（二次晶）固溶，又不使固溶体中的铬产生回火分解作用，从而使合金在低温变形时不发生粗的变形和再结晶纤维组织，为板材最终产生细的晶粒创造优良条件。主要工艺就是把合金铸锭先低温均匀化，再低温变形和正常均匀化处理，然后压延，经正常人工时效（即 ISML 中间形变热处理）即可得到完全再结晶的细晶组织，保证合金既具有比正常淬火和人工时效状态高的力学性能，尤其是该板材的塑性比一般热处理的材料更好，并无方向性，而且也降低了板材的应力腐蚀敏感性。表 1-39 所示是经 ISML 中间形变热处理板材的性能。

表 1-39 7075 合金板材一般热处理和中间形变热处理（ISML 中间形变热处理）的力学性能

板材名称和热处理状态		抗拉强度 R_m/MPa	屈服强度 $R_{p0.2}$/MPa	伸长率 A/%	断面收缩率 Z/%
薄板	一般热处理	573.9	480.9	12.8	31.1
	中间形变热处理 (ISML 中间形变热处理)	578.8	489.2	14.6	44.5
厚板	一般热处理①	568.4	501.6	9.5	15.0
	中间形变热处理 (ISML 中间形变热处理)	573.3	507.8	18.2	29.6

① 工业纯。

对 Al-Mg-Si 系的合金可以进行高温形变时效，这种工艺的实质是把热变形和固溶处理淬火过程紧密结合，并抑制或尽量减少动态再结晶发生，也尽量保持 α(Al) 固溶体对合金元素的饱和度，再适当运用热变形的形变时效处理，不但能提高合金的抗拉强度，而且使疲劳强度、热稳定性、断裂韧性或耐应力腐蚀性都得到改善。因此称这种处理方式为高温形变热处理。例如对 6A02 合金铸锭热挤压的 ϕ40 mm 棒材，经机台常温水淬火后，再在 165～170℃人工时效 8～10 h，得到了细晶粒组织，为亚结构和部分再结晶组织。研究还表明，挤压温度高，挤压速度较慢，其力学性能和晶粒组织比用正常工艺生产的同规格棒材优良，6A02 合金高温形变热处理和正常工艺生产的 ϕ40 mm 棒材力学性能试验的情况如表 1-40 所示。

表 1-40 6A02 合金 ϕ40 mm 棒材淬火和人工时效状态的力学性能

合金	制品及规格	挤压及处理工艺	力 学 性 能				备 注
			R_m/MPa	$R_{p0.2}$/MPa	A/%	Z/%	
6A02	棒材 ϕ40mm	正常工艺挤压+T6	315	296	16	46	纵向拉伸性能
		挤压并机台淬火+人工时效	376	360	16	52～55	

我们在用 6063 合金研制光亮车轮装饰盖时，将其精锻件在淬火后给予 5%～10%冷变形再进行人工时效，其布氏硬度由未冷变形而人工时效状态的 HB68～72 升高到 HB86～92，这时的抗拉强度 R_m 为 250 MPa，屈服强度 $R_{p0.2}$ 为 215 MPa，伸长率 A 为 16%，从而不但对制件进行了精整，保证了其外形尺寸精度，而且还显著改善了合金的车削加工性和其光亮的装饰性，为我国轿车工业做出贡献。

据资料介绍：把回归现象和分级时效结合使用，使 Al-Mg-Zn-Cu 系如 7075 合金制件在满意的强度基础上，还有好的耐腐蚀性，即 RRA 处理，其工艺流程如图 1-91 所示。

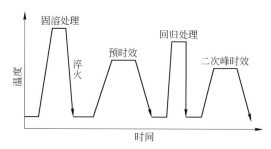

图 1-91 RRA 工艺流程图

RRA 的工艺是把合金材料固溶处理淬火后在 120℃时效 24 h，再在 200～270℃进行回归处理，接着在 120℃保温 24 h 作最终峰值时效。7075 合金在经 RRA 处理后的组织变化如图 1-92 所示。

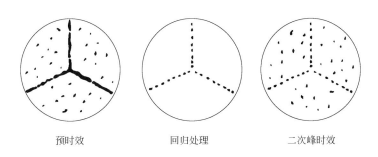

预时效   回归处理   二次峰时效

图 1-92　7075 合金 RRA 组织变化示意图

该工艺是把预时效的组织经低于固溶处理温度短时间加热，即回归处理后，使其晶内非稳定的部分共格的时效相如 η′等固溶，同时又使晶界和亚晶界上的晶间析出相进一步粗化，并与 α(Al)不共格，也不连续。然后合金再经最终时效使晶内重新形成部分共格的时效相 η′(MgZn₂)，而晶界仍为断续分布的非共格析出相，结果使合金既仍保持了 T6 状态的强度，也具有 T76 状态的耐应力腐蚀能力。

鉴于 RRA 工艺回归温度较高，回归时间又很短，所以仅应用于小零件的处理上，未能广泛用于工业大生产。1989 年美国 Alcoa 公司在 RRA 的基础上开发出 T77 工艺，将其用于 7150 和 7055 合金，并取得了专利，从而使 RRA 处理走向工业实用阶段。7150-T77 合金的强度与 T6 状态相当，抗蚀性与 T76 相当，其厚板和挤压材料已应用于 C—17 军用运输机机翼上蒙皮结构和波音 777 飞机上翼结构。7055-T77 合金的强度比 7150-T6 高 10%左右，比 7150-T76 高 30%左右，断裂韧性和抗应力腐蚀能力与 7150-T76 相当，其厚板和挤压材料已应用于波音 777 飞机上翼结构。上述板材的性能如表 1-41 所示。

表 1-41　7150-T77 和 7055-T77 合金板材的性能

合金及材料名称	热处理制度	力 学 性 能			断裂韧性 K_{1C}(T-L 方向) / MN·m	备　注
		抗拉强度 R_m/MPa	屈服强度 $R_{p0.2}$/MPa	伸长率 A/%		
7150 板材	T77	610	580	12	950	7055 合金板材系纵向取样，其抗剥落腐蚀性按 ASTMG34 测定，为 EB 级
7055 板材	T77	650	640	11	920	

对高温下长期使用时需保持精密配合的 2A12 铝合金制件，应进行稳定化处理，以消除材料内的残余应力，使其具有稳定的力学性能和尺寸精度，稳定化处理对合金性能的影响如表 1-42、表 1-43 所示。

表 1-42 2A12 合金挤压型材及其不同稳定化处理后的室温拉伸性能

合金及品种	稳定化条件		自然时效状态试样			人工时效状态试样			备注
	温度/℃	时间/h	抗拉强度R_m/MPa	屈服强度$R_{p0.2}$/MPa	伸长率A/%	抗拉强度R_m/MPa	屈服强度$R_{p0.2}$/MPa	伸长率A/%	
2A12合金挤压型材	125	50	453	357	17.0	504	489	6.6	室温进行拉伸
		100	454	363	19.4	492	461	6.1	
		1000	483	473	9.9	496	473	6.4	
	135	50	452	367	19.3	493	472	6.2	
		100	457	367	16.9	491	477	5.8	
		1000	498	486	7.1	494	458	6.4	
	150	50	461	419	15.4	496	474	5.2	
		100	483	458	9.4	489	463	6.0	
		1000	471	408	7.1	466	398	6.8	

表 1-43 2A12 挤压型材经稳定化处理后的高温拉伸性能

合金及品种	稳定化及试验温度/℃	稳定化时间/h	自然时效状态试样			人工时效状态试样			备注
			抗拉强度R_m/MPa	屈服强度$R_{p0.2}$/MPa	伸长率A/%	抗拉强度R_m/MPa	屈服强度$R_{p0.2}$/MPa	伸长率A/%	
2A12合金挤压型材	125	50	419	329	16.6	451	397	7.1	高温拉伸性能
		100	419	338	14.2	441	392	7.1	
		1000	439	413	12.0	435	392	7.9	
	135	50	416		16.4	445		8.0	
		100	422		16.4	443		8.1	
		1000	458		11.0	433		8.7	
	150	50	417	365	13.8	424	400	7.4	
		100	416	403	9.2	419	393	8.6	
		1000	389	315	9.0	385	329	9.8	

1.5.3 淬火及时效状态组织的电子显微镜观察和电子衍射金相分析

用光学显微镜可以观察合金在淬火及时效状态因变形和热处理后铸态组织的遗传情况、残留二次晶和锰、铬、锆等回火分解产物的分布和大小，以及多边化或再结晶组织的特征。由于光学显微镜的分辨本领不能对小于 0.2 μm 的组织结构作进一步观察，所以对合金时效状态的组织细节，尤其要了解时效初始阶段 GP 区的出现和空位、位错交互作用的运动学或动力学行为无能为力，用测量力学和物理性能的方法只能间接判断时效过程的平均效应，用 X 射线衍射方法能间接的描述合金时效过程序列，阐明各序列组成和 α(Al)固溶体的晶体关系，但不能得到其组织特征，难以确定基体点阵畸变对 α(Al)过饱和固溶体分解过程的影响，尤其对时效初期阶段结构变化的复杂情况得不到具体了解，而用电子显微镜不但可以直接观察时效各序列相的形状、大小和分布状态，进一步了解它们和各种晶体缺陷（空位、位错）的关系，从而得知其生核、长大的过程，而且可通过电子衍射分析测定时效相的晶体结构，达到相分析的目的。

在使用电子显微镜观察铝及其合金的组织时，除了要熟练掌握电镜的操作技术外，需要精心制备电镜观察用试样，这是由于电镜分辨本领很高（0.6～0.8 nm），稍有不慎即出现假象或污染，再是用不同方法制备的试样的功能不一样，一种试样只能观察某一或某些现象，所以要得到上述全部功能，必须采用多种制膜技术制备试样，在铝合金生产和试验研究工作中，常用的电镜试样即制膜方法有：氧化膜覆型法，一、二次喷碳覆型试样法、萃取覆型试样法和金属薄膜法，其制膜工艺如表 1-44 所示。

表 1-44 变形铝合金电子显微镜试样制备工艺

试样名称	试样功能和制备方法	备注
氧化膜覆型试样	1. 按金相显微试验方法制备显微试样并浸蚀，但应深浸蚀一些，形成明显浮雕。 2. 用 12%Na$_2$HPO$_4$ 水溶液+0.4%H$_2$SO$_4$ 做阳极化覆膜，电压 15～25 V，电流密度：20～40 mA/cm^2，时间 1～3 min。 3. 将覆膜面划成网格，用氯化汞过饱和水溶液脱膜，应摇动溶液，加速脱膜作用。 4. 捞起氧化膜，再用 10%HCl 水溶液漂洗。 5. 用少量酒精或丙酮的蒸馏水溶液二次清洗。 6. 捞起氧化膜，置于滤纸上干燥，待用	对纯铝氧化膜覆型因其膜结构一致，不能产生色差，所以观察组织无效
一、二次喷碳覆型试样	1. 按氧化膜覆型法第"1"条制备表面浮雕试样。 2. 将试样面向上，放入高真空镀膜机内进行喷碳覆型。 3. 用 20%HClO$_4$ 酒精溶液将碳膜进行电解剥离，电压 25～36 V，电流密度 1～2 A/cm^2。 4. 被剥离碳膜悬浮在电解液面时，停止电解。 5. 捞起碳膜，放入酒或丙酮内，进行清洗，置于滤纸干燥。一次喷碳就绪。可进行电子显微镜观察。 6. 将 AC 纸(或火棉胶)变软后贴在一次喷碳处，造成负覆型，置于玻璃片上。在一次 AC 纸上滴上丙酮，再将另一片 AC 纸贴上，压紧排除气泡。烘干后，将 AC 纸剥下，平整的固定在玻璃片上，进行二次喷碳。 再将碳覆型和 AC 纸切成方块，用 50%丙酮水溶液除去 AC 纸，捞起碳膜经滤纸干燥后，置于玻璃器皿内待用	断口试样不需制备，可直接喷碳(应使断面干净)
萃取覆型试样	萃取覆型法是用一种复型材料在将样品上的浮雕复型下来的同时也可把第二相质点或夹杂物萃取下来，不但可观察组织形态，也可进行电子衍射金相分析。 具体方法有以下两种： 1. 从断口上把有缺陷的金属取下，放入 5%氯化汞水溶液中，约 15 min后，液体表面呈现油滴状薄膜，用水清洗一次，置于支持膜的网格上观察。 2. 从断口上把有缺陷的金属取下，经真空喷碳后，将试样侧面除缺陷部位外，用刀片刮去一层，立即用成分为：酒精:醋酸:甘油=5:7:2 的电解液萃取。电解制度：电压：5～10 V；电流密度：0.097～0.162 A/cm^2，萃取的膜再经酒精冲洗两次，置于网格上观察	
金属薄膜试样	金属薄膜试样：能充分发挥电子显微镜的分辨能力，把相变和晶体缺陷联系起来，阐明其结构关系，在研究时效相形态的同时，用电子衍射对其晶体结构进行相分析，还可在高温和拉伸情况下进行动态观察。制样步骤如下： 1. 将试样研磨至 0.05 mm 薄片。 2. 把上述薄片切成小圆片。 3. 将小圆片置于醋酸、磷酸、硝酸的混合电解液内进行双喷电解制成薄膜试样	薄膜试样厚度应适当，不能太厚也不能太薄

图 1-93、图 1-94 是含 4%Cu 的 Al-Cu 合金的电子显微镜组织，从图 1-93 看出，合金在 540 ℃淬火后，自然时效 1h，即在 α(Al)基体上出现白片状铜原子的偏聚，这就是

α(Al)过饱和固溶体脱溶现象，图 1-94 是 180℃人工时效 1 h 的组织，这时晶内脱溶物更密集，并沿亚晶界或嵌镶块边界出现细条状或薄片状脱溶物。

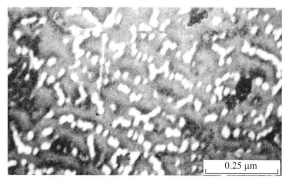

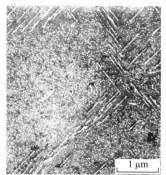

图 1-93 4%Cu 的 Al-Cu 合金板材在 540 ℃固溶处理并于常温水中淬火后自然时效 1 h 氧化膜覆型的电子显微镜组织

图 1-94 4%Cu 的 Al-Cu 合金板材在 540 ℃固溶处理并于常温水中淬火后在 180℃人工时效 1 h 氧化膜覆型的电子显微镜组织

图 1-95～图 1-100 是 Al-10%Ag、Al-25%Zn 和含 1.4%Mg₂Si 的高纯 Al-Mg-Si 系合金的电子显微镜组织，Al-Ag 合金在 540℃淬火后自然时效 70 天，出现明显脱溶现象（图 1-95），其特征和 Al-Cu 自然时效 1 h 的相似。在 210℃保温 40 min 后，Al-Ag 的时效组织也呈现细条和小片状脱溶现象（图 1-96），与 Al-Cu 合金 180℃人工时效的相似。图 1-97 是 Al-Zn 合金 130℃保温 6 h 人工时效状态的组织，这时合金内出现较稀疏的片状脱溶物，将其再在 200℃保温 10 h 后，脱溶物呈较宽的条状（图 1-98）。Al-Mg-Si 系合金在室温自然时效三个月未发现新相析出，而在 550℃固溶处理于常温水中淬火后再经 150℃、1 h 人工时效，在 α(Al)基体上可看到少量较大的片状脱溶物（图 1-99），其特征与 Al-Zn 合金 130 ℃人工时效 6 h 的组织相似。图 1-100 是该合金 200℃人工时效 5.5 h 的组织，具有宽的条状和较大的片状共存的脱溶物，其特征与 Al-Zn 合金在 130℃保温 6 h+200℃保温 10 h 人工时效的组织相似。由此可见，Al-Cu、Al-Ag 系合金自然时效行为较 Al-Zn、Al-Mg-Si 系强，而且这些合金在用氧化膜覆型法观察其时效组织时，其特征基本相似，即自然时效状态析出物为片状，人工时效状态为条状和片状共存的组织。

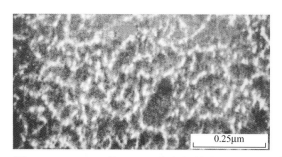

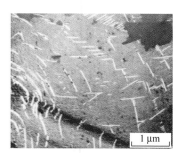

图 1-95 10%Ag 的 Al-Ag 合金板材在 540 ℃固溶处理并于常温水中淬火后自然时效 70 天氧化膜覆型的电子显微镜组织

图 1-96 10%Ag 的 Al-Ag 合金板材在 540 ℃固溶处理并于常温水中淬火后在 210℃人工时效 40 min 氧化膜覆型的电子显微镜组织

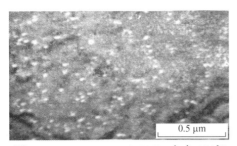

图 1-97 Al-Zn，Al-25%Zn 合金 130℃
保温 6 h 人工时效状态氧化膜覆型电子
显微镜的组织

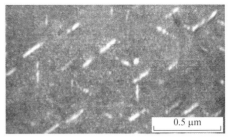

图 1-98 Al-Zn，Al-25%Zn 合金 130℃保温
6 h 人工时效状态+200℃保温 10 h 氧化膜覆型
电子显微镜的组织

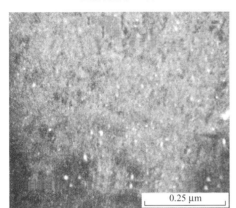

图 1-99 含 1.4%Mg₂Si 的 Al-Mg-Si 合金板材在
550 ℃固溶处理并于常温水中淬火后在 150℃人
工时效 1 h 氧化膜覆型的电子显微镜组织

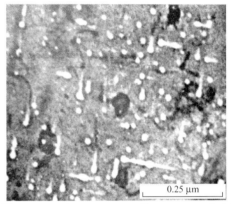

图 1-100 含 1.4%Mg₂Si 的 Al-Mg-Si 合金板材
在 550 ℃固溶处理并于常温水中淬火后在 200℃
人工时效 5.5 h 氧化膜覆型的电子显微镜组织

在实际生产中，2×××系的 2A12 合金型材的电子显微镜组织如图 1-101、图 1-102 所示。时效的脱溶物较密集，基体内的黑色块状物可能是回火的锰化合物质点，棒状物显然是弥散的 FeMnAl₆ 初生化合物。值得注意的是，回火析出的锰化合物都被时效脱溶物包围，而 FeMnAl₆ 附近析出物反而稀少。2014 合金挤压棒材在 503℃固溶处理并于常温水中淬火，在 150℃人工时效 12 h，具有点、片状脱溶物特征，而且亚晶界上脱溶物更密集，如图 1-103 所示。

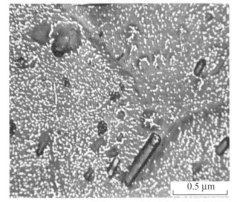

图 1-101 2A12 型材 500℃固溶处理并于常温
水中淬火后自然时效状态（T4）氧化膜覆型的
电子显微镜组织 ×30000

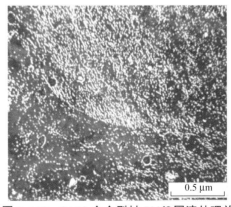

图 1-102 2A12 合金型材 500℃固溶处理并于
常温水中淬火后自然时效状态（T4）氧化膜覆
型的电子显微镜组织 ×30000

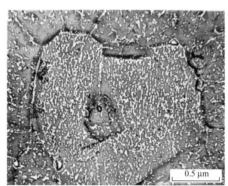

图 1-103 2A14 合金棒材 503℃淬火并于常温水中淬火 150℃
人工时效 12 h 氧化膜覆型的电子显微镜组织 ×30000

　　图 1-104～图 1-108 是 6A02 合金人工时效状态的组织，合金在 525℃淬火后于 160℃保温 10h 人工时效，只沿 α(Al)基体晶界和亚晶界有不十分连续的脱溶物质点，晶内未发现脱溶现象，可是同样淬火后在 180℃时效 10 h 晶界上针状脱溶物稍有聚集，而且晶内出现脱溶现象，脱溶物为细而均匀稀疏的针状；200℃时效 10 h 晶界、亚晶界上脱溶物更聚集，晶内脱溶物更多；220～250℃分别人工时效 10 h 后，在 α(Al)基体晶界和亚晶界上脱溶物更密集，而且晶内出现聚集粗化的条状脱溶物和更密集的点状脱溶物现象。由此可见，Al-Mg-Si 系合金时效强化峰值时，析出相呈细针状的推论是正确的。

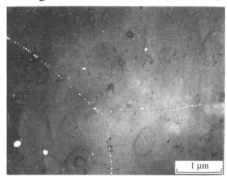

图 1-104 6A02 合金挤压空心型材 525℃固溶
处理并于常温水中淬火 160℃人工时效 10 h 氧
化膜覆型的电子显微镜组织 ×10000

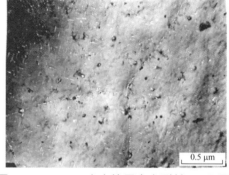

图 1-105 6A02 合金挤压空心型材 525℃固溶
处理并于常温水中淬火 180℃人工时效 10 h 氧
化膜覆型的电子显微镜组织 ×30000

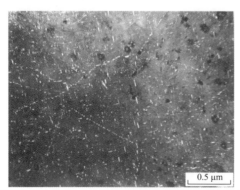

图 1-106 6A02 合金挤压空心型材 525℃固溶
处理并于常温水中淬火 200℃人工时效 10 h 氧
化膜覆型的电子显微镜组织 ×30000

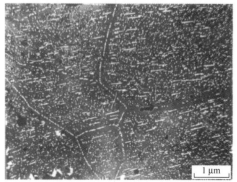

图 1-107 6A02 合金挤压空心型材 525℃固溶
处理并于常温水中淬火 220℃人工时效 10 h 氧
化膜覆型的电子显微镜组织 ×10000

7×××系的 7075 合金 T6 (465℃淬火，在 135℃保温 16 h 人工时效)状态的组织如图 1-109 所示，在 α(Al)基体上出现的是稀少而较大的片状脱溶物，而且分布不均匀，和 Al-Zn 合金 130℃保温 6h 的组织相似。合金在 200℃保温 8 h 进行过时效处理后，其组织如图 1-110 所示，可以看到在 α(Al)基体上出现稀疏的大片和更细而密集的点状脱溶物。图 1-111 是该合金在双级时效 T76（90℃保温 9h+165℃保温 8 h）时效后的组织，在 α(Al)基体上看不到稀疏大片，而是分布更加细而均匀密集的点状物，沿晶界和亚晶界可看到较连续并比晶内点状物更粗一些的脱溶物，这时合金的断裂韧性比 T6 和过时效状态的都高，如表 1-45 所示。

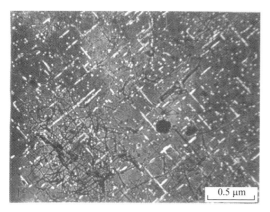

图 1-108　6A02 合金挤压空心型材 525℃固溶处理并于常温水中淬火 250℃人工时效 10 h 氧化膜覆型的电子显微镜组织　×30000

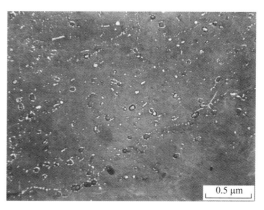

图 1-109　7075 合金厚 2.0 mm 板材 T6 状态氧化膜覆型的电子显微镜组织　×30000

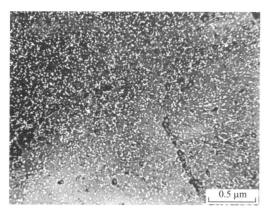

图 1-110　7075 合金板材过时效状态氧化膜覆型的电子显微镜组织　×30000

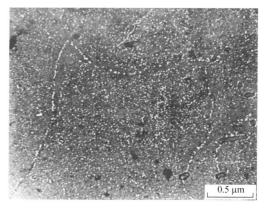

图 1-111　7075 合金板材 T76 状态氧化膜覆型的电子显微镜组织　×30000

在检验变形铝合金制品，尤其是锻件的低倍金相组织时，出现"分层"缺陷，它能显著降低制件的横向性能和断裂韧性，其低倍和断口特征和显微组织(详见缺陷金相分析"氧化膜"）。电子断口组织特征如图 1-112、图 1-113 所示。为了消除其对产品的不良影响，对其本质进行电子衍衬金相分析。

表 1-45 经不同时效制度处理的 7075 板材的性能

合金品种	时效制度	屈服强度 $R_{p0.2}$/MPa	布氏硬度 HB	断裂韧性 K_{1C}/ MN·m$^{-\frac{3}{2}}$	备 注
7075 合金板材	T6(135℃保温 16h)	531.86	156	990	淬火温度：465～470℃
	过时效(200℃保温 8 h)	244.41	95.5	902.4	
	双级时效 T76(90℃保温 9h+165℃保温 8 h)	474.5	131	1078	

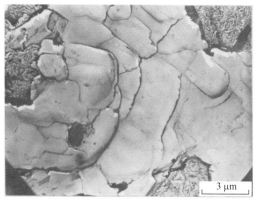

图 1-112 "分层"的电子断口组织中的 鳞片状堆积物 ×4600

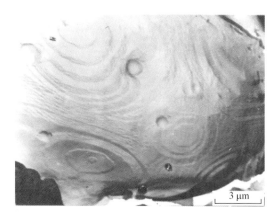

图 1-113 "分层"的电子断口组织中的 梯田花样 ×4600

利用喷碳一次覆型法和萃取覆型法制备试样，图 1-112、图 1-113 是 2A14 合金锻件低倍组织中出现的"分层"平面断口处放大 4600 倍的电子显微镜组织，可见到大量鳞片状堆集物在其附近有象征氢气吸附的梯田花样和沙滩花样。把此处再放大到 20000 倍的组织特征如图 1-114 所示，图 1-115 是其相应的电子衍射花样，稍移视场，在 6000 倍时出现另一种如图 1-116 所示的相，其电子衍射花样见图 1-117。对上述两种衍射花样晶体面间距测定的数据如表 1-46 所示。

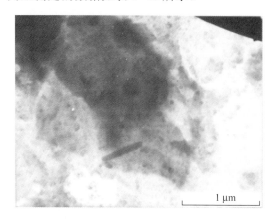

图 1-114 大片状银灰色膜中的 β-Al$_2$O$_3$ ×20000

图 1-115 图 1-114 中 β-Al$_2$O$_3$ 的电子衍射图相

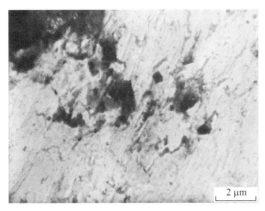

图 1-116 大片状银灰色膜中的 MgO ×6000

图 1-117 图 1-116 中 MgO 的电子衍射图相

表 1-46 衍射花样晶体面间距测定的数据

编 号	图 号	OLI/mA	L_λ/nm	d 值(晶面间距)/nm	备 注
1	图 1-115	200	1.435	0.4783 0.2781 0.1649	80 kV
2	图 1-117	190	1.5	0.25 0.217 0.154 0.131 0.126 0.10	80 kV

从图 1-115 衍射花样判断为六角点阵(0001)的倒易图，则倒易关系为：

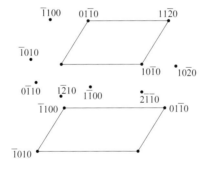

从其中一个单色看：

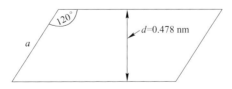

则 a=4.78/cos30°=0.552 nm。

根据出现的该单晶衍射图像算出 a 值都在 0.538～0.558 nm 之间，以此数值查卡片和 β-Al$_2$O$_3$ 一致，其化学式为 11Al$_2$O$_3$·NaO，其中钠含量为 3.14%。

从图 1-117 衍射花样看出是面心立方(FCC)点阵，从其中(311)和相应 d 值 0.131 nm 推

算晶格常数 a 为：

$$a = d \times \sqrt{h^2 + k^2 + l^2} = 0.131 \times \sqrt{3^2 + 1^2 + 1^2} \approx 0.4345 \ nm$$

以此数值查卡片和 MgO 相近，MgO 的 $a \approx 0.4207 \ nm$，二者相差 0.014 nm，此差值是因仪器常数偏低引起的，同时镁是 2A14 合金中的主要元素，又易于氧化，因此认为该相就是 MgO。

图 1-119 衍射花样可认定为六角点阵，标定其衍射花样得 $a = 0.246 \ nm$。

查卡片，表明图 1-118 中的氧化物为 BeO，图 1-120 的黑色相因在 80 kV 下也很难确定，可能是其他金属氧化物或与氧化铝构成的混合物。

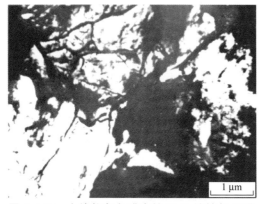

图 1-118 大片状灰色膜中的 BeO 铸锭氧化膜
试料 ×12000

图 1-119 图 1-118 中 BeO 的电子衍射图相

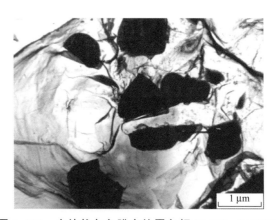

图 1-120 大片状灰色膜中的黑色相 80 kV ×12000

我们对 2A14 合金锻件在 500℃保温 60 min 后，在水中淬火，再在 185℃时效 12 h 后，观察其电子显微镜组织中出现大量的片状物和针状物，如图 1-121 所示，电子衍射分析证明这些片状物和针状物都是介稳定相 θ′ (CuAl$_2$)，由于其与 α(Al)基体部分共格，所以其中片状为半圆形，与其相邻的针状物是其中某些片状物另一方向的截面。图 1-122 是图 1-121 中箭头所示部位电子衍射图。

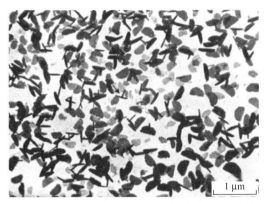

图 1-121 **2A14 合金锻件 T6 状态电子显微镜组织** **×12000**（500℃固溶处理并于常温水中淬火，在 185℃人工时效 12h）

图 1-122 电子衍射图相

资料介绍：2A14 合金厚 5 mm 热轧板在 236℃保温 14 h 人工时效的组织，经电子衍衬金相分析，表明合金中含有 β 相(Mg_2Si)、θ′($CuAl_2$)、θ ($CuAl_2$)及 S′(Al_2CuMg)相，和我们在确定图 1-121 的合金组织中存在 θ′($CuAl_2$)相吻合。因为 2A14 合金其早期时效行为基本以 θ′ ($CuAl_2$)为主，而 β(Mg_2Si)和 θ($CuAl_2$)相出现要相应滞后，约在 200℃以上才出现，所以在 185℃人工时效时未发现 β(Mg_2Si)相。

图 1-123 是金属薄膜电子显微镜组织，可明显看到 Al-4%Cu 合金 540℃淬火后过饱和 α(Al)固溶体中的蜷线位错特征。图 1-124 是 Al-4%Cu 合金 540℃淬火后，130℃时效 16 h 金属薄膜电子显微镜组织，图 1-125 是图 1-124 组织的电子衍射图相，对照图 1-94 可见，用氧化膜覆型法观察 Al-Cu 合金，其时效脱溶物相在晶内多以点、片状析出，它的组织特征和金属薄膜法观察的基本相似。资料表明，该脱溶物厚约 0.4～0.6 nm，长约 9 nm。

图 1-123 **Al-4%Cu 合金 540℃淬火状态** **×20000**

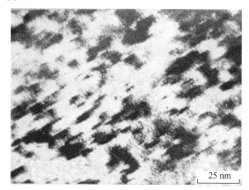

图 1-124 Al-4%Cu 合金 540℃淬火后在 130℃
时效 16 h 金属薄膜电子显微镜组织 ×400000

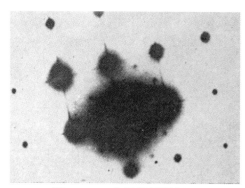

图 1-125 电子衍射图相

从图 1-126 和图 1-127 看出，其时效脱溶物也都具有点片状特征。

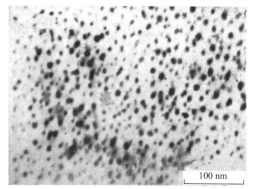

图 1-126 Al-16%Ag 合金 160℃时效 5 d 金属
薄膜电子显微镜组织 ×128000

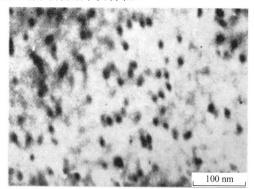

图 1-127 Al-6%Zn-3%Mg 合金 160℃时效
30 min 金属薄膜电子显微镜组织 ×128000

图 1-128、图 1-129 是用金属薄膜法观察合金中晶体缺陷特征和分布状态的电子显微镜照片，一般情况下，简单二元合金中位错的形态以及位错与脱溶物的交互作用易于看到。如图 1-128 是 Al-7%Mg 合金淬火后的位错环，X 与 Y 是在合金膜表面露头处。图 1-129 是 Al-9.3%Mg 合金淬火后在 100℃时效 2h，在位错线上优先生成的针状脱溶物特征。

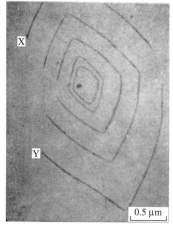

图 1-128 Al-7%Mg 合金淬火后的位错环 X 及
Y 是在合金膜表面露头处

图 1-129 Al-9.3%Mg 合金淬火后在 100℃时效
2 h 针状沉淀优先在位错线上生成

在实际生产中，2A12 合金箔材在 500℃保温 30 min，水中淬火后，并在 170℃时效 12 h 制备的金属薄膜的电子显微镜组织见图 1-130。箭头 1 所示的条状物是含锰相的弥散质点，并且可以看到许多位错线(箭头 2)。在晶界上出现的指纹状特征是消光轮廓(箭头 3)。

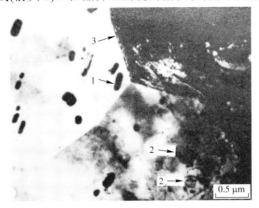

图 1-130   2A12 合金箔材 T6 状态用金属薄膜法拍摄的电子显微镜组织   ×26000

晶界和亚晶界或嵌痕块边界是晶体缺陷密集之处，这个现象可以从图 1-131～图 1-134 金属薄膜电子显微镜组织中看到，图 1-131 是 7075 合金在 520℃淬火后，在三晶交界处出现的敏锐的位错发团。图 1-132 是 1A93 工业纯铝箔中于三晶交界处的位错发团，图中指纹状是消光轮廓。该箔材在低温退火后，因位错攀移，形成多边化现象而出现很细小的亚晶，如图 1-133、图 1-134 所示。

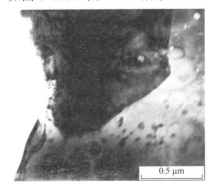

图 1-131   7075 合金箔材淬火后金属薄膜电子
显微镜组织   ×40000

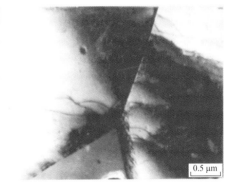

图 1-132   1A93 工业纯铝箔金属薄膜电子显微镜
组织   ×19500

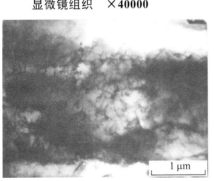

图 1-133   1A93 工业纯铝箔低温退火状态电子
显微镜组织   ×19500

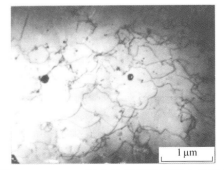

图 1-134   1A93 工业纯铝箔低温退火状态电子显
微镜组织   ×19500

图 1-135～图 1-137 是用金属薄膜法观察 7075 合金厚 2.0 mm 板材不同时效制度时的电子显微镜组织，合金在 135℃保温 16 h 人工时效的组织中出现细的脱溶物，晶界和亚晶界明显(图 1-135)。合金在 160℃保温 16 h 后，其人工时效的组织比前者显著粗化，而且出现晶间无析出区(PFZ)(图 1-136)。合金在 120℃保温 3h+160℃保温 3 h，经双级时效的组织如图 1-137 所示，与图 1-136 比较，其晶内脱溶物相应细化，而且看不到无析出区(PFZ)，从而显著提高了合金的抗应力腐蚀性能。

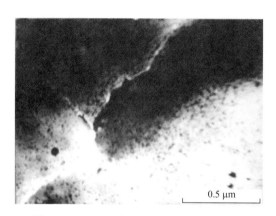 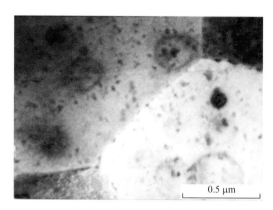

图 1-135 7075 合金 2.0 mm 板材 465℃淬火后 135℃人工时效 16 h 的电子显微镜组织 ×40000

图 1-136 7075 合金 2.0 mm 板材 465℃淬火后 160℃人工时效 16 h 的电子显微镜组织 ×40000

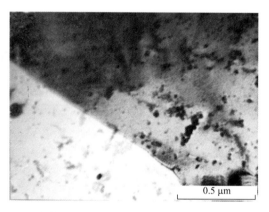

图 1-137 7075 合金 2.0 mm 板材 465℃淬火后 120℃保温 3 h+160℃保温 3h 双级时效的电子显微镜组织 ×40000

7075 合金型材用正常生产的 T6 工艺进行人工时效，其金属薄膜的电子显微镜组织见图 1-138，晶内脱溶物虽然细小而隐约可见，但无析出区（PFZ）较宽。合金经 T73 处理后，晶内析出物相应变粗，而且无析出区边界模糊，部分变窄，如图 1-139 所示。

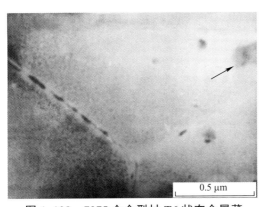

图 1-138　7075 合金型材 T6 状态金属薄膜电子显微镜组织　×48000（465℃淬火+140℃/16 h）

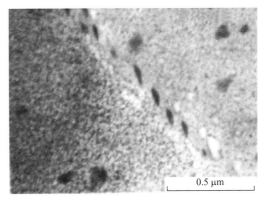

图 1-139　7075 合金型材 T73 状态金属薄膜电子显微镜组织　×48000（465℃淬火+107℃/8 h+176℃/10 h）

2A12 合金型材经 T6 人工时效后的金属薄膜电子显微镜组织见图 1-140，由图可见，晶内出现宽度不等的条状脱溶物，晶界明显。但是合金经 T861 形变时效处理后，晶内条状脱溶物更细更密集，而晶界上脱溶物更粗化(图 1-141)，这时合金的屈服强度相应升高。

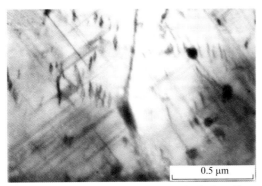

图 1-140　2A12 合金型材 T6 状态金属薄膜电子显微镜组织　×48000（495℃淬火+190℃/6 h）

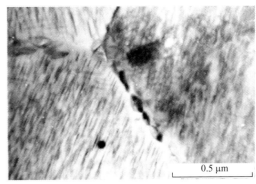

图 1-141　2A12 合金型材 T861 状态金属薄膜电子显微镜组织　×48000（T861 工艺见表 1-38）

从以上对合金淬火及时效状态组织的电子显微镜观察中，可得出以下时效组织形成的机制和形态特点：

（1）α(Al)固溶体中的位错和层错是 GP 区优先生核之处，空位更加速了 GP 区成核的速率。从图 1-101 看出，因回火分解的 Mn-Al 化合物质点周围钉扎大量位错，使 GP 区沿其周围密集生成。图 1-129 也表明 Al-Mg 合金中时效脱溶物沿位错线上出现的特征。

（2）在 Al-Cu 系和 Al-Cu-Mg 系合金自然时效状态脱溶物均以点、片状出现，人工时效时才出现条状 S'(Al$_2$CuMg)相。Al-Mg-Si 系自然时效看不到脱溶物，低温人工时效出现少量片状脱溶物，接近 170～180℃人工时效时才出现针状脱溶物，使合金显著强化。Al-Zn-Mg 系合金时效强度最高时的脱溶物为 GP 区和 η'(MgZn$_2$)相，它们都具有点、片状特征。

1.6 变形铝合金制品缺陷金相分析和对制品性能的影响

1.6.1 氧化膜

1.6.1.1 氧化膜组织特征和相分析

在供航空航天和汽车工业等部门用的高质量铝合金锻件、挤压材料制件等，都要求制品不但要有高的横向性能，还要有一定的断裂韧性和耐应力腐蚀性。但在控制制件的综合性能时，在各向变形程度大的部位上，这些性能波动很大。在相应的低倍金相组织中发现"小分层"，其断口组织为灰色、褐色、灰黄色或银灰色片状物，通常称为"氧化膜"，如图 1-142、图 1-143、图 1-144 所示。光学显微镜下观察其组织为窝纹状或沿晶界或枝晶边界分布的条状物，见图 1-145。

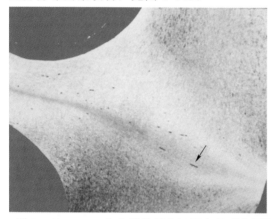

图 1-142 2A50 合金锻件低倍组织上的"分层"
（箭头所示）

图 1-143 图 1-142 中"分层"处的断口组织

图 1-144 2A50 合金半连续铸造铸锭镦粗试样低倍断口组织上的"氧化膜"（箭头所示）

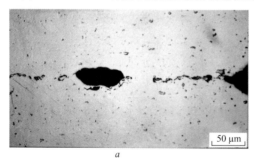
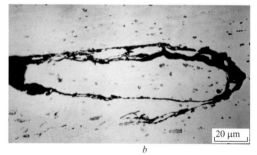

a   *b*

图 1-145 合金锻件"分层"的显微组织
a—2A50 合金锻件"分层"的显微组织（×200）；
b—2A14 合金锻件低倍组织中"分层"的显微组织（×600）

图 1-146 是用逐渐铣面方法研究"氧化膜"分布的情况，可见在低倍组织上的"小分层"实际上是一不规则片状物的截面，其尺寸与"氧化膜"本身大小无一定对应关系，所以低倍检查时不能得到其绝对尺寸。

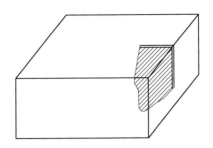

图 1-146 整体"氧化膜"等在试样中的情况

测定"氧化膜"处的显微硬度如表 1-47 所示。

表 1-47　2A14 合金锻件中氧化膜及合金相组成的显微硬度

相　名　称	显微硬度 HV
黑色球状和块状物	160～180
所包金属小块	123
金属基体	123
Mg_2Si	400
Si	1380
$CuAl_2$	515

分析表中数据：黑色球状和块状物硬度比所包金属块高，比其他化合物低，金属块和基体金属一致。从对各组成相进行光学成像分析中发现，黑色球状物和块状物与其他各相均系显微试样观察面内的实体。因此可以肯定的指出以下三点：

（1）黑色球状和块状物是构成氧化膜缺陷的主要组成相，不是裂纹和裂口。

（2）所包金属小块和基体合金一致。

（3）把低倍组织中出现的"分层"称为裂口或氧化膜均不确切，窝纹状者应叫氧化膜包留物，非窝纹状的条状物也属包留物，因其中总包有基体金属。

图 1-147～图 1-149 是对上述窝纹状组织进行的电子探针分析，表明此处组织由 Al_2O_3 组成，其间并包有硅的化合物，图 1-148 是用"氧"扫描的结果，表明此处组织中含有大量氧。图 1-149 是用"硅"扫描的结果，表明是包留物中有含硅的化合物。

图 1-147　氧化膜电子探针图相

 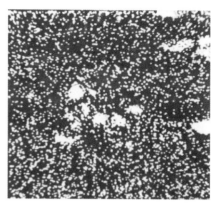

图 1-148 "氧化膜"处"氧"扫描电子探针图相　　图 1-149 "氧化膜"处"硅"扫描电子探针图相

用光电比色法分析此包留物中含氧化铝 62.89%，含 MgO 5.74%。

资料指出 Al_2O_3 有很多种。纯铝上的氧化膜在 660～670℃ 是非晶体结构，在 670～680℃ 时变成立方结构的 γ-Al_2O_3。在成分复杂的含镁铝合金(6A02、2A11)中，氧化膜是由尖晶石(MgO·Al_2O_3)和 MgO 的混合物组成。但是上述工作是在实验室中分析合金熔体表面氧化膜的结果，不能代表"氧化膜分层缺陷"的实质，因为在合金熔炼、铸造、加工过程中，它的成分和结构还发生变化，因此我们用电子衍衬金相方法对该缺陷进行分析。

在电子显微镜下观察此处氧化物是鳞片状堆集物。经电子衍射分析表明，其相组成为 β-Al_2O_3(其化学式为 $11Al_2O_3$·Na_2O，其中含 Na3.14%)和 MgO，在有的试样中还发现有 BeO(合金废料中所混入)及尚未确定的黑色块状物。在这些氧化物附近可看到梯田花样和沙滩型花样。前者是疏松孔内壁枝晶露头处的结晶台阶，在其周围是解理断口表征的沙滩花样，就是氢气吸附的象征。详见 1.5.3 节电子衍衬金相分析。

1.6.1.2 氧化膜产生原因和出现条件

我们对熔铸各阶段金属液面氧化膜特征进行试验发现：炉内熔炼的合金液面上的氧化膜呈暗灰色，流槽和结晶槽内者是银灰色或亮灰色，在结晶槽内揭下的氧化膜停留 10 min 后颜色变暗。在 668℃ 流槽内的氧化膜和结晶槽内一致，10 min 后为暗灰色。把炉内和流槽内的 2A11 合金液面氧化膜加入制造 2A11 合金锻件的溶液内，再形成氧化膜缺陷，其低倍、断口和显微组织特征及电子衍衬金相分析和一般氧化膜一致。所以根据以上模拟试验和相分析结果，认为称为"分层"的"氧化膜"缺陷形成的原因是：熔铸过程中金属液转注时从熔炼炉到静置炉，再到结晶槽的过程中，合金液处于动态，因落差和液体静压力，极易造成紊流、冲击旋涡等现象，都会使液面氧化膜卷入铸锭内形成锭内"氧化膜"。显微组织呈窝纹状者主要是合金液转注过程中卷入的，非窝纹状者主要是合金液从流槽到结晶槽的过程中二次污染的结果。这些卷入物在合金变形过程中，使变形不均匀及相组成间膨胀出现差异，使合金基体处于拉应力、滑移应力及吸附氢分压的共同作用下而发生开裂，形成由若干微裂纹和氧化物等组成的集团，经低倍浸蚀后即成"小分层"。形成机理如图 1-150 所示。

在正常情况下，空气中的氢含量仅为 0.01%，所以在实际生产中，进入合金内的氢主要来源于水蒸气。当铝及其合金与各种氢化物，特别是水蒸气反应时产生原子氢，反应式为：

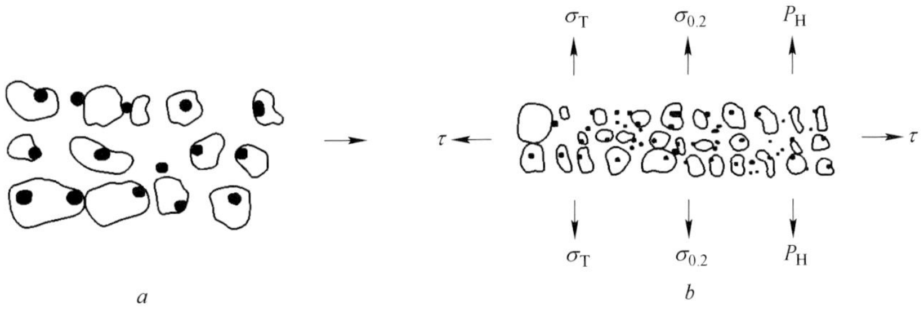

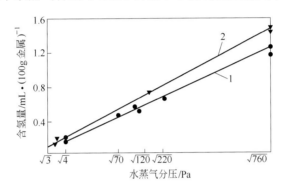

图 1-150　氧化膜低倍分层形成机理示意图

a—变形热处理前；*b*—变形热处理后

$$3H_2O+2Al \Longleftrightarrow Al_2O_3+6H \qquad\qquad H_2O+Mg \Longleftrightarrow MgO+2H$$

由此产生的原子氢溶入铝中，合金结晶时再度析出，此即制品中产生气泡的主要来源。图 1-151 是空气中水蒸气含量与 2A50 合金中平衡含氢量的关系。

图 1-151　空气中水蒸气含量与 2A50 合金中平衡含氢量的关系

水蒸气含量越高，氢含量越大，熔铸时卷入到合金铸锭中的氧化膜很容易吸附水蒸气。在 300℃以上，水蒸气与铝反应加快，所以氢能从两个途径浸入合金：其一是熔铸时吸附于氧化物薄膜上带入的；其二是由熔铸工具、合金原料中的水分和其他氧化物带入的。表 1-48 是合金种类和铸锭规格对"氧化膜"出现率的影响。

表 1-48　合金种类和铸锭规格对氧化膜出现率的影响

合金种类对氧化膜出现率的影响		铸锭规格对氧化膜出现率的影响		
			合　金	
合　金	一次合格率/%	铸锭规格/mm	2A70 合金 一次合格率/%	2B50 合金 一次合格率/%
2A70	70	482	100	
6A02	76	405	—	
2A50	73	360±10	100	100
2B50	89	280±10	—	90
2A11	90	192	75	76
2A12	100			

从表 1-48 看出不同合金及不同规格的铸锭使金属被"氧化膜"污染的程度不完全相同，铁、镍含量高的 2A70、2A80、2A90 合金易被"氧化膜"污染。其次是如 6A02、

2A50、2B50 和 2A11 也较多。对比之下，在含高镁高锌的 5A05、5A06、2A12、7075 合金中"氧化膜"较少。

"氧化膜"这种缺陷的出现与制品变形程度、加工方式和热处理制度有关。合金不经变形和热处理难以发现，图 1-152 是 2A70 合金模锻件"氧化膜"出现率和最后一道工序单向镦粗比的关系。可见变形程度越高"氧化膜"出现率越大，变形量在 80%以上变化变缓。锻件比挤压材料和板材易发现，而且多出现在锻件金属流动最剧烈或紊流及分模面附近，单向变形程度越大显现越明显，至于在锻件表面出现的是由铸锭皮下气孔或二次疏松及侵入制件的水气引起的。

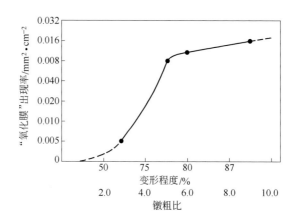

图 1-152 变形程度对大片状氧化膜出现率的影响

1.6.1.3 氧化膜对制品性能的影响

从工业统计的 3000 多个 2A70 合金力学性能试样中发现有 14 个试样上有"氧化膜"。分析其横向性能有差别，尤以伸长率较明显。处于试样中心处的"氧化膜"对横向性能的影响情况如表 1-49 所示。

表 1-49 氧化膜包留物对 2A70 合金锻件横向力学性能的影响

横向拉力试样上氧化膜的面积 /mm^2	横向试样断口被污染的程度 /mm^2·cm^{-2}	力 学 性 能			氧化膜分布的情况
		抗拉强度 R_m/MPa	屈服强度 $R_{p0.2}$/MPa	伸长率 A/%	
2.5	12.8	360.8		0.4	试样中心处
1.5	7.7	372.6	328	3.2	试样中心处
0.5	2.55	390.2	326	3.2	试样中心处
0.4	2.04	409.8	330.3	4.4	试样中心处
0.2	1.52	381.3	268.6	6.0	试样中心处
0.2	1.52	405		8.0	试样表面位置

分析表 1-49 数据可以看出：2A70 合金锻件被氧化膜污染程度越大，其横向拉力性能越低，特别是伸长率最显著。处于试样中心的比靠近表面的影响明显。可见氧化膜其对金属组织的连续性有一定的影响。

氧化膜对不同合金锻件高向力学性能影响的情况如表 1-50 所示。

表 1-50 氧化膜对不同合金锻件高向力学性能影响的情况

合　金	氧化膜在试样断面上所占面积的比例 /%	力 学 性 能			氢含量（整个锻件的平均值）/ cm³·(100g 金属)⁻¹
		抗拉强度 R_m/MPa	伸长率 A/%	断面收缩率 Z/%	
2A14	0	393.13	2.3	3.0	0.40
	5.36	327.5	0.8	—	
	20.00	263.7	0.2	—	
2B50	0	372.5	7.2	10.6	0.40
	4.09	337.2	3.0	5.0	
	10.89	295	1.8	3.6	
5A06	0	316.7	12.7	15.2	0.55
	3.47	267.6	4.9	7.0	
	88.20	148	1.0	—	
7A03	0	495	2.2	4.0	
	2.52	476.5	0.5	1.6	

耐应力腐蚀试验：对 2A14 合金锻件进行应力腐蚀试验的情况如表 1-51 所示。

表 1-51　2A14 合金锻件应力腐蚀情况

试 样 号	有无氧化膜	取样方向	开裂时间/ h
20、204 28-1、28	有	垂直流纹	<28.17
32、22-1 22、27	无	垂直流纹	<45.5
21	无	垂直流纹	<70

表 1-51 数据表明，无"氧化膜"的试样的开裂时间几乎比有"氧化膜"的长 1.6～2.5 倍，而且顺流纹方向的试样经三周腐蚀结果均未开裂，可见"氧化膜"可降低锻件横向耐应力腐蚀性能。

1.6.1.4　氧化膜消除措施

保证合金原料和工具的清洁和干燥，加强对合金熔体的精炼，控制精炼温度，建立良好的转注条件使合金液能在表面氧化皮保护下平稳流动，并采用过滤方法防止氧化皮卷入，适当提高铸造温度，保持熔铸环境干燥，气候潮湿季节更应注意防潮。

1.6.1.5　氧化膜控制和提高铸锭与制件质量的措施

曾以 2900 个"氧化膜"试料进行普查，其尺寸的重复率如图 1-153 所示，看来"氧化膜"尺寸在 0.2～0.3 mm² 者最为普遍。

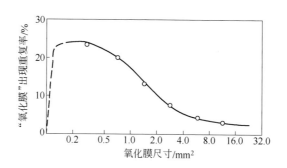

图 1-153　氧化膜尺寸和其出现重复率的关系

　　我们曾对国内外已装机使用过的完整变形铝合金锻件内"氧化膜"存在的情况进行调查，共做了 237 个低倍试样，218 个断口试样，从中发现氧化膜尺寸也以 0.2 mm^2 的重复率最大，其次是 0.3～1.0 mm^2 的，再大的很少发现。按氧化膜存在的普遍尺寸统计，在低倍组织中大约在 0.3 mm 左右，在断口组织中约在 0.2 mm^2 左右，其次低倍组织检查的在 0.5～1.0 mm 居多，断口组织中在 0.4～1.5 mm^2 范围内较广泛，再大于上述数值的则少见。

　　综合以上"氧化膜"在制件中存在的情况和对制件性能的影响，为确保制件质量，冶金制造厂均制订了锻件铸锭和制件氧化膜检查方法及检查标准。航空部制订了"氧化膜"低倍、断口和超声波探伤标准，详见 HB5204—82。

1.6.2 小亮点

1.6.2.1 组织特征和相分析

　　在对锻件或挤压件低倍组织进行"氧化膜"检查时发现，"小分层"中有的断口组织不呈带色的片状，而是"亮点"，有的密集成群，称为"小亮点"，如图 1-154、图 1-155 所示，其显微组织是沿晶界分布的黑色线状物，见图 1-156。经光学成像分析表明，它不是裂纹，是相组成，电子断口呈脆性断裂。电子衍衬金相分析指出，小亮点的相组成和带色的片状物一样，是由 $\beta\text{-}Al_2O_3$、MgO 和 BeO 及尚不能查明的黑色相组成的鳞片状堆积物，并在其附近有象征氢气存在的梯田花样和沙滩花样，而且和带色片状物比较，氧化物鳞片更稀少，梯田花样和沙滩花样增多，如图 1-157～图 1-164 所示。

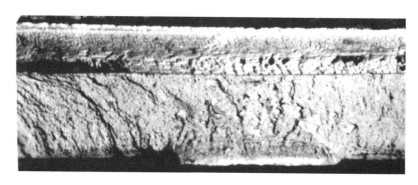

图 1-154　6A02 合金铸锭氧化膜试样低倍断口组织——小亮点

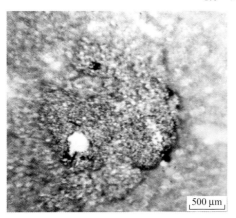

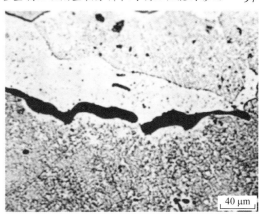

图 1-155　图 1-154 中"小亮点"
氧化膜立体显微断口组织　×20

图 1-156　"小亮点"氧化膜显微组织　×250

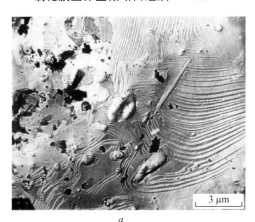

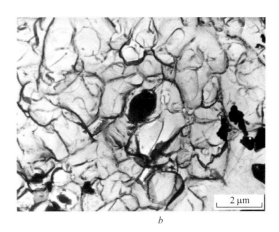

a

b

图 1-157　6A02 合金中"小亮点"的特征

a—6A02 合金中"小亮点"在氧化物附近吸附氢气的象征（×4600）；
b—6A02 合金铸锭氧化膜试样中的"小亮点"内的 β-Al₂O₃（×6000）

图 1-158　图 1-157b 中的 β-Al₂O₃ 的电子衍射图相

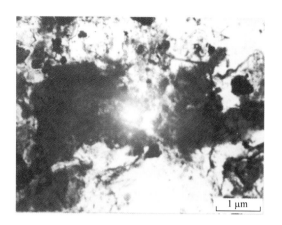

图 1-159　6A02 合金铸锭氧化膜试样中的
"小亮点"内的 MgO　×12000

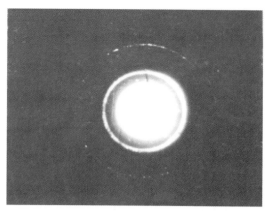

图 1-160　图 1-159 中 MgO 的电子衍射图相

图 1-161　6A02 合金铸锭氧化膜试样中的
"小亮点"内的 BeO　×12000

图 1-162　图 1-161 中 BeO 的电子衍射图相

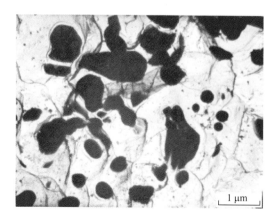

图 1-163　6A02 合金铸锭氧化膜试样中的
"小亮点"内的黑色相　×12000　80 kV

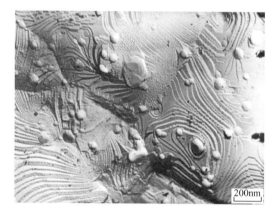

图 1-164　6A02 合金铸锭氧化膜试样中的
"小亮点"内的梯田花样和沙滩花样　×42500

1.6.2.2 产生原因和出现条件

在实际生产中，当铝及其合金和各种氢化物，特别是水蒸气反应时产生的原子氢溶入铝中，导致氢化物非固态，在合金中看不到具体形态。当合金凝固时再度析出并吸附在因水蒸气产生的氧化物或其他化合物上形成气泡或疏松，其断口组织为梯田花样和沙滩花样，这是疏松孔内表面枝晶露头处的结晶台阶，在其附近亦出现氧化物。这种断口组织的出现既表明气泡和疏松孔内表面有氧化物存在，也指出梯田花样和沙滩花样是存在氢气的反映。

对"小亮点"的形成进行模拟试验，即把复熔后的 2A14 合金用湿树枝带上水石棉搅拌后，再铸成小铸锭。铸锭中有疏松，将其镦粗试样热处理后均发现"小亮点"。其电子衍衬金相分析的数据和制品分析的一致。工业统计还表明，"小亮点"和"氧化膜"多出现在雨季或空气湿度大的季节，如图 1-165 所示。

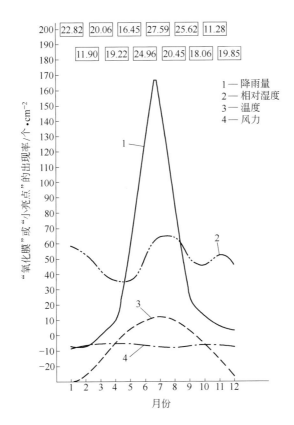

图 1-165　季节、天气情况对"氧化膜"、"小亮点"出现率的影响

（黑龙江省哈尔滨市气象统计）

从图 1-166 看出，在小亮点的电子断口组织中，沙滩花样出现在氧化物颗粒（β-Al_2O_3）和基体金属晶界或两相交界处，表明合金结晶时，在晶体之外，于结晶前沿阻止正常结晶的不可润湿的 β-Al_2O_3 微粒和晶界上的缺陷，如空位、层错及位错等，给氢气的析出提供了良好的吸附表面，氢则以此为核心，沿一定晶面析出，聚集长大成气泡，形成主要由氧化物和吸附氢组成的复合物，即"小亮点"。

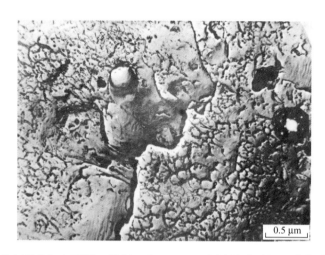

图 1-166 "小亮点"电子断口组织，在 β-Al₂O₃ 和晶界附近的沙滩花样　×30000

由此可见，小亮点产生的原因是侵入合金中的水蒸气引起的，铸锭疏松是其先天的组织因素。"小亮点"的显现和"氧化膜"相似，更与合金的变形程度、加工方式及热处理有关。"氧化膜"在镦粗试样中的变形量在 80%以上出现，而"小亮点"必须在 90%以上才显现，如图 1-167 所示，而且一次镦粗的没有镦粗—滚锻—镦粗出现的多。虽然出现的点数和一次镦粗时比较没有大的变化，但金属被其污染的面积增加了。

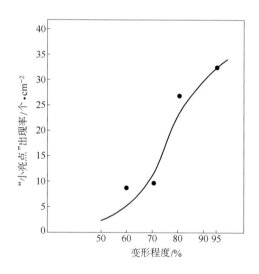

图 1-167　变形程度对"小亮点"型氧化膜出现率的影响

必须指出：只经过变形的合金中看不到这种缺陷，一定还要将其淬火后才能呈现，而且淬火时冷却速度越低，越不容易出现。

图 1-168 是淬火温度对 2A14 合金锻件中"小亮点"出现率的影响。400℃淬火时看不到，400℃后才可觉察，随淬火温度升高，出现的越多，到 503℃出现率最大，再提高温度，因合金已过烧，断口颜色发生变化，很难观察到"小亮点"。人工时效对"小亮点"的显现没有影响。

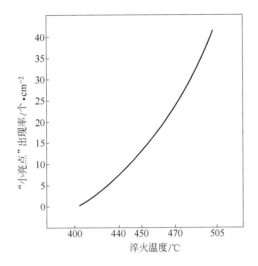

图 1-168 淬火温度对"小亮点"出现率影响示意图

1.6.2.3 对制品性能的影响

"小亮点"对制品拉伸性能的影响如表 1-52 所示。

表 1-52 2A70 合金镦粗试样上"小亮点"对拉伸性能的影响

试样号	状态	断口试样上"小亮点"情况	顺 流 纹			垂 直 流 纹		
			抗拉强度 R_m/MPa	屈服强度 $R_{p0.2}$/MPa	伸长率 A/%	抗拉强度 R_m/MPa	屈服强度 $R_{p0.2}$/MPa	伸长率 A/%
1	热镦	最严重小亮点	327.3	273.3	12.00	350.0	300.9	7.11
2	热镦	严重小亮点	341.9	287.1	12.02	329.4	276.5	12.40
3	热镦	轻微小亮点	349.3	291.7	13.53	333.3	271.6	12.65
4	热镦	未发现小亮点	355.9	296.7	13.85	316.7	265.7	14.14

表 1-52 数据表明："小亮点"能降低锻件顺流纹方向的抗拉强度 R_m、屈服强度 $R_{p0.2}$ 和伸长率 A，而且"小亮点"越严重，降低的程度越显著。但在垂直流纹方向，强度性能却随"小亮点"严重程度的增加而上升，尤其是屈服强度更明显，伸长率反而下降得最多，这点和"氧化膜"相似。

从 2A11 模锻件上有氧化膜处顺流纹方向取疲劳试样，用超声加工法制备试样，试验负荷为 98 MPa，转数为 2×10^7，到此转数试样不断，加大负荷为 147 MPa，直至断裂为止，试验结果如表 1-53 所示。

表 1-53　"氧化膜"、"小亮点"对 2A11 合金模锻件顺流纹疲劳性能的影响

试 样 号	有无氧化膜、小亮点	破坏时间 t	破坏转数 N/转
1	无	132 h+5 min	2.282×10^7
2	无	125 h	2.160×10^7
22	无	125 h+5 min	2.161×10^7
23	无	132 h+35 min	2.308×10^7
平均		128 h+41 min	2.228×10^7
3K	有	121 h+25 min	2.162×10^7
2K	有	120 h+5 min	2.088×10^7
平均		120 h+48 min	2.125×10^7

表 1-53 疲劳数据表明：从具有氧化膜锻件上取的试样的疲劳性能均比无氧化膜试样的低，但根据疲劳试验特性，此差值虽在试验误差范围内，却表现出使疲劳性能下降的趋势。所以又测量了"氧化膜"、"小亮点"对 2A14 合金锻件流纹穿流处弯曲疲劳的影响，如表 1-54 所示。

表 1-54　"氧化膜"、"小亮点"对 2A14 合金模锻件穿流处弯曲疲劳的影响

试样号	试样直径 /mm	疲 劳 数 据		"氧化膜"或"小亮点"情况
		应力/MPa	破断时间	
1	9.49	108	13 s	1 点(1 mm×0.5 mm)
2	9.48	88	44 h+55 min	无
3	9.49	88	7 h+58 min	无

从表 1-54 可以看出，1 号试样负荷为 108 MPa 时，仅 13 s 试样即断裂。在其断口上发现"小亮点"或"氧化膜"一处，尺寸为 1 mm×0.5 mm，而无"氧化膜"或"小亮点"的试样，断裂时间均在 7 h 以上，更长者可达 44 h 以上。

"氧化膜"、"小亮点"对 2A14 合金模锻件断裂韧性（K_{IC}）的影响，如表 1-55 所示。

表 1-55　"氧化膜"、"小亮点"对 2A14 合金模锻件断裂韧性（K_{IC}）的影响

试样号	K_{IC}/MN·m$^{-\frac{3}{2}}$	试样断口面积 /mm^2	断口面上氧化膜情况
4-1	682.0	33×25	氧化膜 11 点，1.3 mm×0.6 mm，分散点状（含小亮点）9 点，1.3 mm×0.2 mm
4-2	655.6	33×25	氧化膜 4 点，1.4 mm×1.8 mm，分散点状（含小亮点）3 点

从表 1-55 数据看出，随"氧化膜"和"小亮点"尺寸的增加，K_{IC} 值相应降低。

用铸锭镦粗的专用试样进行冲击试验指出：有"小亮点"的冲击韧性 a_k 平均值为 30.5 J/cm^2，没有"氧化膜"和"小亮点"的 a_k 值为 56.9 J/cm^2。在一个冲击试样断口面上发现有"氧化膜"者，其 a_k 值只有 17 J/cm^2。由此可见"氧化膜"和"小亮点"都能降低制件冲击韧性，其中"氧化膜"比"小亮点"更严重。

1.6.2.4　消除措施

合金原料要干燥洁净，不能有水分和油垢或腐蚀现象。铸造时合金液应平稳流动，尽量减少滚翻和在大气中暴露的时间。熔化初期，覆盖粉状熔剂，减少炉料氧化，加强精

炼，采用过滤和除气联合措施，清除气体，特别是氢气。总之"氧化膜"和"小亮点"属同一类型缺陷，其消除措施基本一致。

1.6.2.5 质量控制措施

鉴于"小亮点"对制品性能的影响和"氧化膜"相似，主要是由侵入合金内的水蒸气引起的，它和铸锭产生疏松有直接关系。所以在冶金制造厂，应严格控制铸锭疏松，重要制件不允许或不超过一级疏松（内控疏松等级），用此措施可防止"小亮点"污染合金。

1.6.3 光亮晶粒

1.6.3.1 组织特征

在检查半连续铸造铸锭的低倍组织时，有时会发现比基体金属更光亮的组织区域，具有明显树枝状特征。此处组织和粗大晶粒不同，对光线无选择性，所以称为光亮晶粒，如图 1-169～图 1-171 所示。

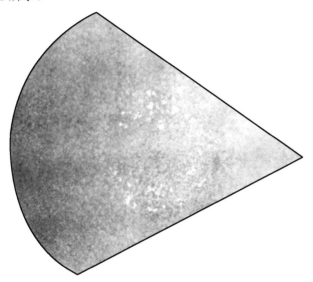

图 1-169　2A12 合金 ϕ290 mm 半连续铸造铸锭中的光亮晶粒低倍组织

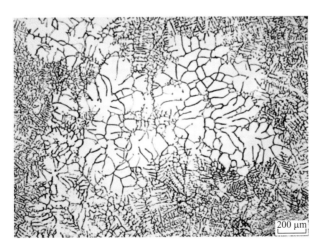

图 1-170　2A12 合金 ϕ290 mm 半连续铸造铸锭中的光亮晶粒显微组织　×50

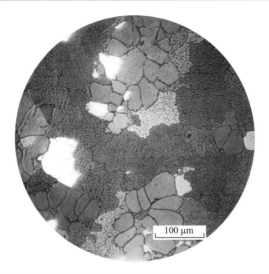

图 1-171 1A60 工业纯铝半连续铸造铸锭中的光亮晶粒显微组织（偏光） ×150

显微组织观察，光亮晶粒区域的晶粒和枝晶网比正常部位都粗大。枝晶网络很薄，二次晶稀少。几种合金中光亮晶粒和正常部位枝晶大小测定的结果如表 1-56 所示。

表 1-56 半连续铸造铸锭正常部位和光亮晶粒区域枝晶网大小比较

合 金	铸锭规格/mm	枝晶网大小/mm²	
		正常区域	光亮晶区域
2A10	ϕ164	0.0031	0.0182
2A02	ϕ164	0.00586	0.0213

铸锭经变形后光亮晶粒出现的程度和变形量有关。在变形量较小的挤压或锻造产品中仍可看到，提高变形程度，光亮晶粒区域相应缩小，完整性被破坏，所以在低倍试片上往往看不清楚。相应的显微组织是枝晶网解体，二次晶稀少。如果是含锰、铬的合金，则此处的分解质点也很稀少，如图 1-172、图 1-173 所示。

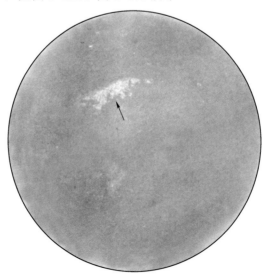

图 1-172 2A12 合金挤压棒材中的光亮晶粒（箭头所指处）低倍金相组织

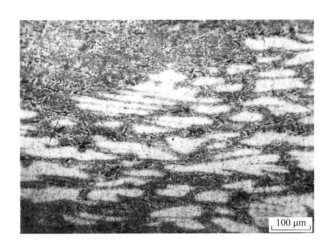

图 1-173　2A12 合金挤压棒材中的光亮晶粒显微组织（图中白色区域）　**×100**

1.6.3.2　光亮晶粒的本质和形成机理

在半连续铸造时，当铸造温度偏低，铸造速度慢，在铸锭表面冷却条件强烈的情况下，铸造漏斗沉入液穴较深或漏斗未充分预热时，则在液穴内接近漏斗底部的温度低，所以在此处易于形成结瘤现象，从而可导致光亮晶粒，原因有以下两点：

一是由于此处过冷，为合金内自发晶核成长创造了有利条件；二是混入合金内的高熔点氧化物或化合物质点都能形成非自发晶核（在检验光亮晶粒显微组织时曾在其组织中发现有细小夹杂物）。它们便依附在此低温区，依靠不断更新的合金液结晶长大，到其长到一定程度，便从漏斗底部降落到液穴底部，从而形成光亮晶粒。

光亮晶粒形成的金属学机理如图 1-174 所示。

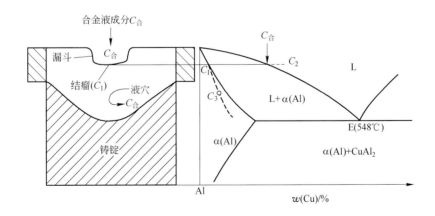

图 1-174　光亮晶粒形成机理

设：合金液成分为 $C_合$，在漏斗下方先结晶的光亮晶粒萌芽的成分为 C_1，和其紧相毗邻的液体成分为 C_2，则 $C_1 < C_合 < C_2$。

以 Al-Cu 系合金为例。根据平衡图选择结晶的原理，当结晶凝固时，处于低温漏斗下方的过冷自发晶核及非自发晶核便依附 $C_合$ 成分的正常合金液结晶。这时结晶的萌

芽成分应为 C_1，和其紧毗邻相平衡的液体成分应为 C_2。当扩散作用尚未充分进行之际，按平衡图液相线，此处熔点相应降低，所以不能继续凝固。因是半连续铸造，此处随即下移至漏斗更下方，这时和 C_1 处相接触的总是正常的新的合金液，所以光亮晶粒萌芽就能按 C_1 成分（也可能是比 C_1 更高的成分，如 C_3，但此成分总比 $C_合$ 低，可参考不平衡固相线）继续成长。当其长到一定程度，因自身重量或液穴内液体的浮动，就从漏斗下方降落到液穴底部，成为光亮晶粒。因 $C_1 < C_合$，所以光亮晶粒的合金元素如铜等的含量低，而且是在高温下凝固，其结晶速度小，因此晶粒和枝晶网均粗大，而且网络稀薄。

表 1-57 所示是几种合金光亮晶粒部位和正常部位的化学成分比较。

表 1-57 光亮晶粒和正常部位的化学成分比较

合金	组织情况	化学成分（质量分数）/%						
		Cu	Mg	Mn	Zn	Fe	Si	Ti
7075	正常	1.88	1.87	0.42	5.83			
	光亮晶粒	1.49	1.33	0.41	5.81			
1A30	正常					0.36	0.38	
	光亮晶粒					0.30	0.26	

表 1-57 数据表明：7075 合金光亮晶粒的合金元素含量均低，其中尤以铜、镁降低最明显。铜比正常部位降低 21%，镁降低 29%。锰、锌降得不多，而 1A30 中的光亮晶粒部位铁、硅杂质含量也比正常部位都偏低。

几种合金正常部位和光亮晶粒处显微硬度测量结果如表 1-58 所示。

表 1-58 几种合金正常部位和光亮晶粒处显微硬度

合 金		2A12	7075	2A10	2A02	1035
显微硬度 HV	正常部位	100.3	109.6	93	113.1	40.1
	光亮晶粒	49.1	50.8	58.4	68.9	33.5

从表 1-58 数据可以看出：光亮晶粒处合金元素含量偏低，相应的硬度亦低，所以光亮晶粒的本质就是合金元素逆偏析的表现。

1.6.3.3 引起光亮晶粒的工艺因素

在铸造时，分配漏斗预热不够，引起与液穴接触处温度下降，将造成光亮晶粒。当分配漏斗底部到液穴底部的距离越小时，温度差越大，尤其是采用导热性差的漏斗时，更加剧光亮晶粒的形成。在圆铸锭中，光亮晶粒区域常以环状出现，就是因为漏斗边缘到液穴底部距离更近的结果。

1.6.3.4 消除光亮晶粒的措施

首先采用导热良好的漏斗，其表面应光洁平整，并充分预热，在液穴中不要放置过深，也不能太高。适当提高铸造温度，保证结晶槽内金属水平稳定，防止液流分布不均。铸造大直径铸锭时，对液穴表面采用加热和防止热量散失等措施以消除光亮晶粒。

1.6.3.5 光亮晶粒对制件力学性能的影响

表 1-59、表 1-60 所示是光亮晶粒对 7075 合金和 1A30 工业纯铝力学性能的影响。

表 1-59　光亮晶粒组织对 7075 合金锻件力学性能的影响

取 样 方 向	力 学 性 能		
	抗拉强度 R_m/MPa	屈服强度 $R_{p0.2}$/MPa	伸长率 A/%
高向光亮晶粒区	315.6	308.8	5.00
高向轻微光亮晶粒区	422.6	452.9	3.00
高向正常组织区	524.5	492.2	2.67
横向光亮晶粒区	297.1	279.5	3.33
横向轻微光亮晶粒区	541.1	497.1	4.00
横向正常组织区	542.2	513.8	3.66

表 1-60　光亮晶粒组织对 1A30 工业纯铝铸锭力学性能的影响

组 织 情 况	力 学 性 能			
	抗拉强度 R_m/MPa	屈服强度 $R_{p0.2}$/MPa	伸长率 A/%	布氏硬度 HB
正常组织区	85.6	57.5	41	23.7
集中光亮晶粒区	85.4	57.4	40.2	21.4
分散光亮晶粒区	84.3	55.9	41.6	22.88

从表 1-59 数据可以看出：光亮晶粒组织可以使 7075 合金锻件高向和横向的强度性能剧烈下降。抗拉强度降低 40%～45%，屈服强度降低 37%～46%。其中横向比高向降低更甚，但高向伸长率却明显增高。而表 1-60 数据表明：光亮晶粒组织对 1A30 工业纯铝的宏观力学性能没有显著的影响。

1.6.3.6 质量保证措施

鉴于光亮晶粒组织能剧烈降低合金加工制品力学性能的抗拉强度和屈服强度，所以在冶金制造厂对铸锭中的光亮晶粒有严格的控制标准，必须经金相低倍组织检查合格，才能放行，而对工业纯铝铸锭允许有光亮晶粒存在。

在供应航空航天及高质量军工用的加工制品中，特别对热处理可强化的合金，不允许有光亮晶粒存在，详见有关标准（GJB）。

1.6.4　羽毛状晶（花边状组织）

1.6.4.1　组织特征

在检查 1A30 和 7A04 合金半连续铸造铸锭的低倍组织时，在试样中部或中心部位出现一种特殊组织，既不像柱状晶，也不是等轴晶。在光学显微镜下观察，其组织好像服装上的花边或羽毛，因此称为羽毛状晶（花边状组织），如图 1-175、图 1-176 所示。

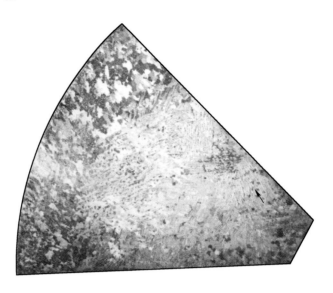

图 1-175 1A30 工业纯铝 ϕ162 mm 半连续铸造铸锭低倍组织中的羽毛状晶（箭头所示）

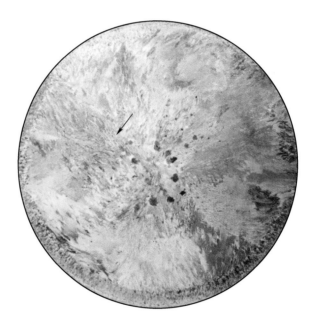

图 1-176 7A04 合金 ϕ350 mm 半连续铸造铸锭低倍组织中的羽毛状晶（箭头所示）

仔细观察：低倍组织是由许多平行的结晶细条组成。在光线反射下，整个羽毛晶区分成不同的领域，呈丛生长条晶区，并与柱状晶的主轴成比较小的角度排列着，其中最长的可达 180～190 mm，一般均在 140～180 mm，其根部是在靠近铸锭边缘的一层柱状晶区上，由此一直伸向中心部位。

由铸锭四周生长来的羽毛晶，汇集于铸锭中心部位，在个别地方还可看到和铸锭中心轴成平行的长条晶体。长度可达 200～220 mm。在羽毛晶区中，还有分散而更细小的等轴晶粒，并且有的长成规则的四方形。

显微组织检查表明这些长条彼此平行，具有孪晶组织特征，其孪晶面是（111），孪晶方向为〈112〉。每条一边平直，另一边呈锯齿形，各条内分布的化合物质点略具方向性排列，而等轴晶区内的化合物比其粗大，且无方向性，如图 1-177～图 1-180 所示。

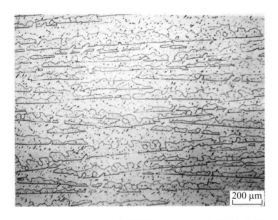

图 1-177　1A30 工业纯铝 ϕ162 mm 半连续铸造铸锭羽毛状晶的显微组织　×50

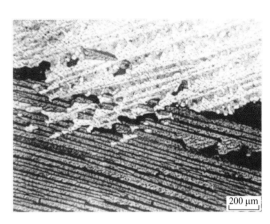

图 1-178　1A30 工业纯铝 ϕ162 mm 半连续铸造铸锭羽毛状晶的偏振光显微组织　×50

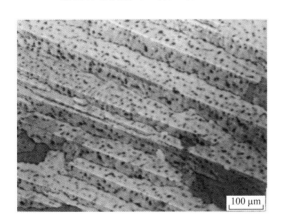

图 1-179　1A30 工业纯铝 ϕ162 mm 半连续铸造铸锭羽毛状晶的偏振光显微组织（彩色）　×150

图 1-180　1A30 工业纯铝 ϕ162 mm 半连续铸造铸锭中和羽毛状晶相邻的等轴晶粒偏振光显微组织（彩色）　×150

变换偏振光方向，则羽毛晶区内平行的长条状区域的颜色虽然改变，但原来颜色相同的，在偏振光方向改变后，其颜色的改变也相同，这证明凡是颜色相同的长条，它们是起源于一个主轴晶粒，所以认为羽毛晶是柱状晶变态的结论是有根据的。

1.6.4.2　羽毛晶形成的机理

羽毛晶具有以下组织特点：

（1）起源距铸锭边缘 20～30 mm 的柱状晶区，顶端靠近中心部位。

（2）具有异常发达的一次晶支脉。

（3）各支脉互相平行，其成长方向趋近于铸锭传热方向。

（4）支脉间的化合物分布较细小连续。

（5）在羽毛晶组织中出现细小的等轴晶和与中心轴平行的长条晶。

金属学在论述金属与合金的结晶和组织时，对晶体形貌的描述指出：在许多情况下，即使在空间各方向散热条件相似的液相中，也会出现枝晶，而且主枝晶突出的方向往往平行于特定的晶体学方向。

将羽毛晶组织特点和上述论述对比，认为羽毛晶的产生是由于半连续铸造过程中在液穴内结晶前沿某处出现异常过冷造成的。由于羽毛晶的成长方向与连续铸锭表面向外导热方向一致，在铸造过程中各种参数都必须相应配合才能铸造出符合正常结晶组织的铸锭。当其中某一参数发生改变引起结晶前沿温度梯度改变时，造成区域性过冷，遂在此过冷处即由非自发晶核（或自发晶核）乘机结晶。由于半连续铸造连续移动的特点，这些晶粒来不及产生更多的支脉，其中某些一次晶中的支脉就以与主枝晶突出的方向且平行于特定的晶体学方向而成长，由于它们起源于原柱状晶区并和其形成一定角度，更趋近于铸锭导热最大方向，所以这些支脉就迅速成长，形成羽毛晶，如图 1-181a 所示。图 1-181b 是正常枝晶的结晶示意图。

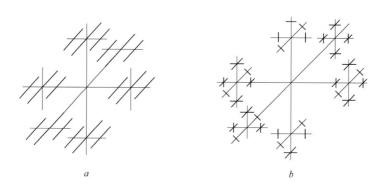

图 1-181 羽毛晶与正常枝晶示意图
a—羽毛晶；*b*—正常枝晶

在羽毛晶区中很少看到疏松，显微组织中也未发现显微缩孔，表明其只有一次晶中的支脉迅速成长，使金属液易于补缩的结果。

从显微组织图中可以看到：有的细小等轴晶夹在羽毛晶区中间，成为羽毛晶的障碍。更小的被羽毛晶甩开，由它发展，这些小晶粒也就是异常过冷产生的。当其还未取得迅速发展的机会时，就被羽毛晶包围停止生长。

在铸造过程中，某些参数的变化随时可以发生，如铸造速度正常与否，漏斗孔的多少；个别孔有无阻塞，水压的稳定和均匀性等。尤其是采用过滤时，过滤管直径大小、孔数以及是否畅通，不但影响非自发晶核数量，而且会引起局部温度波动等等，这些可变因素都会使合金液流发生温度变动，引起结晶前沿局部异常过冷。

1.6.4.3 影响羽毛晶出现的工艺因素和消除措施

影响羽毛晶出现的工艺因素和消除措施如下：

（1）合金成分的影响。生产检验中常出现羽毛晶的合金以工业纯铝和超硬铝及高镁含量的合金最多，如 1A30、7A04、5A06 合金。表 1-61 所示是有羽毛晶的 1A30 工业纯铝铸锭中铁、硅杂质和钛含量与细小等轴晶的对比情况。

表 1-61 1A30 工业纯铝铸锭化学成分

组 织 特 征	化学成分（质量分数）/%		
	Fe	Si	Ti
羽毛晶组织区	0.23	0.16	0.014
细小等轴晶区	0.225	0.145	0.019

从表 1-61 数据可见，合金中细化晶粒的钛元素含量低时还可出现羽毛晶，生产检验表明：合金中含有六方晶系的合金元素如含镁、锌的合金结晶间隔宽，都易引起羽毛晶出现。而 3004 合金是 Al-Mn 系，其结晶间隔只有 0.5～1℃，所以未发现或很少有羽毛晶，2×××、6××× 系合金有时也出现，但不如 1×××、7××× 的合金多。

试验表明：以细化变质作用给合金中加入 0.02%～0.04%Ti 可抑制羽毛晶出现，从而细化晶粒。废料中的钛作用很小或无细化作用。

（2）熔铸温度。熔铸温度越高，过热时间越长，影响结晶过冷，相应的使自发和非自发晶核减少，易出现羽毛晶。以 1A30 工业纯铝为例：铸造温度为 710℃时出现羽毛晶，当降到 695℃铸造时，不出现羽毛晶。所以合金在熔炉内停留时间不宜过长，熔炼、铸造温度都不宜过高。

（3）铸锭规格和大小。铸锭规格较大和空心铸锭均易出现羽毛晶，所以在铸造这些铸锭时更应注意冷却水压的均衡，防止铸造速度波动，保持液流平稳。

（4）过滤处理。从防止"氧化膜"污染金属考虑，采取过滤是必要的，但过滤管孔径不能太小，也不能太大，应适当。

（5）过多的使用新铝作原料，降低结晶槽高度，漏斗导流不畅都会引起羽毛晶的出现，所以应适当降低新铝原料，在保证质量前提下适当提高结晶槽高度，采用多孔而导热良好的漏斗都是抑制羽毛晶出现的措施。

1.6.4.4 羽毛晶对铸锭和加工制品性能的影响

表 1-62、表 1-63 是 1A30 工业纯铝铸锭上的羽毛晶区和粗大柱状晶及等轴晶粒处的力学性能。

表 1-62 1A30 工业纯铝铸锭羽毛晶和粗大柱状晶力学性能

部位和组织	力 学 性 能						备 注
	抗拉强度 R_m/MPa			伸长率 A/%			
	横向	纵向	顺晶向	横向	纵向	顺晶向	
铸锭上端羽毛晶组织	85	71.3	74.4	23.8	26.7	36.7	顺晶向即沿羽毛晶纵向
铸锭下端粗大柱状晶区	67.9	75.2	72.5	29.4	26.6	30	

表 1-63　1A30 工业纯铝铸锭羽毛晶和等轴细晶力学性能

组 织 特 征	力 学 性 能		备 注
	抗拉强度 R_m/MPa	伸长率 A/%	
羽毛晶组织	85	26.2	沿铸锭低倍试样径向取样
等轴细晶粒组织	79.3	32.6	

从以上两表数据看出，羽毛晶组织的抗拉强度 R_m 除纵向比粗大柱状晶的略低外，横向和顺晶向的都比其高，伸长率 A 是横向的比粗大柱状晶的小，纵向的二者相等，顺晶向的前者比后者显著高出 6.7%，同时铸锭横截面羽毛晶处抗拉强度 R_m 比等轴细晶粒的高 5～6 MPa，而伸长率却比其低 6.42%。

有关资料介绍，羽毛晶对 7A04 合金 ϕ300 mm 挤压棒材力学性能的影响如表 1-64 所示。

表 1-64　7A04 合金 ϕ300 mm 挤压棒材淬火及人工时效状态组织性能

取 样 部 位	组织特征	力 学 性 能			备 注
		抗拉强度 R_m/MPa	屈服强度 $R_{p0.2}$/MPa	伸长率 A/%	
横截面任意方向取样	有羽毛晶	536.2	501.9	1.94	原资料合金牌号为 LC4
	无羽毛晶	529.4	498	1.54	
纵截面顺纵向取样	有羽毛晶	621.5	602.9	8.07	
	无羽毛晶	619.6	594.1	7.46	

表 1-64 数据表明：羽毛晶区的力学性能均比无羽毛晶的略高，尤以纵截面上顺纵向的力学性能增值明显。在 176 MPa 应力下的疲劳性能如表 1-65 所示。

表 1-65　7A04 合金 ϕ300 mm 挤压棒材淬火及人工时效状态疲劳性能

组 织 特 征	疲劳试样断裂转数 N
有羽毛晶组织	14.716×10^6
无羽毛晶组织	9.968×10^6

显然，有羽毛晶组织的疲劳性能比无羽毛晶的高。耐应力腐蚀试验还表明：在较高应力（$R_{p0.2} \times 80\%$ 以上）作用下，无羽毛晶组织的腐蚀寿命比有羽毛晶的高，在较低应力（$R_{p0.2} \times 70\%$）作用下，有羽毛晶组织的腐蚀寿命比无羽毛晶的长，而且随应力的降低其对腐蚀寿命的影响相应减小。

资料介绍，羽毛晶对 5A06 合金 A-4 模锻件和自由锻件力学性能影响，如表 1-66、表 1-67 所示。

表 1-66　5A06 合金 A-4 模锻件力学性能

组织特征	力 学 性 能						备 注
	抗拉强度 R_m/MPa		屈服强度 $R_{p0.2}$/MPa		伸长率 A/%		
	纵向	横向	纵向	横向	纵向	横向	
羽毛晶组织	331.3	309.8	259.8	289.2	21.5	18	原资料合金牌号为 LF6
等轴晶组织	316.6	305.8	232.3	257.8	25	21	

表 1-67　5A06 合金自由锻件不同组织的力学性能

组织特征	力学性能									备注
	抗拉强度 R_m/MPa			屈服强度 $R_{p0.2}$/MPa			伸长率 A/%			
	纵向	横向	高向	纵向	横向	高向	纵向	横向	高向	
纯羽毛晶	352.9	347	325.5	212.8	207.8	200	25.2	20.4	16.9	原资料合金牌号为 LF6
粗大等轴晶	346	341.2	337.3	200	194.1	200	22.4	26.8	16.0	
细小等轴晶	353.9	355.8	331.4	218.6	220.6	202	27.3	24.2	15.7	

由表 1-66 看出：有羽毛晶组织部位的抗拉强度、屈服强度都比等轴晶组织区的高，而伸长率相应降低。

从表 1-67 数据看出：三种不同组织中纯羽毛晶的抗拉强度 R_m 和屈服强度 $R_{p0.2}$ 除了高向外，其余各个方向的都比粗大等轴晶的高，而比细小等轴晶的低。各方向伸长率 A 的最低值不是羽毛晶，而是细小等轴晶的高向（A=15.7%）。

同时应力腐蚀试验指出羽毛晶对 5A06 合金锻件耐应力腐蚀性能有不利的影响。

疲劳试验表明：5A06 合金有羽毛晶的铸锭和其加工制品的抗疲劳性能比小等轴晶高。

1.6.4.5　质量保证措施

从以上组织性能的分析中可以看出以下两点：

（1）羽毛晶是合金铸锭中柱状晶的变态，是组织组成物，既不是夹杂，也不是偏析，和"氧化膜"、"光亮晶粒"不同。

（2）羽毛晶本身性能并不低，虽对制件耐应力腐蚀性能不利，但对合金力学性能无明显影响，而且还能提高合金制件抗疲劳性能。

根据以上两点，认为应该改变对羽毛晶的偏见，冶金厂内铸锭检验标准中应对羽毛晶的控制按制品要求而定，如军工制品从耐应力腐蚀性能和防止晶层分裂现象考虑，锻件为了具有小的各向异性不宜采用有羽毛晶的铸锭，一般加工制品的铸锭可适当放宽。

1.6.5　铜扩散

硬铝合金包铝板材虽比不包铝板材的持久强度和疲劳强度低，但能改善板材的耐腐蚀性，尤其是保证板材在腐蚀介质下有较高的疲劳极限值，所以必须保证包铝层的组织质量。但对包铝板材来说，淬火加热时保温时间太长，会使基体合金中 Cu 原子向包铝层中扩散，而且由于扩散作用沿晶界比晶粒内部更容易进行，并形成 Cu 原子的浓度梯度现象，最后在包铝层中出现须状组织，这就是 Cu 扩散的象征，如图 1-182 所示。该须状物一旦穿透包铝层，会使板材的耐腐蚀性能大大降低。所以，淬火加热的保温时间需要适当控制。在对 Cu 扩散进行金相检验时，板材试样表面必须用垫片贴紧后用夹子夹紧进行抛光，确保板材表面原组织状态。抛光试样经浸蚀后，在显微镜下测量 Cu 扩散（须状物）情况。

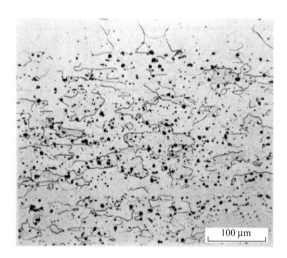

图 1-182　2A12　T4 板材包铝层中的 Cu 扩散（混合酸水溶液浸蚀）　**×150**

1.6.6　缩尾

检查变形铝合金挤压制品的低倍组织时，在低倍试样观察面中心出现折皱状缩孔或沿周向蔓延的开裂现象。前者称为一次缩尾，后者叫二次缩尾。

1.6.6.1　缩尾的组织特征

一次缩尾的低倍组织特征如图 1-183 所示。在棒材中心呈折皱状的区域，图 1-184 是多孔挤压棒材二次缩尾的横截面。相应的断口组织看不出晶间破坏象征，却具有金属撕裂并氧化和被油墨沾污等现象，显微组织中出现大量的非金属夹杂物和小裂口，化合物大小不等，分布较凌乱。

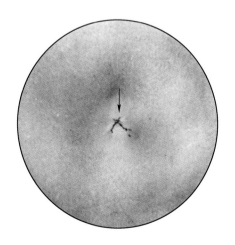

图 1-183　一次缩尾的低倍组织

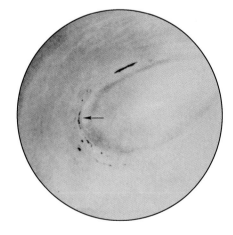

图 1-184　二次缩尾的低倍组织（多孔挤压棒材）

图 1-185 所示是二次缩尾纵截面的低倍组织特征，是沿挤压棒材尾端纵向分布并呈放射状的组织区域，在紧靠压余处截取其横截面，作金相低倍试样，在试样受检面中部出现封闭的或沿截面周向分布的层状开裂现象，即是二次缩尾。

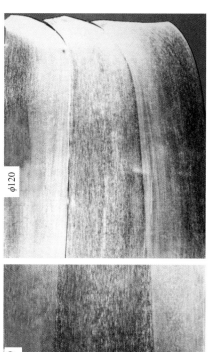

图 1-185　挤压棒材二次缩尾纵截面的低倍组织

二次缩尾的外形多样化，与挤压制品外形和模具孔数有关。多孔挤压的型材出现在型材臂部端头，形成水波形开裂现象。有的二次缩尾分布在粗晶环内壁，乍一看来类似成层，必须经显微组织分析才能确定。

二次缩尾的断口组织与一次缩尾相似，即无晶间破坏象征，此处金属被明显撕裂，裂口表面平滑并被氧化和污染。

在偏振光下观察工业纯铝二次缩尾的显微组织表明，此处变形程度很不均匀，金属流动十分紊乱。由 2A12 合金型材二次缩尾的显微组织可明显看到金属分层和夹杂，其附近晶粒比正常部位细小。2A11 合金 ϕ60 mm 棒材二次缩尾中可看到与正常部位截然不同的独立变形区，其中有分层和孔洞以及分散的非金属夹杂物，与正常部位比较，此处晶粒和化合物细小密集。

挤压制品在低倍检验时，在试片上经常出现沿周向分布的水波形现象，却无明显开裂象征，称为缩尾痕迹，分黑白两种。黑色者金属流动不均匀，组织疏松，断口组织呈凸出的金属断纹,沿断纹处明显开裂。显微组织观察此处是粗大密集的化合物带。其中掺杂有分散的非金属夹杂物和小裂口,经过烧试验证明,此处过烧温度比正常挤压制品(2A12合金)低 5～10℃,可见黑色缩尾痕迹对"过烧"敏感,并常和二次缩尾同时出现,如图1-186 所示。

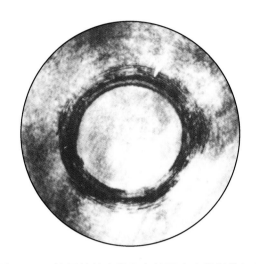

图 1-186　挤压棒材中的黑色缩尾痕迹的低倍组织

图 1-187 是白色缩尾痕迹,低倍组织比黑色者较致密,相应的断口组织和正常部位断口特征相似。显微组织分析表明此处化合物比正常部位大而稀疏,但 α(Al)固溶体变形剧烈,再结晶程度较大并未发现裂口和明显分层及夹杂物,如图 1-188 所示。

图 1-187　挤压棒材中的白色缩尾
痕迹的低倍组织

图 1-188　挤压棒材中的白色缩尾痕迹的
显微组织　×300

1.6.6.2　缩尾的成因

在用正压法不带润滑剂挤压铸锭时,因其和挤压筒壁及工具等的摩擦,使合金铸锭内外层温度差异很大,从而流动很不均匀。按摩擦力和合金铸锭内各层塑性差别影响的情况可分为三种,如图 1-189 所示。

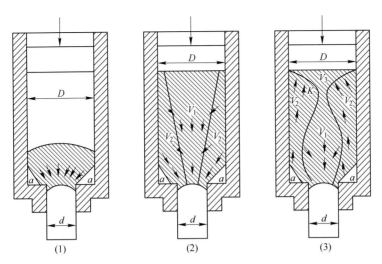

图 1-189　不带润滑剂挤压铸锭示意图

在第（1）种变形情况下，摩擦力很小，变形集中于模孔附近，这种现象发生在反挤压中。在正向挤压时，如摩擦系数小，各层塑性一致时也可能看到。然而在实际生产的正向挤压中很少出现，这种变形情况不会产生缩尾。

在第（2）种变形情况下，变形发生在摩擦系数很大的正向挤压中。铸锭内各层塑性差别不大，变形区域扩展到整个铸锭毛料，但金属流动不均衡，在挤压筒内形成两个流速不同的区域，即 V_1 和 V_2，V_1 区有前滑现象，V_2 区因受摩擦力影响，其流动速度比 V_1 区慢，从而有回反流动现象。这可从图 1-190 所示的坐标网络变化看到其金属流动的特征。

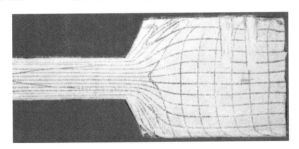

图 1-190　正挤 2A12 合金 ϕ200 mm 铸锭当挤出其长度 1/3 时金属流动的坐标网络变化

（挤压温度 425～435℃，挤压筒温度比挤压温度低 60～80℃）

在第三种变形情况下，变形发生在摩擦系数非常大或铸锭内外层金属塑性差很大的正向挤压中，此时挤压筒中的金属流动很不均匀，形成三个流速不同的区域，即 V_1、V_2 和 V_3 区。V_1 区位于铸锭中部并与模孔相接近。V_2 区塑性较差，呈筒形包围 V_1。V_3 区为锥形，直接和挤压垫相连接。

由于第（2）、（3）种金属不均匀流动的特点，往往在挤压制品末端形成缩尾。按其分布特征分一次缩尾和二次缩尾。

由图 1-189 中的（2）、（3）情况看出，一次缩尾是由于铸锭被挤压时，金属和挤压筒壁摩擦力很大，挤压后期如残料很少时，V_1 区金属比 V_2 区更加超前流动，此时继续挤压，因后续金属补缩不足，加之 V_2 区有回反流动现象，从而形成中空漏斗状一次缩尾特征。必须指出：当挤压残料（压余）很少时，一、二次缩尾会同时出现，甚至其中会掺杂有黑白色缩尾痕迹现象。图 1-191 是 2A11 合金挤压棒材压余纵截面低倍组织。箭头 1 是一次缩尾，箭头 2 是二次缩尾。

图 1-191　挤压棒材压余纵截面低倍组织

（箭头 1 是一次缩尾，箭头 2 是二次缩尾）

从图 1-185 二次缩尾纵截面图低倍组织特征表明：V_1 区金属超前流动速度大，V_2 区流速低，不但有回流现象，二者之间还有相对运动。挤压末期近似于镦粗状态时，在挤压垫和挤压筒表面上则发生很大正应力 S_T，如图 1-192 所示，这时金属在 S_T 和摩擦力 S_M 共同作用下，克服了由挤压垫引起的摩擦力 S_d（即 $S_T+S_M>S_d$），因 V_2 区的滞后又回反流动的作用，使外层带脏污的金属沿靠近挤压垫附近区域交错混入到已开裂的 V_2 和 V_1 交界，再从模孔流出，遂形成二次缩尾。

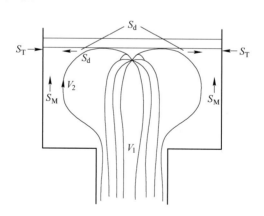

图 1-192　二次缩尾形成机理

从以上二次缩尾形成的原因和组织特征表明：金属从模孔流出后与挤压轴略呈放射状倾斜，而且缩尾沿挤压材料的分布是从压余开始，愈到挤压材料前端愈浅，直至消失。

1.6.6.3　影响出现缩尾的工艺因素和消除或减少缩尾的措施

在挤压过程中，减少铸锭和挤压筒、模子、挤压垫的摩擦力是消除或减少缩尾的主要措施。当用不带润滑剂的正向挤压时，必须采取以下措施才可避免或减少挤压制品出现缩尾。

（1）不给或尽量减少给挤压垫涂油。

（2）挤压速度要平稳，特别在挤压末期注意降低挤压速度。

（3）提高模子和挤压筒表面光洁度，防止污染。

（4）孔型设计要适当，变形量要大，所以要注意选择适当的挤压系数。

（5）压余不可留的过小。

（6）挤压垫等工具要清洁，也可采用凹形挤压垫挤压，可防止缩尾，但不易切除压余。

（7）铸锭表面要干净，加热温度要均匀，挤压温度不宜过高。

（8）最好采用铸锭车皮挤压。

1.6.6.4　缩尾对挤压制品性能的影响

缩尾是明显的金属开裂现象，直接破坏了材料的连续性，危害不次于裂纹，必须消除，无须研究其对性能的影响。

详细探讨缩尾痕迹对制品性能的影响，以便了解该缺陷的危害程度，从而有效的控制产品质量，十分重要。

缩尾痕迹对挤压制品纵、横向力学性能的影响如表 1-68、表 1-69、表 1-70 所示。

表 1-68　缩尾痕迹对挤压制品纵向力学性能的影响

合金品种	状态	白色波纹状缩尾痕迹						黑色波纹状缩尾痕迹					
		正常部位			带缩尾痕迹部位			正常部位			带缩尾痕迹部位		
		抗拉强度 R_m /MPa	屈服强度 $R_{p0.2}$ /MPa	伸长率 A /%	抗拉强度 R_m /MPa	屈服强度 $R_{p0.2}$ /MPa	伸长率 A /%	抗拉强度 R_m /MPa	屈服强度 $R_{p0.2}$ /MPa	伸长率 A /%	抗拉强度 R_m /MPa	屈服强度 $R_{p0.2}$ /MPa	伸长率 A /%
2A12 合金 ϕ110 mm 棒材	淬火及自然时效							439	375	20.8	431	366	23.72
7A04 合金 ϕ210 mm 棒材	挤压状态	229	194	14	227	181	13.2						

表 1-69　缩尾痕迹对挤压制品横向力学性能的影响

合金品种	状态	白色波纹状缩尾痕迹						黑色波纹状缩尾痕迹					
		正常部位			带缩尾痕迹部位			正常部位			带缩尾痕迹部位		
		抗拉强度 R_m /MPa	屈服强度 $R_{p0.2}$ /MPa	伸长率 A /%	抗拉强度 R_m /MPa	屈服强度 $R_{p0.2}$ /MPa	伸长率 A /%	抗拉强度 R_m /MPa	屈服强度 $R_{p0.2}$ /MPa	伸长率 A /%	抗拉强度 R_m /MPa	屈服强度 $R_{p0.2}$ /MPa	伸长率 A /%
3A21 合金 挤压棒材	挤压状态	131	123	35.3	145	138	36.6						
2A11 合金 挤压棒材	淬火及自然时效状态							426	398	14.1	393	377	9.49
								402	381	14.7	473	459	6.65
								418	398	14.7	248	234	6.0
								419	410	13.3	386	373	10.0
								410	390	13.3	487	440	12.0
								416	403	13.3	408	386	8.0
											327	328	4.0
											383	371	10.0

表 1-70 白色波纹状缩尾痕迹对挤压制品横向冲击性能的影响

合金品种	状 态	冲击值/ J·cm^{-2}			
		试样号	白色波纹状缩尾痕迹	试样号	无缩尾痕迹区
7A04 合金 ϕ210 mm 棒材	挤压状态	1	6.25	20	6.875
		4	8.75	66	8.125
		15	6.25		
		平均	7.08	平均	7.5

从表 1-68～表 1-70 数据看出，不管何种颜色的缩尾痕迹能降低挤压制品纵向抗拉强度 R_m 和屈服强度 $R_{p0.2}$，而黑色者更能显著降低横向性能。严重的可使伸长率 A 降低 50%以上，而且由于黑色缩尾痕迹处组织分布状态很复杂，对性能影响不一致。但共同表现出横向伸长率明显降低。拉力试样十分准确的沿黑色缩尾痕迹处断裂：断口组织中有明显氧化和非金属夹杂和化合物聚集等现象。白色波纹状痕迹的拉力试样断口和正常部位相似，组织正常。

表 1-70 冲击试验数据表明：白色波纹状缩尾痕迹和正常部位的冲击性能分布都不均匀，虽然平均值指出白色缩尾痕迹可少许使材料冲击性能降低，但在试验许可范围内，表明对冲击性没有明显影响。从对缩尾和两种缩尾痕迹的遗传性的研究中表明，用有缩尾和有黑色缩尾痕迹的棒材作锻件和型材毛坯，致锻件和型材出现裂纹，白色者未发现缺陷，锻件和二次挤压型材组织均正常。

从以上试验看出，黑色波纹状缩尾痕迹已构成材料的弱点，与缩尾相似，应予切除。白色波纹状缩尾痕迹对材料性能无明显影响应予保留。

1.6.6.5 实际生产中对变形铝合金挤压制品出现缩尾的调查

从合金看：软合金（1×××，3×××，5×××系的一部分）容易出现一次缩尾和分布较深，一般处于制品中部或中心地带，呈环状或点状等形式，表现为二次缩尾以及白色波纹状缩尾痕迹。硬合金（2×××，6×××，7×××系）容易出现沿制品边缘类似成层的二次缩尾和黑色波纹状缩尾痕迹。从挤压制品横截面上看，软合金发生的缩尾较深，沿纵向延续的很长。硬合金较浅，顺纵向伸展的也比较短。

从合金品种看：软合金比硬合金容易出现缩尾和缩尾痕迹，棒材比管材出现缩尾较多，大规格和绝对总断面积大的棒材（多孔挤压）比小规格和绝对总断面积小的制品因缩尾报废的百分数大。

1.6.6.6 质量保证措施

鉴于缩尾和黑色波纹状缩尾痕迹的危害性和裂纹相当，所以生产上对该缺陷的制品均按废品处理，也不能用有此缺陷的棒材作二次挤压制品或锻件的毛坯。

生产上挤压材料切除压余后，按合金和制品规格在制品前端和尾端再切掉一定距离后，再在尾端取金相低倍试样检查缩尾。第一次检查发现缩尾可继续取试样，直至缩尾含黑色波纹状缩尾痕迹消除为止，即可保证在此之前的材料为合格品。

金相检验在检查缩尾时必须慎重对待，如有怀疑，可采取以下措施分析：

（1）检查试样背面低倍组织，若也发现缩尾，则可完全肯定是缩尾。

（2）沿缺陷所在面打断口，发现有金属撕裂并具有氧化象征者则为缩尾。

（3）检查此处纵横向显微组织，若发现密集化合物及裂口，夹杂者为缩尾。

（4）对黑色波纹状缩尾痕迹也按上述方法检定，处理办法和缩尾一致，均为废品。

（5）对白色波纹状缩尾痕迹，如有怀疑可通过显微组织分析，符合其组织特征者为合格品。

所有变形铝合金挤压制品均不允许缩尾。详见挤压管、棒、型材国标（GB）和国军标（GJB）。

1.6.7　粗晶环

检查变形铝合金挤压制品的金相低倍组织时，在其周边常发现粗大晶粒现象，称为粗晶环。其形成原因和低倍组织特征及对制品性能影响详见挤压状态的组织叙述。为了正确检验粗晶环的低倍组织特征，确保产品质量，对粗晶环的形成和分布状态再作如下说明。

1.6.7.1　粗晶环形成机制和分布状态

有粗晶环的棒材在挤压状态粗晶环区的金相低倍组织为无光泽的暗区。显微组织表明此处晶粒大小很不均匀。α(Al)基体上除大量细晶外，还有少数较大晶粒。残留二次晶化合物分布不十分均匀，而棒样中心区晶粒细小均匀，残留二次晶化合物分布比粗晶区均匀。从 X 光照片上看出无光泽暗区呈现点状德拜环外，还有劳埃斑点，表明此处既存在大量细的一次再结晶组织外，还有少量粗大晶粒，可见金相检验和 X 光分析结果一致。

测量了无光泽暗区的织构情况表明，此处织构与 α(Al)初始再结晶织构（111）晶面之间具有一个 36°～42°的位向差。

资料介绍：面心立方的金属两个晶粒的（111）晶面相差为 36°～42°，它们之间有最大的迁移能力，它们可以依靠晶粒表面能和精细结构，发生二次再结晶。

综上所述，在无光泽暗区的组织中，不但存在再结晶织构，而且晶粒大小和残留二次晶分布的不均匀，有个别粗大再结晶晶粒出现，并与初始再结晶织构（111）晶面之间出现上述 36°～42°的位向差，具有发生二次再结晶的组织条件，所以制品在热处理后出现粗晶环。

前文中图 1-74、图 1-75 所示是 2A11 合金挤压棒材压余的低倍组织。从箭头所指处可以看出，形成粗晶环的金属显然是处于死角和中间金属区之间，表明这部分金属在挤压过程中不但经受 V_1 和 V_2 区之间因金属流动速度不同产生的摩擦力的作用，而且当金属快出挤压筒时再次经受死区和 V_1 区金属产生更大摩擦力的影响，使此处金属残留二次晶更加破碎细化，物理变形更复杂，以致加剧了二次再结晶作用的发生，产生粗晶环。

在挤压过程中，金属流动速度差异及 V_2 区金属和挤压筒壁的摩擦力都是逐渐增大的，所以粗晶环也是由挤压材后端最厚，由后向前逐渐变薄，越到前端逐渐消失。到挤压后期，若压余很小，产生粗晶环的金属区便会因 V_3 区缩小而进入中心区，形成中心粗晶现象。图 1-193 所示是六角棒材中有粗晶环压余处粗晶的分布情况，这时棒材粗晶环转为细晶环和中间、中心粗晶区及缩尾共生的现象。

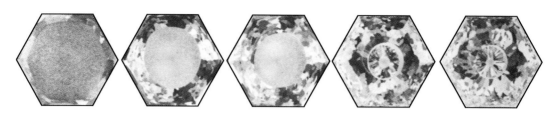

图 1-193　六角棒材中有粗晶环压余处粗晶的分布情况

金属在反挤压时，因变形只发生在模孔附近，没有明显的金属流动速度差异现象，不出现大的摩擦力区域，金属变形较均匀，所以不出现粗晶环，就是出现也很薄。

1.6.7.2　消除或减少粗晶环的工艺和质量保证措施

挤压生产中对消除或减少粗晶环有以下工艺措施：

（1）试验表明在不带润滑剂直挤时，在挤压筒温度比铸锭挤压温度高的情况下，粗晶环深。当铸锭挤压温度比挤压筒温度高，而且相差悬殊时，粗晶环也深。只有当铸锭挤压温度高，挤压筒温度也高，但挤压筒仍比铸锭挤压温度低，且二者温差不太悬殊时，粗晶环最薄，如表 1-71 所示。

表 1-71　挤压工艺对粗晶环的影响

挤压筒温度/℃	铸锭挤压温度/℃	挤　压　系　数	粗晶环深度/mm
420	330	9.8	8
300	460	9.8	10
420	460	9.8	5.5

由此可见，挤压筒温度高低对粗晶环的深度很有影响，而且铸锭挤压温度应当高于挤压筒温度并相差不大，这样才能避免金属黏附现象，有效的降低外摩擦力，从而减少粗晶环厚度。

（2）给铸锭带包铝衬套进行直挤压可降低对铸锭表面的摩擦力，能消除粗晶环，但使挤压制品表面出现成层等不光滑现象。

（3）带润滑剂挤压虽能减少或消除粗晶环，但使挤压制品表面污染，降低表面质量。

（4）试验表明：提高合金中锰、铬含量或加锆等过渡元素可减少粗晶环深度，如在 6A02 合金的挤压棒材中锰含量由 0.31%增加到 0.7%时，粗晶环显著变薄。当锰含量增加到 0.88%～1.8%时，就不出现粗晶环。

（5）杂质铁含量对有的合金粗晶环深度有影响。工业纯铝中当铁含量大于 0.16%时产生粗晶环，而且铁含量在 0.3%以上时对 3×××、2××× 各合金的粗晶环深度都有影响。提高 2A11 合金中的硅含量会使其挤压制品粗晶环深度增加。

（6）铸锭进行组织均匀化处理，有增大挤压制品粗晶环的作用，而且均匀化温度较高，粗晶环也较深，详见表 1-72 所示。

表 1-72 均匀化温度对 2A11 合金型材粗晶环厚度的影响

挤压筒直径/mm	挤压系数 λ	变形程度 ε/%	毛料长度/mm	取样部位	均匀化温度/℃				
					未均匀化	470	490	510	530
					粗晶环厚度/mm				
105	18.3	94.5	230	前端	无	无	无	无	1.5
				尾端	0.6	1.0	1.5	2.0	2.5
			290	前端	无	无	无	无	1.3
				尾端	0.2	1.0	1.5	1.7	2.5
			350	前端	无	无	0.3	无	无
				尾端	0.2	1.5	4.0	3.5	3.0

（7）淬火加热温度和保温时间对大部分合金的粗晶环深度有明显影响。加热温度高，保温时间长，粗晶环越深，晶粒也越粗大。

（8）对 2××× 合金中铜、镁、锰含量对制品粗晶环深度的影响进行工业统计表明：当铜含量为 4.8%，锰含量为 0.4%，镁含量为 0.8%时粗晶环最深，这个合金成分正处于 2A11 合金成分范围内，所以该合金在生产中也是最易出现粗晶环的。

在 2A12 合金中，加入 0.7%～0.8%铁，采用未均匀化铸锭，铸锭挤压温度为 420～480℃，挤压筒温度高于 400℃条件下，可显著减少粗晶环深度。

从挤压制品组织性能分析中看出，粗晶环不但能降低挤压制品淬火时效状态，纵、横向抗拉强度 R_m 和屈服强度 $R_{p0.2}$，而且也使疲劳性能下降，因此为了保证挤压材料具有一定的挤压效应，对粗晶环应予以控制。在工业应用上，按使用情况，对粗晶环的厚度控制在 3～5 mm，一般对 2A11、2A12、7A04 合金控制粗晶环不大于 3 mm，对 6A02、2B50、2A14 合金不大于 5 mm。但必须指出，对有的合金如 2A11、2A14 挤压制品的粗晶环区，易出现晶间裂纹，有此现象者不能放过，具体控制厚度详见有关 GB 和 GJB。

1.6.8 过烧

"过烧"现象是铝合金制品热处理工艺不当后产生的主要缺陷，对热处理可强化的合金是应特别重视的质量指标，必须经金相显微镜检验才能控制，以确保制品质量。

1.6.8.1 过烧产生的原因和过烧温度的确定

"过烧"是制品在热处理（均匀化、淬火）加热时，因仪表失灵或操作不当，使炉温超过合金中最低共晶温度，造成该共晶组织复熔的结果。正确了解合金产生过烧的温度，对拟定制品热处理工艺和过烧的金相检验十分重要。我们以 2A12 合金为例，测定其过烧温度。表 1-73 是 2A12 合金的化学成分。

表 1-73 2A12 合金的化学成分

合 金 元 素	Cu	Mg	Mn	Fe	Si	Al	杂质总和
成分（质量分数）/%	3.8～4.9	1.2～1.8	0.3～0.9	0.5	0.5	余量	1.5

除铝外，铜、镁是主要成分，其次是锰、铁、硅，由图 1-194 平衡图确定合金的主要相有 α(Al)、$CuAl_2$、$S(Al_2CuMg)$ 相，由以下共晶作用生成：

$$L \boxminus \boxminus \boxminus \ \alpha(Al) + CuAl_2$$
$$L \boxminus \boxminus \boxminus \ \alpha(Al) + CuAl_2 + S(Al_2CuMg)$$

二元共晶温度为 548℃，三元共晶温度为 507℃。

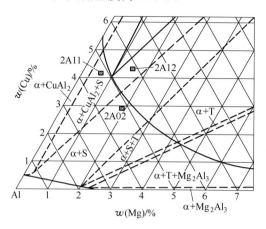

图 1-194　Al-Cu-Mg 系靠铝一角平衡图

该合金是边际固溶体合金，在实际生产中，因不平衡冷却，导致选择结晶作用。产生的上述两种共晶组织含量很少。经变形和固溶处理后，其残留物失去共晶形态，如图 1-195 所示，这也是合金在正常热处理状态的组织。组成共晶的化合物是可溶相，而由锰、铁、硅等生成的 $MnAl_6$、$(FeMn)Al_6$、$FeAl_3$、$\alpha(Al_{12}Fe_3Si)$、$Al_6(MnFeSi)$ 等是杂质相，不固溶或很少固溶。可见研究 $CuAl_2$、$S(Al_2CuMg)$ 相在固溶处理时的变化，即可阐明过烧组织的特征。

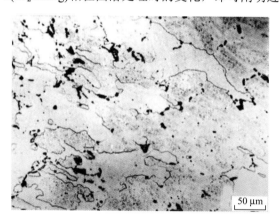

图 1-195　ϕ40 mm 棒材淬火及自然时效状态组织　×200

$L \xrightarrow{507℃} \alpha(Al)+CuAl_2+S(Al_2CuMg)$ 三元共晶是 2A12 合金中主要的最低熔点共晶，不同研究者测定的结果如表 1-74 所示。

表 1-74　不同研究者测定的三元共晶温度与成分

三元共晶温度/℃	成分（质量分数）/%			数据来源或作者
	Al	Cu	Mg	
500	68	27	5	Met.Coll.Eng，1937.18, Nishmura
501	63.1	29.7	7.2	Вопросы алю урадов и петров
507	60.9	33	6.1	H.W.L Phillips
507	61	33	6	L.F.Mondolfo:Aluminum Alloys Structure and Properties 1976

2A12 合金在 Al-Cu-Mg 系平衡图中相区的垂直截面如图 1-196 所示。当铜含量为 4% 时，在 Al-Cu-Mg-Si 四元系中，502℃时与 α(Al)固溶体相平衡的相区分布详见图 1-197。结合表 1-74 数据，可知其最低共晶反应约在 502～507℃之间某一温度。

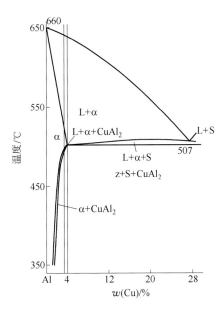

图 1-196　Al-Cu-Mg 系平衡图中相区的垂直截面图

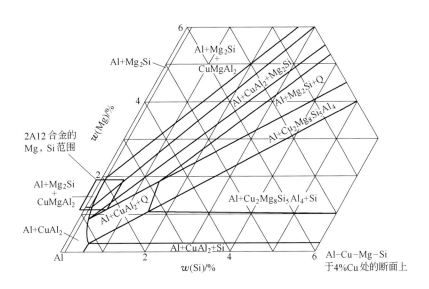

图 1-197　Al-Cu-Mg-Si 系四元相图在 502℃和 4%Cu 处的截面图

（被称作 Q 的相为 $Cu_2Mg_8Si_5Al_4$）

根据上述数据，把 2A12 合金 ϕ15 mm 挤压棒材分别在盐熔炉中加热到 470℃、475℃、480℃、485℃、490℃、500℃、502℃、505℃、507℃、510℃、515℃、520℃、525℃、

530℃、535℃，保温 40 min 后在室温水中淬火，固溶处理后观察其金相组织，发现在 470～475℃处理后 CuAl$_2$、S(Al$_2$CuMg)相变化不大，480℃后二元共晶中的 CuAl$_2$ 变化很小，三元共晶组织 α(Al)+CuAl$_2$+ S(Al$_2$CuMg)相有所固溶。502℃处理后固溶度增加，二元共晶 α(Al)+CuAl$_2$ 也明显固溶，残留各相的特征是边界较圆钝，含量比低温时减少；505℃后虽然化合物固溶更充分，可是这时残留共晶中的 CuAl$_2$、S(Al$_2$CuMg)相有球化现象，同时出现多相共晶球（eutectic rosettes）及粗晶界迹象。我们认为这就是最低共晶组织复熔的象征，表明合金已过烧，可见合金开始过烧的温度在 505℃附近。

507℃处理后，多相共晶球更加清晰，CuAl$_2$ 更加球化。515℃处理的晶界复熔现象更多。经 520～525℃处理后，合金已严重过烧。各杂质相因含量少而细小，彼此不易分清。

为了验证上述金相分析的可靠性和过烧组织的本质，研究了固溶处理时组织变化的动力学和热力学行为及共晶复熔物的细节。图 1-198 所示是用定量金相方法测得的固溶温度对共晶组织中化合物固溶程度影响的数据。加热温度升高，标志化合物含量的定量参数 V_A（化合物体积分数），$\overline{L}_A$（化合物线性平均尺寸）都下降，化合物平均间距 $\overline{T}_A$ 相应上升，说明 CuAl$_2$、S(Al$_2$CuMg)相随温度升高而固溶，在 500℃附近固溶度突然增加，V_A、$\overline{L}_A$ 最低，$\overline{T}_A$ 最大。温度再升高，曲线又上升，直到 520℃都是如此，使 V_A 变化的曲线成为勺形。为了找出该曲线中马鞍形线段的转折点，又测定了合金的比相界面 S_{PG}，如表 1-75 所示。

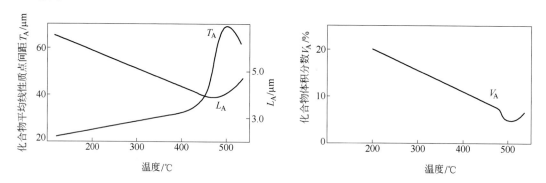

图 1-198　2A12 合金铸锭中二次晶与加热温度的关系

表 1-75　2A12 合金不同温度比相界面（S_{PG}）

项　　目	温　度/℃			
	485	502	505	515
比相界面 S_{PG}	0.811	0.904	0.503	0.599

表 1-75 数据表明：固溶温度从 485℃提高到 502℃，S_{PG} 由 0.811 增加到 0.904，表明共晶组织因温度上升而固溶。到 505℃处理后，S_{PG} 又降低，说明已经细化到极限的共晶中的残留化合物因过烧复熔而粗化，并重新分布。515℃处理后，合金严重过烧，出现晶界网状物，S_{PG} 相应增加。可见马鞍形线段的转折点为 502℃，即为最佳固溶温度，505℃就是开始过烧的温度。

测定了棒材的热示差曲线,见图 1-199。在 505℃附近出现第一个定温反应,表明此时发生共晶组织复熔,由此而使合金过烧。

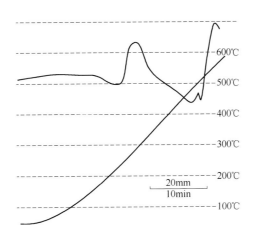

图 1-199 2A12 合金棒材热示差曲线

综上所述,可见用金相检验方法确定的合金固溶最佳温度和开始过烧温度都是可靠的。所以在 505℃出现的共晶复熔物凝固后的形态就是过烧组织特征。

1.6.8.2 "过烧"组织特征和形成机理

在光学显微镜下观察:合金过烧的组织中出现共晶球体、晶界粗化,并局部呈纺锤形及晶界发毛,在三晶交界处呈三角形及菱形和沿晶淬火裂纹等过烧组织特征,有时在产品表面还出现气泡,如图 1-200 所示。

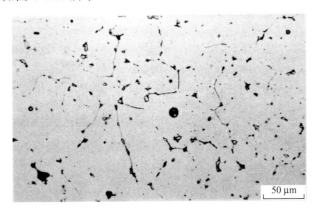

图 1-200 2A12 挤压棒材淬火过烧组织 ×210
(515℃保温 1 h 淬火,混合酸水溶液浸蚀)

电子显微镜观察:合金过烧,这时在晶界或亚晶界交界处,出现桃形或球形组织,如图 1-201、图 1-202 所示,2A12 合金 1.5 mm 厚板材在 505℃、515℃分别保温 40 min 淬火后,在该复熔物附近的 α(Al)基体上有明显的梯田花样,它与合金中气孔内壁自由表面中的枝晶露头现象一致,这是合金凝固时的生长台阶。由此更证明合金过烧的本质是低熔点共晶组织复熔后再凝固的结果。

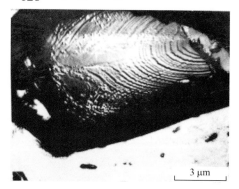

图 1-201　505℃固溶处理电子断口组织

（氧化膜一次复型）　×4600

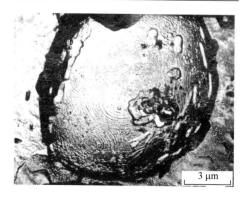

图 1-202　515℃固溶处理电子断口组织

（氧化膜一次复型）　×4600

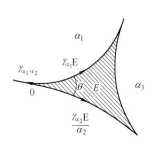

**图 1-203　α(Al)固溶体晶粒交界处
的复熔共晶体示意图**

复熔共晶的含量在合金中与 α(Al)固溶体比较是很少的。最终形态受其与 α(Al)固溶体面积张力 γ 和两面角 θ 的制约，图 1-203 表示处于三个 α(Al)固溶体晶粒交界处的复熔共晶体，则有以下关系：

$$\gamma_{\alpha\alpha}=2\gamma_{\alpha E}\cos\frac{\theta}{2}$$

根据上述关系，复熔共晶体 E 在 α(Al)固溶体基体上的分布形态取决于 $\gamma_{\alpha E}/\gamma_{\alpha\alpha}$ 的比率。当 $\gamma_{\alpha E}/\gamma_{\alpha\alpha}\leqslant1/2$ 时，两面角 θ 趋于零，使复熔共晶沿 α(Al)固溶体晶界侵入成带状物，使晶界粗化。当 $\gamma_{\alpha\alpha}<\gamma_{\alpha E}$ 时，θ 不为零，复熔共晶不致沿晶界侵入。如 $\gamma_{\alpha\alpha}\ll\gamma_{\alpha E}$ 时，θ 趋于 180°，则复熔共晶近于球体。其他形态都是当 θ 不趋于零又小于 180°时形成的，如晶界三角形，是 θ 趋于 15°时产生的。两面角和复熔共晶凝固后的形态，归纳有以下几种情况，如图 1-204 所示。

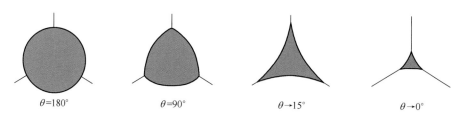

$\theta=180°$　　　　$\theta=90°$　　　　$\theta\rightarrow15°$　　　　$\theta\rightarrow0°$

图 1-204　两面角和复熔共晶凝固后的形态示意图

对上述各形态可分别描述如下：

（1）复熔共晶球体：虽称球体，但形态复杂，球内各相间颜色反差很大，球体与 α(Al)基体界限明显，依其形态可分为以下几种特征，如图 1-205 所示。

图 1-205　复熔共晶球体

（2）粗晶界：晶界上共晶组织复熔所致，具有液流带状和枣核形串状特征，如图 1-206 所示。

图 1-206　复熔后的带状晶界

（3）晶界不光滑：晶界复熔象征之一，多产生在变形量大的产品中，过烧晶界呈沿晶界出现的点状细带，并略具棱角，如图 1-207 所示。

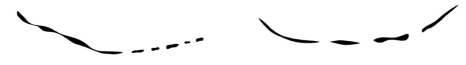

图 1-207　复熔后的串状晶界

（4）晶界三角形：这种组织和处于三晶交界处的化合物不同，其边界弯曲，类似弧形，是共晶组织复熔的象征，如图 1-208 所示。

图 1-208　复熔后三晶交界处的晶界三角形

（5）晶界氧化：出现在淬火裂纹的顶端或附近，特征为边界似羽毛的网状。

1.6.8.3　合金成分及加工方式和变形程度对过烧的影响

合金成分不同，对其过烧的影响各异，在 2××× 系合金中，2A12 合金对过烧敏感，其次是 2A11 合金。前已述及 2A12 合金最低共晶组织的共晶温度为 507℃，在 505℃ 即开始轻微过烧，520℃ 严重过烧。2A11 合金中杂质硅含量允许到 0.7%，2A14 合金硅含量为 0.6%～1.2%，都比 2A12 硅含量高，Mg:Si<1.73，所以会出现 $W(Cu_4Mg_5Si_4Al_x)$ 相，合金处于 L⇌ α(Al)+CuAl_2+Mg_2Si+ $W(Cu_4Mg_5Si_4Al_x)$ 四元最低共晶区，共晶温度为 517℃，2A11 合金在 520～522℃ 开始轻微过烧，540℃ 严重过烧。2A12 合金轻微过烧温度比最低共晶温度低 2℃，轻微过烧到严重过烧差 15℃，2A11 合金开始过烧温度比最低共晶温度低 3～5℃，但开始轻微过烧到严重过烧温度差 17～20℃，显然前者比后者对过烧敏感。必须指出："过烧"虽因合金中最低共晶组织复熔所致，但是在实际生产中，亦和主要元素含量有关，尤其对由半连续铸造铸锭生产的加工制品，因合金元素偏析和合金液高速冷却对共晶反应温度等的影响，使 2A12 合金当铜、镁含量为上限时"过烧"温度低（约 502℃），下限时"过烧"温度高，即 505～506℃。

在变形应力方向单一和变形量低的制品中,过烧组织与正常组织之间差别较大,过烧前夕,会出现化合物和分解质点聚集现象,正常浸蚀条件下 α(Al)基体比较明亮。

从过烧组织出现的情况来看,6×××系和 7×××系合金过烧敏感性均不如 2×××合金大。铸锭均匀化开始轻微过烧以出现多相共晶球体为主。挤压棒材开始过烧时除出现共晶球体外,有晶界复熔变粗现象。厚 1.5~2.0 mm 冷轧板材多相共晶球体比挤压材少,开始过烧时主要是晶界不光滑,严重过烧时晶界普遍复熔,平直有棱角和三角形。80 mm×2.0 mm,55 mm×2.0 mm 冷拉伸管材和挤压棒材相似。除共晶球体外,还出现十分微弱的晶界复熔象征。合金出现严重过烧后,不同加工制品过烧特征相似,即都出现多相共晶球体和晶界普遍复熔现象。

加工制品的变形程度越大,开始轻微过烧到严重过烧的温度间隔越宽,可达 15~20℃以上。

变形铝合金加工制品固溶处理时组织的变化和过烧温度的确定如表 1-76 所示。

表 1-76　变形铝合金加工制品固溶处理时组织的变化和过烧温度的确定

合金品种	不同温度时残留二次晶的固溶行为	过烧温度/℃	
		开始过烧	严重过烧
2A11 合金 110 mm×3.0 mm 管材	480℃固溶不明显,490℃有固溶,505℃固溶最佳,510℃残留二次晶固溶聚集	512	520
2A11 合金 3.0 mm 板材	480℃不明显固溶,490℃有固溶,505℃固溶最佳,510℃残留二次晶固溶聚集	522	540
2A11 合金锻件	490℃固溶不明显,495℃有固溶,505℃固溶最佳,507℃残留二次晶固溶并明显圆化,510℃固溶聚集	520	525
2A11 合金 φ14 mm 棒材	480℃固溶不明显,490℃有固溶,505℃固溶最佳,510℃固溶聚集	520~525	
2A16 合金棒材	510℃固溶不明显,520℃显著固溶,540℃固溶最佳,545℃残留二次晶固溶聚集	547	555
2A16 合金 1.5 mm 板材	510℃未见固溶,520℃固溶不明显,525℃明显固溶,535℃固溶最佳,540℃残留二次晶固溶聚集	547	550
2A02 合金 φ20 mm 棒材	475℃固溶不明显,480℃有固溶现象,490℃显著固溶,510℃固溶最佳,512℃残留二次晶球化聚集	515	520
2A06 合金板材	490℃固溶不明显,500℃明显固溶,510℃固溶最佳	515	开始过烧就已严重过烧
6A02 合金锻件	495℃固溶不明显,515℃开始明显固溶,525℃固溶更多,535℃残留二次晶更加固溶聚集,575~580℃残留二次晶圆化	585	602
2A50 合金锻件	495℃固溶不明显,500℃开始明显固溶,510℃显著固溶,525℃固溶最佳,535℃残留二次晶更加固溶聚集	555	570
2A50 合金 φ22 mm 棒材	480℃固溶不明显,490℃开始明显固溶,510℃显著固溶,520℃固溶最佳,535℃残留二次晶更加固溶聚集	545	550
2B50 合金锻件	495℃固溶不明显,505℃开始明显固溶,540℃残留二次晶更加固溶并聚集	550	575

注:鉴于合金固溶处理过程受多种因素影响,表内数据仅供参考。

各合金加工制品过烧组织的鉴定如表 1-77 所示。

表 1-77 变形铝合金各种加工制品过烧组织

合金产品	过烧情况					
	开始过烧			严重过烧		
	温度/℃	组织特征	组织图	温度/℃	组织特征	组织图
2A12 合金 半连续铸造 ϕ350 mm 铸锭（生产过烧）	挤压前加热炉跑温	有大量共晶球体，枝晶网解体，复熔出现三角形	图 1-209	515	有大量共晶球体、晶界和枝晶网均复熔	图 1-210
2A12 合金 半连续铸造 ϕ270 mm 铸锭（生产过烧）	仪表失灵热处理炉跑温	有大量共晶球体，枝晶网解体并复熔，析出物粗大呈魏氏组织出现	图 1-211			
2A12 合金 ϕ15 mm 挤压棒材	505	有共晶球体，晶界复熔，不光滑且部分变粗	图 1-212	515～520	有大而稀少的共晶球体，晶界普遍复熔，变粗并有三角形	图 1-213 图 1-214
2A12 合金 80 mm×2.0 mm 冷轧管材	505	有多相共晶球和十分微弱的晶界复熔痕迹	图 1-215	535～540	多相共晶球体增加，晶界普遍复熔变粗	图 1-216
2A12 合金 1.5 mm 冷轧板材	505	晶界不光滑，出现较棒材少的多相共晶球体	图 1-217	515～520	晶界普遍复熔，平直有棱角和三角形，多相共晶球体比棒材少	图 1-218
2A12 合金 6.0 mm 型材（生产过烧）	炉温失控、跑温	有共晶球体，晶界复熔，并出现三角形	图 1-219	2A12 合金型材（生产过烧）炉温失控或跑温	有共晶球体，晶界严重复熔，出现多种三角形	图 1-220
2A12 合金 2.0 mm 型材	505	多相共晶球和晶界复熔痕迹	图 1-221	515	多相共晶球增加，晶界普遍复熔变粗，并有三角形	图 1-222
2A11 合金 螺旋桨锻件（生产过烧）	炉温失控、跑温	残留二次晶球化明显，有共晶球和晶界复熔	图 1-223	炉温失控、跑温	有复熔共晶球和较严重晶界复熔	图 1-224
6A02 合金锻件	585	残留二次晶球化明显，有共晶球和晶界复熔及三角形	图 1-225	602	残留二次晶更加明显球化，有共晶球，晶界普遍复熔	图 1-226
2A16 板材	炉温失控、跑温	化合物聚集，有共晶球体，局部晶界有复熔象征	图 1-227	炉温失控、跑温	有大量复熔共晶球体，晶界普遍严重复熔	图 1-228
2B50 锻件				炉温失控、跑温	晶界严重复熔，残留二次晶聚集	图 1-229
7A04 合金棒材	525	残留二次晶稀少，残留物聚集，晶界局部复熔	图 1-230	550	残留二次晶更稀少，晶界严重复熔，有复熔三角形	图 1-231
2A11 合金管材	522	有共晶球体，残留二次晶聚集球化，α(Al)基体更明亮，晶界部分发毛	图 1-232	2A14 合金棒材生产过烧炉温失控、跑温	有共晶球体，残留二次晶聚集，有严重晶界复熔象征	图 1-233
2A50 合金锻件	545	残留二次晶聚集，数量稀少，晶界复熔	图 1-234	550	残留二次晶更稀少，晶界严重复熔，有复熔共晶球体	图 1-235

2A12 合金各加工制品及 2A11 合金、6A02 合金锻件、2A16 合金板材、2A50 合金锻件、2A11 管材、2A14 棒材、7A04 合金锻件过烧组织特征如图 1-209～图 1-235 所示。

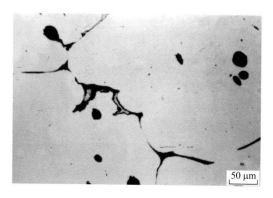

图 1-209　2A12 合金半连续铸造 ϕ350 mm 铸锭
开始过烧　×200

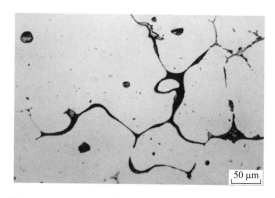

图 1-210　2A12 合金半连续铸造 ϕ350 mm 铸锭
严重过烧　×200

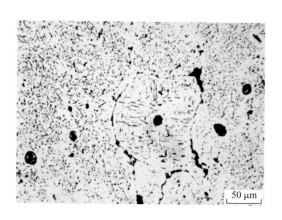

图 1-211　2A12 合金半连续铸造 ϕ270 mm
铸锭开始过烧　×200

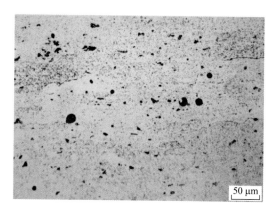

图 1-212　　2A12 合金 ϕ15 mm 挤压棒材
开始过烧　×200

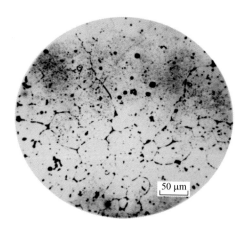

图 1-213　2A12 合金 ϕ15 mm 挤压棒材
严重过烧　×200

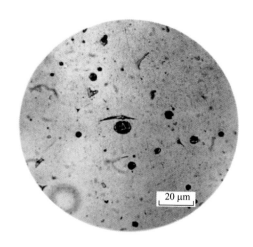

图 1-214　2A12 合金 ϕ15 mm 挤压棒材
严重过烧　×500

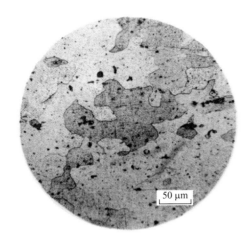

图 1-215　2A12 合金 80 mm×2.0 mm 冷轧管材
开始过烧　×200

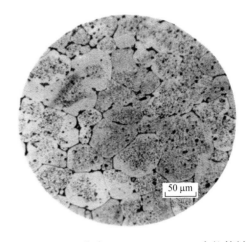

图 1-216　2A12 合金 80 mm×2.0 mm 冷轧管材
严重过烧　×200

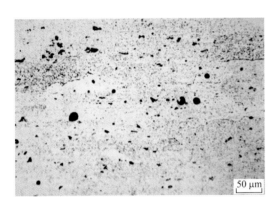

图 1-217　2A12 合金 1.5 mm 冷轧板材
开始过烧　×200

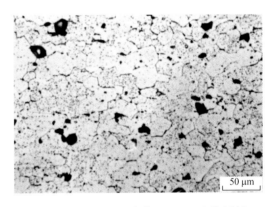

图 1-218　2A12 合金 1.5 mm 冷轧板材
严重过烧　×200

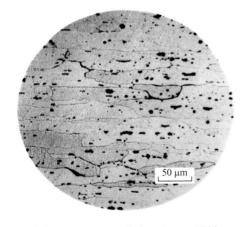

图 1-219　2A12 合金 6.0 mm 型材
开始过烧　×200

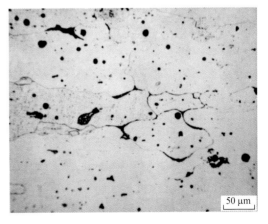

图 1-220　2A12 合金型材严重过烧　×200

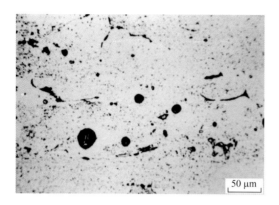

图 1-221 2A12 合金 2.0 mm 型材

开始过烧 ×200

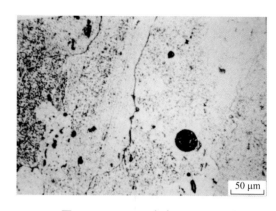

图 1-222 2A12 合金 2.0 mm 型材

严重过烧 ×200

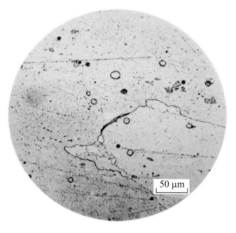

图 1-223 2A11 合金螺旋桨锻件

开始过烧 ×200

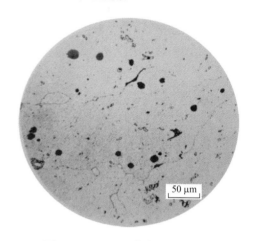

图 1-224 2A11 合金螺旋桨锻件

严重过烧 ×200

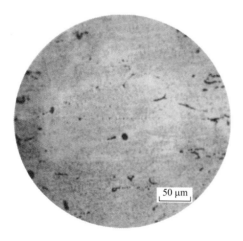

图 1-225 6A02 合金锻件

开始过烧 ×200

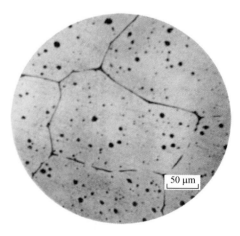

图 1-226 6A02 合金锻件

严重过烧 ×200

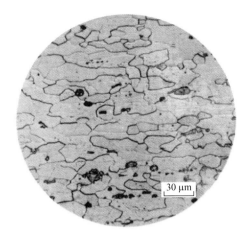

图 1-227 2A16 板材开始过烧 ×340

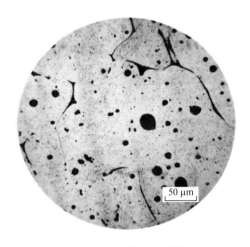

图 1-228 2A16 板材严重过烧 ×200

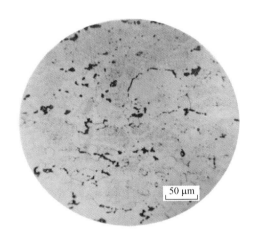

图 1-229 2B50 合金锻件严重过烧 ×200

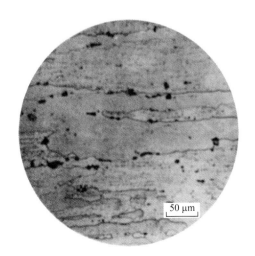

图 1-230 7A04 合金棒材开始过烧 ×200

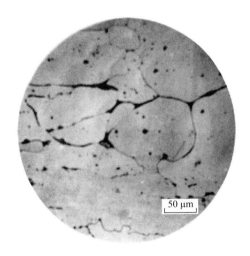

图 1-231 7A04 合金棒材严重过烧 ×200

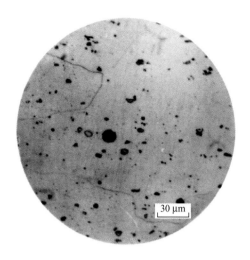

图 1-232 2A11 合金管材开始过烧 ×340

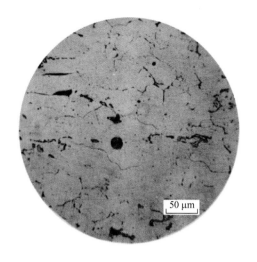

图 1-233 2A14 合金棒材严重过烧 ×200

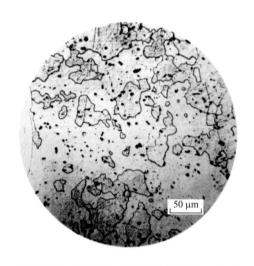

图 1-234 2A50 合金锻件开始过烧 ×200

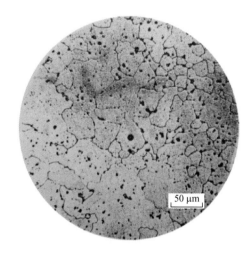

图 1-235 2A50 合金锻件严重过烧 ×200

1.6.8.4 过烧对制品性能的影响

合金淬火固溶处理对 2A12 合金棒、板材力学性能的影响如图 1-236、图 1-237 所示。温度升高，抗拉强度 R_m、屈服强度 $R_{p0.2}$、伸长率 A 均上升。480℃以下，因化合物固溶很少，性能变化不大。485℃时，固溶增加，抗拉强度 R_m、伸长率 A 上升。502℃后固溶更显著，R_m、A 上升。板材在 505℃轻微过烧时，R_m、$R_{p0.2}$ 最高，而 A 已下降。棒材直到 510 ℃时，其 R_m、$R_{p0.2}$ 和 A 都很高。520℃严重过烧时，板材的 R_m、$R_{p0.2}$ 和 A 显著降低，而棒材的 R_m、$R_{p0.2}$ 显著降低，但 A 最高。到 525℃时，R_m、$R_{p0.2}$ 和 A 都急剧下降。可见，轻微过烧时未见强度降低，但对板材伸长率 A 有影响。至于

R_m、$R_{p0.2}$ 最高，这是由于合金中共晶组织固溶引起的固溶强化效应，超过了轻微过烧使性能降低的结果。

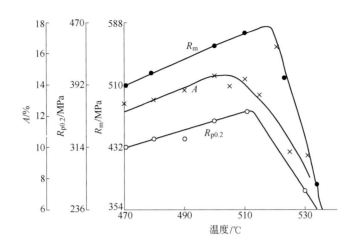

图 1-236　固溶处理温度对 2A12 合金 ϕ15 mm 棒材拉伸性能的影响

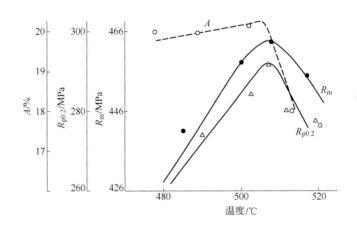

图 1-237　固溶处理温度对 2A12 合金 2.0 mm 板材拉伸性能的影响

从图 1-238～图 1-240 看出，提高固溶处理温度能使合金的疲劳及耐腐蚀性能增加，在 502 ℃时，固溶很好，高频疲劳及耐腐蚀性均高。低频疲劳在 500℃以下时变化不大，超过 505～507℃，不但疲劳性能明显下降，而且腐蚀试验中的强度损失和伸长率损失增加，耐腐蚀性更恶化。

从过烧对各种性能的影响中可见，在轻微过烧时，除 R_m、$R_{p0.2}$ 未下降外，其他性能均下降，尤以疲劳和耐腐蚀性最明显，这不但和过烧引起的组织粗化现象有关，而且和晶界氧化及吸附氢气引起的晶间脆化现象有关。

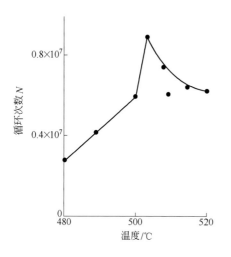

图 1-238 固溶处理温度对 2A12 合金 ϕ15 mm 棒材在 166.67 MPa 应力下高频疲劳的影响

图 1-239 固溶处理温度对 2A12 合金 ϕ15 mm 棒材在 48～480 MPa 下低频疲劳的影响

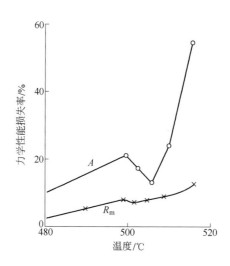

图 1-240 固溶处理温度对 2A12 合金 ϕ15 mm 棒材腐蚀试验 R_m 和 A 损失的影响

1.6.8.5 对 "过烧" 在金相检验时的注意事项

在对变形铝合金制品进行 "过烧" 检验时应注意以下三点:

(1) 对加工制品抛光的金相试样, 必须用 Keller 试剂或其他混合酸浸蚀。因为晶界特征是 "过烧" 的主要象征, 此晶界是合金变形后的再结晶晶界, 与铸造产品不同。

(2) 制品在淬火时, 如淬火介质温度过高或在空气中停留时间过长, 冷却速度更慢时, 都会引起 α(Al)固溶体分解, 析出物首先沿晶界析出, 使晶界粗化, 如图 1-241 所示, 往往造成 "过烧" 的错觉。遇此问题, 可将试样在稍低于淬火温度进行二次重溶后迅速冷却再检验。

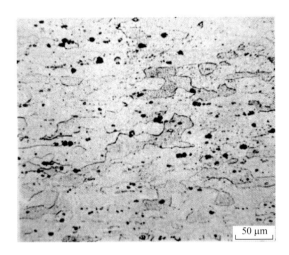

图 1-241 2A12 合金板材在 500℃保温 45 min 再在
150℃炉中淬火（混合酸水溶液浸蚀）　×210

（3）2A70、2A80 合金热示差分析表明有两个定温反应，即 α(Al)+S(Al₂CuMg) 和 α(Al)+CuAl₂。前者温度为 520℃（接近共晶温度 518℃），后者为 545℃（接近共晶温度 548℃），正常淬火温度为（525±5）℃水淬，确定合金过烧温度为 545℃，而不是 520℃。但是在正常生产情况下，有时会出现过烧现象，而且固溶处理后慢冷，过烧组织不明显，快冷（水淬），过烧组织明显。若将固溶保温时间延长，过烧组织现象减轻，所以我们称此过烧组织为异常过烧现象。研究表明，这是合金铸锭均匀化不充分造成的，使 α(Al)+S(Al₂CuMg) 不平衡共晶残留量过多而引起的，按正常生产制度，对铸锭进行二次充分均匀化，即可解决异常过烧现象。

1.6.8.6　质量保证措施

（1）合金开始轻微过烧时，除挤压棒材的力学性能 R_m、$R_{p0.2}$ 和 A 未降低外，板材的伸长率 A 和棒、板、管材的其他性能均降低，尤其以疲劳和耐腐蚀性最明显。过烧越严重，性能降低越多，所以制品"过烧"必须作废。详见各加工制品国标（GB）和国军标（GJB）。

（2）虽然合金固溶最佳温度为 502℃，但是热处理炉总有温差，一般约在±2.5℃，所以生产检验和资料均指出，2A12 合金固溶处理温度的下限为 488℃，上限为 499℃。

（3）热处理炉必须完整，炉气循环正常，炉门封闭严密。炉子工作时必须保证炉内为正压状态。定期检查维护，保证炉子正常工作。

（4）热处理炉测温仪表要定期检查维修，大炉子应多点测温，热电偶应按期校对，防止仪表和测温系统失灵。

（5）同一合金不同规格不同品种对合金制品出现过烧均有影响，所以必须从控制合金成分上下限、杂质含量以及每炉装料上通过试验来确定炉子工作室定温温度和装料量。例如，为了防止 2A12 合金壁厚 1.0 mm 二次挤压型材性能降低现象，将其成分调整到接近上限，定温温度为（498±2）℃，严格按国标（GB）、国军标（GJB）规定检查"过烧"，保证产品质量。

（6）热处理操作人员必须经过培训合格，才可上岗工作。

2 1×××系（工业纯铝）

纯铝具有密度小、导电性好、导热性高、熔解潜热大、光反射系数大、热中子吸收截面较小及外表色泽美观等特性。铝在空气中表面能生成致密而坚固的氧化膜，防止氧的侵入，因而铝具有较好的抗蚀性。

2.1 杂质含量及相组成

目前，常用的纯铝牌号及杂质允许含量见表 2-1。

表 2-1　常用纯铝牌号及允许杂质含量

| 牌号 | 杂质含量（质量分数）/%，不大于 | | | | | | | | | 其他 | | 铝含量（质量分数）/%不小于 |
	Si	Fe	Cu	Mn	Mg	Cr	Ni	Zn		Ti	单个	总和	
1A99	0.003	0.003	0.005								0.002		99.99
1A97	0.015	0.015	0.005								0.005		99.97
1A93	0.04	0.04	0.010								0.007		99.93
1A80	0.15	0.15	0.03	0.02	0.02			0.03	Ca:0.03,V:0.05	0.03	0.02		99.80
1070	0.20	0.25	0.04	0.03	0.03			0.04	V:0.05	0.03	0.03		99.70
1060	0.25	0.35	0.05	0.03	0.03			0.05	V:0.05	0.03	0.03		99.60
1050	0.25	0.40	0.05	0.05	0.05			0.05	V:0.05	0.03	0.03		99.50
1A50	0.30	0.30	0.01	0.05	0.05			0.03	Fe+Si:0.45	0.03	0.03		99.50
1A30	0.1~0.20	0.15~0.30	0.05	0.01	0.01		0.01	0.02			0.02	0.03	99.30
1200	Fe+ Si=1.00		0.05	0.05				0.1		0.05	0.05	0.15	99.00

注：鉴于 8A06 合金系原 L6 工业纯铝，所以仍在工业纯铝中叙述。

铁和硅是工业纯铝的主要杂质，其他杂质还有铜、锌、镁、锰及钛等。它们对纯铝力学性能的影响见表 2-2。

表 2-2　杂质含量对纯铝力学性能的影响

| 杂质含量（质量分数）/% | 加 工 硬 化 | | | 300℃退火 | | | 500℃退火 | | |
	$R_{p0.2}$/ MPa	R_m/ MPa	A/%	$R_{p0.2}$/ MPa	R_m/ MPa	A/%	$R_{p0.2}$/ MPa	R_m/ MPa	A/%
高纯铝：含 Fe 0.014	108	130	3.5	37	68	29	13	45	28
0.10	109	133	3.2	74	90	19	14	49	34
0.10	120	142	3.5	93	102	15	20	63	34
0.31	133	155	3.5	104	116	12	24	70	36
0.66	147	172	4.6	113	124	10	31	83	40

杂质含量（质量分数）/%	加工硬化			300℃退火			500℃退火		
	$R_{p0.2}$/ MPa	R_m/ MPa	A/%	$R_{p0.2}$/ MPa	R_m/ MPa	A/%	$R_{p0.2}$/ MPa	R_m/ MPa	A/%
含 Si 0.051	118	139	3.1	30	72	33	17	51	25
0.11	123	141	3.4	29	63	32	18	53	20
0.19	130	148	4.1	30	75	37	19	59	18
0.50	145	167	4.5	32	79	37	20	72	20
0.89	159	186	4.6	34	85	34	31	95	28
含 Cu 0.050	113	140	4.3	29	62	27	15	45	21
0.060	122	137	3.4	29	66	31	16	46	19
0.20	127	152	2.9	32	76	31	17	52	25
0.43	147	172	2.6	33	79	31	19	58	24
0.66	167	182	2.7	35	84	32	19	67	22
含 Zn 0.053	113	133	4.6	24	63	32	14	42	27
0.10	115	133	2.9	24	60	33	14	43	31
0.20	109	127	3.4	24	61	37	13	43	30
0.47	114	134	2.6	24	59	35	14	42	24
0.69	112	130	2.9	25	62	34	14	44	24
含 Mg 0.057	120	138	2.6	27	66	28	14	44	25
0.11	130	143	3.2	31	74	30	15	46	26
0.20	142	152	2.9	40	78	26	18	50	24
0.47	159	170	3.0	43	93	24	24	62	22
0.87	161	192	3.1	56	116	21	32	80	20
含 Mn 0.047	118	137	4.2	58	82	18	15	43	27
0.10	125	137	3.8	76	96	14	16	48	28
0.20	127	140	3.2	102	107	9	19	58	29
0.465	127	155	4.5	126	138	7.3	27	69	26
0.75	142	165	3.5	134	151	6.3	34	78	25

杂质对纯铝导电性有一定影响，即杂质含量增加，导电性降低。从图 2-1 可以看出，锰、钛及钒使铝的导电性降低最明显，银及镁次之，锌、铁、硅、镍及铜则较小。

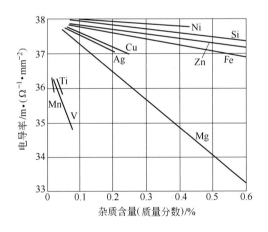

图 2-1 杂质对高纯度铝导电性的影响（320℃，3 h，退火状态）

杂质的存在破坏了铝表面形成氧化膜的连续性，使铝的抗蚀性降低。所以，铝含杂质越高，其抗蚀性越低。例如铜和铁能显著地降低铝的抗蚀性，但当铝中 Fe、Si 含量控制在 Fe/Si ≥2 时，能提高其抗高温动水腐蚀性能。硅在铝中固溶度随温度下降而减少，当 Si 从 α(Al)固溶体中析出时也可以加速铝的腐蚀。

纯铝的一些物理及工艺性能数据，见表 2-3。

表 2-3 纯铝的物理及工艺性能

物理及工艺性能	高纯铝（99.996%Al）	工业纯铝（99.0%Al）
密度（20℃）/ g·cm^{-3}	2.6989	2.71
电阻系数（20℃）/ μΩ·cm	2.6548	2.900
弹性模量/GPa	69.992	70.871
熔点/℃	660.2	
液相点温度/℃		657
固相点温度/℃		643
晶体结构	面心立方 a=0.40497 nm	面心立方 a=0.40400 nm
铸造温度/℃		675～730
结晶收缩/%		6.6
热变形温度区间/℃		210～520

从 Al-Fe 系二元平衡图（图 2-2）可以看出：在共晶温度，铁在铝中最大溶解度为 0.052%。当在铝中含铁量大于 0.052%时，其生成的组织是 α(Al) 及 α(Al)+FeAl₃ 共晶；如铁含量大于 1.9%时（例如 Al-Fe 中间合金），则生成的组织是初晶 FeAl₃ 及 α(Al)+FeAl₃ 共晶（图 2-6）。

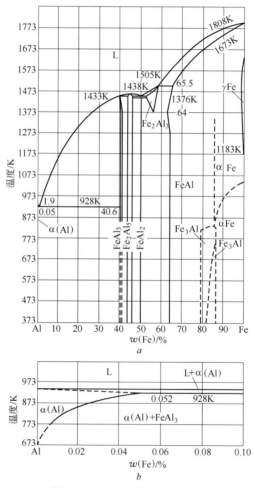

图 2-2 Al-Fe 系二元平衡图

根据 Al-Si 二元平衡图（图 2-3）可知：在共晶温度，硅在铝中最大溶解度为 1.65%，而在室温下则降低到 0.05%以下。如硅含量大于 12.6%时（例如 Al-Si 中间合金），生成的组织是初晶 Si 及 α(Al)+Si 共晶（图 2-7）。

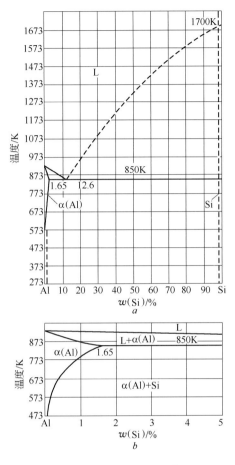

图 2-3 Al-Si 系二元平衡图

根据 Al-Fe-Si 系三元平衡图铝角液相面相区（图 2-4）可以看出，除 FeAl$_3$ 及 Si 相外，还有 α(Fe$_3$SiAl$_{12}$)及 β(Fe$_2$Si$_2$Al$_9$)相。在含 2.3%Si 及 5.5%Fe 的合金中，可以看到 α(Fe$_3$SiAl$_{12}$)相，由于包晶反应进行不完全，在 α(Fe$_3$SiAl$_{12}$)中还包有残存的 FeAl$_3$（图 2-8）。在含 8.1%Si 及 2.2%Fe 的合金中，可以看到初晶 β(Fe$_2$Si$_2$Al$_9$)及 α(Al)+β(Fe$_2$Si$_2$Al$_9$)+Si 共晶（图 2-9）。对于含 0.26%Fe 及 2.5%Si 的合金来说，同时存在着 α(Al)、α(Fe$_3$SiAl$_{12}$)、β(Fe$_2$Si$_2$Al$_9$)及 Si 相（图 2-10～图 2-13）。

将工业纯铝半连续铸锭复熔后缓冷，在 8A06 及 1030 合金组织中可看到 α(Al)、α(Fe$_3$SiAl$_{12}$)和 FeAl$_3$ 相（图 2-14～图 2-17），而自由 Si 和 β(Fe$_2$Si$_2$Al$_9$)相则在杂质含量更高的工业纯铝中才能看到。

相的特征简述如下：

FeAl$_3$ 相：初晶 FeAl$_3$ 呈针状或细条状，未浸蚀前，呈浅灰色（图 2-6）；用 H$_2$SO$_4$（20 mL）+H$_2$O（80 mL）溶液在 70℃浸蚀 5～10s 后，FeAl$_3$ 变成黑褐色，且部分已被溶

去。在偏光下观察有暗色外圈，其显微硬度 HV 为 960。

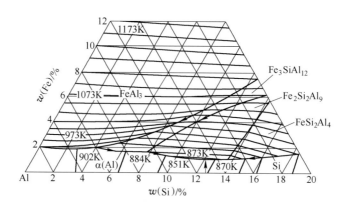

图 2-4　Al-Fe-Si 系三元平衡图液相面

α(Fe₃SiAl₁₂)相：此相含 31.9%Fe 及 5.6%Si，初晶 α(Fe₃SiAl₁₂)呈不定形片状，共晶中的 α(Fe₃SiAl₁₂)则呈骨骼状。浸蚀前，呈亮灰色；用 H_2SO_4（20 mL）+H_2O（80 mL）溶液浸蚀后，颜色发暗，此相与 α(Al)交界处有黑色外圈（图 2-11）。其显微硬度 HV 为 330～360。

β(Fe₂Si₂Al₉)相：此相含 29.1%Fe 及 14.6%Si，呈松针状或细条状（图 2-10）。浸蚀前系浅灰色，用 HF（0.5 mL）+H_2O（99.5 mL）溶液浸蚀后，变成棕色，在偏光下观察有亮色外圈。其显微硬度 HV 为 578。

Si 相：初晶 Si 呈边界整齐的多边形块状，共晶中的 Si 呈条状（图 2-7）。Si 不易受浸蚀，浸蚀前呈暗灰色有闪光，浸蚀后闪光减弱，在偏光下观察有微红色内反射。其显微硬度 HV 为 1380。

除 Si 外，上述相可用不同的浸蚀剂显现，详见附录表 4。

2.2　热处理特性

对工业纯铝铸锭在 560～620℃保温 10～12 h，空冷，进行均匀化处理，均有利于各种加工制品（板、管、型材）得到细的再结晶晶粒，从而也降低了板材伸长率的各向异性。退火后形成细晶组织，这是由于均匀化处理使合金内铁、硅等杂质因不平衡共晶产生的化合物固溶并进一步均匀分布，减少或消除枝晶偏析，使纯铝基体内再结晶作用同步发生的结果。

资料表明：对 1A30、1070、工业纯铝和 8A06 合金的半连续铸造铸锭（DC）用更高的均匀化温度（600～640℃）处理后可以显著降低板材的制耳程度。

工业纯铝用热处理方法不能强化，只能采用冷作硬化方法来提高强度。经冷作硬化的连续铸轧纯铝板材，在退火加热过程中，其组织和性能发生变化。从图 2-5 可知：低于200℃退火时，强度及伸长率变化不明显，材料仍保持变形的纤维状组织；在 200℃退火时，强度有明显的下降，伸长率有所增加，其变形的纤维状组织中，出现少量的再结晶晶粒，证实材料已开始再结晶。在 300℃退火时，强度及伸长率发生急剧变化。其变形的纤维状组织中，出现很多大小不均的再结晶晶粒，材料进行再结晶还不完全。在 400℃退火时，强度继续下降，伸长率明显增高。此时材料已完全再结晶。变形的纤维状组织完全变成均匀的等轴晶粒。当退火温度高达 550℃时，强度虽无变化，而伸长率有所降低。此时，材料晶粒变得粗大不均。纯铝在退火时，其强度的变化要比伸长率先于 100℃ 左右，这一点，对于选择半硬状态制品的退火工艺有参考价值。

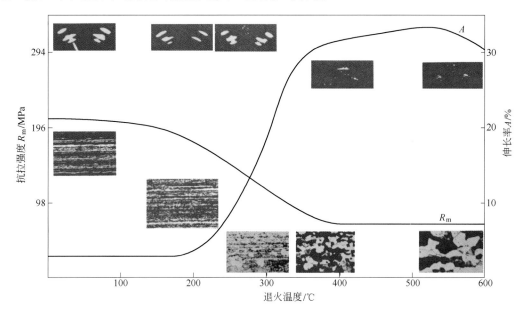

图 2-5 退火温度对厚 1.0 mm1060 工业纯铝连续铸轧后并冷压延的板材组织及性能的影响

因杂质含量、加工方式及退火工艺的不同，工业纯铝的组织和性能也随之发生不同的变化。从表 2-4 所提供的再结晶温度数据可以看出，随着杂质含量的增加，促使纯铝的恢复作用胜过再结晶，于是其再结晶温度也逐渐升高。杂质铁硅比对退火后的晶粒大小有一定的影响，当铁含量大于硅时，所获得的晶粒要比硅含量大于铁的细小。热压温度愈高，板材在退火后愈容易获得细小的晶粒。

表 2-4 工业纯铝各种产品的再结晶参数

牌号	品种	规格或型号/ mm	工 艺 条 件						再结晶温度/℃		备 注
			压 延		挤 压		退火条件		开始	终了	
			温度/℃	变形率/%	温度/℃	变形率/%	盐浴槽或空气炉	时间/min			
1060	热压板	10.5	300～350	96			空气炉	120		400～405	热压状态已经再结晶，但不完全
1A30	热压板	8.0	300～350	97			盐浴槽	10		400～415	
1060	冷压板	0.5	室温	92			空气炉	480	190～200	260～270	挤压状态已完全再结晶
1A30	冷压板	1.0	室温	87.5			盐浴槽 空气炉	10 20	230～235 200～205	305～310 285～290	
1060	棒材	φ10.5			350	98					
1A30	棒材	φ10			350	92					
1A30	二次挤压管材	50×41			350	96					
1A30	带材	60×6			350	96	盐浴槽	10		455～460	挤压状态已开始再结晶
1A30	冷轧管	18×16			室温（冷轧）	59	盐浴槽	10	280～285	355～360	

退火时加热速度对板材晶粒大小有明显影响。快速加热不但增加再结晶成核率并使再结晶作用沿纯铝整体进行，从而得到细晶粒。生产试验表明把 1050 工业纯铝冷轧板在硝盐槽中退火，不但得到细晶组织，而且能降低各向异性，减少或消除板材深冲制耳。

2.3 铸锭（DC）及加工制品的组织和性能

（1）相组成（图 2-6～图 2-17）：

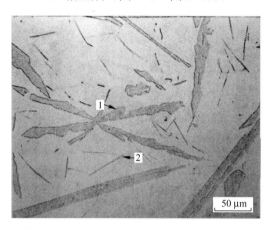

图 2-6 ×210

合	金	Al-10.38%Fe
状	态	800℃复熔，慢冷至 580℃，
		保温 3 h，水中淬火
浸	蚀	未浸蚀
组织特征		1—初晶 FeAl₃；
		2—α(Al)+FeAl₃ 共晶中的 FeAl₃

组织特征 1—初晶 FeAl$_3$；
2—α(Al)+FeAl$_3$ 共晶中的 FeAl$_3$

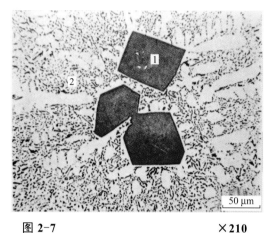

图 2-7 ×210

合　金　Al-17.25%Si
状　态　710℃复熔，快冷至室温
浸　蚀　未浸蚀
组织特征　1—初晶 Si；
　　　　　2—α(Al)+Si 共晶

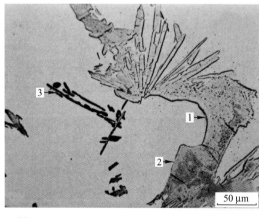

图 2-8 ×210

合　金　Al-5.5%Fe-2.3%Si
状　态　铸态（缓冷）
浸　蚀　未浸蚀
组织特征　1—α(Fe$_3$SiAl$_{12}$)；
　　　　　2—FeAl$_3$；
　　　　　3—α(Al)+ Si 共晶中的 Si

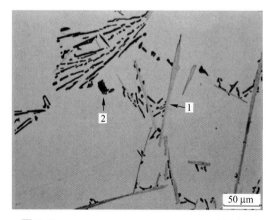

图 2-9 ×210

合　金　Al-2.2%Fe-8.18%Si
状　态　铸态（缓冷）
浸　蚀　未浸蚀
组织特征　1—初晶 β(Fe$_2$Si$_2$Al$_9$)，
　　　　　呈灰色枝条状；
　　　　　2—α(Al)+Si 共晶中的 Si

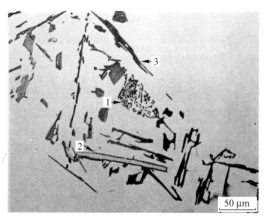

图 2-10　　　　　　　　　　**×210**

合　　　金　Al-0.26%Fe -2.5%Si
状　　　态　铸态（缓冷）
浸　　　蚀　未浸蚀
组织特征　1—α(Fe_3SiAl_{12})亮灰色，
　　　　　　呈骨骼状或字形；
　　　　　2—β($Fe_2Si_2Al_9$)亮灰色，
　　　　　　呈针状或条状；
　　　　　3—Si 深灰色，呈条状

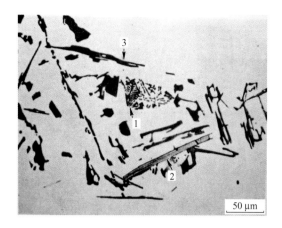

图 2-11　　　　　　　　　　**×210**

合　　　金　同图 2-10
状　　　态　铸态（缓冷）
浸　　蚀 剂　20 mL H_2SO_4+80 mL H_2O
组织特征　1—α(Fe_3SiAl_{12})暗灰色；
　　　　　2—β($Fe_2Si_2Al_9$)浅灰色；
　　　　　3—Si 不受浸蚀，仍为深灰色

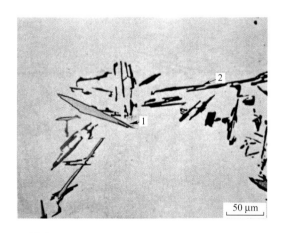

图 2-12　　　　　　　　　　**×210**

合　　　金　同图 2-10
状　　　态　铸态（缓冷）
浸　　　蚀　未浸蚀
组织特征　1—β($Fe_2Si_2Al_9$)亮灰色，针状；
　　　　　2—α(Al)+Si 共晶中的 Si

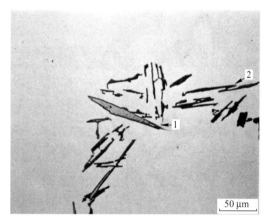

图 2-13　　　　　　　　　　**×210**

合　　　金　同图 2-10
状　　　态　铸态（缓冷）
浸　　蚀 剂　0.5 mL HF+99.5 mL H_2O
组织特征　1—β($Fe_2Si_2Al_9$)棕色；
　　　　　2—α(Al)+Si 共晶中的 Si
　　　　　　不受浸蚀

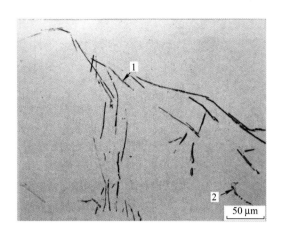

图 2-14　　　　　　　　　　×210

合　　金　1A30
状　　态　铸态（半连续铸锭在 750℃
　　　　　　复熔，缓冷至 600℃，保温
　　　　　　8 h，随炉冷至 400℃，
　　　　　　水中淬火）
浸　蚀　未浸蚀
组织特征　1—FeAl$_3$，浅灰色，条状；
　　　　　　2—α(Fe$_3$SiAl$_{12}$)亮灰色，
　　　　　　骨骼状

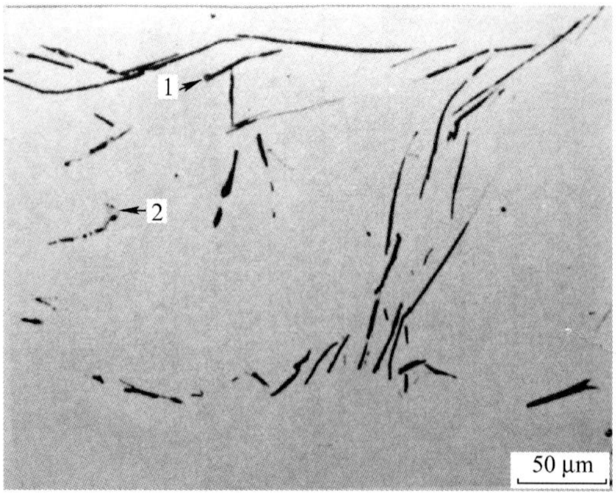

图 2-15　　　　　　　　　　×210

合　　金　1A30
状　　态　同图 2-14
浸 蚀 剂　20 mL H$_2$SO$_4$+80 mL H$_2$O
组织特征　1—FeAl$_3$ 黑色；
　　　　　　2—α(Fe$_3$SiAl$_{12}$)颜色发暗

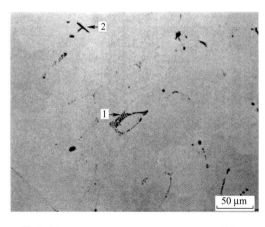

图 2-16　　　　　　　　　　×210

合　　金　8A06
状　　态　半连续铸造状态
浸 蚀 剂　20 mL H$_2$SO$_4$+80 mL H$_2$O
组织特征　1—α(Fe$_3$SiAl$_{12}$)颜色发暗；
　　　　　　2—FeAl$_3$ 黑色

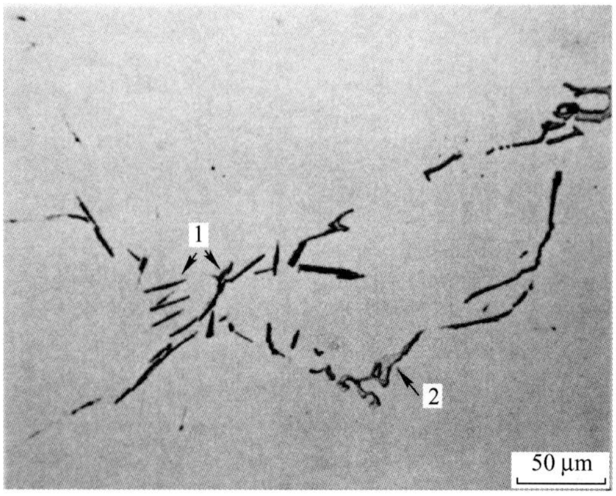

图 2-17　　　　　　　　　　×210

合　　金　8A06
状　　态　铸态（半连续铸锭在 750℃复熔，
　　　　　　随炉冷至 400℃，水中淬火）
浸 蚀 剂　20 mL H$_2$SO$_4$+80 mL H$_2$O
组织特征　1—FeAl$_3$ 黑色；
　　　　　　2—α(Fe$_3$SiAl$_{12}$)颜色发暗

（2）铸锭的组织（图 2-18～图 2-20）：

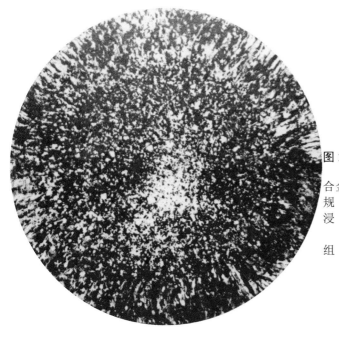

图 2-18

合金及状态　1070 半连续铸造状态
规　　格　ϕ 192 mm
浸　蚀　剂　75 mL HCl+25 mL HNO₃
　　　　　　+5 mL HF
组 织 特 征　宏观组织，最边缘约 3 mm
　　　　　　区域由等轴细晶粒组成，
　　　　　　其中掺杂柱状晶，其次为
　　　　　　柱状晶区，宽约 20 mm，
　　　　　　其余部分为较大的等轴晶

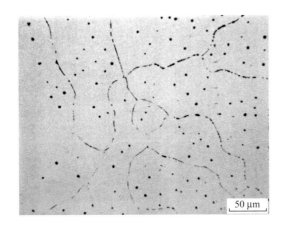

图 2-19　　　　　　　　　　×210

合金及状态　1070 半连续铸造状态
规　　格　ϕ 192 mm
浸　蚀　剂　50%HF 水溶液
组 织 特 征　铸锭底部横向中间部位的组
　　　　　　织，呈枝晶网状，网络稀薄
　　　　　　而不连续

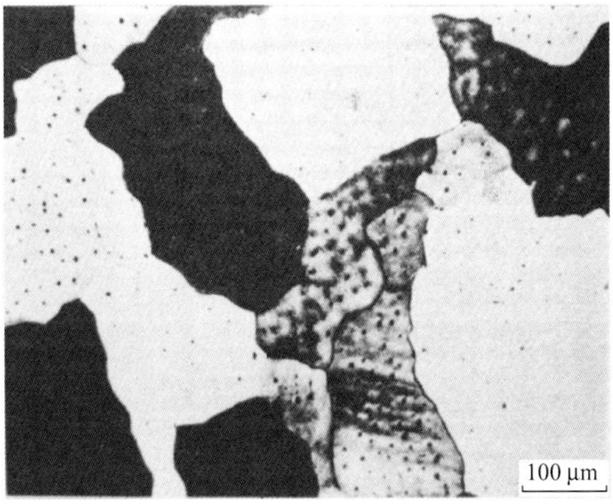

图 2-20　　　　　　　　　　×100

试样经电解抛光并阳极复膜

合金及状态　同图 2-19
规　　格　同图 2-19
组 织 特 征　为图 2-19 的偏光组织，可看
　　　　　　出晶粒大小及其形态

（3）板材和箔材的组织（图 2-21～图 2-39）：

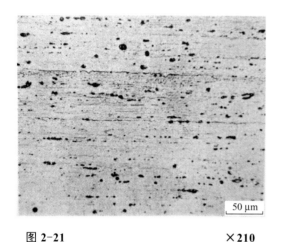

图 2-21　　　　　　　　　×210

50%HF 水溶液浸蚀

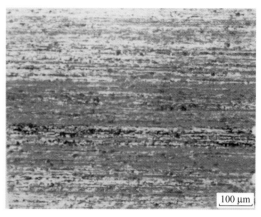

图 2-22　　　　　　　　　×100

试样经电解抛光并阳极复膜偏振光下组织

（彩色）

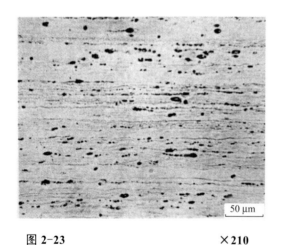

图 2-23　　　　　　　　　×210

50%HF 水溶液浸蚀

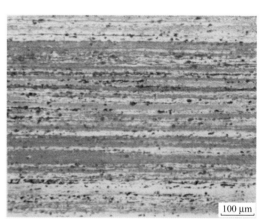

图 2-24　　　　　　　　　×100

试样经电解抛光并阳极复膜偏振光下组织

（彩色）

合金及状态　1070 F（热压温度为 360℃）
规　　　格　厚 10 mm
组 织 特 征　图 2-21 及 图 2-22 为临近板材表面部位纵向组织；
　　　　　　图 2-23 及 图 2-24 为板材中心区域纵向组织，化合物都已被破碎，并沿
　　　　　　压延主变形方向成行排列，组织都未发生再结晶，为变形纤维状组织

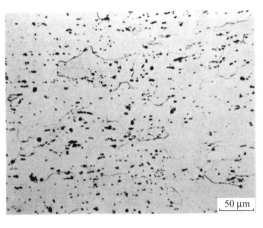

图 2-25   ×210

50%HF 水溶液浸蚀

图 2-26   ×100

试样经电解抛光并阳极复膜偏振光下组织

（彩色）

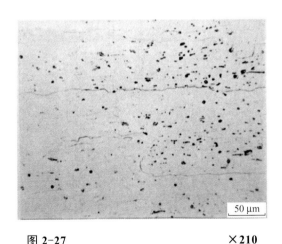

图 2-27   ×210

50%HF 水溶液浸蚀

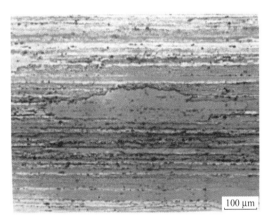

图 2-28   ×100

试样经电解抛光并阳极复膜偏振光下组织

（彩色）

合金及状态   1070 F（热压温度为 520℃）

规　　　格   厚 10 mm

组 织 特 征   图 2-25 及图 2-26 为临近板材表面部位纵向组织，

               图 2-27 及图 2-28 为板材中心区域纵向组织，化合物都已被破碎，

               与图 2-21 至图 2-24 比较，可知板材于 520 ℃热压后已再结晶，

               在其临近表面部位已完全再结晶，晶粒趋近于等轴形状，

               而中心区域再结晶程度小，还留有变形纤维状组织

力 学 性 能   抗拉强度 R_m：80   MPa

               屈服强度 $R_{p0.2}$：55   MPa

               伸长率 A：45 %

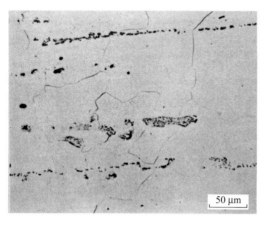

图 2-29   ×210

50%HF 水溶液浸蚀

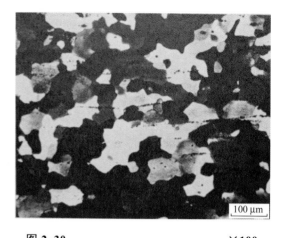

图 2-30   ×100

试样经电解抛光并阳极复膜偏振光下组织

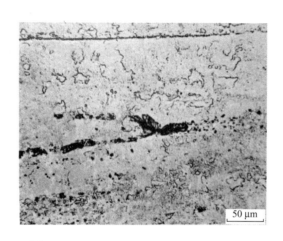

图 2-31   ×210

50%HF 水溶液浸蚀

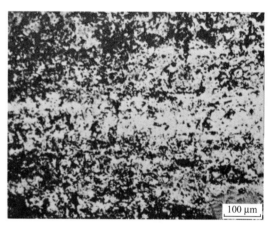

图 2-32   ×100

试样经电解抛光并阳极复膜偏振光下组织

合金及状态　1070 F
规　　　格　厚 10 mm
组 织 特 征　图 2-29 及图 2-30 为 520℃热压延板材与轧辊相接触的最表面的组织，
　　　　　　已完全再结晶。因较中心部位拉伸变形程度小，所以化合物破碎后分
　　　　　　布不均，可明显看到残留的铸造组织；
　　　　　　图 2-31 及图 2-32 为 360℃热压延板材与轧辊接触的最表面的组织，
　　　　　　没有完全再结晶，只是在变形组织的基体上看到零星的再结晶晶粒，
　　　　　　化合物破碎程度较 520℃热压的差

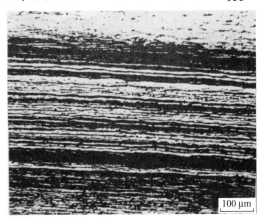

图 2-33 　　　　　　　　　　×210

图 2-34 　　　　　　　　　　×100
试样经电解抛光并阳极复膜

合金及状态　1070H1
规　　　格　厚 0.8 mm
浸　蚀　剂　50%HF 水溶液
组织特征　板材纵向组织，呈变形的纤
　　　　　维状较热压变形的更为细密，
　　　　　化合物破碎后沿压延方向排列
力学性能　抗拉强度 R_m：165 MPa
　　　　　屈服强度 $R_{p0.2}$：155 MPa
　　　　　伸长率 A：4.0%

合金及状态　1070H1
规　　　格　厚 0.8 mm
组织特征　为图 2-33 偏光组织，呈变
　　　　　形的纤维状

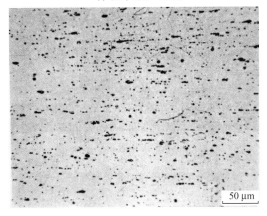

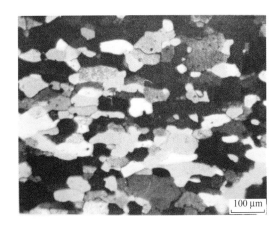

图 2-35 　　　　　　　　　　×210

图 2-36 　　　　　　　　　　×100
试样经电解抛光并阳极复膜（彩色）

合金及状态　1070 (O)
规　　　格　厚 0.8 mm
浸　蚀　剂　50%HF 水溶液
组织特征　板材纵向组织，退火后看不
　　　　　见变形的纤维状组织，化合
　　　　　物仍沿压延方向排列
力学性能　抗拉强度 R_m：73 MPa
　　　　　屈服强度 $R_{p0.2}$：35 MPa
　　　　　伸长率 A：40%

合金及状态　1070(O)
规　　　格　厚 0.8 mm
组织特征　为图 2-35 的偏光组织，材料
　　　　　已完全再结晶，晶粒细小均匀

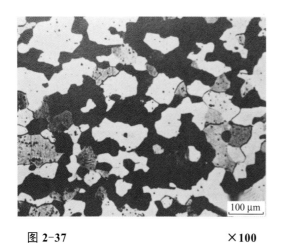

图 2-37   **×100**

试样经电解抛光并阳极复膜

合金及状态　1A80 (O)
规　　　格　厚 0.12 mm
组织特征　已完全再结晶，呈等轴晶

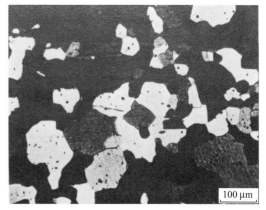

图 2-38   **×100**

试样经电解抛光并阳极复膜

合金及状态　1A80 (O)
规　　　格　厚 0.05 mm
组织特征　已完全再结晶，呈等轴晶

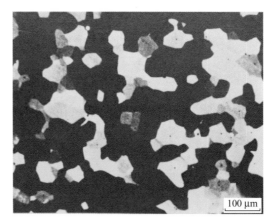

图 2-39   **×100**

试样经电解抛光并阳极复膜

合金及状态　1A80 (O)
规　　　格　厚 0.007 mm
组织特征　已完全再结晶，晶界平直，
　　　　　　细小均匀

（4）挤压制品的组织（图 2-40～图 2-57）：

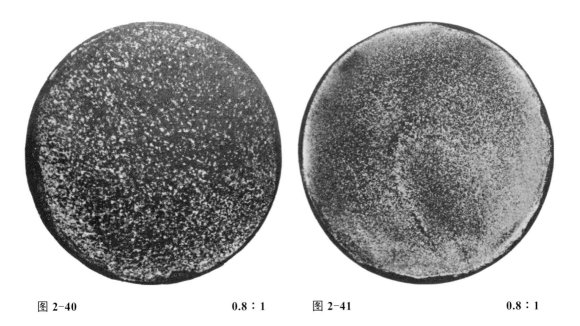

图 2-40   0.8∶1   图 2-41   0.8∶1

合金及状态   1070 F

规　　格 ϕ 90 mm 棒材

浸　蚀　剂   75 mL HCl+25 mL HNO$_3$+5 mL HF

组 织 特 征   图 2-40 及图 2-41 分别为棒材前后
端横向宏观组织，前端边缘为细晶
粒区域，深约 10 mm，中间及中
心部位晶粒粗大，仍保持铸态晶粒
轮廓。后端为再结晶组织，晶粒细
小，中心呈半月形的结晶区域为金
属挤压终了金属流动的补缩痕迹

力 学 性 能   抗拉强度 R_m：72 MPa

（（ϕ50mm 棒材   屈服强度 $R_{p0.2}$：40 MPa

挤压后端）   伸长率 A：41 %

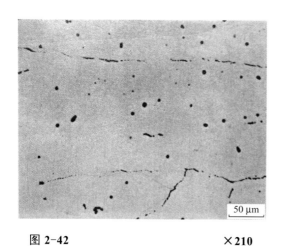

图 2-42　　　　　　　　　　×210

50%HF 水溶液浸蚀

图 2-43　　　　　　　　　　×100

试样经电解抛光并阳极复膜偏振光下组织

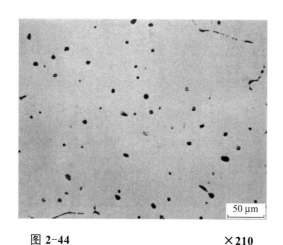

图 2-44　　　　　　　　　　×210

50%HF 水溶液浸蚀

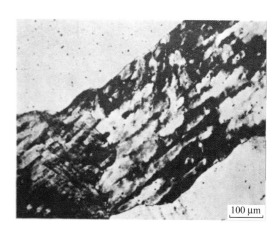

图 2-45　　　　　　　　　　×100

试样经电解抛光并阳极复膜偏振光下组织

合金及状态　1070 F
规　　　格　φ90 mm 棒材
组织特征　图 2-42 及图 2-43 为棒材前端纵向临近表面部位的组织，已完全
　　　　　再结晶，化合物已破碎，并沿挤压方向成行排列；
　　　　　图 2-44 及图 2-45 为棒材前端纵向中心部位的组织，因变形量
　　　　　低，化合物破碎程度比表面要小，组织中可明显看到因变形而形
　　　　　成的亚晶粒（晶体破碎块）

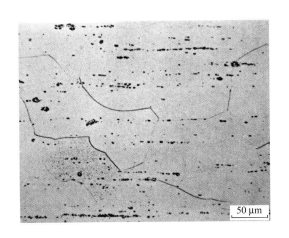

图 2-46　　　　　　　　　　　×210

50%HF 水溶液浸蚀

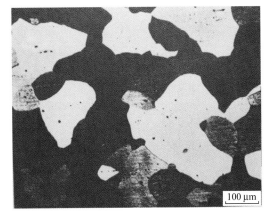

图 2-47　　　　　　　　　　×100

试样经电解抛光并阳极复膜偏振光下组织

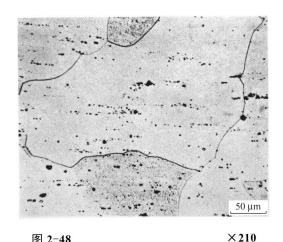

图 2-48　　　　　　　　　　　×210

50%HF 水溶液浸蚀

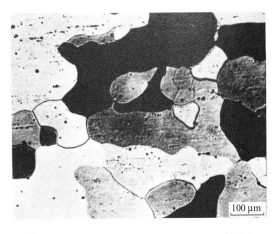

图 2-49　　　　　　　　　　×100

试样经电解抛光并阳极复膜偏振光下组织

合金及状态　　1070 F

规　　　格　　φ85 mm 棒材

组织特征　　图 2-46 及图 2-47 为棒材后端纵向边部组织，已完全再结晶，呈等轴
　　　　　　　晶，化合物破碎后沿挤压方向成行排列；

　　　　　　　图 2-48 及图 2-49 为棒材后端纵向中心部位组织，已完全再结晶，呈
　　　　　　　等轴晶，化合物破碎后沿挤压方向成行排列，方向性比边部较弱

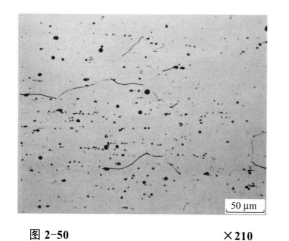

图 2-50   ×210

50%HF 水溶液浸蚀

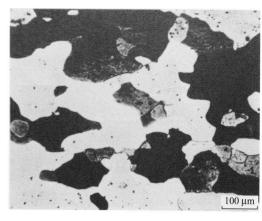

图 2-51   ×100

试样经电解抛光并阳极复膜偏振光下组织

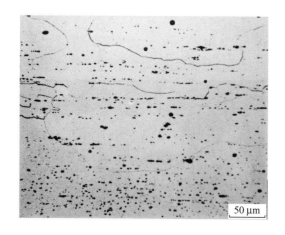

图 2-52   ×210

50%HF 水溶液浸蚀

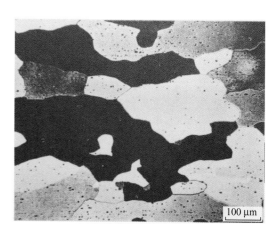

图 2-53   ×100

试样经电解抛光并阳极复膜偏振光下组织

合金及状态　1070 F

规　　　格　型材

组织特征　图 2-50 及图 2-51 为型材后端薄壁纵向组织，已完全再结晶，呈等轴晶，
　　　　　　化合物破碎后沿挤压方向成行排列；

　　　　　　图 2-52 及图 2-53 为型材后端厚壁纵向组织，已完全再结晶，
　　　　　　晶粒比薄壁的略粗，化合物破碎后沿挤压方向排列，较薄壁的更明显

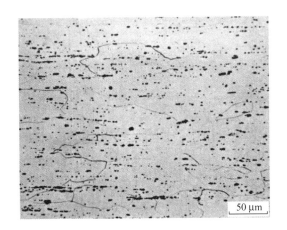

图 2-54   ×210

合金及状态   1035 H

规　　格 ϕ 80 mm×77 mm 冷拉管材

浸 蚀 剂   50%HF 水溶液

组 织 特 征   管材后端纵向组织，晶粒沿
拉伸方向伸长，化合物成行
排列

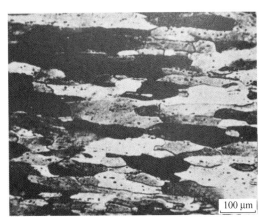

图 2-55   ×100

试样经电解抛光并阳极复膜偏振光下组织

合金及状态   1035 H

规　　格 ϕ 80 mm×77 mm 冷拉管材

组 织 特 征   为图 2-54 的偏光组织，晶
粒沿拉伸方向伸长

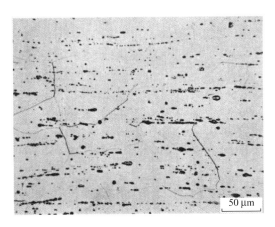

图 2-56   ×210

合金及状态   1035 O

规　　格 ϕ 80 mm×77 mm 冷拉管材

浸 蚀 剂   50%HF 水溶液

组 织 特 征   管材后端纵向组织，退火后
化合物仍沿拉伸方向排列

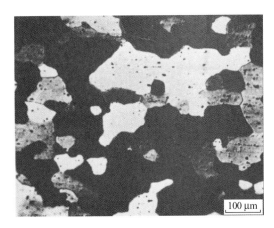

图 2-57   ×100

试样经电解抛光并阳极复膜偏振光下组织

合金及状态   1035 O

规　　格 ϕ 80 mm×77 mm 冷拉管材

组 织 特 征   为图 2-56 的偏光组织，管
材已完全再结晶，呈等轴晶

3 2×××系（铝-铜系）合金

3.1 2×××系合金之一——铝-铜-镁系合金

铝-铜-镁系合金是使用较早用途很广的硬铝合金。它具有良好的力学性能和加工性能，可加工成板、棒、管、线、型材及锻件等半成品，广泛应用在国民经济和国防建设之中。

一般情况下，该系合金依照合金强度和耐热性，可分为以下四种类型：

（1）低强度硬铝。如 2A01、2A10 等合金；

（2）中强度硬铝。如 2A11 等合金；

（3）高强度硬铝。如 2A12 等合金；

（4）具有耐热性的硬铝。如 2A02 等合金。

为了提高抗蚀性能，在硬铝板材的表面上，包有一层工业纯铝。

3.1.1 化学成分及相组成

该系合金的化学成分见表 3-1，从表中可以看出，合金中主要合金元素有铜、镁、锰等，杂质为铁、硅、镍、锌等。对这种合金中铜、镁的比例关系进行分析，可以看出，铜、镁之比对合金性能有重大影响。

表 3-1　铝-铜-镁系合金化学成分表

合金牌号	主要成分（质量分数）/%					杂质（质量分数）/%，不大于							
	Cu	Mg	Mn	Cr	Ti	Fe	Si	Mn	Zn	Ni	Fe+Ni	其他	总和
2A01	2.2～3.0	0.2～0.5	—	—	—	0.5	0.5	0.2	0.1	—	—	0.1	1.40
2A02	2.6～3.2	2.0～2.4	0.45～0.7	—	—	0.3	0.3	—	0.1	—	—	0.1	0.80
2A04	3.2～3.7	2.1～2.6	0.5～0.8	Be 0.001～0.01	0.05～0.4	0.3	0.3	—	0.1	—	—	0.1	0.80
2A06	3.8～4.3	1.7～2.3	0.5～1.0	Be 0.001～0.005	0.03～0.15	0.5	0.5	—	0.1	—	—	0.1	1.20
2B11	3.8～4.5	0.4～0.8	0.4～0.8	—	—	0.5	0.5	—	0.1	—	—	0.1	1.20
2B12	3.8～4.5	1.2～1.6	0.3～0.7	—	—	0.5	0.5	—	0.1	—	—	0.1	1.20
2A10	3.9～4.5	0.15～0.3	0.3～0.5	—	—	0.2	0.25	—	0.1	—	—	0.1	0.65
2A11	3.8～4.8	0.4～0.8	0.4～0.8	—	—	0.7	0.7	—	0.3	0.1	0.7	0.1	1.80
2A12	3.8～4.9	1.2～1.8	0.3～0.9	—	—	0.5	0.5	—	0.3	0.1	0.5	0.1	1.50

合金中含镁量较低时，铜与铝形成化合物 $CuAl_2$，它是低强度硬铝和中强度硬铝中的主要强化相。

当镁含量提高时，特别是在高强度硬铝中，镁、铜、铝互相结合形成 $S(CuMgAl_2)$

相，它的强化效果比 $CuAl_2$ 更高。同时还使合金具有一定的耐热性。

合金中加入 0.3%～1.0%Mn，可以减少铁的有害影响，提高合金的耐蚀性；锰还能细化合金晶粒，加速时效作用，延缓挤压和固溶处理时的再结晶过程，使产品的力学性能得到提高。锰含量超过百分之一时，能出现粗大的脆性化合物$(FeMn)Al_6$的聚集物，使合金的工艺性能变坏。

在 2A12 合金中，铜、镁、锰合金元素对固溶体的稳定性有如下几个作用：

（1）随着铜和镁的总含量的提高，合金固溶体的稳定性降低。

（2）在含铜高的 2A12 合金中，锰含量从 0.5%增加到 0.8%增加了固溶体的稳定性。

（3）在低铜合金中，锰含量增加，促使固溶体稳定性降低。如果合金中含镁量提高，固溶体的稳定性不受影响。

（4）固溶体的最低稳定性温度是 350～375℃，若增加合金中的锰含量，则进一步降低在这一温度下固溶体的稳定性，使固溶体提前开始分解。但是即使在 450℃ 甚至 400℃时，固溶体开始分解的时间反而会显著加长。

合金中加入少量钛，可以细化晶粒，降低合金形成热裂纹的倾向性。在制造焊条和填料的合金时，应加入少量的钛。

铁、硅是合金中的杂质元素。铁能与铜形成 Cu_2FeAl_7 难溶化合物，使合金中的强化相 $CuAl_2$ 和 $S(CuMgAl_2)$相减少，降低了合金的时效强化效果。铁还能与硅、锰等元素形成粗大的$(FeMnSi)Al_6$、$(FeMn)Al_6$ 等脆性化合物，使工艺性能变坏，所以在 2A12 合金中，铁的含量要控制在 0.5%以下。

在高强度硬铝合金中，硅能降低合金的强化效果，合金在自然时效后，强度随硅含量的增加而降低，所以必须将它的含量限制在 0.5%以下。

生产实践证明，铁含量宜大于硅，以降低合金的热脆性。而在 2A11 合金中，硅却应大于铁，以提高合金的铸造性能。

镍也是硬铝合金中的有害杂质。合金中的镍能与铜形成 AlCuNi 不溶化合物，从而减少了强化相 $CuAl_2$、$S(CuMgAl_2)$相的数量，使力学性能降低。因此合金中含镍量必须加以限制。

杂质锌对合金室温性能虽然没有影响，但使合金热强性大大降低。同时锌能增加铸造和焊接时形成裂纹的倾向性，故应严加控制。

根据 Al-Cu-Mg 系三元平衡图（图3-1）可知：低强度硬铝 2A10 合金处于 $\alpha(Al)+CuAl_2$ 相区。其主要强化相是 $CuAl_2$。2A01 合金处在 $\alpha(Al)+CuAl_2+S(CuMgAl_2)$ 相区边缘，其主要强化相也为 $CuAl_2$。中等强度硬铝 2A11 合金处于 $\alpha(Al)+CuAl_2+S$ 相区左侧，其主要强化相是 $CuAl_2$，还有少量的 $S(CuMgAl_2)$相（当合金中含硅量低时）。高强度硬铝 2A12 合金由于镁含量较高，处于 $\alpha(Al)+CuAl_2+S$ 相区右侧，其主要强化相是 $S(CuMgAl_2)$相，其次是 $CuAl_2$。具有耐热性的 2A02 合金，成分处于 $\alpha(Al)+S$ 相区，其主要强化相是 $S(CuMgAl_2)$相。由于成分的波动，可能出现少量的 $CuAl_2$ 相。

合金中主要强化相的出现，应根据以下比例确定。当 Cu:Mg 等于或小于 2.6 时，形成 $S(CuMgAl_2)$相；当 Cu:Mg 大于 2.6 时，则形成 S 和 $CuAl_2$ 相或 $CuAl_2$ 相。

合金中的铁、硅、锰、铜相互作用形成 $FeAl_3$、$(FeMn)Al_6$、Cu_2FeAl_7、$(FeMnSi)Al_6$ 等脆性杂质相。在热处理过程中，这些杂质相很难固溶到基体中去。硅还能与镁形成 Mg_2Si，它作为强化相存在于 2A11 合金中。

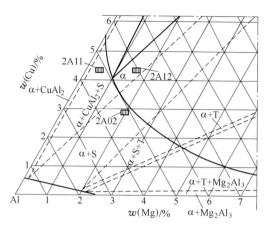

图 3-1 Al-Cu-Mg 系合金靠铝角固态相区分布

经金相和电子探针微区分析，典型硬铝合金在半连续铸造状态下，其强化相和部分杂质相如下：2A10 合金有 $CuAl_2$（图 3-4）。2A11 合金有 $CuAl_2$、Mg_2Si 和 Cu_2FeAl_7（图 3-5 及图 3-11）。2A12 合金有 $CuAl_2$、$S(CuMgAl_2)$ 和 $(FeMnSi)Al_6$（图 3-6，图 3-8～图 3-10）。2A02 合金有 $S(CuMgAl_2)$、$CuAl_2$（图 3-9）。

$CuAl_2$ 相：在半连续铸造状态下，它以 $\alpha(Al)+CuAl_2$ 二元共晶或以 $\alpha(Al)+CuAl_2+S(CuMgAl_2)$ 相三元共晶存在。

$CuAl_2$ 未浸蚀时呈颜色很淡的粉红色。当分别用 25%HNO_3 水溶液（室温）和 10 g $NaOH+100$ mL H_2O(70℃)浸蚀 3～5 s 后，$CuAl_2$ 的颜色变为铜红色。如果用混合酸浸蚀后，再用 25%HNO_3 水溶液擦去黑膜，有时 $CuAl_2$ 变为铜红色。这是 25%HNO_3 水溶液浸蚀的结果，不能误认为混合酸水溶液对 $CuAl_2$ 有浸蚀作用。

$S(CuMgAl_2)$ 相：$S(CuMgAl_2)$ 相与 $\alpha(Al)$ 组成的共晶组织未浸蚀时呈灰黄色蜂窝状，经 25%HNO_3 水溶液浸蚀后变为黑褐色，经混合酸浸蚀后颜色变为褐色至暗褐色。

Mg_2Si 相：见第 7 章铝-镁-硅-铜系合金。

Cu_2FeAl_7 相：呈针状，浸蚀前为亮灰色，用混合酸浸蚀后，变为褐色。

3.1.2 热处理特性

2A12 合金成分处于图 3-2 中注有阴影线区域内。从金相组织分析中可知：2A12 合金在 480℃ 以下淬火，二元共晶中的 $CuAl_2$ 变化很小，而三元共晶中的 S 相和 $CuAl_2$ 都有明显的固溶。490℃ 淬火，除了三元共晶中的 $CuAl_2$ 和 S 相有明显固溶外，二元共晶中的 $CuAl_2$ 也开始固溶。当在 502℃ 淬火，二元共晶中的 $CuAl_2$ 则有明显的固溶。其特征是组成相含量比低温时相应减少，残留相边界变得圆滑。合金在 505℃ 淬火后，固溶更加充分，主要强化相显著减少，但是合金中出现共晶球体和局部的晶界复熔现象（合金已过烧），随着加热温度的升高，共晶体复熔现象更加明显。由于 2A12 合金中可溶相充分固溶的温度与 $\alpha(Al)+S+CuAl_2$ 三元共晶温度的间隔很窄。所以这个合金具有强烈的过烧敏感性。在生产条件下，2A12 合金淬火温度可采用 495～500℃。

该系合金在淬火及人工时效状态下与淬火及自然时效状态下相比较，晶间腐蚀的倾向性大，所以只有做高温结构件时，才采用这种处理办法。做一般结构件时，在淬火自然时效状态下使用。从图 3-3 中可以看出，合金淬火后在 1 h 内，抗张强度、屈服强度增加很不明显，随后开始迅速增加，超过 12 h 增加速度又较缓慢，48 h 后，抗张强度和屈服强度基本保持不变，达到最大值。

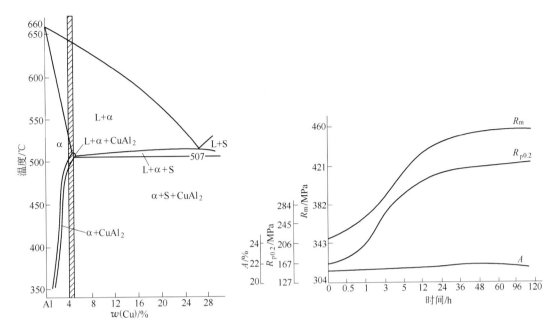

图 3-2　总论图 1-2 中的 Al-X 垂直截面　　图 3-3　2A12 合金淬火后自然时效时间与力学性能的关系

　　较普通热处理（淬火后自然时效或人工时效）方法，淬火后采用一定的冷变形然后再人工时效（即低温形变热处理）可显著提高 2A12 合金板材的力学性能，尤其屈服强度提高更显著，这也是该系合金的特性，见表 3-2。这种力学性能的强化效果，是由于在固溶强化的基础上，施加一定的冷变形，使合金内部产生大量的晶格缺陷（如空位、位错），这些缺陷强烈地影响过饱和固溶体分解过程的动力学。在随后的时效过程中，脱溶相质点因冷变形更为弥散和均匀分布。与此同时，弥散均匀分布的脱溶相质点也阻碍位错重新排列，从而使合金强化并保持较高的塑性，也可改善合金的耐腐蚀性。

　　经形变热处理与未形变热处理合金组织在光学显微镜下组织无差异，在透射电子显微镜下观察差别明显，其组织见图 3-4、图 3-5。

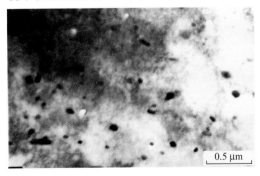

图 3-4　　　　　　　　　　　×29000
2A12 合金 495℃/90min 淬火+6%冷变形
+150℃/10h 人工时效

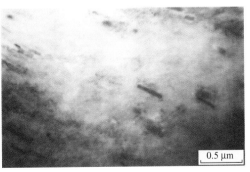

图 3-5　　　　　　　　　　　×29000
2A12 合金 495℃/90min 淬火
+150℃/10h 人工时效

组织特征：图 3-4 组织较图 3-5 析出的强化相尺寸细小，数量较多，在晶界和晶内存在大量位错缠结，形成所谓"胞状"结构。

表 3-2　低温形变热处理与常规热处理力学性能对比

热处理制度	抗拉强度 R_m/MPa	屈服强度 $R_{p0.2}$/MPa	伸长率 A/%
495℃/90 分淬火+6%冷变形+150℃/10 h 人工时效	495.6	418.3	11.4
495℃/90 分淬火+150℃/10 h 人工时效	450	293.6	15.0
495℃/90 分淬火+48 h 自然时效	454	288.6	16.2

淬火速度对合金的抗蚀性有强烈的影响，经腐蚀试验证明 2A11、2A12 合金，其强度损失和淬火速度有关，淬火速度愈大，合金的强度损失小，抗腐蚀性能愈好。如果淬火速度降低，则使化合物（如 $CuAl_2$）从过饱和的固溶体中，沿着晶界大量析出，降低合金抗蚀性。对于 2A11 和 2A12 合金，其最低抗蚀性能的淬火速度分别为 20℃/s 和 14℃/s 左右。更低的淬火速度反而使抗蚀性能稍微增加。这可能是由于在很慢的淬火速度下，发生更普遍的分解析出作用的结果。

重复淬火对合金的力学性能有一定影响。例如 2A12 合金厚壁型材在重复淬火过程中，屈服强度普遍下降。薄壁型材在重复淬火过程中，当存在挤压效应时，屈服强度降低 39 MPa 左右。

2A11、2A12 合金再结晶特性如下：

（1）对同一种合金来说，加工方式对再结晶有明显影响。挤压产品的再结晶温度普遍比压延产品高，而且再结晶温度间隔大，特别是一次挤压的材料，最终再结晶温度一般都在过烧温度以上。

（2）热压延产品的再结晶温度比冷压延产品的高。

（3）变形量小的热压板材和规格较大的棒材，呈拉长的再结晶晶粒，变形量大的冷压板、冷轧管、冷拉管等，再结晶时则呈等轴再结晶晶粒。

通过试验确定 2A11、2A12 合金产品的再结晶温度如表 3-3 所示。

表 3-3　2A11、2A12 合金的再结晶参数

合金	品种	规格或型号/ mm	工艺条件						再结晶温度/℃	
			压　延		挤　压		退火方式			
			温度/℃	变形率/%	温度/℃	变形率/%	盐浴槽或空气炉	保温时间/min	开始	终了
2A11	板	6.0	420	96			空气炉	20	310~315	355~360
		1.0	室温	84			空气炉	20	250~255	275~280
	棒	$\phi 10$			370~420	97	空气炉	20	360~365	535~540
	管	18×15			室温	98	空气炉	20	270~275	315~320
2A12	板	6.0	420	96			空气炉	20	350~355	495~500
		1.0	室温	83			空气炉	20	270~275	305~310
	棒	$\phi 90$			370	94	空气炉	20	380~385	530~535
	管	83×27			370~420	89	空气炉	20	380~385	535~540

3.1.3 铸锭（DC）及加工制品的组织和性能

（1）相组成（图 3-6～图 3-13）：

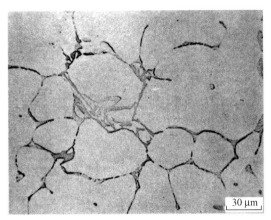

图 3-6   ×320

合　　金　2A10
状　　态　半连续铸造状态
浸　　蚀　未浸蚀
组织特征　α(Al) + CuAl$_2$ 共晶，呈网络状，
　　　　　CuAl$_2$ 呈铜红色

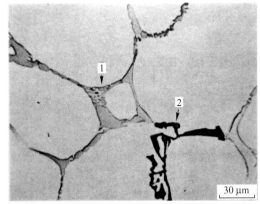

图 3-7   ×320

合　　金　2A11
状　　态　半连续铸造状态
浸 蚀 剂　25%HNO$_3$ 水溶液
组织特征　1—α(Al) + CuAl$_2$ 共晶，呈网
　　　　　络状，CuAl$_2$ 呈铜红色；
　　　　　2—α(Al) + Mg$_2$Si 共晶，
　　　　　Mg$_2$Si 呈黑色骨骼状

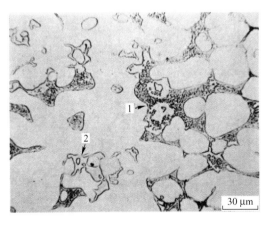

图 3-8   ×320

合　　金　2A12
状　　态　半连续铸造状态
浸 蚀 剂　25%HNO$_3$ 水溶液
组织特征　1—α(Al) + CuAl$_2$+S(CuMgAl$_2$)
　　　　　共晶呈蜂窝状，S 相呈褐色；
　　　　　2—α(Al) + CuAl$_2$ 共晶，CuAl$_2$
　　　　　呈铜红色

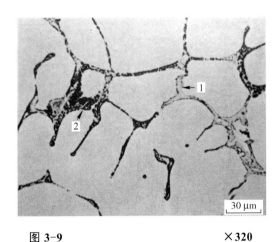

图 3-9   ×320

合　　金　2A02
状　　态　半连续铸造状态
浸 蚀 剂　25%HNO$_3$ 水溶液
组织特征　1—α(Al) + CuAl$_2$ 共晶，
　　　　　CuAl$_2$ 呈铜红色；
　　　　　2—α(Al) + CuAl$_2$+S(CuMgAl$_2$)，
　　　　　共晶，S 相呈褐色蜂窝状

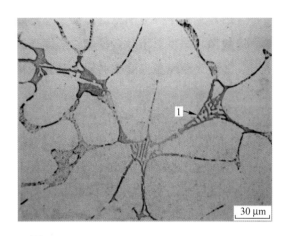

图 3-10　　　　　　　　　　　　　　×320

合　　金　2A12
状　　态　半连续铸造状态
浸　　蚀　未浸蚀
组织特征　铸锭表面偏析浮出物处组织
　　　　　1—(FeMnSi)Al₆ 呈浅灰色枝叉状

图 3-11　　　　　　　　　　　　　　×320

合　　金　2A12
状　　态　半连续铸造状态
浸 蚀 剂　20%H₂SO₄ 水溶液
组织特征　铸锭表面偏析浮出物处组织
　　　　　1—(FeMnSi)Al₆ 呈枝叉状，浸
　　　　　蚀后变为黑褐色

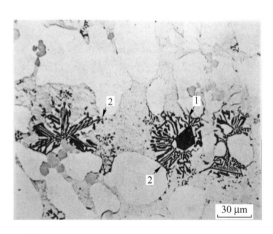

图 3-12　　　　　　　　　×320

合　　金　2A12
状　　态　半连续铸造状态
浸　　蚀　未浸蚀
组织特征　铸锭表面偏析浮出物处组织
　　　　　1—Mg₂Si 初晶，呈天蓝色多
　　　　　　边形块状；
　　　　　2—α(Al) + Mg₂Si 共晶，Mg₂Si
　　　　　　呈天蓝色骨骼状

图 3-13　　　　　　　　　×320

合　　金　2A11
状　　态　半连续铸造状态
浸 蚀 剂　20%H₂SO₄ 水溶液
组织特征　铸锭表面偏析浮出物处组织
　　　　　1—Mg₂Si 初晶，呈黑色
　　　　　　多边形块状；
　　　　　2—α(Al) + Mg₂Si 共晶，Mg₂Si
　　　　　　呈黑色骨骼状；
　　　　　3—Cu₂FeAl₇ 呈深灰色针状

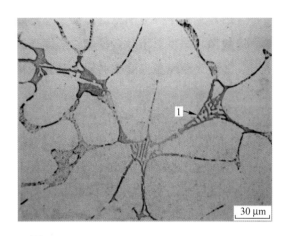

图 3-10　　　　　　　　　　　　　　×320

合　　金　2A12
状　　态　半连续铸造状态
浸　　蚀　未浸蚀
组织特征　铸锭表面偏析浮出物处组织
　　　　　1—$(FeMnSi)Al_6$ 呈浅灰色枝叉状

图 3-11　　　　　　　　　　　　　　×320

合　　金　2A12
状　　态　半连续铸造状态
浸 蚀 剂　$20\%H_2SO_4$ 水溶液
组织特征　铸锭表面偏析浮出物处组织
　　　　　1—$(FeMnSi)Al_6$ 呈枝叉状，浸
　　　　　蚀后变为黑褐色

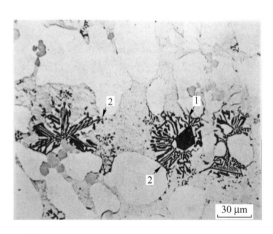

图 3-12　　　　　　　　　×320

合　　金　2A12
状　　态　半连续铸造状态
浸　　蚀　未浸蚀
组织特征　铸锭表面偏析浮出物处组织
　　　　　1—Mg_2Si 初晶，呈天蓝色多
　　　　　　边形块状；
　　　　　2—$\alpha(Al) + Mg_2Si$ 共晶，Mg_2Si
　　　　　　呈天蓝色骨骼状

图 3-13　　　　　　　　　×320

合　　金　2A11
状　　态　半连续铸造状态
浸 蚀 剂　$20\%H_2SO_4$ 水溶液
组织特征　铸锭表面偏析浮出物处组织
　　　　　1—Mg_2Si 初晶，呈黑色
　　　　　　多边形块状；
　　　　　2—$\alpha(Al) + Mg_2Si$ 共晶，Mg_2Si
　　　　　　呈黑色骨骼状；
　　　　　3—Cu_2FeAl_7 呈深灰色针状

（2）铸锭的组织（图 3-14～图 3-27）：

图 3-14   12%NaOH 水溶液浸蚀

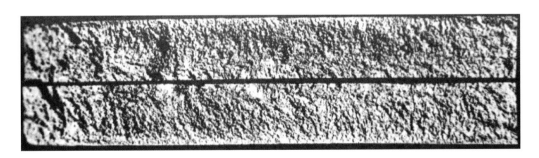

图 3-15

合金及状态　2A12 半连续铸造状态
规　　　格　φ192 mm 圆铸锭
组 织 特 征　图 3-14 为铸锭头部横向宏观组织，
　　　　　　晶粒细小均匀，边部 6～7 mm 区域
　　　　　　内晶粒更细小；
　　　　　　图 3-15 为其断口组织，晶粒细小均匀

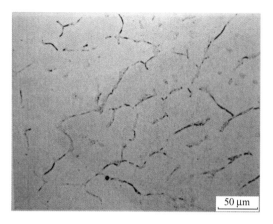

图 3-16   ×210

混合酸水溶液浸蚀

图 3-17   ×100

试样经电解抛光并阳极复膜偏振光下组织

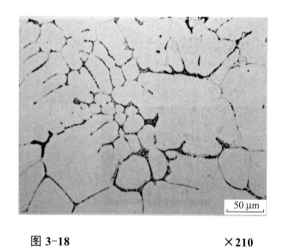

图 3-18   ×210

混合酸水溶液浸蚀

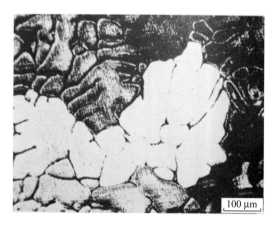

图 3-19   ×100

试样经电解抛光并阳极复膜偏振光下组织

合金及状态   2A12 半连续铸造状态

规　　格 ϕ192 mm 圆铸锭

组织特征   图 3-16 为铸锭横向边部组织，枝晶网络粗大，分布比较均匀；

图 3-17 为图 3-16 的偏光组织，晶粒细小均匀，晶粒内存在偏析；

图 3-18 为铸锭横向中心部位组织，枝晶网络比边部细小而不均匀；

图 3-19 为图 3-18 的偏光组织，晶粒比边部的粗大，晶粒内存在偏析

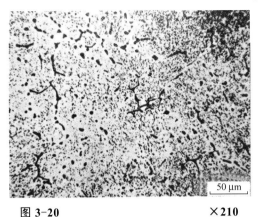

图 3-20　　　　　　　　　　　×210
　　混合酸水溶液浸蚀

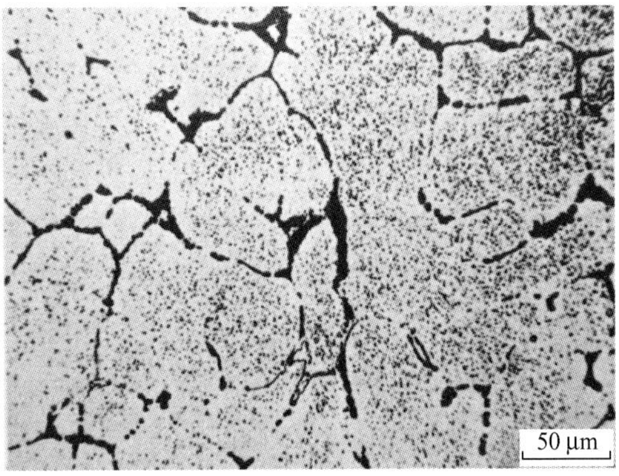

图 3-21　　　　　　　　　　　×210
　　混合酸水溶液浸蚀

合金及状态　2A12 半连续铸造状态经 485℃　12 h 均匀化处理
规　　　格　φ192 mm 圆铸锭
组 织 特 征　图 3-20 及图 3-21 分别为铸锭横向边部及中心部位组织，经均匀化处理后，枝晶网络已部分固溶，同时在 α(Al)基体上析出大量含锰等化合物的质点

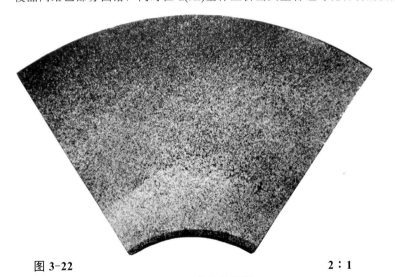

图 3-22　　　　　　　　　　　　　　　　2∶1
　　18%NaOH 水溶液浸蚀

图 3-23　　　　　　　　　　　2∶1

合金及状态　2A12 半连续铸造状态
规　　　格　φ270 mm×106 mm 空心圆铸锭
组 织 特 征　图 3-22 为铸锭宏观组织，晶粒细小均匀；
　　　　　　　图 3-23 为其断口组织，组织细密，断口平整

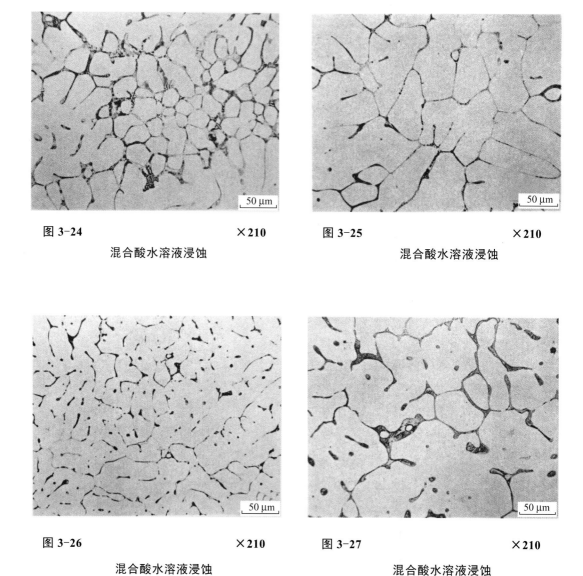

图 3-24 　　　　　　　　　×210
混合酸水溶液浸蚀

图 3-25 　　　　　　　　　×210
混合酸水溶液浸蚀

图 3-26 　　　　　　　　　×210
混合酸水溶液浸蚀

图 3-27 　　　　　　　　　×210
混合酸水溶液浸蚀

合金及状态　2A12 半连续铸造状态

规　　　格　ϕ270 mm×106 mm 空心圆铸锭

组织特征　图 3-24 为内表面偏析瘤处组织，枝晶网格细小网络较厚，可看到大
　　　　　量的杂质相；

　　　　　图 3-25 为距内表面深 15 mm 处组织，枝晶网格较粗大，网络较薄；

　　　　　图 3-26 为铸锭中间部位组织，枝晶网格细小而均匀，但不十分连
　　　　　续，而且网络比偏析瘤处薄；

　　　　　图 3-27 为距表面深 20 mm 处组织，枝晶网格较粗大，而且网络亦较厚

（3）板材的组织（图 3-28～图 3-39）：

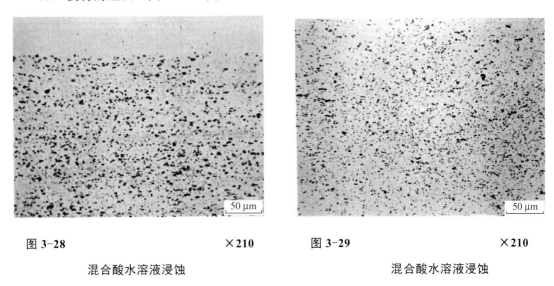

图 3-28 　　　　　　　　×210

混合酸水溶液浸蚀

图 3-29 　　　　　　　　×210

混合酸水溶液浸蚀

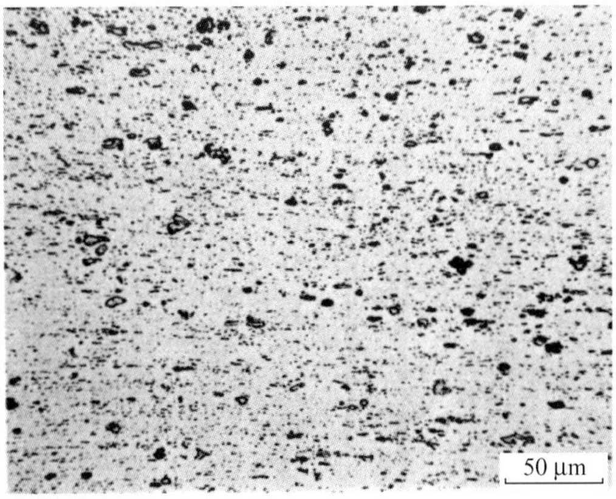

图 3-30 　　　　　　　　×210

混合酸水溶液浸蚀

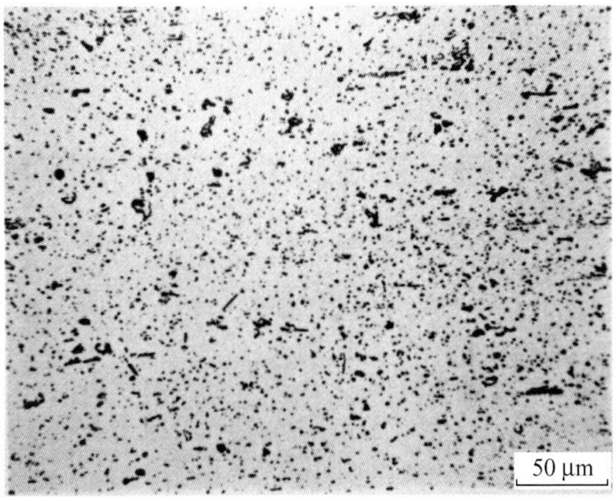

图 3-31 　　　　　　　　×210

混合酸水溶液浸蚀

合金及状态 2A12F

规　　　格 10 mm 热压板材

组织特征 图 3-28 及图 3-30 分别为纵向临近表面部位和中心部位组织，化合物沿压延方
向排列，临近表面部位的化合物比中心部位的细小，分布均匀；

图 3-28，白亮处为包铝层；

图 3-29 及图 3-31 分别为横向临近表面部位和中心部位组织

力学性能 抗拉强度 R_m：260 MPa

屈服强度 $R_{p0.2}$：120 MPa

伸长率 A：19.0 %

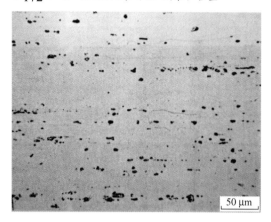

图 3-32   ×210
混合酸水溶液浸蚀

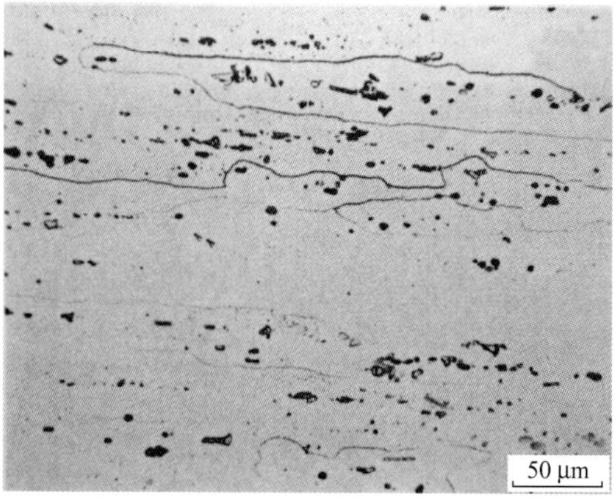

图 3-33   ×210
混合酸水溶液浸蚀

合金及状态　2A12T4（500℃，30min，水冷）
规　　　格　10 mm 热压板材
组织特征　图 3-32 及图 3-33 分别为纵向临近表面部位及中心部位组织，淬火加热后，合
　　　　　金已完全再结晶，晶粒沿压延方向伸长，S(CuMgAl$_2$)相及 CuAl$_2$ 等强化相已固溶
力学性能　抗拉强度 R_m：460 MPa
　　　　　屈服强度 $R_{p0.2}$：320 MPa
　　　　　伸长率 A：18.0 %

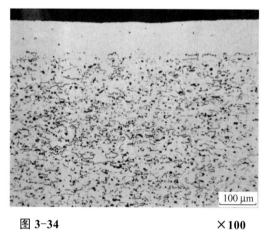
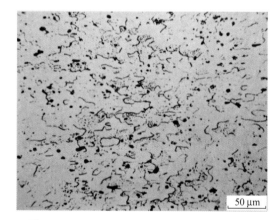

图 3-34   ×100
混合酸水溶液浸蚀

图 3-35   ×210
混合酸水溶液浸蚀

合金及状态　2A12T4(500℃，20 min，水冷)
规　　　格　1.0 mm 冷轧板材
组织特征　图 3-34 及图 3-35 分别为纵向临近表面部位及中心部位组织，淬火加热后，
　　　　　合金已完全再结晶，呈等轴细晶粒，化合物破碎分布较均匀，方向性排列
　　　　　不明显，S(CuMgAl$_2$)相及 CuAl$_2$ 等强化相固溶更充分；
　　　　　图 3-34 白亮区为包铝层
力学性能　抗拉强度 R_m：440 MPa
　　　　　屈服强度 $R_{p0.2}$：290 MPa
　　　　　伸长率 A：18.0 %

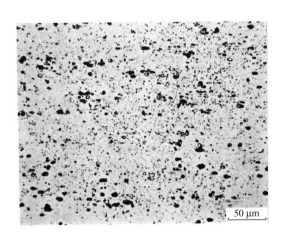

图 3-36   ×210

混合酸水溶液浸蚀

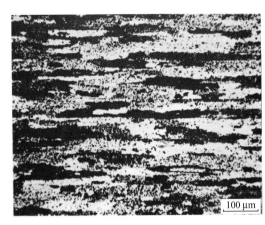

图 3-37   ×100

试样经电解抛光并阳极复膜偏振光下组织

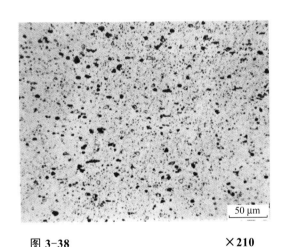

图 3-38   ×210

混合酸水溶液浸蚀

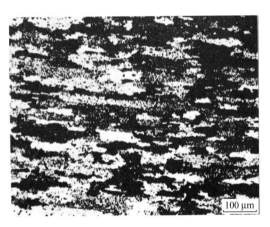

图 3-39   ×100

试样经电解抛光并阳极复膜偏振光下组织

合金及状态　2A12O（420℃，180min，随炉冷却）

规　　　格　1.0 mm 冷压板材

组织特征　图 3-36 及图 3-37 分别为纵向组织，化合物仍保持方向性排列，在 α(Al)基体上析出大量的 S(CuMgAl₂) 及 CuAl₂ 等强化相的质点，板材已完全再结晶，晶粒沿压延方向伸长；

图 3-38 及图 3-39 分别为横向组织，化合物分布比纵向均匀，方向性不明显，板材已完全再结晶

力 学 性 能　抗拉强度 R_m：180 MPa

屈服强度 $R_{p0.2}$：80 MPa

伸长率 A：20.0 %

（4）挤压制品的组织（图 3-40～图 3-83）：

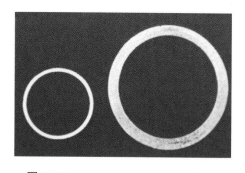

图 3-40　　　　　　　　　　1：1

18%NaOH 水溶液浸蚀

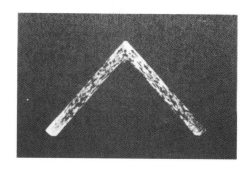

图 3-41　　　　　　　　　　1：1

18%NaOH 水溶液浸蚀

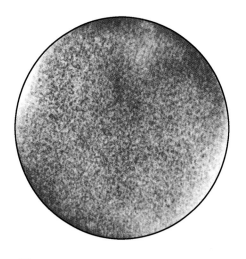

图 3-42　　　　　　　　1：1

18%NaOH 水溶液浸蚀

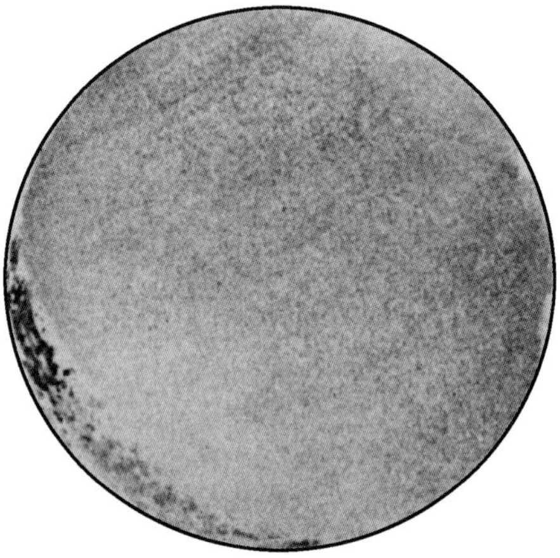

图 3-43　　　　　　1：1

18%NaOH 水溶液浸蚀

合金及状态　　2A12T4

规　　　格　　图 3-40 为 ϕ31 mm×25 mm 冷轧管材（右）及 ϕ18 mm×16 mm 冷拉管（左）；
　　　　　　　图 3-41 为 XC118 型材；
　　　　　　　图 3-42 及图 3-43 为 ϕ40 mm 棒材

组织特征　　管材宏观组织，晶粒细小。型材宏观组织，均匀的再结晶组织。棒材前端（图 3-42）组织均匀，后端（图 3-43）边部有月牙形的粗晶环

力学性能　　　　　　　　　冷轧管材　　　　　　XC118 型材　　　　　　ϕ40 mm 棒材

抗拉强度 R_m：　　　　470 MPa　　　　　　460 MPa　　　　　　540 MPa

屈服强度 $R_{p0.2}$：　　　380 MPa　　　　　　350 MPa　　　　　　400 MPa

伸长率 A：　　　　　　18.0 %　　　　　　18.0 %　　　　　　16.0 %

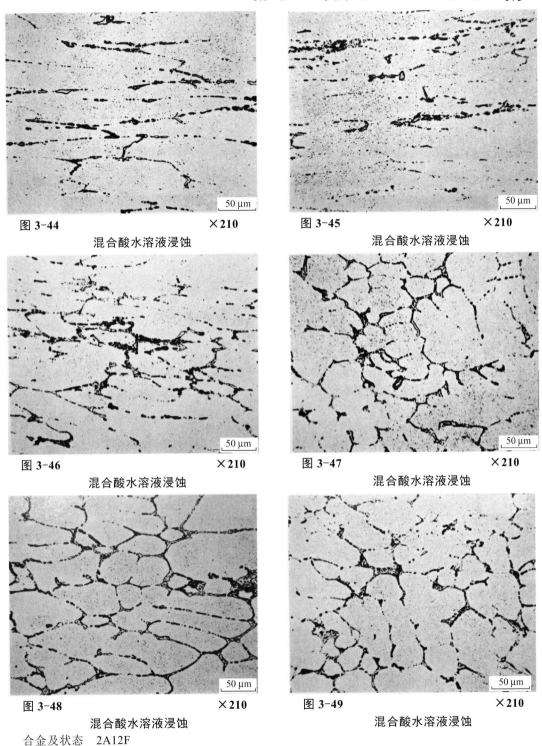

图 3-44　　　　　　　　　　×210
混合酸水溶液浸蚀

图 3-45　　　　　　　　　　×210
混合酸水溶液浸蚀

图 3-46　　　　　　　　　　×210
混合酸水溶液浸蚀

图 3-47　　　　　　　　　　×210
混合酸水溶液浸蚀

图 3-48　　　　　　　　　　×210
混合酸水溶液浸蚀

图 3-49　　　　　　　　　　×210
混合酸水溶液浸蚀

合金及状态　　2A12F
规　　　格　　φ40 mm 棒材
组织特征　　图 3-44、图 3-46 及图 3-48 分别为棒材前端纵向边部、中间及中心部位组织；
　　　　　　图 3-45、图 3-47 及图 3-49 分别为棒材前端横向边部、中间及中心部位组织；
　　　　　　棒材仍保存着大量的未破碎的铸造枝晶网状组织，边部比中间部位及中心部位
　　　　　　的变形程度要大，枝晶网沿挤压方向伸长，α(Al)基体上有大量的化合物析出

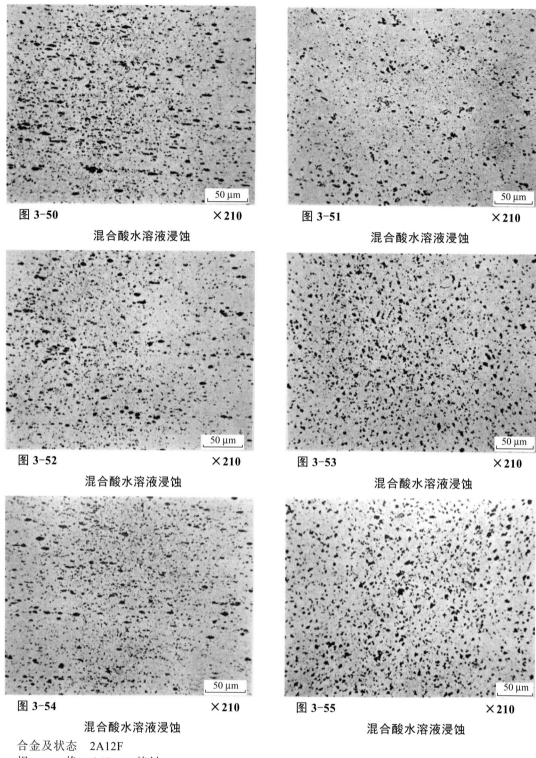

图 3-50 　　　　　　　　　　　 ×210
混合酸水溶液浸蚀

图 3-51 　　　　　　　　　　　 ×210
混合酸水溶液浸蚀

图 3-52 　　　　　　　　　　　 ×210
混合酸水溶液浸蚀

图 3-53 　　　　　　　　　　　 ×210
混合酸水溶液浸蚀

图 3-54 　　　　　　　　　　　 ×210
混合酸水溶液浸蚀

图 3-55 　　　　　　　　　　　 ×210
混合酸水溶液浸蚀

合金及状态　2A12F
规　　　格　ϕ40 mm 棒材
组织特征　图 3-50、图 3-52 及图 3-54 分别为棒材后端纵向边部、中间及中心部位组织；
　　　　　　图 3-51、图 3-53 及图 3-55 分别为棒材后端横向边部、中间及中心部位组织；
　　　　　　棒材后端比前端变形程度要大，铸造枝晶网状组织已完全被破碎

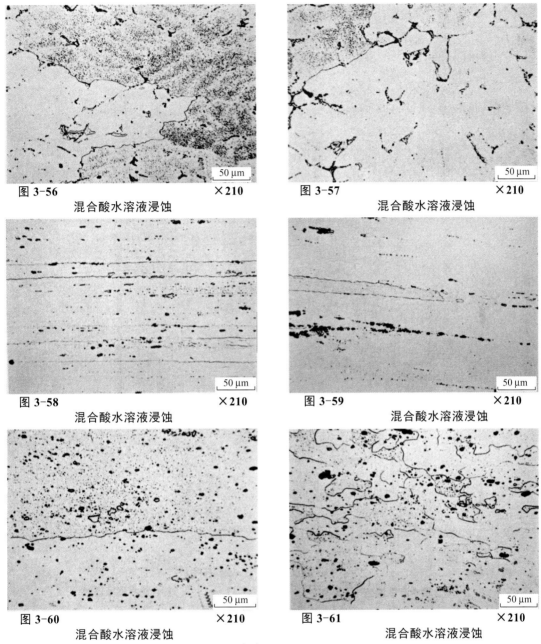

图 3-56 　　　　　　　　　　×210
混合酸水溶液浸蚀

图 3-57 　　　　　　　　　　×210
混合酸水溶液浸蚀

图 3-58 　　　　　　　　　　×210
混合酸水溶液浸蚀

图 3-59 　　　　　　　　　　×210
混合酸水溶液浸蚀

图 3-60 　　　　　　　　　　×210
混合酸水溶液浸蚀

图 3-61 　　　　　　　　　　×210
混合酸水溶液浸蚀

合金及状态　2A12T4（500℃，40 min，水冷）
规　　　格　ϕ40 mm 棒材
组 织 特 征　图 3-56 及图 3-57 分别为棒材前端纵向边部及中心部位组织，已部分再结晶，中心
　　　　　　部位还残存有较多的未溶解化合物；
　　　　　　图 3-58 及图 3-59 分别为棒材中段纵向边部及中心部位组织，再结晶程度比前端
　　　　　　大，晶粒沿挤压方向伸长；
　　　　　　图 3-60 及图 3-61 分别为棒材后端纵向边部及中心部位组织，粗晶区晶粒特别大，
　　　　　　其他区域晶粒细小棒材后端力学性能：
　　　　　　抗拉强度 R_m：477～563 MPa
　　　　　　屈服强度 $R_{p0.2}$：376～462 MPa
　　　　　　伸长率 A：10.5%～18%

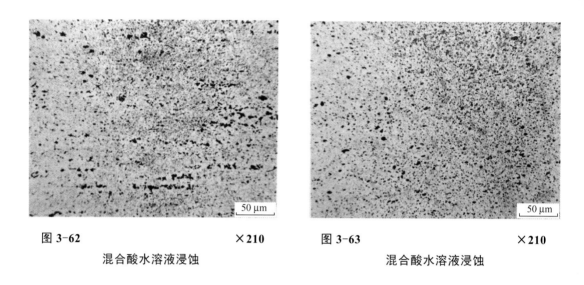

图 3-62   ×210
混合酸水溶液浸蚀

图 3-63   ×210
混合酸水溶液浸蚀

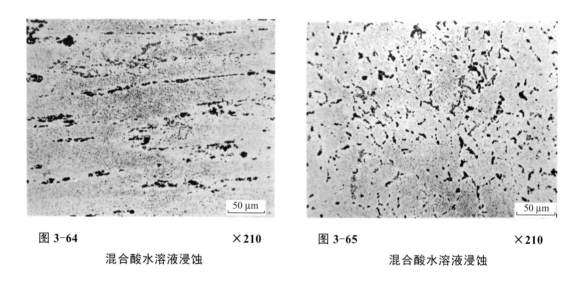

图 3-64   ×210
混合酸水溶液浸蚀

图 3-65   ×210
混合酸水溶液浸蚀

合金及状态　2A12O（420℃，180 min，随炉冷却）

规　　　格　ϕ40 mm 棒材

组织特征　图 3-62 及图 3-64 分别为棒材中段纵向边部及中心部位组织；

　　　　　图 3-63 及图 3-65 分别为棒材中段横向边部和中心部位组织；

　　　　　化合物沿挤压方向排列，中心部位仍然残留相当数量的化合物，在 α(Al)基体
　　　　　上析出大量的化合物的质点

力学性能　抗拉强度 R_m：190 MPa

　　　　　屈服强度 $R_{p0.2}$：80 MPa

　　　　　伸长率 A：18.0 %

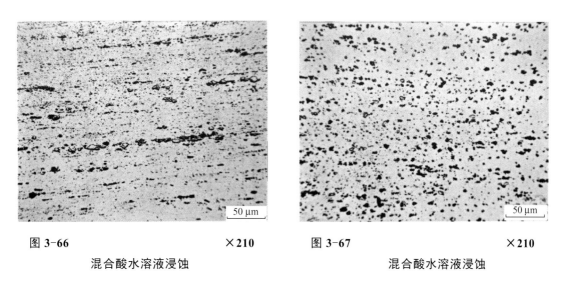

图 3-66   ×210
混合酸水溶液浸蚀

图 3-67   ×210
混合酸水溶液浸蚀

合 金 及 状 态   2A12F
规   格 ϕ68 mm×40 mm 挤压管材
组 织 特 征   图 3-66 为管材后端纵向中心部位组织，化合物明显破碎，并沿挤压方向成行
            排列，α(Al)基体上化合物析出质点弥散分布。图 3-67 是其横向组织

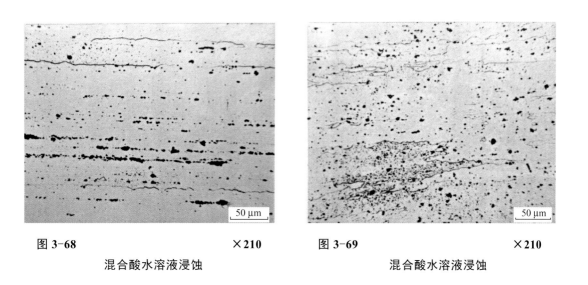

图 3-68   ×210
混合酸水溶液浸蚀

图 3-69   ×210
混合酸水溶液浸蚀

合 金 及 状 态   2A12T4（500℃，30 min，水冷）
规   格 ϕ68 mm×40 mm 挤压管材
组 织 特 征   图 3-68 为管材纵向组织，已再结晶，晶粒沿挤压方向伸长，可溶性化合物已
            明显固溶，残留化合物沿挤压方向成行排列；图 3-69 是其横向组织

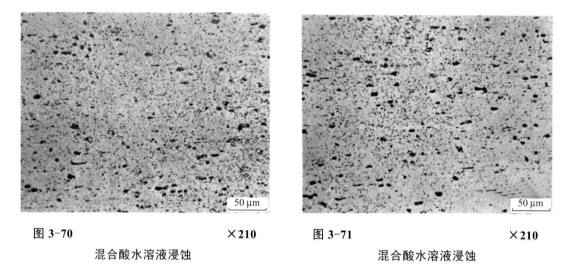

图 3-70   ×210
混合酸水溶液浸蚀

图 3-71   ×210
混合酸水溶液浸蚀

合金及状态　2A12F
规　　　格　XC-118 型材
组 织 特 征　图 3-70 为型材后端纵向组织，铸造枝晶网状组织已完全破碎，因系二次挤压
　　　　　　制品，所以化合物分布方向较一次挤压者弱，并在 α(Al)基体上析出大量化
　　　　　　合物的质点；
　　　　　　图 3-71 是其横向组织

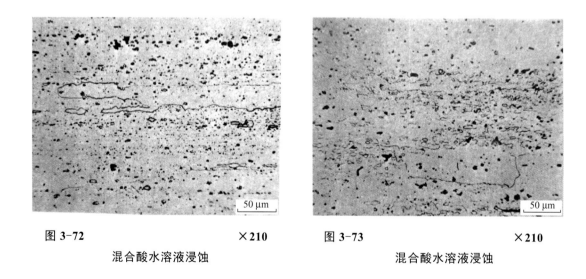

图 3-72   ×210
混合酸水溶液浸蚀

图 3-73   ×210
混合酸水溶液浸蚀

合金及状态　2A12T4（500℃，20 min，水冷）
规　　　格　XC-118 型材
组 织 特 征　图 3-72 为型材后端纵向组织，淬火后，已完全再结晶，晶粒沿挤压方向伸长，
　　　　　　在 α(Al)基体上尚残留有部分可溶和不可溶的化合物；图 3-73 是其横向组织

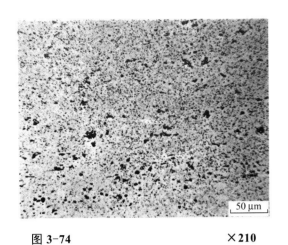

图 3-74   ×210   图 3-75   ×210
混合酸水溶液浸蚀   混合酸水溶液浸蚀

合金及状态   2A12O（420℃，180 min，随炉冷却）
规　　　格   XC-118 型材
组 织 特 征   图 3-74 为型材后端纵向组织，可溶性化合物已固溶，残留的有所聚集，在
　　　　　　　α(Al)基体上析出大量化合物的质点；图 3-75 是其横向组织
力 学 性 能   抗拉强度 R_m：205 MPa
　　　　　　　屈服强度 $R_{p0.2}$：80 MPa
　　　　　　　伸长率 A：18.0 %

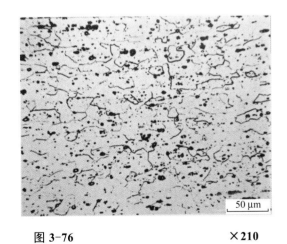

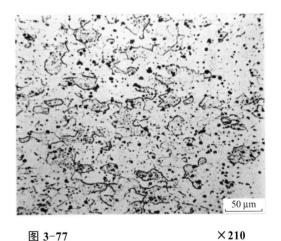

图 3-76   ×210   图 3-77   ×210
混合酸水溶液浸蚀   混合酸水溶液浸蚀

合金及状态   2A12T4（500℃，20 min，水冷）
规　　　格 ϕ31 mm×25 mm 冷轧管材
组 织 特 征   图 3-76 为管材纵向组织，已完全再结晶，晶粒呈等轴状，在 α(Al)基体上分布
　　　　　　　有化合物，沿轧制方向排列。图 3-77 是其横向组织

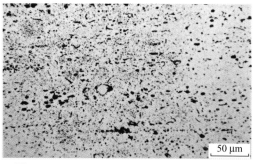

图 3-78　　　　　　　　　　×210
混合酸水溶液浸蚀

合 金 及 状 态　2A12O（420℃，180 min，随炉冷却）
规　　　　格　ϕ31 mm×25 mm 冷轧管材
组 织 特 征　图 3-78 为管材纵向组织，可溶化合物已固溶，残留的有所聚集，并从 α(Al)基
　　　　　　　体上析出大量的化合物质点。图 3-79 是其横向组织
力 学 性 能　抗拉强度 R_m：195 MPa
　　　　　　　屈服强度 $R_{p0.2}$：90 MPa
　　　　　　　伸长率 A：18.5 %

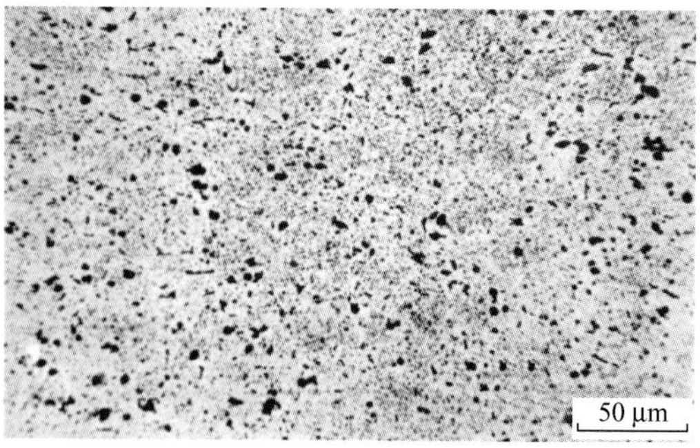

图 3-79　　　　　　　　　　×210
混合酸水溶液浸蚀

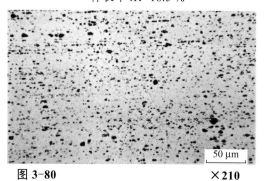

图 3-80　　　　　　　　　　×210
混合酸水溶液浸蚀

合 金 及 状 态　2A12H18
规　　　　格　ϕ18 mm×16 mm 冷轧管材
组 织 特 征　纵向组织，化合物进一步破
　　　　　　　碎，沿轧制方向成行排列
　　　　　　　相和 $CuAl_2$

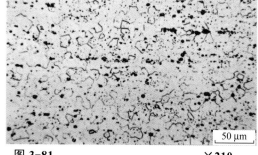

图 3-81　　　　　　　　　　×210
混合酸水溶液浸蚀

合 金 及 状 态　2A12T4（500℃，20 min，水冷）
规　　　　格　ϕ18 mm×16 mm 管材（冷轧）
组 织 特 征　纵向组织，已完全再结晶，晶粒细
　　　　　　　小均匀，呈等轴状，$S(CuMgAl_2)$
　　　　　　　相和 $CuAl_2$ 相等已显著固溶

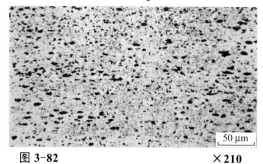

图 3-82　　　　　　　　　　×210
混合酸水溶液浸蚀

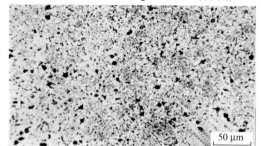

图 3-83　　　　　　　　　　×210
混合酸水溶液浸蚀

合 金 及 状 态　2A12O（420℃，180min，随炉冷却）
规　　　　格　ϕ18 mm×16 mm 冷轧管材
组 织 特 征　图 3-82 为管材纵向组织，可溶化合物已固溶，残留的有所聚集，在 α(Al)基体
　　　　　　　上析出大量的化合物质点。图 3-83 是其横向组织

（5）模锻件的组织（图 3-84～图 3-92）：

图 3-84　螺旋桨全貌

图 3-85　12%NaOH 水溶液浸蚀

图 3-86　12%NaOH 水溶液浸蚀

图 3-87　12%NaOH 水溶液浸蚀

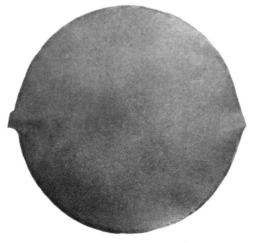

图 3-88　12%NaOH 水溶液浸蚀

合金及状态　2A11T4
锻件名称　螺旋桨
组织特征　图 3-84 为螺旋桨全貌；图 3-85～图 3-88 分别为桨叶梢部、中部、根部过渡区及根部的宏观组织

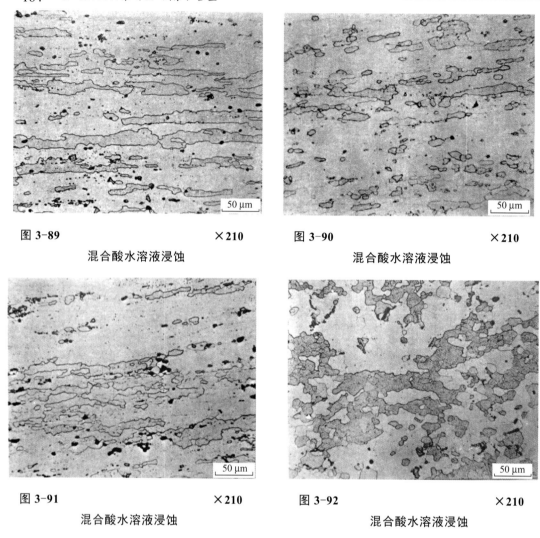

图 3-89　　　　　　　　　　×210
混合酸水溶液浸蚀

图 3-90　　　　　　　　　　×210
混合酸水溶液浸蚀

图 3-91　　　　　　　　　　×210
混合酸水溶液浸蚀

图 3-92　　　　　　　　　　×210
混合酸水溶液浸蚀

合金及状态　2A11T4
锻件名称　螺旋桨
组织特征　图 3-89 为桨叶梢部中心部位组织再结晶晶粒比较粗大并沿变形方向伸长，
　　　　　化合物破碎程度很大，并显著固溶；
　　　　　图 3-90 为桨叶中部中心部位组织，再结晶晶粒比叶梢细小；
　　　　　图 3-91 为桨叶根部过渡区组织，再结晶晶粒比梢部小，化合物破碎程
　　　　　度亦小；
　　　　　图 3-92 为桨叶根部中心部位组织，再结晶不完全，尚存在亚晶粒

3.2　2×××系合金之二——铝-铜-镁-铁-镍系合金

　　在铝-铜-镁-铁-镍系耐热铝合金中，常用的有 2A70、2A80、2A90 三种牌号。其中以 2A70 合金的耐热性最好，2A80、2A90 次之。所以在工业生产中，2A70 合金得到了广泛的应用。2A90 合金由于具有热线膨胀系数小，导热性好的特点，仍有一定的使用价值。

　　这类合金还具有良好的工艺性能，可加工成各种棒材、锻件，以及制作在 150～225℃

下使用的零件。在个别情况下，也可加工成板材使用。

3.2.1 化学成分及相组成

2A70、2A80、2A90 合金的化学成分见表 3-4。

表 3-4 2A70、2A80、2A90 合金化学成分

合金牌号	主要成分（质量分数）/%							杂质含量（质量分数）/%，不大于				
	Cu	Mg	Ni	Fe	Si	Ti	Al	Mn	Si	Zn	其他	总和
2A70	1.9～2.5	1.4～1.8	1.0～1.5	1.0～1.5	—	0.02～0.1	余量	0.2	0.35	0.3	0.1	0.95
2A80	1.9～2.5	1.4～1.8	1.0～1.5	1.1～1.6	0.5～1.2		余量	0.2	—	0.3	0.1	0.6
2A90	3.5～4.5	0.4～0.8	1.8～2.3	0.5～1.0	0.5～1.0		余量	0.2	—	0.3	0.1	0.6

从表可以看出，合金的化学成分比较复杂。除含有铜、镁外，还有较多的铁和镍。在 2A80、2A90 合金中，还含有硅。2A70 合金中，则含有钛。

这类合金的主要耐热相为 S(CuMgAl$_2$)相。因此，在合金中应力求使 S(CuMgAl$_2$)相的数量达到最大的限度。合金中的另一个主要相 FeNiAl$_9$，对耐热性能也起着重要的作用。

和硬铝比较，这类合金中铜与镁含量之间的比例有所降低。在降低铜含量的情况下，适当地增高镁含量，使合金的成分落在 Al-Cu-Mg 系三元平衡图（图 3-93）中的 α(Al)+ S(CuMgAl$_2$)两相区内，就能保证合金获得最大数量的 S(CuMgAl$_2$)相，从而得到良好的耐热性能。同时由于合金中铜含量的降低，也相应地降低了 α(Al)固溶体中铜的浓度。这种低浓度的 α(Al)固溶体分解的倾向性小，热稳定性较高，所以对合金的耐热性有利。

铁和镍对合金的耐热性有良好的影响。但是单独加入铁或镍，都使合金的耐热性降低。从 Al-Cu-Fe 和 Al-Cu-Ni 三元平衡图（图 3-94、图 3-95）可以看出，只加入铁时，随铁含量的增加，会形成难溶的 Cu$_2$FeAl$_7$ 相（低铁时）以至 CuFeAl$_3$ 相（高铁时）。只加入镍时，随镍含量的增加，会形成难溶的 AlCuNi 相（低镍时）以至(CuNi)$_2$Al$_3$ 相（高镍时）。这四个相中都含有铜，它们之中的任何一个相的形成，都必然会减少合金中的主要耐热相 S(CuMgAl$_2$)相的数量，降低合金的耐热性。

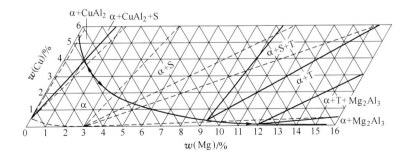

图 3-93 Al-Cu-Mg 三元系凝固后相区分布图

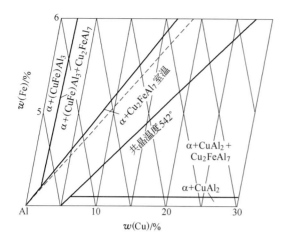

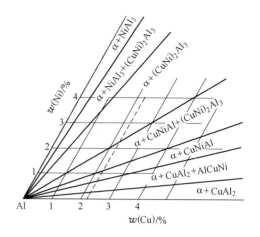

图 3-94　Al-Cu-Fe 三元系在固态下
靠铝角相区分布图

图 3-95　Al-Cu-Ni 三元系在固态下
靠铝角相区分布图

　　从 Al-Cu-Fe-Ni 四元平衡图含 2.2%Cu 时的截面图（图 3-96）中可以看出，以 1∶1 的比例向合金中加入 1.0%～1.5%的铁和镍，基本上不影响 S(CuMgAl$_2$)相数量，合金主要处于 α(Al)+FeNiAl$_9$ 两相区内。在这种情况下，铁和镍不再和铜形成难溶的含铜相 (Cu$_2$FeAl$_7$、CuFeAl$_3$、AlCuNi、(CuNi)$_2$Al$_3$)，而是铁和镍互相形成难溶的 FeNiAl$_9$ 相。这就使合金中的铜能充分地形成大量的 S(CuMgAl$_2$)相，保证了合金的耐热性。

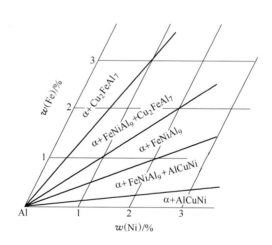

图 3-96　Al-Cu-Fe-Ni 四元系含 2.2%Cu 的截面上靠铝角相区分布图

　　当形成 FeNiAl$_9$ 相后，如还过剩铁时，则还会形成 Cu$_2$FeAl$_7$ 相；如还过剩镍时，则还会形成 AlCuNi 相。由于合金中铁、镍成分的波动，因此有可能出现 Cu$_2$FeAl$_7$ 相或 AlCuNi 相。

　　难溶的 FeNiAl$_9$ 相的形成，增加了合金组织的复杂性，进一步地提高了合金的耐热性。FeNiAl$_9$ 相随温度升高，很难溶于 α(Al)固溶体中。在铸造状态下，它以条状分布在

α(Al)固溶体的基体上。变形后其碎块分布在晶粒内部和晶粒边界上，对高温下合金的变形起阻碍作用。这对合金的耐热性有良好的影响（见图3-148、图3-149）。

合金中加入硅生成 Mg_2Si 相而减少了主要热强相 $S(CuMgAl_2)$ 相的含量。在人工时效后 Mg_2Si 能使合金强度升高，在高温下，由于它有较大的过时效敏感性，使合金高温瞬时强度和持久强度下降，故在 2A70 合金中，把硅作为杂质控制在 0.35% 以下，于是合金中只有少量的 Mg_2Si 相出现。但是，硅可降低合金的线膨胀系数，提高室温强度，所以硅在 2A80、2A90 合金中又成为主要成分，含量可高达 1.0%～1.2%，由此可见，在这两种合金中 Mg_2Si 含量比 2A70 合金多。

钛是细化合金组织的主要变质剂，对合金的工艺性能及制品的横向性能均有好的影响。

根据平衡图的分析和金相、电子探针微区分析证实，2A70 合金在缓慢冷却状态下，含有 α(Al)、$S(CuMgAl_2)$、$FeNiAl_9$、AlCuNi、Mg_2Si 等相。2A80 合金的相组成和 2A70 合金相似，所不同者仅在于 Mg_2Si 相数量较多而已。2A90 合金也存在以上各相。

在半连续铸造条件下，铸锭中的相组成和缓慢冷却时大致相同，但各相均较细小而分散。

上述各相，根据它们的形态和对浸蚀剂的不同反应，可以很容易地把它们区别开来（图3-99～图3-110）。

$S(CuMgAl_2)$ 相：其特征详见第 3 章 Al-Cu-Mg 系合金。

$FeNiAl_9$ 相：初晶为白亮色的长条或片状，其共晶呈密集的细条状。在混合酸水溶液及 0.5% 氢氟酸水溶液中浸蚀后，变为棕色，但它不受硝酸浸蚀。

AlCuNi 相：呈亮灰色的骨骼状，浸蚀前颜色比 $FeNiAl_9$ 相稍暗。由于它的硬度较高（HV 为 1000），所以在抛光后，较其他相突出于试样的表面。25% 硝酸水溶液对它有很强的浸蚀作用。

Mg_2Si 相及 $W(Cu_4Mg_5Si_4Al_x)$ 相：其特征详见第 7 章 Al-Mg-Si-Cu 系合金。

3.2.2　热处理特性

这类合金在淬火及人工时效状态下使用。合金的主要强化相为 $S(CuMgAl_2)$，2A80、2A90 合金中还有 Mg_2Si 相。因此它们对热处理强化的敏感性高。在固溶热处理过程中，$S(CuMgAl_2)$ 溶入固溶体，起主要强化作用。Mg_2Si 相只有一部分能溶入固溶体，所以它的强化作用较小。$FeNiAl_9$ 相及 AlCuNi 相（或 Cu_2FeAl_7 相）不参与热处理强化作用。

这类合金的热处理制度如表 3-5 所示。

表 3-5　2A70、2A80、2A90 合金的热处理制度

合金牌号	淬火加热温度/℃	人工时效制度	
		加热温度/℃	保温时间/h
2A70	525～540	165～180	10～16
2A80	525～540	185～195	8～12
2A90	510～520	150～180	6～16

对于大型的制件可采用阶段淬火方法，以减小淬火时产生的内应力，避免制件裂纹和翘曲。

由于这种合金限制锰的含量，合金的再结晶倾向比较大。所以合金在热加工（热挤压、模锻）后，易得到完全的再结晶组织。如 2A70 合金热挤压棒材（挤压温度 370～450℃），除前端变形较小，再结晶不完全外，其余部分均已完全再结晶。同样，这个合金在热模锻后，也已完全再结晶。如果再经淬火热处理，合金不但充分再结晶，而且晶粒均已长大。

棒材及模锻件淬火后，在各个截面上均呈比较粗大的、近似等轴的再结晶晶粒，这就使合金制品的力学性能无明显的各向异性。而且晶粒较粗大，对合金的耐热性还更为有利。

2A70 合金 K9 模锻件淬火及人工时效后，三个方向上的力学性能见表 3-6。

表 3-6　2A70 合金 K9 模锻件三个方向上的力学性能

试 样 号	力 学 性 能		取 样 部 位
	R_{m}/MPa	A/%	
1	396～406	18.4～20.8	
2	394～409	16.0～20.0	
3	398～417	14.4～18.8	

3.2.3　铸锭（DC）及加工制品的组织和性能

加工方式对这类合金产品的组织和性能影响的一般规律，详见总论部分及本章有关图片。但这类合金的组织和性能还有它自己的特点。这些特点主要是：

（1）FeNiAl₉ 初晶偏析。这类合金都含有较高的铁和镍，当合金成分和熔铸工艺不当时，有可能产生粗大的 $FeNiAl_9$ 初晶偏析。呈闪光的针状 $FeNiAl_9$ 初晶聚集物（其特征见图 3-110），在热加工时很难破碎。由于它的存在，降低了合金的工艺和力学性质。因此熔铸时应注意避免。

（2）断口组织的特殊性。对这类合金模锻件断口检查时，常发现断口上有类似层状开裂的现象（图 3-97）。这类合金都含有大量难溶于 α(Al)固溶体的化合物 $FeNiAl_9$ 相和 $AlCuNi$ 相（或 Cu_2FeAl_7 相），热处理不能改变这些难溶相的形态和分布，变形可使它们破碎和分散。但是在这些化合物比较聚集的部位，仍有可能形成以这些化合物为主的夹层。2A70、2A80 合金模锻件断口上的类似层状开裂现象，正是这些化合物夹层存在的表现。显微组织观察表明，打开断口时所形成的层状开裂，正是沿着成串排列的化合物层发展的（图 3-98）。这种层状组织和 6A02 合金中所出现的片层状组织有着本质的区别。在生产上把这种组织作为正常现象处理。

图 3-97 2A70 合金 S6 型模锻件凸缘部位的断口组织
（断口有类似层状开裂现象，箭头所示即开裂处）

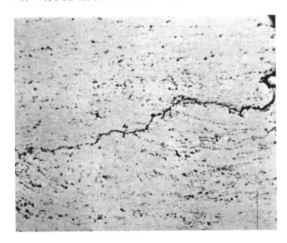

图 3-98 图 3-97 中开裂处的显微组织

（1）相组成（图 3-99～图 3-110）：

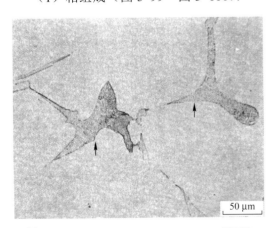

图 3-99 ×210

合　　金　2A70
状　　态　铸锭在 750℃复熔后，随炉
　　　　　缓冷至 500℃，然后水冷
浸　　蚀　未浸蚀
组织特征　图中箭头所示呈蜂窝状的组织
　　　　　为 α(Al)+S(CuMgAl₂)共晶

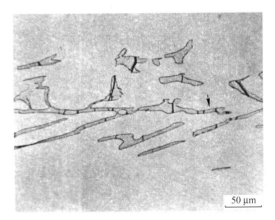

图 3-100 ×210

合　　金　2A70
状　　态　同图 3-99
浸　蚀　剂　未浸蚀
组织特征　图中箭头所示为 FeNiAl₉ 相，呈
　　　　　灰色长条状和片状，由于冷却
　　　　　速度缓慢，显得十分粗大

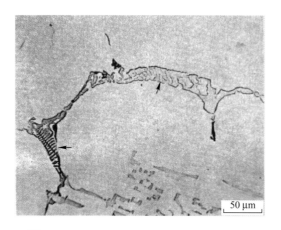

图 3-101   ×210

合　　金　2A70
状　　态　同图 3-99
浸　　蚀　未浸蚀
组织特征　图中箭头所示为 AlCuNi 相。
　　　　　呈灰色骨骼状，由于它的硬度
　　　　　较高，抛光后较其他相突出于
　　　　　基体之上

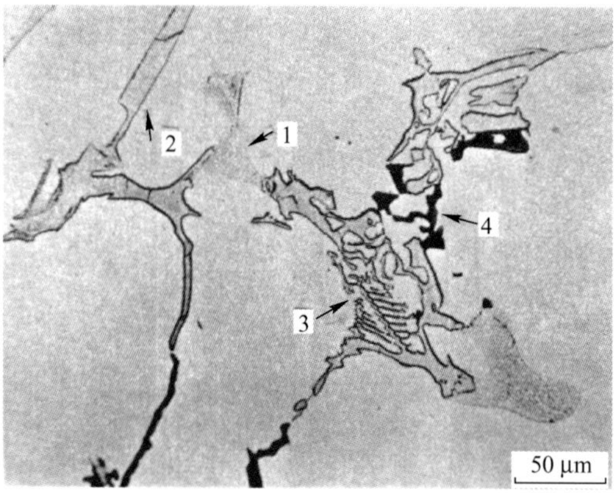

图 3-102   ×210

合　　金　2A70
状　　态　同图 3-99
浸 蚀 剂　未浸蚀
组织特征　1—α(Al)+S(CuMgAl$_2$)共晶；
　　　　　2—FeNiAl$_9$ 相；
　　　　　3—AlCuNi 相；
　　　　　4—Mg$_2$Si 相

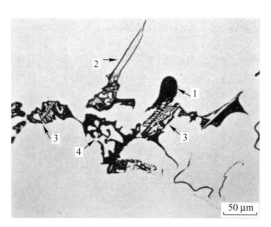

图 3-103   ×210

合　　金　2A70
状　　态　同图 3-99
浸　　蚀　25%硝酸水溶液，70℃，30 s
组织特征　1—S(CuMgAl$_2$)相，呈黑色；
　　　　　2—FeNiAl$_9$ 相，不受浸蚀；
　　　　　3—AlCuNi 相，强烈浸蚀，表面粗糙；
　　　　　4—Mg$_2$Si 相被溶去，呈黑色

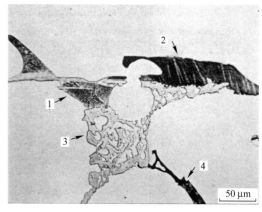

图 3-104   ×210

合　　金　2A70
状　　态　同图 3-99
浸 蚀 剂　混合酸水溶液，5 s
组织特征　1—S(CuMgAl$_2$)受浸蚀；
　　　　　2—FeNiAl$_9$ 受浸蚀，呈棕色；
　　　　　3—AlCuNi 相不受浸蚀；
　　　　　4—Mg$_2$Si 相被溶去，呈黑色

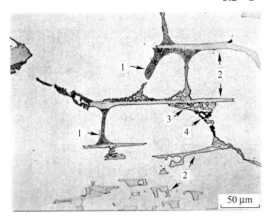

图 3-105 ×210

合　　金　2A70
状　　态　同图 3-99
浸　　蚀　10 gNaOH+100 mL 水溶液
　　　　　50℃，15 s
组织特征　1—S(CuMgAl$_2$)受浸蚀，变色发暗；
　　　　　2—FeNiAl$_9$ 相受浸蚀，变色发暗；
　　　　　3—AlCuNi 相不受浸蚀；
　　　　　4—Mg$_2$Si 相不受浸蚀

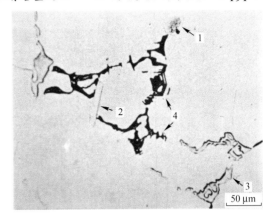

图 3-106 ×210

合　　金　2A80
状　　态　铸锭在 750℃复熔后，随炉缓
　　　　　冷至 500℃，然后水冷
浸蚀剂　未浸蚀
组织特征　1—S(CuMgAl$_2$)相；
　　　　　2—FeNiAl$_9$ 相；
　　　　　3—AlCuNi 相；
　　　　　4—Mg$_2$Si 相

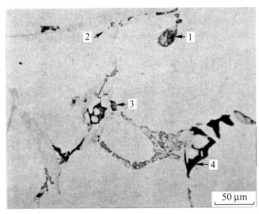

图 3-107 ×210

合　　金　2A90
状　　态　铸锭在 750℃复熔后，随炉缓冷
　　　　　至 500℃，然后水冷
浸　　蚀　25%硝酸水溶液，70℃，15 s
组织特征　1—S(CuMgAl$_2$)相；
　　　　　2—FeNiAl$_9$ 相；
　　　　　3—AlCuNi 相；
　　　　　4—Mg$_2$Si 相

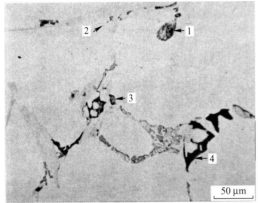

图 3-108 ×320

合　　金　2A70
状　　态　半连续铸造铸锭
浸蚀剂　未浸蚀
组织特征　1—α(Al)+S(CuMgAl$_2$)共晶；
　　　　　2—FeNiAl$_9$ 相，呈密集细条状；
　　　　　3—AlCuNi 相；
　　　　　4—Mg$_2$Si 相
　　　　　和缓冷试料相比，半连续铸造
　　　　　铸锭中的各相都比较细小

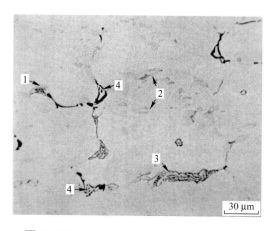

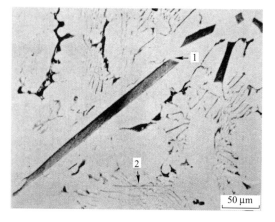

| 图 3-109 | ×320 | 图 3-110 | ×210 |

合　　金　2A80

状　　态　半连续铸造铸锭

浸　　蚀　未浸蚀

组织特征　1—α(Al)+S(CuMgAl₂)共晶；

　　　　　2—FeNiAl₉相；

　　　　　3—AlCuNi 相；

　　　　　4—Mg₂Si 相

合　　金　2A70

状　　态　半连续铸造铸锭

浸 蚀 剂　混合酸水溶液

组织特征　铸锭 FeNiAl₉初晶偏析处组织；

　　　　　1—FeNiAl₉初晶；

　　　　　2—α(Al)+ FeNiAl₉共晶

（2）铸锭的组织（图 3-111～图 3-116）：

图 3-111　15%NaOH 水溶液浸蚀

合金及状态　2A70 合金半连续铸造铸锭

规　　格　φ192 mm

组织特征　为铸锭、横向的宏观组织。铸造晶粒轮廓不清，
　　　　　这和合金中含有较多的化合物有关

图 3-112

合 金 及 状 态   同图 3-111
规　　　　格   同图 3-111
组 织 特 征   2A70 合金半连续铸造铸锭断口组织

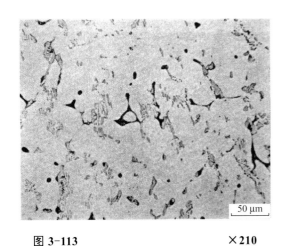

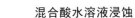

图 3-113　　　　　　　　×210

混合酸水溶液浸蚀

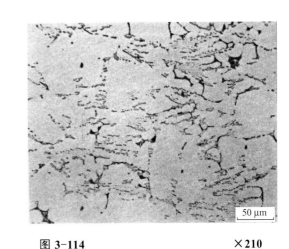

图 3-114　　　　　　　　×210

混合酸水溶液浸蚀

合 金 及 状 态   2A70 合金半连续铸造铸锭
规　　　　格 ϕ 192 mm
组 织 特 征   均为枝晶网状组织；
　　　　　　　图 3-113 为铸锭边缘部位横向组织。此处枝晶网格较大，网络不连续；
　　　　　　　图 3-114 为铸锭中心处横向组织，枝晶网格较小，大量的 FeNiAl₉ 相及
　　　　　　　AlCuNi 等相成堆分布在枝晶网络上，枝晶网络较连续

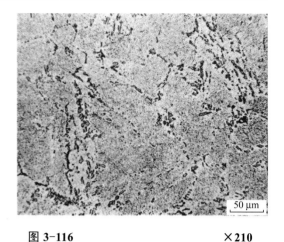

图 3-115   ×210   图 3-116   ×210

混合酸水溶液浸蚀   混合酸水溶液浸蚀

合金及状态   2A70 合金半连续铸锭，均匀化状态(500℃，12 h，炉冷)

规　　格 ϕ 192 mm

组织特征   图 3-115、图 3-116 分别为铸锭边部、中心部位横向组织；

铸锭经均匀化后，可溶的不平衡相 S(CuMgAl$_2$)、Mg$_2$Si 等溶入 α(Al)固溶体；

还残留枝晶网状组织，难溶的 FeNiAl$_9$ 相和 AlCuNi 相保持不变。在 α(Al)基体

上有大量 S(CuMgAl$_2$)、Mg$_2$Si 的质点析出

（3）挤压制品的组织（图 3-117～图 3-134）：

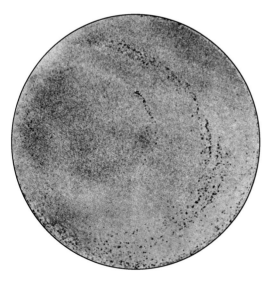

合金及状态   2A70F

规　　格 ϕ 80 mm

组织特征   为棒材尾端横向的宏观组织。挤压后，棒材已再结晶。在棒材边部周围区域中，可见到许多已长大了的再结晶晶粒

力学性能   抗拉强度 R_m：255 MPa

屈服强度 $R_{p0.2}$：125 MPa

伸长率 A：20.0 %

图 3-117   1:1

混合酸水溶液浸蚀

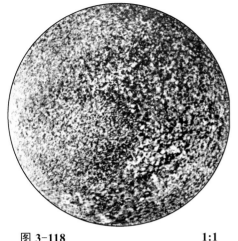

合金及状态　2A70T6
规　　　格　$\phi 80\ mm$
组 织 特 征　棒材尾端横向的宏观组织。经淬
　　　　　　火后，再结晶晶粒均已长大。在
　　　　　　整个截面上晶粒均较粗大，特别
　　　　　　在变形较大的区域中，晶粒更粗
　　　　　　大
力 学 性 能　抗拉强度 R_m：395 MPa
　　　　　　伸长率 A：17.5 %

图 3-118　　　　　　　　　　　　1:1
混合酸水溶液浸蚀

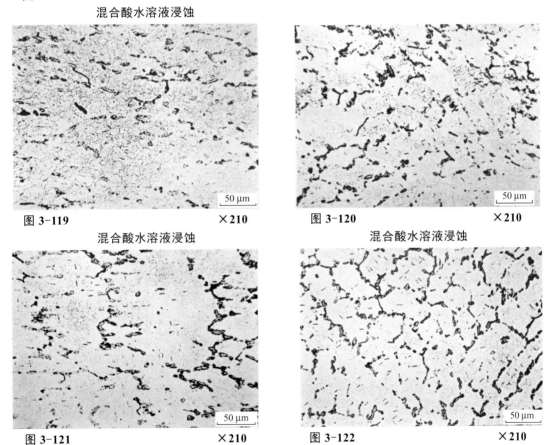

图 3-119　　　　　　×210
混合酸水溶液浸蚀

图 3-120　　　　　　×210
混合酸水溶液浸蚀

图 3-121　　　　　　×210
混合酸水溶液浸蚀

图 3-122　　　　　　×210
混合酸水溶液浸蚀

合金及状态　2A70F
规　　　格　$\phi 80\ mm$
组 织 特 征　图 3-119、图 3-121 分别为挤压棒材前端边部和中心部位纵向显微组织。经变形后，
　　　　　　铸造晶粒破碎成许多小碎块。化合物被破碎并沿挤压主变形方向排列。由于棒
　　　　　　材前端，尤其是中心部位变形较小，因此还残存着铸造残留组织。α(Al)固溶体
　　　　　　充分分解，基体上有大量的分解质点 S(CuMgAl₂)、Mg₂Si 等析出。
　　　　　　图 3-120、图 3-122 分别为棒材前端边部及中心部位的横向组织

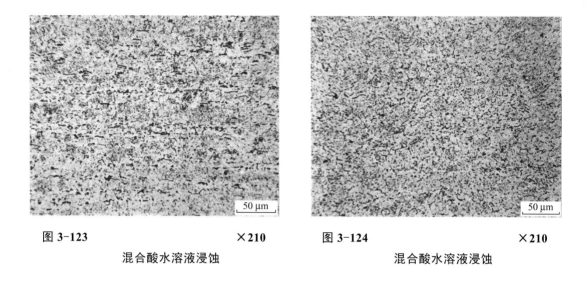

图 3-123   ×210
混合酸水溶液浸蚀

图 3-124   ×210
混合酸水溶液浸蚀

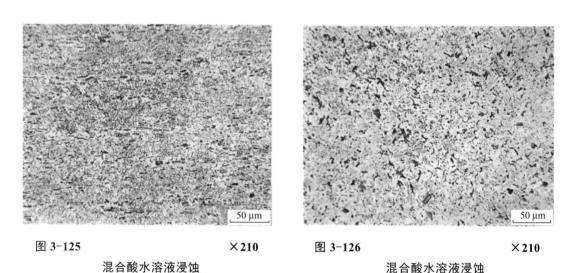

图 3-125   ×210
混合酸水溶液浸蚀

图 3-126   ×210
混合酸水溶液浸蚀

合 金 及 状 态　2A70F

规　　　格　ϕ 80 mm

组 织 特 征　图 3-123、图 3-125 分别为挤压棒材后端边部及中心部位纵向显微组织。与挤压
　　　　　　棒材前端组织（图 3-119 至图 3-122）比较，后端变形较大，铸造组织已完全破
　　　　　　碎，残留化合物沿主变形方向排列的方向性十分明显。α(Al)固溶体分解更加充
　　　　　　分，析出质点密集而且粗大；

　　　　　　图 3-124、图 3-126 分别为挤压棒材后端边部及中心部位的横向组织

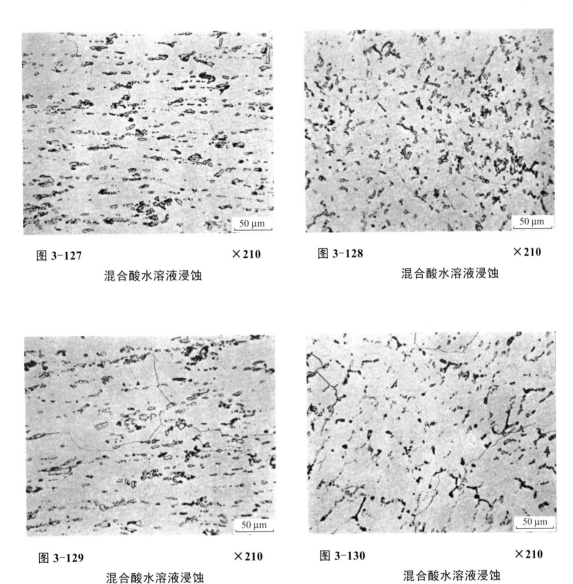

图 3-127　　　　　　　　　　×210
混合酸水溶液浸蚀

图 3-128　　　　　　　　　　×210
混合酸水溶液浸蚀

图 3-129　　　　　　　　　　×210
混合酸水溶液浸蚀

图 3-130　　　　　　　　　　×210
混合酸水溶液浸蚀

合金及状态　2A70T6（530℃，40 min，水冷，185℃，8 h）

规　　　格　ϕ80 mm

组织特征　图 3-127、图 3-129 为挤压棒材前端边部及中心部位纵向显微组织。淬火后，合金已完全再结晶，晶粒为较大的等轴晶。可溶的化合物 S(CuMgAl$_2$) 等溶入 α(Al) 固溶体，难溶的 FeNiAl$_9$ 相、AlCuNi 相及部分残留 Mg$_2$Si 仍保留在 α(Al) 基体上；图 3-128、图 3-130 分别为棒材前端边部及中心部位横向的显微组织

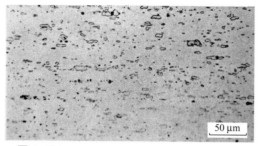

图 3-131 　　　　　×210
混合酸水溶液浸蚀

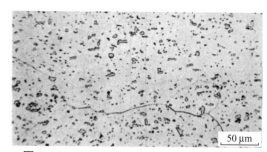

图 3-132 　　　　　×210
混合酸水溶液浸蚀

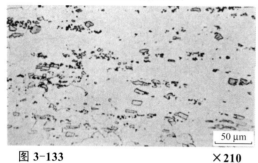

图 3-133 　　　　　×210
混合酸水溶液浸蚀

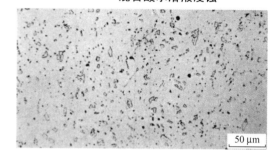

图 3-134 　　　　　×210
混合酸水溶液浸蚀

合金及状态　2A70T6（530℃，40 min，水冷，185℃，8 h）
规　　　格　ϕ80 mm
组织特征　图 3-131、图 3-133 为挤压棒材后端边部及中心部位纵向显微组织。与前端组
　　　　　织（图 3-127～图 3-130）相似，只是因为后端变形程度更大，所以再结晶晶
　　　　　粒更粗大，铸造组织破碎充分，化合物排列的方向性十分明显；
　　　　　图 3-132、图 3-134 分别为棒材后端边部及中心部位横向的显微组织

（4）模锻件的组织（图 3-135～图 3-149）：

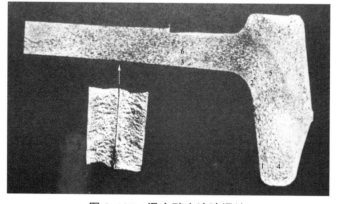

图 3-135　混合酸水溶液浸蚀

合金及状态　2A70T6(530℃，90 min，水冷，185℃，8 h)
规　　　格　K9 模锻件
组织特征　图为沿模锻件径向的宏观组织。合金已完全再结晶，晶粒比较粗大。
　　　　　断口试片取自模锻件腹板部位，组织细密均匀
力学性能　　　　　　　　　　纵向　　　　横向　　　　高向
　　　　　抗拉强度 R_m：　　420 MPa　　410 MPa　　400 MPa
　　　　　屈服强度 $R_{p0.2}$：　319 MPa
　　　　　伸长率 A：　　　14.0 %　　　13.0 %　　　12.5 %

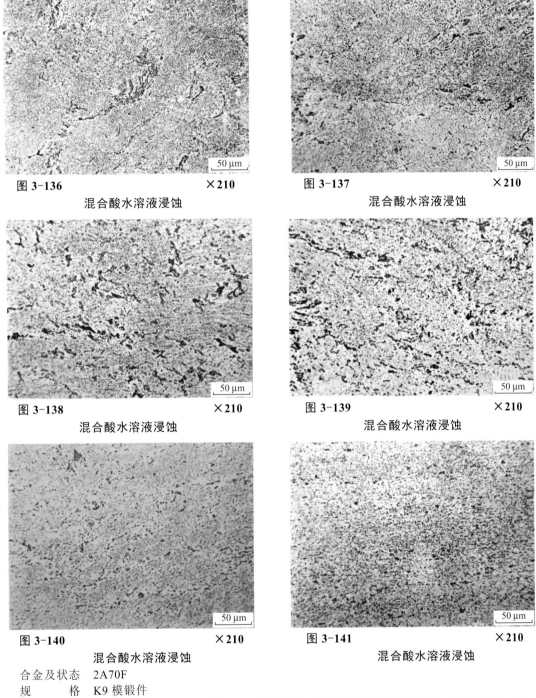

图 3-136 混合酸水溶液浸蚀 ×210

图 3-137 混合酸水溶液浸蚀 ×210

图 3-138 混合酸水溶液浸蚀 ×210

图 3-139 混合酸水溶液浸蚀 ×210

图 3-140 混合酸水溶液浸蚀 ×210

图 3-141 混合酸水溶液浸蚀 ×210

合 金 及 状 态   2A70F
规　　　格   K9 模锻件
组 织 特 征   图 3-136、图 3-138、图 3-140 是模锻件表面不同部位的显微组织（相应于图 3-135 中的 1，2，3 部位）。这些部位变形较小，可见到较多的残留铸造组织；
　　　　　　　图 3-137、图 3-139 是模锻件厚部位中心处的显微组织（相应于图 3-135 中的 4，5 部位）这两部位变形也较小，也可看到残留铸造组织；
　　　　　　　图 3-141（相应于图 3-135 中的 6 部位）是锻件变形最大的腹板部位中心处组织。此处变形充分，铸造组织破碎充分，化合物沿变形方向排列，方向性较强。热模锻后，α(Al)固溶体充分分解，基体上分布有大量析出质点

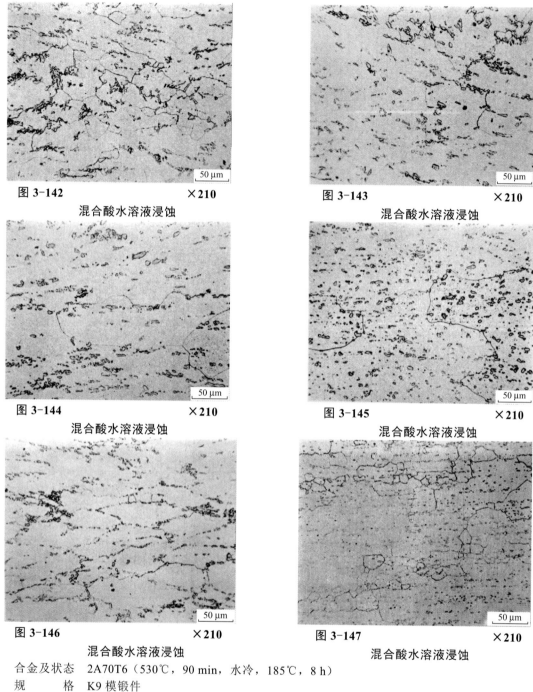

图 3-142　　　　　　　　×210
混合酸水溶液浸蚀

图 3-143　　　　　　　　×210
混合酸水溶液浸蚀

图 3-144　　　　　　　　×210
混合酸水溶液浸蚀

图 3-145　　　　　　　　×210
混合酸水溶液浸蚀

图 3-146　　　　　　　　×210
混合酸水溶液浸蚀

图 3-147　　　　　　　　×210
混合酸水溶液浸蚀

合金及状态　2A70T6（530℃，90 min，水冷，185℃，8 h）

规　　格　　K9 模锻件

组织特征　　图 3-142、图 3-144、图 3-146 分别是模锻件表面不同部位的显微组织（见图 3-135 的
　　　　　　1，2，3 部位）；图 3-143、图 3-145、图 3-147 分别是模锻件厚部位及腹板部位的显
　　　　　　微组织（见图 3-135 的 4，5，6 部位）；锻件淬火后，已完全再结晶，晶粒基本上
　　　　　　呈等轴形状。可溶相溶入 α(Al)固溶体，基体上只残留着不溶的 FeNiAl$_9$ 相、
　　　　　　AlCuNi 相及部分 Mg$_2$Si 相。在变形小的部位（如图 3-142、图 3-143、图 3-144、
　　　　　　图 3-146），从不溶相的分布情况中还可看到枝晶网状组织轮廓，在变形大的部位
　　　　　　（图 3-147），残留相沿变形方向排列，方向性较强

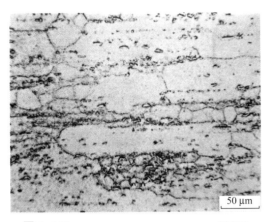

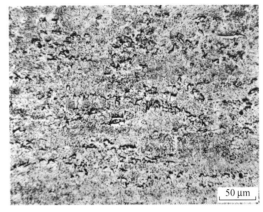

图 3-148	×210

混合酸水溶液浸蚀

图 3-149	×210

混合酸水溶液浸蚀

合金及状态　2A70T6，然后在 250℃，300℃下进行 100 h 高温持久强度试验
规　　　格　K9 模锻件
组 织 特 征　图 3-148 为 250℃下拉伸 100 h 后的组织（负荷 68.6 MPa）；
　　　　　　图 3-149 为 300℃下拉伸 100 h 后的组织（负荷 49 MPa）；
　　　　　　从图可以看出在 250℃下进行持久强度试验后，合金中的 α(Al)固溶体已发生分解，S(CuMgAl₂)等相的质点，首先沿晶界析出。FeNiAl₉ 相 AlCuNi 相的形态无变化；在 300℃下进行持久强度试验后，S(CuMgAl₂)相大量析出，并聚集长大，FeNiAl₉、AlCuNi 相仍无变化；
　　　　　　这说明当温度达到 250℃以上时，由于 S(CuMgAl₂)相已分解析出并聚集，它的热强作用大大削弱了。而分布在基体上及晶界上的 FeNiAl₉ 相、AlCuNi 相，随温度升高形态无变化。它对合金的耐热性有良好作用

3.3　2×××系合金之三——铝-铜-锰系合金

　　铝-铜-锰系合金是 20 世纪 50 年代初发展起来的一种耐热变形铝合金。在该系合金中，常用的有 2A16 及 2A17 两种牌号，它们可加工成板材、棒材、型材和模锻件等半制品。挤压和模锻的半制品，用来制造在 200～300℃下工作的零件；板材用以制造在常温和高温下工作的焊接件。

3.3.1　化学成分及相组成

　　2A16 及 2A17 合金的化学成分见表 3-7。

表 3-7　铝-铜-锰合金化学成分表

合金牌号	主要成分（质量分数）/%				杂质（质量分数）/%，不大于					
	Cu	Mn	Mg	Ti	Fe	Si	Mg	Zn	其他	总和
2A16	6.0～7.0	0.4～0.8	—	0.1～0.2	0.3	0.3	0.05	0.1	0.1	1.05
2A17	6.0～7.0	0.4～0.8	0.25～0.45	0.1～0.2	0.3	0.3	—	0.1	0.1	—

　　在 Al-Cu-Mn 系合金中，铜和锰是合金的主要组成元素。研究指出：这类合金含铜量为 6.0%～6.5%时，合金具有高的再结晶温度，这对合金的耐热性是有利的。由于铜的加入，使合金产生强化相 CuAl₂，在淬火人工时效后，可使合金强化。

这类合金中的锰，是保证合金耐热性的主要元素。因锰在铝中扩散系数小，能降低铜在铝中的扩散系数，结果不但使 α(Al) 的分解倾向减小，而且还降低了 CuAl₂ 在高温下聚集的倾向。当锰含量在 0.4%～0.5% 时，在合金中形成 T(CuMn₂Al₁₂) 相。弥散细小的 T(CuMn₂Al₁₂) 相，对合金耐热性有良好的影响。随着合金中锰含量的增加，T(CuMn₂Al₁₂) 相不但增多，而且也变得粗大。当锰含量为 1.2% 时，由于 T(CuMn₂Al₁₂) 相含量增多，使相界面增加，加速了扩散作用，使合金耐热性降低，因此这类合金含锰量定为 0.4%～0.8%。另外，由于锰的加入，使合金焊接时产生裂纹的倾向降低。

合金中加入钛，不但在铸造时能细化晶粒，而且提高了合金的再结晶温度；此外，还可以降低有应力或无应力时过饱和固溶体分解的倾向，使合金在高温下组织稳定。当钛的含量为 0.2% 时，生成高熔点化合物 TiAl₃。当钛的含量为 0.3% 时，TiAl₃ 呈粗大针状，此时，合金耐热性有所下降，所以这类合金钛含量定为 0.1%～0.2%。

由于镁降低 2A16 合金的焊接性能，其含量应控制在 0.05% 以下。在 2A17 合金中，加入 0.25%～0.45% 的镁，使合金室温下强度有所提高，有利于改善合金在 150～250℃ 下的耐热性能，但使焊接性能变坏。

杂质锌可使铜在铝中的扩散速度加快，对合金不利。铁与合金中的铜会形成 Cu₂FeAl₇，降低了 α(Al) 中铜的浓度，因而使合金在室温和高温下的性能下降，所以其含量应控制在 0.3% 以下。硅使合金在 300℃ 时的高温持久性能下降，因此，锌、铁、硅都作为杂质加以控制。

根据 Al-Cu-Mn 系合金平衡图（图 3-150），及合金的化学成分，2A16 合金处于 α(Al)+CuAl₂+CuMn₂Al₁₂ 三相区内，其中 CuMn₂Al₁₂ 为铜在 MnAl₄ 中的固溶体，近来把它的结构式定为 CuMn₂Al₁₂。合金经 750℃ 复熔后缓慢冷至 400℃，水中淬火，这时得到的相组成有 α(Al)、T(CuMn₂Al₁₂)、CuAl₂、Cu₂FeAl₇ 和 (FeMn)Al₆ 等。

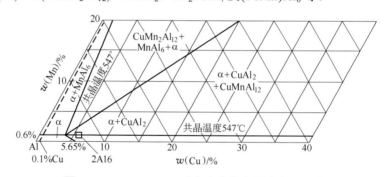

图 3-150 Al-Cu-Mn 系合金靠铝角固态相区分布

通过金相及电子探针微区分析指出：半连续铸造铸锭中也同样存以上各相，其中以 α(Al)+CuAl₂ 二元共晶最多；α(Al)+CuAl₂+T(CuMn₂Al₁₂) 三元共晶次之，(FeMn)Al₆ 很少，Cu₂FeAl₇ 只在铸锭偏析瘤中能看到。由于合金中钛含量较少，TiAl₃ 很细小，很难辨认。

CuAl₂ 相：在缓慢结晶时，α(Al)+CuAl₂ 共晶以蜂窝状形式出现（图 3-154～图 3-160）；在半连续铸造状态，α(Al)+CuAl₂ 共晶仍以条状和蜂窝状存在，但其中还有以球状或条状形式出现的（图 3-161～图 3-164），其特征详见第 3 章 Al-Cu-Mg 系合金。

T(CuMn₂Al₁₂) 相：在缓慢冷却的条件下，呈条状和不定形块状。浸蚀前为灰色，用 0.5%HF 水溶液在室温下浸蚀 5 s 后，变成褐色。如用 20 mL HCl+20 mL HNO₃+5 mL HF+

55 mL H$_2$O 溶液在室温下浸蚀 1～2 s 后变为青色。T 相的这种着色反应，在变形铝合金中是特有的。

(FeMn)Al$_6$ 相：详见第 4 章 Al-Mn 系合金。

Cu$_2$FeAl$_7$ 相：浸蚀前为浅灰色，呈针状，对各种浸蚀剂浸蚀都不敏感。

2A17 合金相组成与 2A16 合金相同。

3.3.2 热处理特性

这类合金在热处理后有两个特点：（1）具有高的热强性；（2）它的挤压制品没有挤压效应。

3.3.2.1 合金的热强性

这类合金的自然时效效果很小，人工时效效果显著。在人工时效状态下，它不但具有较高的强度，而且还有较高的耐热性。2A16 合金的淬火温度为 535℃，在 160～170℃下，保温 10～16 h，进行人工时效。2A17 合金淬火温度为 520℃，人工时效制度与 2A16 合金相同。

这类合金在淬火加热时，同时进行两个相反的过程：一个过程是 α(Al)+CuAl$_2$ 及 α(Al)+CuAl$_2$+T(CuMn$_2$Al$_{12}$)的共晶组织固溶入 α(Al)，淬火后获得 α(Al)过饱和固溶体，在人工时效时，使合金强化。另一个过程是从 α(Al) 固溶体中分解析出含锰相 T(CuMn$_2$Al$_{12}$)，并呈点状弥散地分布在 α(Al)基体上。

从表 3-8 数据看出：T(CuMn$_2$Al$_{12}$)相本身不但在高温下的显微硬度比 CuAl$_2$ 高，在高温长期负荷下，其软化的百分数也比 CuAl$_2$ 少。随着相含量的增加，T 相比 CuAl$_2$ 相还能显著地提高合金的高温持久硬度（见图 3-151 和图 3-152）。

表 3-8   T(CuMn$_2$Al$_{12}$)及 CuAl$_2$ 在 20℃及 300℃时的显微硬度

化合物	在 20℃负荷（30 s）	显微硬度 HV						
		300℃						
		负荷（30 s）	负荷（30 min）	负荷（60 min）	负荷 30 s 和 30 min 硬度的差值		负荷 30 s 和 60 min 硬度的差值	
					差 值	比例/%	差 值	比例/%
CuAl$_2$	531	481	266	201	215	44.4	280	58.2
T(CuMn$_2$Al$_{12}$)	628	628	534	452	94	15	176	28.02

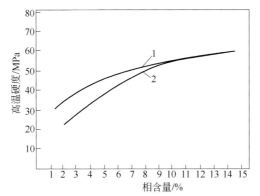

图 3-151   在淬火及稳定化后合金在 300℃时持久硬度与相含量的关系

1—T(CuMn$_2$Al$_{12}$)相；2—CuAl$_2$ 相

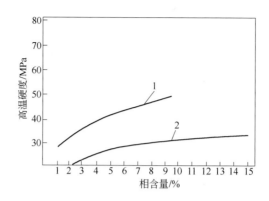

图 3-152　在淬火及稳定化后，合金在 350℃时持久硬度与相含量的关系

1—T(CuMn₂Al₁₂)相；2—CuAl₂ 相

必须指出：2A16 合金在 525℃保温 24 h 后，在共晶残留物中，$CuAl_2$ 已明显聚积，而 T($CuMn_2Al_{12}$)相的形态却没有明显变化（图 3-170）。由此可见，T($CuMn_2Al_{12}$)相比 $CuAl_2$ 相的稳定性高，高温下不易聚集。

综上所述，合金经淬火人工时效后，一方面由于 $CuAl_2$ 的固溶强化作用，使合金在室温下具有较高的强度；另一方面，由于 T($CuMn_2Al_{12}$)相的弥散强化作用，使合金在高温下具有很高的耐热性。因此，这类合金的强度，虽然在室温下比 2A12、2A14 等合金低，但在 225～250℃高温下，它们的热强性比硬铝型合金更高。

3.3.2.2　合金挤压制品无挤压效应

2A16 合金的含锰量，虽然与 2A12 合金相同，但在生产条件下，淬火制件没有发现挤压效应。将 2A16 合金 25 mm×16 mm 的挤压带材(挤压温度为 320～450℃)和 3.0 mm 冷轧板分别按下列制度进行热处理：带材在 535℃保温 1 h，水中淬火，于 165℃人工时效 16 h；板材在 535℃保温 20 min，水中淬火，于 165℃人工时效 14 h。两种材料力学性能的测定结果见表 3-9 及表 3-10。

表 3-9　2A16 合金 25 mm×16 mm 挤压带材淬火及人工时效后的纵向力学性能

试样部位	试样号	R_m/MPa	$R_{p0.2}$/MPa	A/%
带材头部	1	423	328	22.7
	2	425	318	20.5
	3	425	300	20.0
带材尾部	4	435	307	20.0
	5	426	297	20.5
	6	427	308	20.5

表 3-10　2A16 合金 3.0 mm 冷轧板淬火及人工时效后的纵向力学性能

试 样 号	R_m/MPa	$R_{p0.2}/MPa$	$A/\%$
1	450	319	14.8
2	447	328	14.0
3	446	319	16.3
4	446	319	16.3
5	443	309	16.5
6	443	330	16.3
平　均	446	319	15.7

　　从表可知，挤压带材的纵向强度与板材纵向强度几乎相同，而挤压带材的伸长率比板材的高。X 光分析指出，带材在挤压状态已开始再结晶（图 3-153a）。经淬火及人工时效后，不但已完全再结晶，而且晶粒开始长大（图 3-153b）；板材在冷轧状态时，没有发生再结晶（图 3-153c）；经淬火及人工时效后，已完全再结晶（图 3-153d），但晶粒细小。

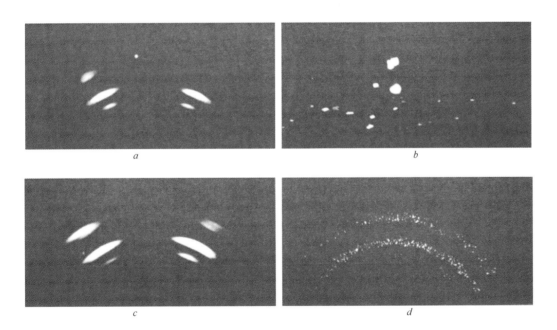

图 3-153　2A16 合金挤压带材和冷轧板 X 光再结晶照片

a—25 mm×6 mm 挤压带材，挤压状态，已开始发生再结晶；

b—25 mm×6 mm 挤压带材，淬火及人工时效状态，完全再结晶，晶粒粗大；

c—3.0 mm 冷轧板，冷轧状态，没有发生再结晶；

d—3.0 mm 冷轧板，淬火及人工时效状态，完全再结晶，晶粒细小

3.3.3　铸锭（DC）及加工制品的组织和性能

（1）相组成（图 3-154～图 3-164）：

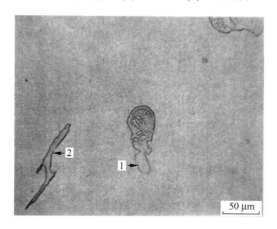

图 3-154　　　　　　　　　　×210

合　　金　2A16
状　　态　铸锭在 750℃复熔后，缓冷至
　　　　　650℃，再随炉冷至 400℃，水
　　　　　中淬火
浸　　蚀　未浸蚀
组织特征　1—共晶中的 $CuAl_2$ 呈微弱粉红色；
　　　　　2—Cu_2FeAl_7 呈亮灰色

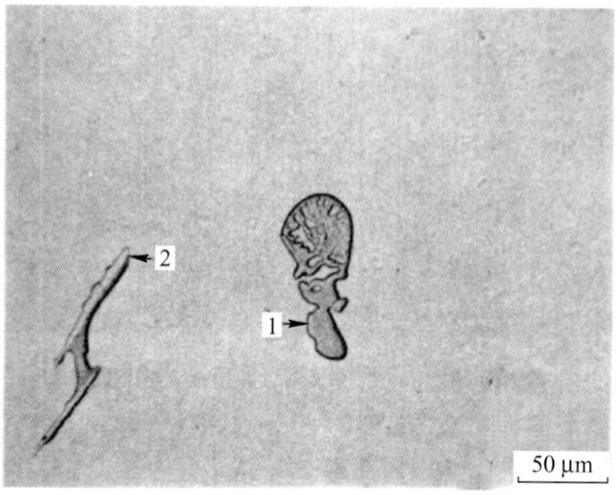

图 3-155　　　　　　　　　　×210

合　　金　2A16
状　　态　同图 3-154
浸　蚀　剂　25%HNO_3 水溶液
组织特征　1—$CuAl_2$ 呈铜红色；
　　　　　2—Cu_2FeAl_7 不受浸蚀

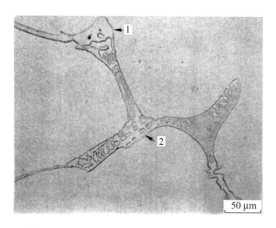

图 3-156　　　　　　　　　　×210

合　　金　2A16
状　　态　同图 3-154
浸　　蚀　未浸蚀
组织特征　1—$CuAl_2$ 呈微弱粉红色；
　　　　　2—Cu_2FeAl_7 呈亮灰色

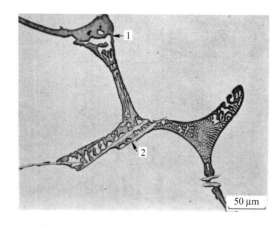

图 3-157　　　　　　　　　　×210

合　　金　2A16
状　　态　同图 3-154
浸　蚀　剂　25%HNO_3 水溶液
组织特征　1—$CuAl_2$ 呈铜红色；
　　　　　2—Cu_2FeAl_7 呈亮灰色

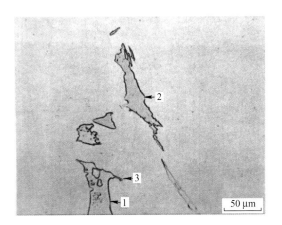

图 3-158 ×210

合　　金　2A16
状　　态　同图 3-154
浸　　蚀　未浸蚀
组织特征　1—$CuAl_2$ 呈微弱粉红色；
　　　　　2—$T(CuMn_2Al_{12})$ 呈灰色；
　　　　　3—Cu_2FeAl_7 呈亮灰色

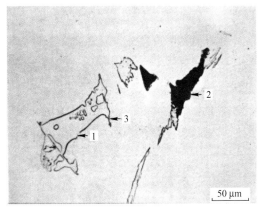

图 3-159 ×210

合　　金　2A16
状　　态　同图 3-154
浸 蚀 剂　20 mL HCl+20 mL HNO₃+5 mL
　　　　　HF+55 mL H₂O
组织特征　1—$CuAl_2$ 不受浸蚀；
　　　　　2—$T(CuMn_2Al_{12})$ 相呈青色；
　　　　　3—Cu_2FeAl_7 不受浸蚀

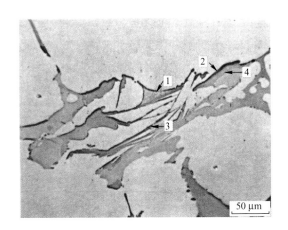

图 3-160 ×210

合　　金　2A16
状　　态　同图 3-154
浸　　蚀　未浸蚀
组织特征　1—$\alpha(Al)+CuAl_2$ 二元共晶；
　　　　　2—$T(CuMn_2Al_{12})$ 呈灰色；
　　　　　3—Cu_2FeAl_7 针状呈亮灰色；
　　　　　4—$(FeMn)Al_6$ 呈亮灰色

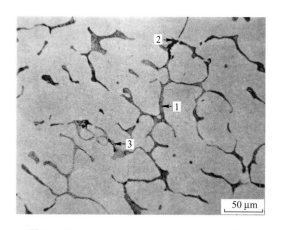

图 3-161　　　　　　　　　　×210

合　　金　2A16
状　　态　半连续铸造状态
浸　　蚀　混合酸水溶液
组织特征　1—α(Al)+CuAl$_2$ 二元共晶，蜂窝状；
　　　　　2—T(CuMn$_2$Al$_{12}$)呈黑褐色；
　　　　　3—(FeMn)Al$_6$ 呈亮灰色

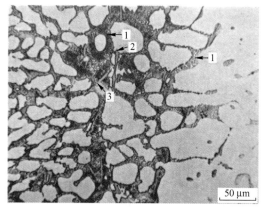

图 3-162　　　　　　　　　　×210

合　　金　2A16
状　　态　同图 3-161
浸 蚀 剂　25%HNO$_3$ 水溶液
组织特征　铸锭表面偏析瘤的显微组织
　　　　　1—α(Al)+CuAl$_2$ 二元共晶，蜂窝状；
　　　　　2—(FeMn)Al$_6$ 呈灰色；
　　　　　3—Cu$_2$FeAl$_7$ 针状呈亮灰色

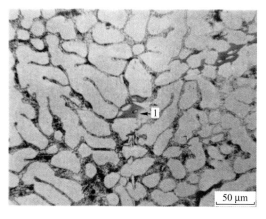

图 3-163　　　　　　　　　　×210

合　　金　2A16
状　　态　同图 3-161
浸　　蚀　10 g NaOH+100 mL H$_2$O 溶液
　　　　　（20℃）
组织特征　1—(FeMn)Al$_6$ 呈褐色块状

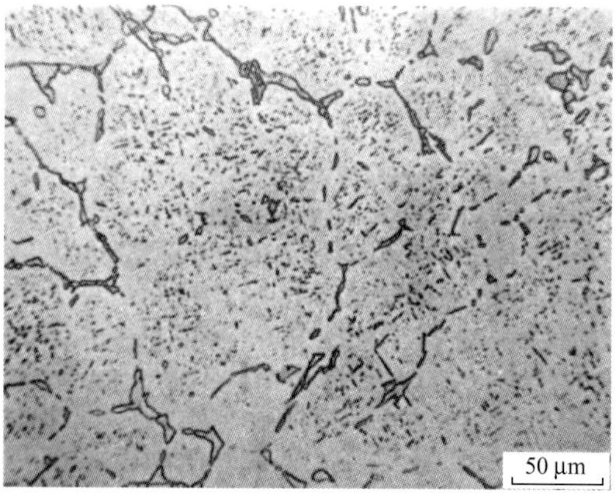

图 3-164　　　　　　　　　　×210

合　　金　2A16
状　　态　均匀化状态（525℃均火 24 h，
　　　　　炉内冷却）
浸 蚀 剂　混合酸水溶液
组织特征　合金中除残留的 α(Al)+CuAl$_2$
　　　　　等共晶组织外，在 α(Al)基体
　　　　　上密布针状的 CuAl$_2$ 分解产物
　　　　　和 T(CuMn$_2$Al$_{12}$)相的弥散质点

（2）铸锭的组织（图 3-165～图 3-170）：

图 3-165

合金及状态　2A16 半连续铸造状态
规　　格　ϕ172 mm 圆铸锭
浸　蚀　剂　15%NaOH 水溶液
组 织 特 征　铸锭横向宏观组织，从边部至中心均为细小等轴晶

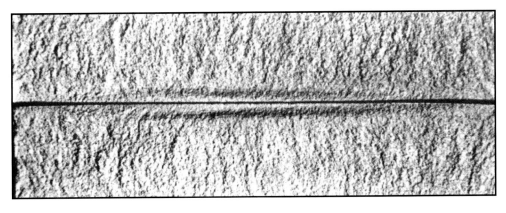

图 3-166　　　　　　　　　　　　　　　　　　×1/2

合金及状态　2A16 半连续铸造状态
规　　格　ϕ172 mm 圆铸锭
组 织 特 征　铸锭断口组织，组织均匀细密

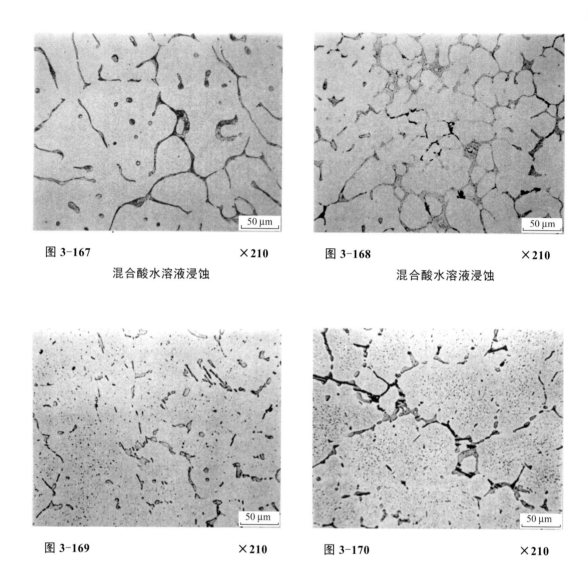

图 3-167   ×210
混合酸水溶液浸蚀

图 3-168   ×210
混合酸水溶液浸蚀

图 3-169   ×210
混合酸水溶液浸蚀

图 3-170   ×210
混合酸水溶液浸蚀

合金及状态　2A16 合金，图 3-167 及图 3-168 为半连续铸造状态，图 3-169 及图 3-170
　　　　　　为均匀化状态（525℃，24 h，炉内冷却）

规　　　格　ϕ172 mm 圆铸锭

组织特征　图 3-167 为铸锭横向边部组织，枝晶网格大，网络薄；
　　　　　　图 3-168 为铸锭横向中间部位组织，枝晶网格较小，网络较厚；
　　　　　　图 3-169 及图 3-170 为均匀化状态，还残留共晶组织，并在 α(Al) 基体上
　　　　　　有针状和点状的 $CuAl_2$ 及 $T(CuMn_2Al_{12})$ 相析出。在枝晶网络的残留物中
　　　　　　$CuAl_2$ 从铸造状态的蜂窝状聚集成块状，而 $T(CuMn_2Al_{12})$ 相却没有明显
　　　　　　变化

（3）板材的组织（图 3-171～图 3-182）：

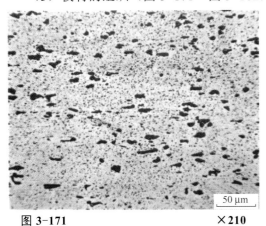

图 3-171　　　　　　　　　　　×210
混合酸水溶液浸蚀

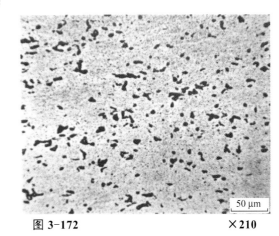

图 3-172　　　　　　　　　　　×210
混合酸水溶液浸蚀

合金及状态　2A16F
规　　　格　厚 8.0 mm
组 织 特 征　图 3-171 为板材纵向中心部位组织，化合物破碎后沿压延方向排列，其中黑色
　　　　　　的为 T(CuMn$_2$Al$_{12}$)相，灰色的为 CuAl$_2$，α(Al)基体上有 CuAl$_2$ 及 T(CuMn$_2$Al$_{12}$)
　　　　　　相等分解质点；
　　　　　　图 3-172 为板材横向中心部位组织
力 学 性 能　抗拉强度 R_m：185 MPa
　　　　　　屈服强度 $R_{p0.2}$：100 MPa
　　　　　　伸长率 A：19.0 %

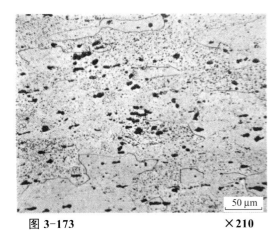

图 3-173　　　　　　　　　　　×210
混合酸水溶液浸蚀

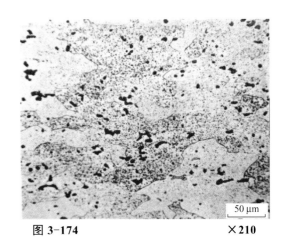

图 3-174　　　　　　　　　　　×210
混合酸水溶液浸蚀

合金及状态　2A16T6
规　　　格　厚 8.0 mm
组 织 特 征　图 3-173 为板材纵向中心部位组织，合金已完全再结晶，可溶的化合物
　　　　　　已部分固溶，残留的或未溶的化合物仍沿压延方向排列，α(Al)基体上有
　　　　　　进一步析出的 T(CuMn$_2$Al$_{12}$)相质点；
　　　　　　图 3-174 为其横向组织
力 学 性 能　抗拉强度 R_m：450 MPa
　　　　　　屈服强度 $R_{p0.2}$：310 MPa
　　　　　　伸长率 A：15.0 %

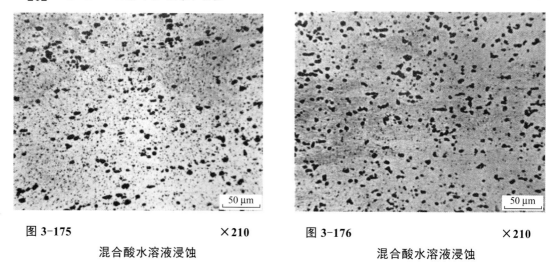

图 3-175　　　　　　　　×210
混合酸水溶液浸蚀

图 3-176　　　　　　　　×210
混合酸水溶液浸蚀

合 金 及 状 态　2A16H18
规　　　　格　厚 3.0 mm
组 织 特 征　图 3-175 为板材纵向中心部位组织，化合物被显著破碎，沿压延方向排列，
　　　　　　　在 α(Al)基体上有大量的 $CuAl_2$ 及 T 等相析出质点；
　　　　　　　图 3-176 为其横向组织

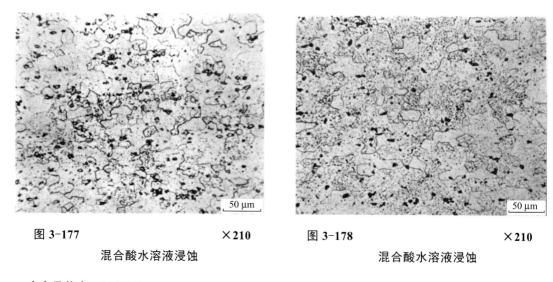

图 3-177　　　　　　　　×210
混合酸水溶液浸蚀

图 3-178　　　　　　　　×210
混合酸水溶液浸蚀

合 金 及 状 态　2A16T6
规　　　　格　厚 3.0 mm
组 织 特 征　图 3-177 为板材纵向中心部位组织，合金已完全再结晶，化合物及压延时析出的
　　　　　　　相质点已大量地固溶，残留的可溶相显著减少，在 α(Al)基体上有进一步析出
　　　　　　　$T(CuMn_2Al_{12})$ 相质点；
　　　　　　　图 3-178 为其横向组织
力 学 性 能　抗拉强度 R_m：435 MPa
　　　　　　　屈服强度 $R_{p0.2}$：300 MPa
　　　　　　　伸长率 A：16.5 %

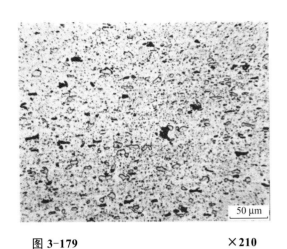

图 3-179　　　　　　　　　　×210

混合酸水溶液浸蚀

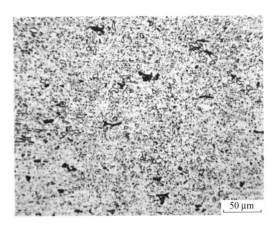

图 3-180　　　　　　　　　　×210

混合酸水溶液浸蚀

合金及状态　2A17F
规　　　格　厚 5.0 mm
组 织 特 征　图 3-179 为板材纵向组织，化合物已被破碎，沿压延方向排列，黑色相为
　　　　　　　T(CuMn$_2$Al$_{12}$)相，亮色相为 CuAl$_2$，α(Al)基体上有 CuAl$_2$ 及 T 相的分解质点；
　　　　　　　图 3-180 为其横向组织

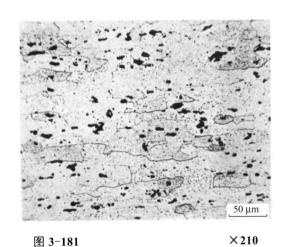

图 3-181　　　　　　　　　　×210

混合酸水溶液浸蚀

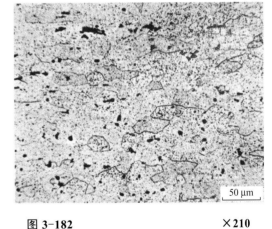

图 3-182　　　　　　　　　　×210

混合酸水溶液浸蚀

合金及状态　2A17T6
规　　　格　厚 5.0 mm
组 织 特 征　图 3-181 为板材纵向组织，合金已完全再结晶，残留的可溶相仍沿压延
　　　　　　　方向排列，α(Al)基体上有进一步析出的 T(CuMn$_2$Al$_{12}$)相质点；
　　　　　　　图 3-182 为其横向组织

（4）挤压制品的组织（图3-183～图3-190）：

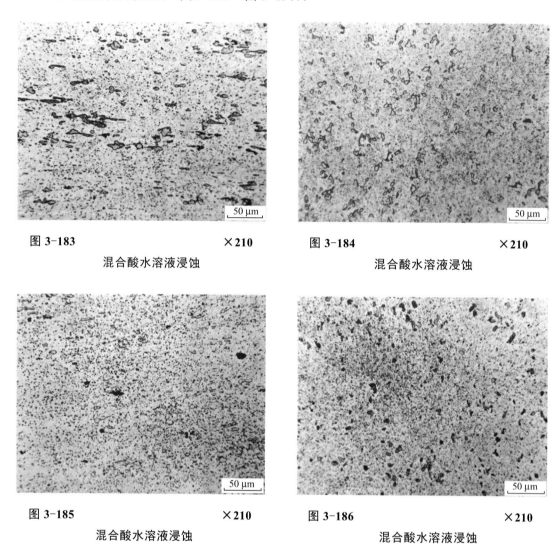

图3-183　　　　　　　　×210

混合酸水溶液浸蚀

图3-184　　　　　　　　×210

混合酸水溶液浸蚀

图3-185　　　　　　　　×210

混合酸水溶液浸蚀

图3-186　　　　　　　　×210

混合酸水溶液浸蚀

合 金 及 状 态　2A16F

规　　　　　格　25 mm×16 mm 带材

组 织 特 征　图3-183为带材前端中间部位纵向组织，化合物已破碎，沿挤压方向排列，
　　　　　　　其中黑色相为 T(CuMn$_2$Al$_{12}$)，白亮色的为 CuAl$_2$，从 α(Al)基体中析出大量
　　　　　　　的 T(CuMn$_2$Al$_{12}$)及 CuAl$_2$等相的弥散质点；
　　　　　　　图3-184为其横向组织；
　　　　　　　图3-185为带材后端中间部位组织，化合物破碎程度较前端大，但沿挤压方
　　　　　　　向排列的方向性弱；
　　　　　　　图3-186为其横向组织

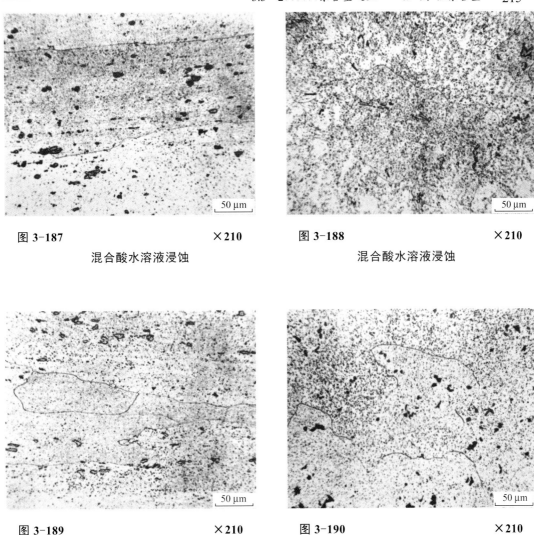

图 3-187	×210
混合酸水溶液浸蚀	

图 3-188	×210
混合酸水溶液浸蚀	

图 3-189	×210
混合酸水溶液浸蚀	

图 3-190	×210
混合酸水溶液浸蚀	

合金及状态　2A16T6

规　　　格　25 mm×16 mm 带材

组织特征　图 3-187 为带材前端中间部位纵向组织，合金已完全再结晶，晶粒粗大，并
　　　　　沿挤压方向伸长，可溶相已显著固溶，残留的化合物仍沿挤压方向排列，其
　　　　　中 $CuAl_2$ 为白亮色，$T(CuMn_2Al_{12})$ 相为黑褐色；

　　　　　图 3-188 为其横向组织；

　　　　　图 3-189 为带材后端中间部位纵向组织，其再结晶晶粒比前端细小，沿挤压
　　　　　方向伸长，残留的可溶性化合物比前端较细小；

　　　　　图 3-190 为其横向组织

力学性能　抗拉强度 R_m：410 MPa

　　　　　屈服强度 $R_{p0.2}$：250 MPa

　　　　　伸长率 A：12.0 %

4 3×××系（铝-锰系）合金

4.1 3×××系合金之——3A21合金

在铝-锰系合金中，经常生产的牌号为 3A21 合金。它具有较高的塑性、良好的抗蚀性及焊接性。可加工成板材、棒材及管材等半制品。

4.1.1 化学成分及相组成

3A21 合金的化学成分见表 4-1，锰是该系合金中的主要组成元素，随其含量的增加，合金的强度也随之提高。当锰含量在 1.0%～1.6%范围内时，合金不但具有较高的强度，而且还有良好的塑性和工艺性能。如继续提高锰的含量，合金强度虽有增加，但由于形成大量的脆性化合物 $MnAl_6$。合金在变形时容易开裂。所以，锰含量高于 1.6%的合金，在实际中很少应用。

表 4-1 3A21 合金的化学成分

Mn（质量分数）/%	杂质含量（质量分数）/%，不大于						
	Fe	Si	Cu	Zn	Mg	其他	总和
1.0～1.6	0.7	0.6	0.2	0.1	0.05	0.1	0.75

铝中加入锰还能改善其抗蚀性。

杂质铁能降低锰在铝中的溶解度。例如，加入 0.03%Fe 可使锰在 500℃时的溶解度由 0.35%降至 0.15%。铁可溶入 $MnAl_6$ 中形成(FeMn)Al_6。它是难溶相，质硬而脆，显微硬度 HV 为 704。

实践证明：合金中加入一定量的铁能使板材在退火时得到较细的晶粒。因此，在生产中把铁含量控制在 0.4%～0.7%范围内。但铁和锰之和不应大于 1.85%，否则，形成大量的(FeMn)Al_6 粗大片状偏析聚积物，会显著地降低合金的力学性能和工艺性能。

杂质硅能增大合金的热裂倾向，降低铸造性能，因此，硅含量应严加限制。

根据 Al-Mn 系合金平衡图（图 4-1），可以看出有以下几个特点：

（1）液相线斜率很小，等温结晶间隔甚宽。

（2）液相线和固相线垂直结晶间隔很小，仅 0.5～1.0℃。

（3）在共晶温度，锰在铝中的最大溶解度与共晶点成分相差很小，仅 0.1%～0.13%Mn。

（4）锰在铝中的固溶度变化很大，随温度的下降则急剧减少。

由于 Al-Mn 系合金有上述的特点，且锰在铝合金中扩散系数又很小，合金在半连续铸造时产生严重的晶内偏析，表现在一个晶粒和枝晶内锰成分的不均匀。由晶界或枝晶边界到中心，锰的浓度逐渐下降，显微组织呈水波状（图 4-2a）。3A21 合金即使在铸造缓冷时也难得到平衡状态的组织。α(Al)基体上也见不到 MnAl$_6$ 的析出质点。把合金在 760℃ 复熔后，缓冷到室温，经金相及电子探针微区分析，合金有以下相组成：

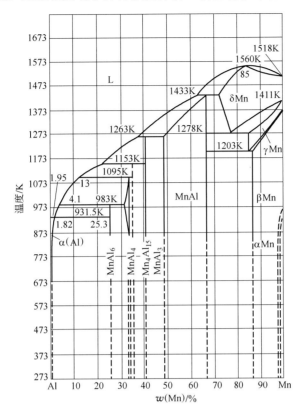

图 4-1 Al-Mn 系合金平衡图

α(Al)相：α(Al)是过饱和状态，未发生分解现象。

Mn$_3$SiAl$_{12}$ 相：Mn$_3$SiAl$_{12}$ 以共晶组织形式出现，用 0.5%HF 水溶液浸蚀后，由亮灰色变为黄褐色，深浸后又变为蓝色；如用 10%NaOH 水溶液浸蚀，则呈暗灰色，相的轮廓更为清晰（图 4-8 及图 4-9）。

(FeMn)Al$_6$ 相：呈亮灰色的大片状，用 10%NaOH 水溶液浸蚀后，表面粗糙，颜色略变（图 4-8）。

合金在半连续铸造状态下，存在有 MnAl$_4$、Mn$_3$SiAl$_{12}$、α(Al)+MnAl$_4$ 共晶。共晶中的 MnAl$_4$ 呈亮灰色的棒状，用 10%NaOH 水溶液浸蚀后变成暗灰色（图 4-10）。

4.1.2 热处理特性

3A21 合金制品退火时，极易产生粗大晶粒，致使合金半制品在深冲或弯曲时表面粗糙或出现裂纹。

试验证明：合金出现粗大晶粒的主要原因是在半连续铸造铸锭的晶粒和枝晶内存在有严重的锰偏析。因锰能显著地提高合金的再结晶温度，锰的晶内偏析又使合金的再结晶温度区间加宽，致使合金在退火时容易产生大晶粒。为了保证 3A21 合金板材获得细晶粒，应采取以下措施：

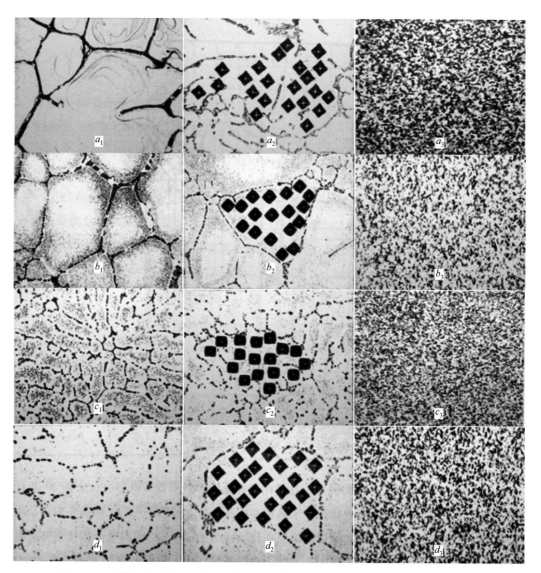

图 4-2　铸锭均匀化制度对晶内偏析、显微硬度及板材退火后晶粒大小的影响

a—铸锭未进行均匀化处理，明显看到水波状的晶内偏析，显微硬度不均匀，
轧制成板材退火后晶粒粗大；

b—铸锭经 500℃、4h 均匀化处理，沿枝晶网边缘析出 $MnAl_6$、$(FeMn)Al_6$ 等细小质点，
显微硬度仍不均匀，轧制成板材退火后，晶粒仍较粗大；

c—铸锭经 610～620℃、4h 均匀化处理，沿整个枝晶内部都析出 $MnAl_6$ 等质点，分布均匀，
显微硬度均匀一致。轧制成板材退火后晶粒细小；

d—铸锭经 640℃、4h 均匀化处理，因析出质点再度固溶，显微硬度又不均匀，
轧制成板材退火后晶粒又变粗大

（1）铸锭均匀化。铸锭在 500℃ 以下均匀化时，不管保温时间多长，也难得到均匀化的效果，从显微组织中可以看到从 α(Al)晶界和枝晶边界上首先析出 $MnAl_6$、$(FeMn)Al_6$ 及 Mn_3SiAl_{12} 等化合物质点，这就是因晶内偏析引起的集中沉淀现象（图 4-2*b*），其板材退火后的晶粒仍然粗大。随着均匀化温度的提高，集中沉淀现象逐渐减弱。在 600～620℃

均匀化后，MnAl$_6$等析出物分布均匀，枝晶边界到中心的显微硬度一致（图 4-3），板材退火后晶粒细小均匀。将均匀化温度提高到 640℃接近固相线时，由于从 α(Al)析出的 MnAl$_6$等化合物又重新溶解，晶内偏析现象再度出现，显微硬度的分布又不均匀，相应的板材又产生粗大晶粒。关于铸锭均匀化制度对晶内偏析、显微硬度及板材退火后晶粒大小的影响见图4-2。

（2）高温压延。将铸锭热压温度由 390～440℃提高到 480～520℃，板材在退火时也能得到较细的晶粒（图 4-4）。这是由于合金在高温压延时能加速过饱和固溶体分解的结果。

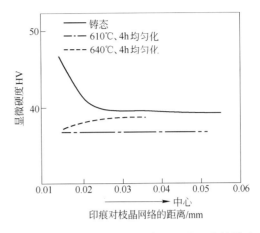

图 4-3　均匀化温度对晶内偏析显微硬度的影响

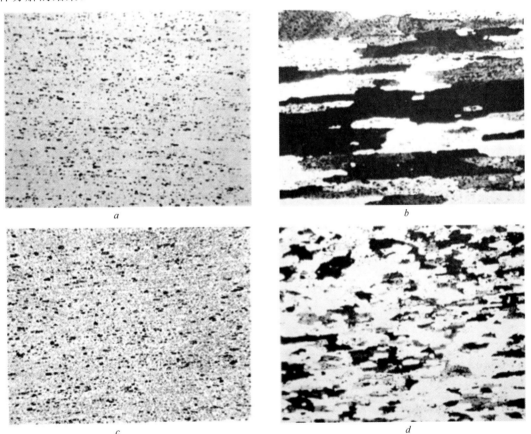

图 4-4　3A21合金不同热轧温度对板材晶粒度的影响

　　a—6.0 mm 热轧板材，热轧温度 390℃，锰的析出质点不多；
　　b—2.0 mm 冷轧板材（热轧温度 390℃），经退火后偏光组织，晶粒粗大；
　　c—6.0 mm 热轧板材，热轧温度 520℃，锰的析出质点多，且细小均匀；
　　d—2.0 mm 冷轧板材（热轧温度 520℃），经退火后偏光组织，晶粒细小均匀

（3）适当控制铁的含量。在合金中加入少量钛的条件下，加入 0.4%以上的铁可明显细化板材的晶粒（图 4-5）。

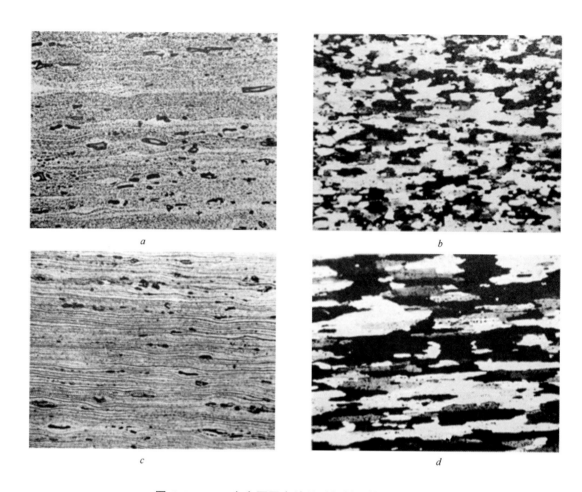

图 4-5　3A21 合金不同含铁量对板材晶粒度的影响

a—含铁量 0.47%的热轧板，其中大块长条状化合物是(FeMn)Al₆ 初晶；

b—含铁量 0.47%的热轧板冷轧后经退火的偏光组织，晶粒细小均匀；

c—含铁量 0.31%的热轧板，(FeMn)Al₆ 初晶较少，而且细小；

d—含铁量 0.31%的热轧板，冷轧后经退火的偏光组织，较高铁的晶粒要粗大

（4）快速加热。3A21 合金对退火加热速度的敏感性很强，快速加热能得到细晶粒，这是由于快速加热能缩小再结晶区间，在高锰和低锰处同时形核，因而产生细晶粒。例如，在盐浴槽退火就能得到细晶粒组织，图 4-6 表示不同加热速度所获得的不同晶粒度，高温快速加热获得的晶粒最细，如图 4-6 中 8 所示。从图 4-7 可以看出，盐浴槽退火的晶粒比箱式炉退火的细小。

从图 4-6 中的 1 与 5 对比中可知，合金在低温退火时对加热速度的敏感性不十分明显，而比较 3、7、4、8 则明显看出，退火温度越高，加热速度对晶粒大小的影响越大。

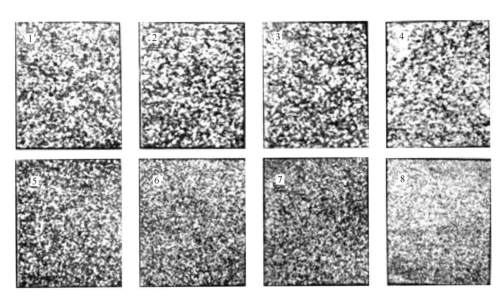

图 4-6 加热速度对 3A21 合金厚 1.5 mm 板材晶粒大小的影响

1，2，3，4—空气炉中退火（慢速加热），温度分别为 350℃、400℃、450℃、500℃
保温 4 h 后的宏观组织；

5，6，7，8—盐浴槽中退火（快速加热）温度分别为 350℃、400℃、450℃、500℃
保温 20 min 后的宏观组织

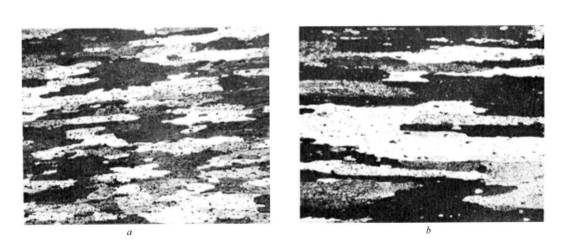

图 4-7 3A21 合金盐浴槽退火和箱式炉退火对板材晶粒度的影响

a—盐浴槽退火，500℃保温 20min，晶粒细小；
b—箱式炉退火，500℃保温 4h，晶粒粗大

3A21 合金加工制品的再结晶参数见表 4-2。

表 4-2 3A21 合金加工制品的再结晶参数

| 品种 | 规格 (mm) 或型号 | 工艺条件 | | | | | | 再结晶温度/℃ | |
| | | 压 延 | | 挤 压 | | 退火条件 | | | |
		温度 /℃	变形率 /%	温度 /℃	变形率 /%	盐浴槽或空气炉	时间 /min	开始	终了
板材	1.25	室温	84.4			空气炉	30	320～325	515～520
板材	1.25	室温	84.4			盐浴槽	10	320～330	530～535
棒材	φ110			380	90	空气炉	60	520～525	555～560 不完全
棒材	φ110			380	90	盐浴槽	60	520～525	555～560 完全
管材	37×35			室温	85	盐浴槽	10	330～335	525～530

4.1.3 铸锭（DC）及加工制品的组织和性能

（1）相组成（图 4-8～图 4-10）：

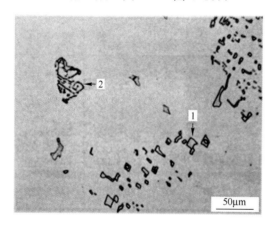

图 4-8   ×210

合　　金 3A21
状　　态 半连续铸锭在 760℃复熔 4 h,
　　　　　随炉冷却
浸 蚀 剂 10% NaOH 水溶液
组织特征 1—(FeMn)Al₆;
　　　　　2—Mn₃SiAl₁₂

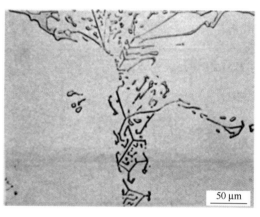

图 4-9   ×210

合　　金 3A21
状　　态 同图 4-8
浸 蚀 剂 10% NaOH 水溶液
组织特征 α(Al) + Mn₃SiAl₁₂ 共晶

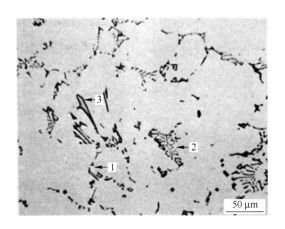

图 4-10　　　　　　　　　　　　　×210

合　　金　3A21

状　　态　半连续铸锭

浸 蚀 剂　10% NaOH 水溶液

组织特征　1—$MnAl_4$；

　　　　　2—$\alpha(Al) + Mn_3SiAl_{12}$ 共晶；

　　　　　3—$(FeMn)Al_6$

（2）铸锭的组织（图 4-11～图 4-21）：

图 4-11

合金及状态　3A21 半连续铸造状态

规　　格　ϕ 270 mm×130 mm 空心铸锭

浸 蚀 剂　75 mL HCl+25 mLHNO₃+5 mL HF

组织特征　宏观组织中晶粒细小均匀，内壁边缘处晶粒略微粗大

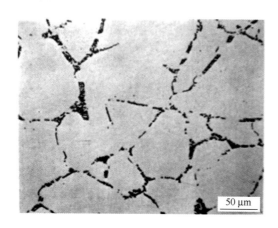

图 4-12　　　　　　　　　　　　　　　**×210**

合金及状态　3A21 半连续铸造状态

规　　　格　ϕ 270 mm×130 mm 空心铸锭

浸　蚀　剂　10% NaOH 水溶液

组 织 特 征　铸锭横向中间部位组织，枝晶
　　　　　　网络组成物为 α(Al)+MnAl₄ 及
　　　　　　α(Al) + Mn₃SiAl₁₂ 共晶

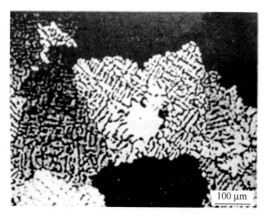

图 4-13　　　　　　　　　　　　　　**×100**

试样经电解抛光并阳极复膜偏振光下组织

合金及状态　同图 4-12

规　　　格　ϕ 270 mm×130 mm 空心铸锭

组 织 特 征　为图 4-12 的偏光组织，可见
　　　　　　到晶粒大小及形态

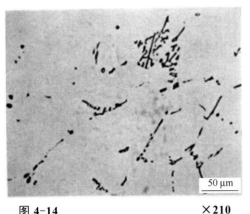

图 4-14   ×210

10% NaOH 水溶液浸蚀

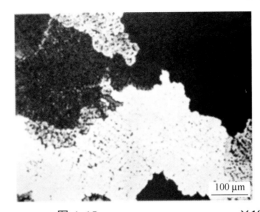

图 4-15   ×100

试样经电解抛光并阳极复膜偏振光下组织

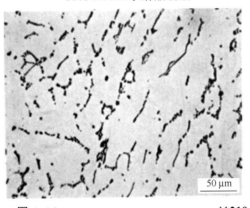

图 4-16   ×210

10% NaOH 水溶液浸蚀

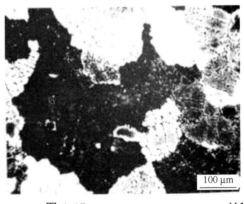

图 4-17   ×100

试样经电解抛光并阳极复膜偏振光下组织

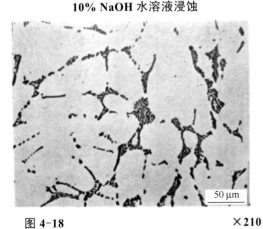

图 4-18   ×210

10% NaOH 水溶液浸蚀

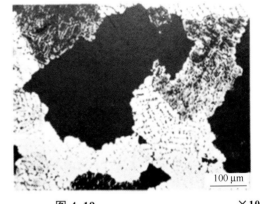

图 4-19   ×100

试样经电解抛光并阳极复膜偏振光下组织

合 金 及 状 态　3A21 半连续铸造状态
规　　　　格　1500 mm×200 mm 方铸锭
组 织 特 征　图 4-14 为铸锭横向边部组织，枝晶网络粗大，不连续；
　　　　　　　图 4-15 为图 4-14 的偏光组织，晶粒粗大；
　　　　　　　图 4-16 为铸锭横向中间部位组织，枝晶网络较边部细小；
　　　　　　　图 4-17 为图 4-16 的偏光组织，晶粒细小；
　　　　　　　图 4-18 为铸锭横向中心部位组织，枝晶网络厚；
　　　　　　　图 4-19 为图 4-18 的偏光组织，晶粒较中间部位粗大

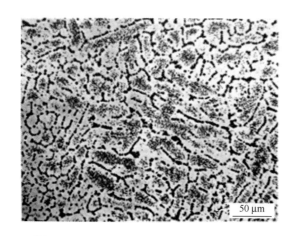

图 4-20   ×210

合金及状态   3A21 半连续铸锭经 610℃、4 h
                均匀化处理
规   格 ϕ270 mm×130 mm 空心铸锭
浸 蚀 剂   10%NaOH 水溶液
组 织 特 征   枝晶网络已部分固溶，在 α(Al)
                基体中均匀析出 $MnAl_6$ 等化合
                物的质点

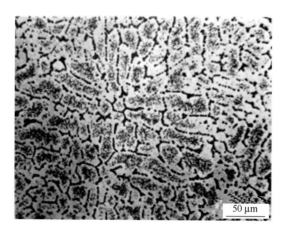

图 4-21   ×210

合金及状态   同图 4-20
规   格 ϕ190 mm 圆铸锭
浸 蚀 剂   10%NaOH 水溶液
组 织 特 征   枝晶网络已部分固溶，在 α(Al)
                基体上均匀析出 $MnAl_6$ 等化合
                物的质点

（3）板材的组织（图 4-22～图 4-33）：

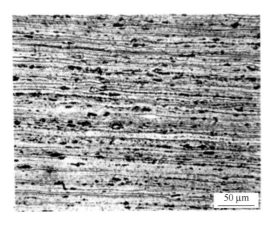

图 4-22　　　　　　　　　　×210

10% NaOH 水溶液浸蚀

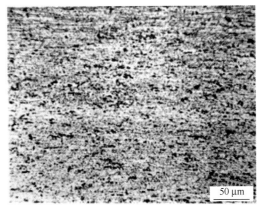

图 4-23　　　　　　　　　　×210

10% NaOH 水溶液浸蚀

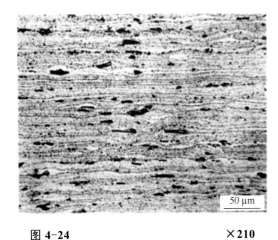

图 4-24　　　　　　　　　　×210

10% NaOH 水溶液浸蚀

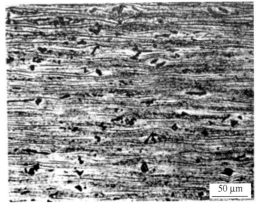

图 4-25　　　　　　　　　　×210

10% NaOH 水溶液浸蚀

合金及状态　3A21F

规　　　格　厚 6.0 mm

组 织 特 征　图 4-22 及图 4-24 分别为板材纵向边部及中心部位组织，化合物破碎后沿压延方向
　　　　　　　排列，呈明显的层状，从 α(Al)基体上析出 MnAl$_6$ 等相质点；
　　　　　　　图 4-23 及图 4-25 分别为板材横向边部及中心部位组织，边部较中心部位变形率
　　　　　　　大，层状组织更为细密，但不规则

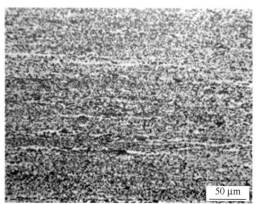

图 4-26 ×210

10% NaOH 水溶液浸蚀

图 4-27 ×100

试样经电解抛光并阳极复膜偏振光下组织

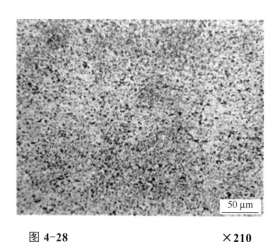

图 4-28 ×210

10% NaOH 水溶液浸蚀

图 4-29 ×100

试样经电解抛光并阳极复膜偏振光下组织

合 金 及 状 态　3A21H18（变形率为 95%）

规　　　　格　厚 2.0 mm

组 织 特 征　图 4-26 及图 4-27 为板材纵向中心部位组织，化合物破碎后沿压延方向
　　　　　　　排列，可看到明显的变形纤维状组织；
　　　　　　　图 4-28 及图 4-29 为板材横向中心部位组织，化合物排列的方向性较差

力 学 性 能　板材纵向中心部位
　　　　　　　抗拉强度 R_m：280 MPa
　　　　　　　伸长率 A：4.0%

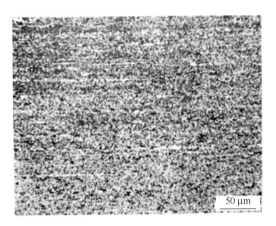

图 4-30　　　　　　　　　　　×210

10% NaOH 水溶液浸蚀

图 4-31　　　　　　　　　　　×100

试样经电解抛光并阳极复膜偏振光下组织

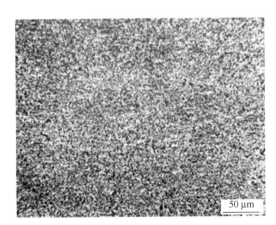

图 4-32　　　　　　　　　　　×210

10% NaOH 水溶液浸蚀

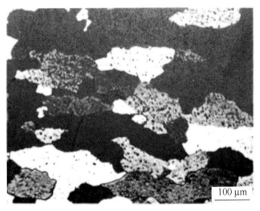

图 4-33　　　　　　　　　　　×100

试样经电解抛光并阳极复膜偏振光下组织

合金及状态　3A21O

规　　　格　厚 1.0 mm

组 织 特 征　图 4-30 及图 4-31 为板材纵向组织，析出质点分布均匀，板材已再结晶，晶粒沿压
　　　　　　延方向伸长；

　　　　　　图 4-32 及图 4-33 为板材横向组织

力 学 性 能　板材纵向组织

　　　　　　抗拉强度 R_m：110 MPa

　　　　　　伸长率 A：38.0%

（4）挤压制品的组织（图 4-34～图 4-41）：

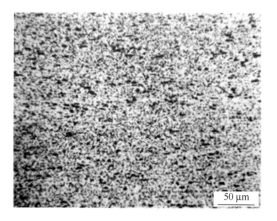

图 4-34　　　　　　　　　　×210

10% NaOH 水溶液浸蚀

图 4-35　　　　　　　　　　×100

试样经电解抛光并阳极复膜偏振光下组织

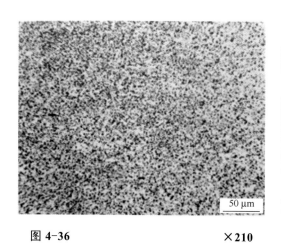

图 4-36　　　　　　　　　　×210

10% NaOH 水溶液浸蚀

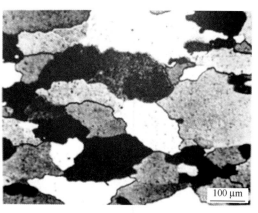

图 4-37　　　　　　　　　　×100

试样经电解抛光并阳极复膜偏振光下组织

合金及状态　3A21O

规　　　格　27 mm×25 mm 冷轧管材

组织特征　图 4-34 及图 4-35 为管材纵向组织，析出质点分布均匀，化合物沿轧制方向排列，管材已完全再结晶；

　　　　　图 4-36 及图 4-37 为管材横向组织

力学性能　管材纵向组织

　　　　　抗拉强度 R_m：110 MPa

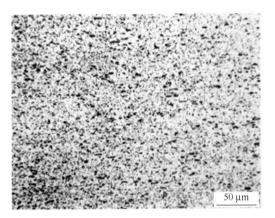

图 4-38 　　　　　　　　　　　　×210

10% NaOH 水溶液浸蚀

图 4-39 　　　　　　　　　　　　×100

试样经电解抛光并阳极复膜偏振光下组织

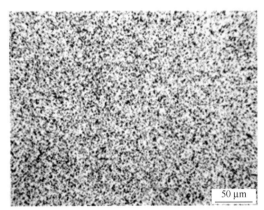

图 4-40 　　　　　　　　　　　　×210

10% NaOH 水溶液浸蚀

图 4-41 　　　　　　　　　　　　×100

试样经电解抛光并阳极复膜偏振光下组织

合金及状态　3A21O

规　　　格　ϕ36 mm×34 mm 冷拉管材

组 织 特 征　图 4-38 及图 4-39 为管材纵向组织，化合物沿拉伸变形方向排列，析出质点分布
　　　　　　　均匀，管材已再结晶，晶粒沿拉伸方向伸长，方向性较冷轧管明显；
　　　　　　　图 4-40 及图 4-41 为管材横向组织

4.2　3×××系合金之二——3102合金

4.2.1　化学成分及相组成

3102铝合金的化学成分见表4-3。

表4-3　3102合金的化学成分（质量分数）　　　　　　（%）

| 合金 | Si | Fe | Cu | Mn | Mg | Zn | Ti | V | Ga | 其他 | | Al | 原用牌号名称 |
										单个	合计		
3102	0.4	0.7	0.10	0.05~0.40	—	0.30	0.10			0.05	0.15	余量	

3102合金具有良好的成形性、适宜的强度和耐蚀性，在空调散热器翅片生产中得到广泛应用。近年来，随着铸轧装备的进步和技术的提高，铸轧坯料具有极高的性价比，已在空调箔的生产中完全取代了热轧坯料。

3102合金中，Mn是主要合金元素，起到提高强度、细化晶粒、改善深冲性能的作用；Fe、Si是主要杂质元素，但是Fe含量一般控制在0.3%左右，可以起到补充强化作用，并降低生产成本，Fe/Si值应大于2，以保证材料的深冲性能。

连续铸轧3102合金中的主要相组成有：

蠕虫状或颗粒状的AlFeMnSi相的形态（见图4-43，图4-44），颗粒状中可能有MnAl$_6$、(FeMn)Al$_6$相，但二者难于和AlFeMnSi相区分；

由于中心线偏析而存在的块状Al$_6$(FeMn)相（见图4-49）；

由于热带组织缺陷而存在的α(Al)+Al$_6$(FeMn)共晶组织（见图4-52）。

由于连续铸轧方式的冷却特征，合金组织呈现明显的人字形组织结构（见图4-45和图4-46），表层金属由于受到轻微轧制而呈现短纤维状（见图4-45）。

4.2.2　热处理特性

空调箔用3102合金热处理过程比较简单，只是在成品进行退火处理，以H22、H24或H26状态供货。

退火处理过程中，3102箔材的热处理特性曲线如图4-42所示。

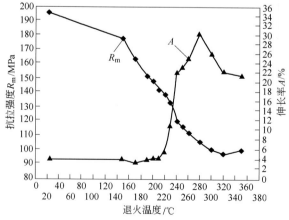

图4-42　用连续铸轧毛料生产的3102合金空调箔退火特性曲线

4.2.3 铸轧料及各状态的组织和性能

（1）厚度为 6.5 mm 的 3102 合金铸轧坯料组织（图 4-43~图 4-46）：

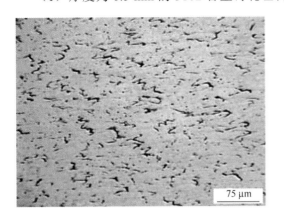

图 4-43   ×200

合 金 及 状 态　3102 合金双辊连续铸轧状态
规 　 　 格　厚 6.5 mm
浸 　 蚀 　 剂　电解抛光+凯勒试剂
组 织 特 征　纵截面心部
　　　　　　　α(Al)+MnAl₆ 及 α(Al)+Mn₃SiAl₁₂
　　　　　　　共晶和(FeMn)Al₆

图 4-44   ×200

合 金 及 状 态　3102 合金双辊连续铸轧状态
规 　 　 格　厚 6.5 mm
浸 　 蚀 　 剂　电解抛光+凯勒试剂
组 织 特 征　纵截面表层
　　　　　　　α(Al)+MnAl₆ 及 α(Al) +
　　　　　　　Mn₃SiAl₁₂ 共晶和(FeMn)Al₆

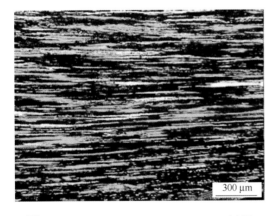

图 4-45   ×50

合 金 及 状 态　3102 合金双辊连续铸轧状态
规 　 　 格　厚 6.5 mm
浸 　 蚀 　 剂　电解抛光+阳极复膜
组 织 特 征　纵截面心部，偏振光下晶粒组
　　　　　　　织沿铸轧方向被拉长

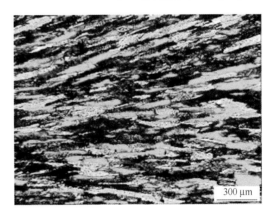

图 4-46   ×50

合 金 及 状 态　3102 合金双辊连续铸轧状态
规 　 　 格　厚 6.5 mm
浸 　 蚀 　 剂　电解抛光+阳极复膜
组 织 特 征　纵截面表层，偏振光下晶粒组
　　　　　　　织铸轧方向拉长并向中心倾斜

（2）空调箔成品组织（图 4-47、图 4-48）：

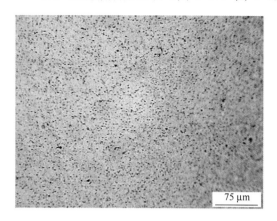

图 4-47　　　　　　　　　　　×200

合金及状态　3102H22
规　　　格　厚 0.10 mm
浸 蚀 剂　电解抛光+凯勒试剂
组 织 特 征　α(Al)+MnAl$_6$ 及 Mn$_3$SiAl$_{12}$
　　　　　　化合物相成点状分布
力 学 性 能　抗拉强度 R_m：140～160 MPa；
　　　　　　屈服强度 $R_{p0.2}$：115～130 MPa；
　　　　　　伸长率 A：≥16%

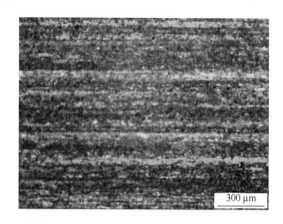

图 4-48　　　　　　　　　　　×50

合金及状态　3102H22
规　　　格　厚 0.10 mm
浸 蚀 剂　电解抛光+阳极复膜
组 织 特 征　部分再结晶

（3）缺陷组织：

1）3102 合金铸轧板坯料缺陷组织（图 4-49～图 4-54）：

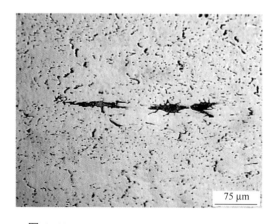

图 4-49　　　　　　　　　　　×200

合金及状态　3102 合金双辊连续铸轧状态
规　　　格　厚 6.5mm
浸 蚀 剂　电解抛光+凯勒试剂
组 织 特 征　中心线偏析（轻微），纵截面心部

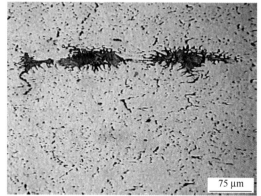

图 4-50　　　　　　　　　　　×200

合金及状态　3102 合金双辊连续铸轧状态
规　　　格　厚 6.5mm
浸 蚀 剂　电解抛光+凯勒试剂
组 织 特 征　中心线偏析（中等），纵截面心部

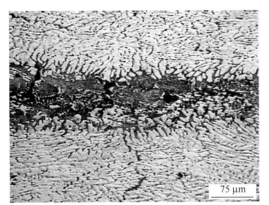

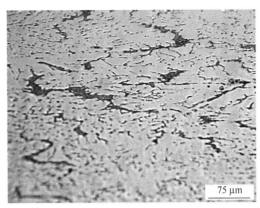

图 4-51　　　　　　　　　　×200

合金及状态	3102 合金双辊连续铸轧状态
规　　格	厚 6.5 mm
浸 蚀 剂	电解抛光+凯勒试剂
组 织 特 征	中心线偏析（严重），纵截面心部

图 4-52　　　　　　　　　　×200

合金及状态	3102 合金双辊连续铸轧状态
规　　格	厚 6.5 mm
浸 蚀 剂	电解抛光+凯勒试剂
组 织 特 征	纵截面心部，轻微程度热带组织

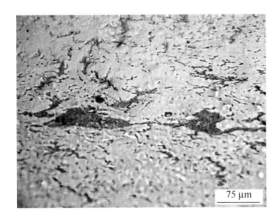

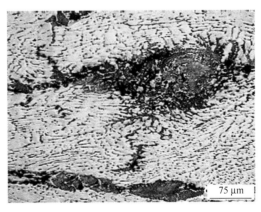

图 4-53　　　　　　　　　　×200

合金及状态	3102 合金双辊连续铸轧状态
规　　格	厚 6.5 mm
浸 蚀 剂	电解抛光+凯勒试剂
组 织 特 征	纵截面心部，中等程度热带组织

图 4-54　　　　　　　　　　×200

合金及状态	3102 合金双辊连续铸轧状态
规　　格	厚 6.5 mm
浸 蚀 剂	电解抛光+凯勒试剂
组 织 特 征	纵截面心部，严重程度热带偏析组织

2）3102 合金铸轧坯料（DC 铸锭）大晶粒缺陷组织（图 4-55～图 4-62）：

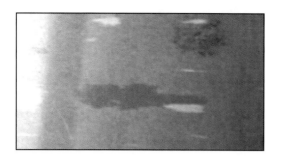

图 4-55

合金及状态　3102 合金双辊连续铸轧状态
规　　　格　厚 6.5 mm
浸　蚀　剂　高浓度混合酸
组 织 特 征　粗大晶粒组织（低倍五级）

图 4-56

合金及状态　3102 合金双辊连续铸轧状态
规　　　格　厚 6.5 mm
浸　蚀　剂　高浓度混合酸
组 织 特 征　粗大晶粒组织（低倍四级）

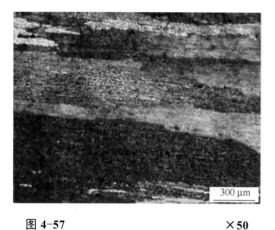

图 4-57　　　　　　　　　　×50

合金及状态　3102 合金双辊连续铸轧状态
规　　　格　厚 6.5 mm
浸　蚀　剂　电解抛光+阳极复膜
组 织 特 征　表层晶粒粗大组织（纵截面）

图 4-58　　　　　　　　　　×50

合金及状态　3102 合金双辊连续铸轧状态
规　　　格　厚 6.5 mm
浸　蚀　剂　电解抛光+阳极复膜
组 织 特 征　中心层晶粒粗大组织（纵截面）

3）3102 合金铸轧板箔材缺陷组织（图 4-59～图 4-62）：

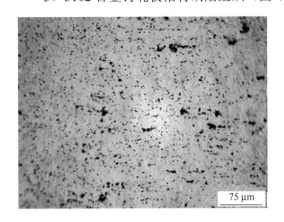

图 4-59　　　　　　　　　　×200

合 金 及 状 态　3102H22
规　　　　格　厚 0.10 mm
浸　蚀　剂　电解抛光+凯勒试剂
组 织 特 征　轻微程度偏析（表面）
力 学 性 能　抗拉强度 R_m：150 MPa；
　　　　　　屈服强度 $R_{p0.2}$：120 MPa；
　　　　　　伸长率 A：16.2%

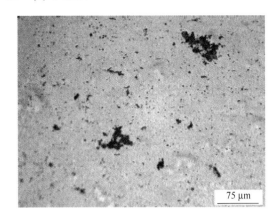

图 4-60　　　　　　　　　　×200

合 金 及 状 态　3102H22
规　　　　格　厚 0.10 mm
浸　蚀　剂　电解抛光+凯勒试剂
组 织 特 征　中等程度偏析（表面）

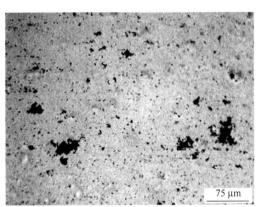

图 4-61　　　　　　　　　　×200

合 金 及 状 态　3102H22
规　　　　格　厚 0.10 mm
浸　蚀　剂　电解抛光+凯勒试剂
组 织 特 征　严重程度偏析（表面）
力 学 性 能　抗拉强度 R_m：110～140 MPa
　　　　　　伸长率 A：6%

图 4-62　　　　　　　　　　×50

合 金 及 状 态　3102H22
规　　　　格　厚 0.10 mm
浸　蚀　剂　电解抛光+阳极复膜
组 织 特 征　偏振光下可见组织中的局部大晶粒
力 学 性 能　抗拉强度 R_m：120～140 MPa
　　　　　　伸长率 A：8%

4.3 3×××系合金之三——易拉罐体用 AA3004/3104 合金

3104/3004 铝合金的化学成分如表 4-4 所示。

表 4-4 3104/3004 铝合金的化学成分（质量分数）（%）

序号	牌号	Si	Fe	Cu	Mn	Mg	Zn	Ti	V	Ga	其 他		Al	原用牌号名称
											单个	合计		
1	3004	0.30	0.7	0.25	1.0~1.5	0.8~1.3	0.25	—			0.05	0.15	余量	
2	3104	0.6	0.8	0.05~0.25	0.8~1.4	0.8~1.3	0.25	0.10	0.05	0.05	0.05	0.15	余量	

全铝易拉罐自 20 世纪 60 年代初于美国问世以来，以其质轻耐腐蚀、热传导性好、加工成形性好、易回收利用、美观等一系列的优点，一直被认为是啤酒、碳酸饮料理想的包装容器。易拉罐体最先采用 Al-Mn 系的 AA3004 合金带材制造。后来，经不断改进发展成用今天的 AA3104 合金带材制造。AA3004/3104 合金是目前世界上用量最大的变形铝合金产品，也是单一合金中用量最大的品种。

4.3.1 化学成分及相组成

目前各国主要采用 3104 合金作为罐体材料，该合金中分别含有 1%左右的 Mn 和 Mg。

添加 Mn 可以提高合金强度，Mn 低于 0.5%时强度不足，但高于 2%时形成(FeMn)Al_6 粗大的一次晶化合物，使材料的成形性能变差，并可能在罐体成形时形成针孔或撕裂。Mn 能够稳定退火过程中形成的再结晶织构而降低冷轧板深冲制耳率。在 DI 制罐过程中，Al-Mn-Fe 系合金中的一次晶化合物(FeMn)Al_6 和 AlMnFeSi 可以成为减薄拉伸变形时的润滑剂而提高板材的成形性能。

Mg 能比 Mn 更有效地提高板材的强度。Mg 低于 0.2%时则强化作用不足，增加 Mg 含量可以提高板材的屈服强度，但高于 2%时板材的减薄拉伸能力、罐底凸缘成形性能变差，且在拉伸时易造成罐体划伤，不能用于 DI 罐的成形方式。对于碳酸型饮料或充氮饮料罐，饮料罐内具有相当大的正压。假如罐底强度不足，在此压力下罐底会发生变形而造成罐体不能用于商业目的。罐底的耐压能力主要取决于板材的屈服强度和厚度。因此，制罐板材的屈服强度不足就必须增加其厚度，导致板材商用价值降低。

Si 还与 Mg 形成 Mg_2Si 相而使板材强度提高，因此 Si 含量必须在 0.1%以上。但是，Si 含量超过 0.5%时，材料的强度变得过高且其热轧加工性能、板材的深冲性能和减薄拉伸性能都会变差。

Fe 与 Mn 形成(FeMn)Al_6 化物，这种化合物的存在可以有效避免深拉过程中铝屑在模具中的积累。Fe 低于 0.2%时这一作用不充分，但 Fe 高于 0.7%则会出现含 Fe 的粗大初晶相，恶化板材的成形性能。因此，Fe 应在 0.2%~0.7%之间。

Cu 必须与 Mg 同时存在，烘烤过程中，Cu 与 Mg 从固溶体中析出 S(Al_2CuMg)相细质点而提高材料的强度。若 Cu 低于 0.05%不能出现强化作用；但 Cu 高于 0.5%则材料强度会进一步提高，而耐蚀性能会急剧下降以至于不能用于罐体料。因此，Cu 应在 0.2%~

0.5%之间。

Zn 能改善 3004/3104 合金易拉罐板的冲制性能并能提高强度。

从图 4-63 看出：铁、镁、锰只有满足式（4-1）关系才能得到细小而均匀分布的金属间化合物，从而改善合金的深冲性能。

$$w(Fe) + w(Mn) \times 1.07 + w(Mg) \times 0.27 < 3.0 \tag{4-1}$$

式中，$w(Fe)$、$w(Mn)$、$w(Mg)$ 均为质量分数，%。

上式值越小，铸锭中化合物尺寸、所占面积百分率越小（图 4-63）。

需要指出的是，Si+Fe 必须小于 0.9%，否则出现的粗大一次晶化合物会恶化板材的深冲成形性能。

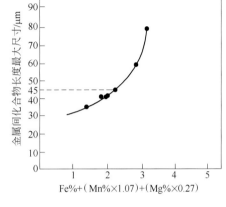

合金中的主要相有：

（1）$Al_6(FeMn)$ 相：块状、硬度高，难以破碎。提高强度，但易造成断罐、罐体划痕。

（2）α_c-Al(FeMn)Si 相：松散的针状、蜂窝状，硬度高，易破碎。在成品带材中呈细小颗粒状，变薄拉伸过程中起润滑、排除铝屑的作用，有利。

（3）β-Al(FeMn)Si 相：铸态时为致密的骨骼状，压延后成有棱角的杆状。作用类似于 $Al_6(FeMn)$ 相。

图 4-63 金属间化合物长度最大尺寸与式（4-1）值的关系

（4）Mg_2Si、$CuAl_2$ 相：提高烘烤后强度。

$(FeMn)Al_6$ 和 α_c-Al(FeMn)Si 相的扫描电镜（SEM）下的形貌特征见图 4-64，经过 600℃/15 min 等温处理后化合物边界形貌见图 4-65。

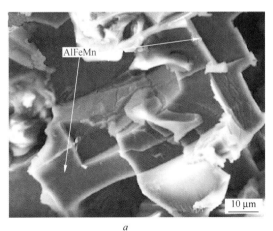

a

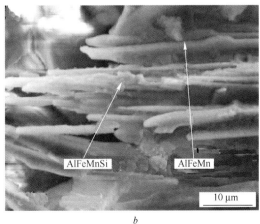

b

图 4-64 铸态 3104 合金中 $Al_6(FeMn)$ 和 α_c-Al(FeMn)Si 相的扫描电镜（SEM）图像

（机械抛光+10%NaOH 溶液浸蚀 1 min）

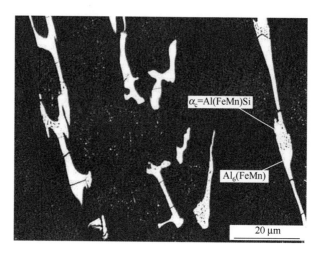

图 4-65　经过 600℃/15 min 等温处理后化合物边界形貌（机械抛光，SEM 图像）

4.3.2　合金的热处理

生产过程中，易拉罐体用 3104 合金一般仅进行均匀化热处理和热轧前的预热处理，必要时对热轧毛料进行补充退火处理。

均匀化处理的目的除了通常意义上的消除偏析、去除应力以外，一个重要目的是调整化合物相的结构和溶质元素沉淀析出分布状态。具体来说就是通过高温热处理促使 $Al_6(FeMn)$ 相和 $β-Al(FeMn)Si$ 相转变为 $α_c-Al(FeMn)Si$ 相（图 4-66、图 4-67），中温处理促使 Mn 元素尽可能沉淀析出（图 4-68、图 4-69）。

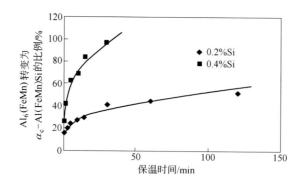

图 4-66　均匀化处理过程中 $Al_6(FeMn)$ 转变为 $α_c-Al(FeMn)Si$ 的趋势
Al-0.5%Fe-1%Mn-1.2%Mg-0.2%Cu-x%Si 合金在 550℃等温处理

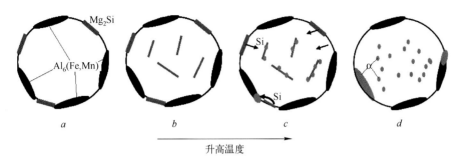

图 4-67　均匀化处理过程中 Al₆(FeMn)转变为 αc-Al(FeMn)Si 的示意图

a—结晶时在枝晶界上形成 Al₆(FeMn)和 Mg₂Si 相；*b*—加热过程中晶内析出的 Mg₂Si 相；
c—αc 相在 Al₆(FeMn)和 Mg₂Si 相界上形核；*d*—αc 相通过吞噬 Al₆(FeMn)和 Mg₂Si 相而长大

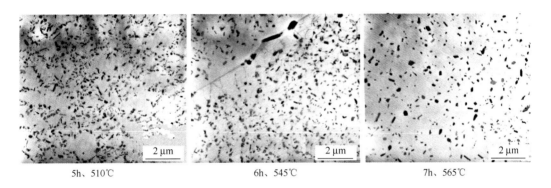

图 4-68　不同温度热处理条件下沉淀析出质点特征分布情况

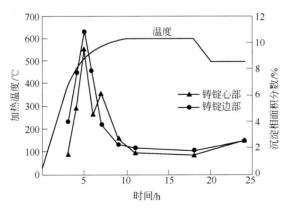

图 4-69　沉淀相析出量与加热温度、时间的关系

4.3.3　铸锭与加工状态组织

铸锭组织的金相照片见图 4-70、图 4-71。

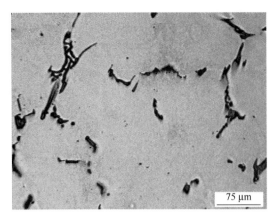

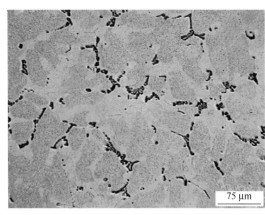

图 4-70   ×200

合金及状态　3104 合金半连续铸造状态
规　　　格　480 mm×1380 mm×7000 mm
浸　蚀　剂　电解抛光+凯勒试剂
组织特征　α(Al)+MnAl₆ 及 Mn₃SiAl₁₂ 共晶

图 4-71   ×200

合金及状态　3104 合金均匀化处理状态
规　　　格　480 mm×1380 mm×7000 mm
浸　蚀　剂　电解抛光+凯勒试剂
组织特征　MnAl₆ 及 Mn₃SiAl₁₂ 部分溶解+
　　　　　含 Mn 析出相

5 4×××系（铝-硅系）合金

Al-Si 系合金随含硅量的增加一般具有良好的耐磨性和低的线膨胀系数，高温强度和工艺性能均较好，广泛应用于航空、内燃机、汽车、电子等工业中，线材、板材多用于焊接材料。合金由于含硅量不同及硅的存在状态不同，在硫酸溶液中阳极氧化会自然发色，形成灰色或黑灰色等氧化膜而被用于建筑外装饰材料。生产中常加工成棒、管、线、板材、锻件等半成品。

5.1 化学成分、变质处理与相组成

Al-Si 系部分合金化学成分如表 5-1 所示。

表 5-1 Al-Si 系部分合金化学成分

合金牌号	化学成分（质量分数）/%												Al
	Si	Fe	Cu	Mn	Mg	Cr	Ni	Zn		Ti	其他		
											单个	合计	
4A01	4.5~6.0	0.6	0.20	—	—	—	—	Zn+Sn:0.10	—	0.15	0.05	0.15	余量
4A11	11.5~13.5	1.0	0.50~1.3	0.20	0.8~1.3	0.10	0.50~1.3	0.25	—	0.15	0.05	0.15	余量
4A13	6.8~8.2	0.50	Cu+Zn:约0.15	0.50	0.05	—	—	—	Ca:0.10	0.15	0.05	0.15	余量
4A17	11.0~12.5	0.50	Cu+Zn:约0.15	0.50	0.05	—	—	—	Ca:0.10	0.15	0.05	0.15	余量
4004	9.0~10.5	0.8	0.25	0.10	1.0~2.0	—	—	0.20	—	—	0.05	0.15	余量
4032	11.0~13.5	1.0	0.50~1.3	—	0.8~1.3	0.10	0.50~1.3	0.25	—	—	0.05	0.15	余量
4043	4.5~6.0	0.8	0.30	0.05	0.05	—	—	0.10	①	0.20	0.05	0.15	余量
4043A	4.5~6.0	0.6	0.30	0.15	0.20	—	—	0.10	①	0.15	0.05	0.15	余量
4047	11.0~13.0	0.8	0.30	0.15	0.10	—	—	0.20	①	—	0.05	0.15	余量
4047A	11.0~13.0	0.6	0.30	—	—	—	—	0.20	①	0.15	0.05	0.15	余量
4Y32	10.0~12.0	0.11~0.25	2.5~3.5	0.35~0.64	0.4~0.6	0.10	—	0.25	Sb:0.10~0.20	—	0.05	0.15	余量
AHS	10.0~11.5	0.40	2.0~3.0	0.10	0.2~0.5	0.05	0.30	0.30	—	—	0.05	0.15	余量
4019	18.5~21.5	4.6~5.4	—	—	—	—	1.8~2.2	—	—	—	0.05	0.15	余量

注：用于电焊条和堆焊时，铍含量不大于 0.0008%。

Al-Si 系合金二元共晶相图中，共晶温度为 577℃，共晶成分为 12.6%，在共晶温度

下，硅在铝中的溶解度为 1.65%，在常温下仅为 0.05%，其主要组成分别为 α(Al)+共晶 <α(Al)+Si>；共晶<α(Al)+Si>；初晶硅+共晶<α(Al)+Si>。在铸态下未经变质处理的共晶硅呈粗大的片状或粗针状。共晶和过共晶合金组织中的初晶硅呈粗大的多角块状或板条状，粗大的共晶硅和初晶硅很脆，这种脆性严重地割裂了基体，降低合金的强度和塑性。硅含量高于 8% 的 Al-Si 合金若不经变质处理塑性很低，降低实际使用价值。对可热处理强化的 Al-Si 合金可以进行固溶处理和时效，其力学性能有大幅度的提高。Al-Si 系合金的线膨胀系数随含硅量的增加而减小。共晶硅和初晶硅是软基体上分布着很多硬质点的耐磨材料，其耐磨性随合金含硅量的增加而提高。

合金熔炼时的变质处理是生产中改善 Al-Si 合金组织、性能的一项关键技术，近共晶 Al-Si 合金目前在工业生产中主要采用钠、钠盐和锶进行变质处理。钠和钠盐变质是生产中最常用的 Al-Si 合金变质剂，复合钠盐的加入量一般为 1.5%。钠的变质效果受钠的残留量的影响，钠在合金熔体中的残留量应达到 0.015%～0.02%，保持残留量的稳定，可延长变质有效时间。合理的残留量不但与合金中含硅量有关，也受到合金中其他添加元素的干扰，而且与铸锭规格大小、冷却速度、合金熔体的温度及在炉中保温时间的长短有关。按照合金类型不同应采用不同的变质剂。为减少熔体中的气体含量，熔炼时应对钠盐进行炉内烘烤脱水处理。钠盐变质剂中起主要变质作用的组分是 NaF，它与铝熔体反应生成 Na 进入熔体。其反应为 $6NaF+Al \rightarrow Na_3AlF_6+3Na$，变质温度 730～760℃，复合钠盐中的其他成分主要使混合盐类熔点降低，有利于上述反应的进行。

对钠变质的机制观点不统一，目前普遍认可的一种是 Na 仅能微溶于铝液中，当铝液温度降低至液相线附近时，钠在铝中的溶解度就进一步减小，这时在铝液中析出大量高弥散的钠的胶状质点，它们吸附于硅的晶核表面，形成一层钠的薄膜，阻碍了硅晶体的长大，并使硅结晶过冷度增加，形核率急剧升高，使组织细化。钠和钠盐变质剂的主要优点是：（1）变质作用强；（2）变质效果不受精炼处理的干扰。缺点是：（1）变质有效时间较短；（2）钠在铝液中易挥发、烧损、重熔即失效；（3）易吸潮，对炉壁及工具有腐蚀作用，操作环境较差。

锶（Sr）是一种长效变质剂，变质效果基本与钠相当，不存在钠的变质缺点。目前国内外多采用锶变质取代钠变质。锶变质一般采用 Al-(5%～10%)Sr 中间合金加入，也可以 SrF_2+SrCl_2 混合锶盐的形式加入。加入量为 0.02%～0.05%（质量分数），在变形 Al-Si 合金生产中，对近共晶合金锶加入量一般为 0.03%～0.04%，Sr 加入温度一般为 740～760℃，锶变质的有效时间一般为 6～8 h。锶对初晶硅的变质作用较弱，而对共晶<α(Al)+ Si>有很好的变质作用。锶对初晶硅的变质作用较弱是因为在 Al-Sr 中间合金中，锶是以 Al_4Sr 的形式存在，Al_4Sr 在热力学上不稳定，在铝熔体中很容易溶解成游离态的锶，只有极少量未分解的 Al_4Sr 可以成为初晶硅的生核质点，在过共晶 Al-Si 合金中，对共晶硅起变质作用的是游离态的锶。

锶对共晶<α(Al)+Si>的变质机制目前尚未有统一看法，比较流行的是吸附理论。

锶的变质优点是：（1）变质效果良好，有效时间长；（2）以中间合金方式加入熔体，变质操作方便，无毒，不污染环境，不腐蚀设备与工具；（3）回炉料亦保持重熔变质效果。但锶价格昂贵，在铸锭中易产生气孔，易受合金中氮、磷的干扰，用含氯精炼剂处理时，锶消耗增大。一般不用含氯或氟的精炼剂精炼除气。

在 Al-Si 系变形铝合金生产中，也有个别用锑（Sb）进行变质处理的，例如 4Y32 合金。锑是一种长效变质剂，变质有效时间可达 10 h。它通常以 Al-(5%～8%)Sb 中间合金形式加入熔体，加入量为 0.2%～0.5%，变质温度为 750～780℃。变质效果对铸锭冷却速度敏感性强，冷却速度不足时变质效果差，而且不能与钠变质的回炉料相混，否则形成 Na_3Sb，减弱变质效果。

过共晶 Al-Si 合金变质处理，磷（P）是实际应用最广泛的元素，主要用于对初晶硅的变质。磷对初晶硅的变质效果良好，对共晶硅有过变质现象，使共晶硅粗化成片、针状。只有磷与其他元素复合变质，才能细化共晶硅。工业生产中多用磷与稀土双重变质剂，赤磷、磷盐及磷的化合物，如 PCl_5、PCl_3、$PNCl_2$、P_2S_5+NaCl 的复合物等，采用磷酸盐 80%$NaPO_3$+10%V_2O_5+10%Al_2O_3 的混合剂或 Cu-P、Al-P-Si 中间合金等形式加入熔体，加入温度应高于合金液相线 150～170℃，过低的温度会使磷失去变质作用。复合磷盐加入量一般为 0.4%～0.8%，变质处理温度为 760～780℃。复合磷盐变质可使初生硅和共晶硅同时得到细化。要使组织细化最有效的磷残留量为 0.015%～0.03%。磷有效变质时间长，炉料重熔性好，但变质时造渣较多，易产生较多烟雾，操作环境较差。根据 Al-P 二元相图可知，铝与磷生成 AlP 化合物，AlP 的熔点在 1000℃以上，它与硅均为立方晶格，且晶格常数相近（Si 为 0.543 nm，AlP 为 0.546 nm）最小原子间距也很接近（Si 为 0.244 nm，AlP 为 0.256 nm）。依据共格对应原则，AlP 可作为初晶硅结晶时的异质核心。中间合金中的 AlP 颗粒很稳定，不易分解和氧化烧损。磷对初晶硅有良好的变质作用，就是因为磷在铝熔体中生成大量稳定的非均质形核质点 AlP，能够使初晶硅以非均质晶核为衬底大量生核而得到细化，使合金中的硅原子以 AlP 质点为核心长大为初晶硅。磷除了起异质核心作用外，还具有吸附作用。然而，磷的细化初晶硅的效果，会因存在对共晶硅细化有效的钠或钙元素而降低。浇铸温度过低时，磷的细化作用明显降低，一般要高于合金液相线温度 90～150℃左右。对于过共晶 Al-Si 合金应根据含硅量的高低适当调整变质和浇铸温度才能使 AlP 质点细化，分布均匀，提高变质效果。对于含硅量在 20%左右的 Al-Si 合金变质温度可提高到 820～840℃，以达到细化初晶硅的目的，浇铸温度也应提高。变质处理时间一般为 10～15 min。总之，熔炼、铸造工艺参数对变质效果影响较大，尤其是变质剂的加入量、变质温度和冷却速度等。

除工业生产中常用的变质剂外，还有钡（Ba）、硫（S）、稀土（RE）、铋（Bi）、碲（Te）、钙（Ca）等。近年来为了达到对共晶和过共晶 Al-Si 合金都具有优良的变质效果，而又有长效的目的，国内外都在试图用双重变质和采用常规变质元素制成复合变质剂，以发挥各元素的变质优势，从而达到最佳的变质效果。

对于不同的合金加入钛（Ti）、锆（Zr）、硼（B）及 Al-5Ti-B、Al-Ti-C 晶粒细化效果差异很大。对亚共晶合金效果较好，而对共晶、过共晶合金及某些特殊合金晶粒细化效果微弱。为保证 Al-Si 系合金具有高的综合力学性能，要求组织细小致密均匀，其中主要包括对共晶硅、初晶硅、晶粒、α 枝晶细化及挤压材淬火粗大晶粒的细化几个方面。

Al-Si 合金随硅含量增加，<α(Al)+Si>共晶组织随之增多，当硅含量接近共晶成分时，组织中出现初晶硅，甚至出现粗大块状初晶硅聚集，通过热挤压也不能改变初晶硅的形态，明显降低了合金的力学性能，尤其是塑性。为改变硅相形态，提高合金的性能。变质处理能使共晶硅由粗大的针状或片状变成小的球粒状或纤维状，其尺寸一般为 10～

30 μm，改善了铸造性能和力学性能，尤其是伸长率和冲击性能。同时也改变了热挤压性能和热锻性能。

过共晶 Al-Si 合金中存在着与基体无任何共格界面的粗大初晶硅，不仅使切削加工性能变差，还会降低零件的耐磨性，使零件的表面破坏。因此过共晶 Al-Si 合金熔铸过程中进行变质处理后，细化了初晶硅。但经过变质剂变质后的过共晶 Al-Si 合金铸锭由于凝固速度过慢引起合金中初晶硅尺寸仍较大，限制了过共晶 Al-Si 合金在工业中的应用范围。当要求非常低的热膨胀系数和更高的耐磨性时，适合使用的是含硅为 16%～18% 或含量更高的过共晶型合金，这类合金一般含硅范围在 17%～25% 以内，组织特征是存在较多的初晶硅。耐磨性十分优秀，线膨胀系数也下降至 $20×10^{-6}$ m/m·K(20 μm/m·K) 以下（300～400 K 时）。除硅含量高以外，在合金中还同时添加了铜（Cu）、镁（Mg），目的在于通过热处理提高强度，有的合金中还添加了镍（Ni）来改善高温强度。英国奥斯雷金属公司注册的 4019 合金是一种 Al-Si-Fe-Ni 过共晶合金，有很高的耐磨性和高温性能。过共晶合金为了防止初晶硅的粗化所引起的力学性能降低，需要将初晶硅细化为 40 μm 或更细小，并使其均匀分布。对同时存在的初晶硅和共晶硅的合金进行细化是比较困难的，如果冷却速度非常快，初晶硅、共晶硅都能被细化，但对于规格较大的铸锭生产就存在一定困难。因此，产生了喷射沉积等高硅铝合金生产方法，使过共晶的 Al-Si 合金组织由 α(Al)基体和大量细小共晶硅和初生硅组成，使材料可以进行各种热加工，显著提高了高硅铝合金的性能，但制造成本高。

近共晶 Al-Si 合金采用钠、锶变质处理，一般可使初晶硅消失。铸锭经均匀化处理后，挤压成棒材、管材后，共晶硅呈细小、均匀的圆形颗粒状。如果硅含量超过或接近共晶成分，往往不能保证材料中完全没有初晶硅的存在，标准中允许有 0.08 mm 的分散初晶硅存在，但初晶硅在材料中发生聚集时会明显降低材料强度与延伸性能。

此外，铸造过程中先析出相的 α(Al)枝晶是贫硅区域，其数量、尺寸及均匀程度对近共晶 Al-Si 合金的力学性能也有一定影响。生产中，4032 合金，ϕ485 mm 铸锭随着铸锭直径增大，由于受到水冷模传热速率的限制，冷却速率降低，在铸造漏斗部位，晶粒较粗大，α(Al)枝晶发达。对铸锭均匀化后切取试样所作力学性能，细晶区 α(Al)枝晶不发达区性能平均值：R_m 为 221.5 MPa、$R_{p0.2}$ 为 183.5 MPa、A 为 2.6%；粗晶区 α(Al)枝晶发达区性能平均值：R_m 为 164.8 MPa、$R_{p0.2}$ 为 140 MPa、A 为 7.7%。可以看出枝晶发达区强度降低，伸长率提高。经挤压成 ϕ200 mm 棒材后，由于棒材中心部位变形相对边部较小，淬火人工时效后棒材中心部位的强度、伸长率比边部偏低，因此，对 α(Al)枝晶及晶粒的细化也显得很重要。对 Al-Si 合金的晶粒及 α(Al)枝晶的细化，用传统的晶粒细化剂在正常添加范围内细化效果是极微弱的，甚至无效，一般用 Al-5Ti-B 进行细化，有一定的细化效果。资料介绍：Al-3Ti-(4～6)B 细化剂对亚共晶 Al-Si 合金的细化效果比用 Al-3Ti-3B、Al-4B 更好。对不同成分的 Al-Si 合金有不同的细化效果，其原因与硅的含量及加入元素有很大关系。为改善合金的韧性，在铸锭铸造过程中利用增加冷却速度，使铸锭晶粒、α(Al)枝晶、共晶硅等组织细化，减少或消除共晶合金中的初晶硅也是有效的，但对大规格铸锭由于冷却速度小而显得困难。α(Al)枝晶的支叉由于冷却速度增加而细化。合金中加入的其它元素在均匀化时，除了受保温温度与时间的影响外，主要与枝晶间距的大小有关。枝晶间距越小，扩散迁移距离越短，均匀化后容易得到均匀的组织。经热挤压加工后使铸造组织充分变形破碎，降低枝晶间距影响，可以得到组织均匀的材料，不仅改善了塑性、冲击值特性，而且也提高了抗拉强度和疲劳强度。

组织中硅相尺寸会随加热温度、保温时间而发生变化。其原因是随着温度的提高和保温时间的延长，激活硅原子扩散，使多数硅原子扩散到原有硅相表面，使其尺寸明显增大。促使材料的韧性降低。为了改善 Al-Si 合金的常温性能，常在合金中加入起沉淀强化作用的 Cu、Mg 元素，使合金在热处理过程中，由于 Mg_2Si 中间相的析出硬化和铜的固溶硬化，以及 Al_2Cu 中间相的析出硬化而使材料强度提高。

Al-Si 合金中的相组成如表 5-2 所示。

表 5-2 Al-Si 合金中的相组成

合　金	主　要　相　组　成
4A01	$\alpha(Al)+Si(共晶)$、$\beta(FeSiAl_5)$等
4A13	$\alpha(Al)+Si(共晶)$、$\beta(FeSiAl_5)$、$AlMnFeSi$ 等
4A17	$\alpha(Al)+Si(共晶)$、$\beta(FeSiAl_5)$、$AlMnFeSi$ 等
4043	$\alpha(Al)+Si$ 共晶，可能的杂质相：$\alpha-Fe_2SiAl_8$、$\beta-FeSiAl_5$、$FeAl_3$ 等
4343	$\alpha(Al)+Si$ 共晶，可能的杂质相：$\alpha-Fe_2SiAl_8$、$\beta-FeSiAl_5$、$FeAl_3$、$(FeMn)Al_6$ 等
4047	$\alpha(Al)+Si$ 共晶，可能的杂质相：$\alpha-Fe_2SiAl_8$、$\beta-FeSiAl_5$、$FeAl_3$、$(FeMn)Al_6$ 等
4032	$\alpha(Al)+Si$ 共晶、Mg_2Si、Al_3Ni、$Al_3(Cu\ Ni)_2$、Al_6Cu_3Ni、$AlFeMgSiNi$、初晶硅，局部可能出现 Al_2Cu、$AlCuNiFe$ 等相，在晶内还可能析出 $S(Al_2MgCu)$相

Al-Si 合金中出现的相及可能出现的相如表 5-3 所示。

表 5-3 合金元素在铝-硅合金中的相存在形式

Si	$w(Si)<12\%$时，共晶；$w(Si)>12\%$时，共晶及初生硅；$w(Mg)>0.2\%$时，Mg_2Si；$w(Fe)>0.05\%$时，$FeSiAl_5$；$w(Mn)>0.1\%$时，$(FeMn)_3Si_2Al_{15}$；$w(Cr)>0.1\%$时，$(CrFe)_4Si_4Al_{13}$；$w(Fe)>Mg$ 时，$FeMg_3Si_6Al_8$；$w(Mg)>2\%$时，$Cu_2Mg_8Si_6Al_5$
Na	$w(Na)<0.01\%$时，弥散的；$w(Na)>0.01\%$时，$(NaAl)Si_2$
P	$w(Si)<12\%$时，弥散的；$w(Si)>12\%$、$w(P)>0.01\%$时，形成 AlP，常常分布在硅晶体内
Fe	$w(Fe)<0.7\%$时，$FeSiAl_5$ 共晶；$w(Fe)>0.7\%$时，$FeSiAl_5$ 初生硅；$w(Co)>0.1\%$时，$(CoFe)_2Al_9$；$w(Cr)>0.1\%$时，$(CrFe)_4Si_4Al_{13}$ 或$(CrFe)_5Si_8Al_2$；$w(Mn)>0.2\%$时，$(FeMn)_3Si_2Al_{15}$；$w(Mo)>0.1\%$时，$AlFeMo_{(?)}$；$w(Ni)>0.1\%$时，$FeNiAl_9$；$w(Mg)<w(Fe)$时，$FeMg_3Si_6Al_8$
Mg	$w(Mg)<0.2\%$时，在固溶体中；$w(Mg)>0.2\%$、$w(Cu)<0.2\%$、$w(Fe)<Mg$ 时，Mg_2Si；$w(Cu)<0.5Mg$ 时，$Cu_2Mg_8Si_6Al_5$；$w(Fe)>w(Mg)$时，$FeMg_3Si_6Al_8$
Cu	$w(Cu)<1\%$时，在固溶体中；$w(Cu)>1\%$、$w(Mg)<0.2\%$、$w(Fe)<0.3\%$时，$CuAl_2$；$w(Cu)>1\%$、$w(Mg)>2\%$时，$Cu_2Mg_8Si_6Al_5$
Co	$(CoFe)_2Al_9$
Cr	$(CrFe)_4Si_4Al_{13}$ 或$(CrFe)_5Si_8Al_2$
Mn	$(FeMn)_3Si_2Al_{15}$
Ni	$NiAl_3$、$(CuNi)_2FeAl_7$、$(CuFeNi)Al_6$、$(CuFeNi)_2Al_3$、Cu_4NiAl_7、$(FeNi)Al_9$、$FeMnNi$
Zn	在固溶体中

在 Al-Si 合金中 Mg 是真空钎焊材料不可缺少的添加元素。在有的合金中还加入一定量的 Fe、Ni、Mn 元素，可以在合金中形成大量的弥散相，这些弥散相具有较高的热稳定性，除了可以进一步提高合金的室温强度外，还可以有效地改善合金的高温稳定性。Ni

在过共晶 Al-Si 合金固溶体中具有低的扩散系数，Al-Si-Ni 系中易形成 Al-Ni 化合物。Ni 元素不仅可以改善合金的热稳定性，而且还能保证材料有低的热膨胀系数。加入一定量的 Mn 使 Fe 与 Mn 作用生成 $Al_9(FeMn)_3Si$ 等颗粒金属间化合物，从而消除含 Fe 的针状金属间化合物的不利影响。

Fe 在合金中作为杂质时，允许极限很低，由于 Fe 增加而析出粗大的针状 Al_3Fe 和 Al-Fe-Si 金属间化合物，对抗拉强度或屈服强度虽无太大影响，但使伸长率和冲击值等性能显著下降。例如，4032 合金中国外 Fe 含量仅为 0.13%。但当 Fe 作为 Al-Si 合金主要元素加入时，Zhou J 和 Duszcyk J 等认为：Fe 的加入有两个方面的作用，一是阻止合金基体组织粗化，二是靠自身的热稳定性和降低 Si 相粗化的敏感性来提高合金的耐热性。

Al-Si 系合金中加入微量的 Be 可以使合金中的 Fe 相由针状转变为球块状，减弱铁相对基体的割裂作用，使合金塑性提高，并可促进热处理过程中硅相的粒状化。减少铝合金液的氧化和吸气。

用于焊接材料的 Al-Si 合金为了提高钎焊性，在真空钎焊材料中加入 0.1% 左右的 Bi。使钎焊表面张力下降，对添加 Mg 的钎料中的硅粒子有一定细化作用。

Zn 在许多 Al-Si 合金中是允许存在的，它对合金室温性能影响不大。

5.2　热处理特性

单纯 Al-Si 合金不可热处理强化，所以 4××× 系合金，其大多数属于不可热处理强化的合金，而可热处理强化的 Al-Si 系合金，均在合金中加入了镁、铜元素，形成强化相 $S(Al_2CuMg)$、Mg_2Si 及 $CuAl_2$，淬火后既可自然时效，也可人工时效。合金中只加入 Mg 时，由于强化相 Mg_2Si 在室温下析出缓慢，自然时效效果不够大，必须经 147～177℃人工时效 2～12 h 后，才有高的强化效果。当合金中含 Cu 量较高时，自然时效才可以有效提高合金的强度。

对于合金化程度较高的 Al-Si 系合金，如 4032、4Y32 等铸锭一般都需要进行均匀化。均匀化时应选择适当的加热温度与保温时间。温度过高及均匀化时间过长，由于 Si 相的长大，会改变最终挤压材淬火、时效后的性能。

此系合金特别重视韧性。在生产中当以强度为重点时，一般在固溶处理后在短时间内就进行峰值人工时效，可获得高的强度，但伸长率较低。当以确保韧性为重点时，多采用降低时效温度到 140～160℃，低温下保温数小时的欠时效状态或者采用双级时效的处理方式。当进一步要求韧性时，可进行二阶段时效处理也是有效果的，即在固溶处理后在室温下放置 2～24 h 先进行自然时效，然后再加热人工时效，虽然强度有所降低，但可获得较高的伸长率。必须指出：含 Cu 量较高的合金采用以上方法效果较差。例如：对 4032 合金同一挤压棒材取样，采用 520±2℃/3 h 固溶处理后即在 170±2℃/130 min 直接进行人工时效，测得力学性能为：R_m=401～403 MPa，$R_{p0.2}$=398 MPa，A=1.75%～2.0%。同样的热处理制度，在人工时效前先进行 2.5 h 的自然时效，测得性能为：R_m=377～383 MPa，$R_{p0.2}$=361～371 MPa，A=4.25%～6.0%。可以看出，在强度有所降低的条件下，伸长率有较明显提高。Al-Si 合金慢速冷却淬火对合金的抗蚀性无显著影响，可在油中、热水中淬火，以降低材料内应力，淬火后的冷加工会加速时效过程。

部分合金的热处理制度如表 5-4 所示。

表 5-4 部分合金热处理制度

合　金	铸锭均匀化制度	挤压材淬火温度/℃	挤压材时效温度/℃	锻件热处理温度
4032	510℃/16 h 出炉空冷	515	165~170	510~520℃淬火/170℃时效
4Y32	480~495℃/16 h 出炉空冷	505~525	160~175	
4A11		520^{+5}	170^{+5}	
ASH		510$_{-3}$	自然时效	

5.3 铸锭（DC）及加工制品的组织和性能

这类合金由于含硅量在 0.6%～21.5%，而且近共晶与过共晶合金熔炼必须经变质处理，组织具有它自身的特点。

对于近共晶合金，细化共晶组织及晶粒，可以显著提高材料性能。对于初晶硅虽然允许存在不大于 0.08 mm 的初晶硅，但初晶硅量的增多及分布聚集均会降低材料强度和塑性，一般严格控制初生硅在材料中的尺寸及分布。过共晶合金经变质处理细化初晶硅的尺寸，一般其尺寸在 0.04 mm 以下，而且分布均匀，可允许少量 0.08 mm 的初晶硅存在，共晶硅要求细小，从而保证挤压材料的最终综合力学性能。

近共晶 Al-Si 合金，一般采用钠或锶进行变质处理。在生产大规格的铸锭中容易生成 0.2～1.2 mm 气孔，在气孔中发现有时残留极少量的钠盐变质剂。当采用钠变质时，4032 合金相对较容易产生夹渣物，这种夹渣物主要是钠盐变质后极少量的钠盐存在于熔体中，在铸造时仍处于变质过程中，当从熔体中浮出聚集时在铸锭中形成夹渣。经对 4032 合金中的夹渣物用电子探针分析其成分为：氧：60.1%，钠：23.081%，碳：13.36%，钙：1.38%，锑：1.146%，碘：0.933%。说明钠变质过程及氧化是夹渣的主要来源。近共晶合金可进行大变形量的热挤压变形，经挤压及热处理后，显著提高了近共晶 Al-Si 合金性能，随着挤压温度的提高及保温时间的延长，硅相尺寸增大，因此，在生产中应选择适当的挤压温度，一般为 380～400℃。

（1）铸锭的组织（图 5-1～图 5-12）：

图 5-1   1:1
AHS 合金铸锭断口组织
合金及状态　AHS 合金铸态
规　　　格　ϕ 192 mm
组 织 特 征　图 5-1，断口组织细而均匀，无初生硅存在

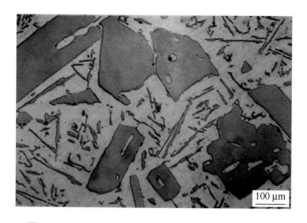

图 5-2　　　　　　　　　　　　　　　　　　**×100**

混合酸水溶液浸蚀

合金及状态　Al-20%Si 合金，铸态

规　　　格　中间合金锭

组 织 特 征　图 5-2 中间合金锭未经变质处理。
　　　　　　　粗大的块状、板条状的初晶硅及粗
　　　　　　　大的针状共晶硅、分布于基体中

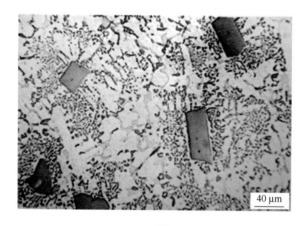

图 5-3　　　　　　　　　　　　　　　　　　**×250**

混合酸水溶液浸蚀

合金及状态　Al-15%Si-4.5%Cu-0.5%Mg 合金铸态

规　　　格　ϕ 192 mm 铸锭

组 织 特 征　图 5-3 初晶硅尺寸小于 0.05 mm，有
　　　　　　　较多共晶硅，试样取自 1/2 半径处

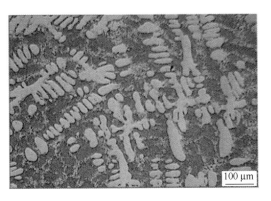

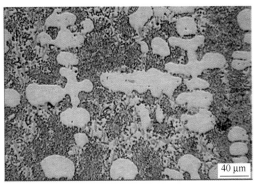

图 5-4 　　　　　　　　×100

混合酸水溶液浸蚀

图 5-5 　　　　　　　　×250

混合酸水溶液浸蚀

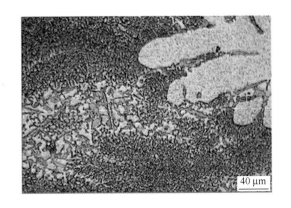

图 5-6 　　　　　　　　×250

混合酸水溶液浸蚀

合金及状态　4032 合金半连续铸造铸锭

规　　　格　ϕ485 mm 铸锭

组 织 特 征　试样取自铸锭 1/2 半径处，图 5-4、图 5-5 为铸造组织；图 5-6 为铸锭均匀化组织，经均匀化后 Mg_2Si 等可溶相已溶入基体，共晶组织细小，α 枝晶较粗大

力学性能（横向）	铸态	铸锭均匀化态
抗拉强度 R_m	240 MPa	166 MPa
屈服强度 $R_{p0.2}$	229 MPa	155 MPa
伸长率 A	3.3%	3.3%

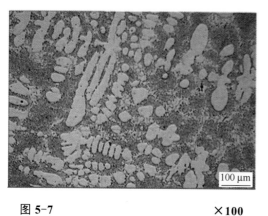

图 5-7　　　　　　　　　　　　×100

混合酸水溶液浸蚀

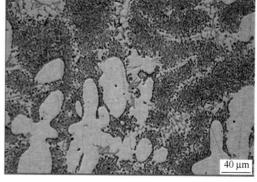

图 5-8　　　　　　　　　　　　×250

混合酸水溶液浸蚀

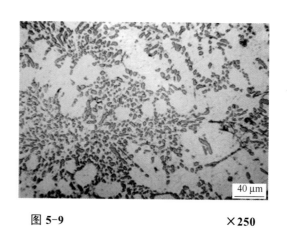

图 5-9　　　　　　　　　×250

混合酸水溶液浸蚀

合金及状态　　AHS 合金半连续铸造铸锭

规　　　格　　ϕ 255 mm

组 织 特 征　　试样取自铸锭 1/2 半径处，图 5-7、图
　　　　　　　5-8 为铸造组织 α 枝晶较粗；图 5-9
　　　　　　　为铸锭均匀化组织，共晶硅多数呈粒
　　　　　　　状均匀分布

力学性能（横向）　　　　　　　铸态　　　　铸锭均匀化态

　　　抗拉强度 R_m　　　　255 MPa　　　223 MPa

　　　屈服强度 $R_{p0.2}$　　　234 MPa　　　193 MPa

　　　伸长率 A　　　　　2.2%　　　　　6%

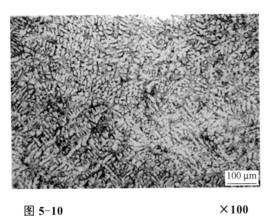

图 5-10   ×100

混合酸水溶液浸蚀

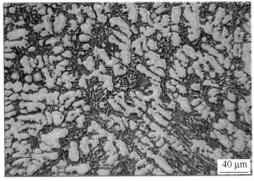

图 5-11   ×250

混合酸水溶液浸蚀

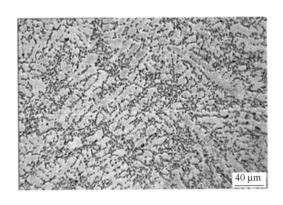

图 5-12   ×250

混合酸水溶液浸蚀

合金及状态   4Y32 合金半连续铸造空心圆铸锭

规　　　格 ϕ 270/106 mm

组 织 特 征   试样取自空心圆铸锭壁厚中心部
位，图 5-10、图 5-11 为铸造组
织，枝晶网细而均匀；

图 5-12 为铸锭均匀化组织，枝
晶网细而均匀，共晶硅呈小的圆
形粒状

力学性能（横向）	铸态	铸锭均匀化态
抗拉强度 R_m	314 MPa	208 MPa
屈服强度 $R_{p0.2}$	301 MPa	165 MPa
伸长率 A	2.2%	13.1%

（2）挤压制品的组织（图 5-13～图 5-19）：

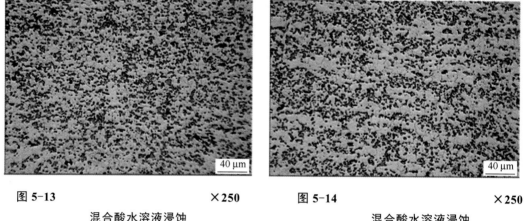

| 图 5-13 | ×250 | 图 5-14 | ×250 |

混合酸水溶液浸蚀　　　　　　　　混合酸水溶液浸蚀

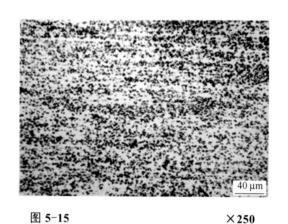

图 5-15　　　　　　　　×250

混合酸水溶液浅浸蚀

合 金 及 状 态　4032T6 合金

规　　　　格　$\phi 200$ mm 挤压棒材

组 织 特 征　图 5-13 和图 5-14 分别为挤压棒材前端
　　　　　　　边部和中心部位组织，采用 $\phi 485$ mm
　　　　　　　铸锭挤压，变形量较小，故能见到残留
　　　　　　　铸造组织；

　　　　　　　图 5-15 为挤压棒材尾端边部纵向组织，
　　　　　　　变形量较大，粒状共晶硅沿挤压方向均
　　　　　　　匀分布

力学性能（前端）　抗拉强度 R_m：380 MPa

　　　　　　　屈服强度 $R_{p0.2}$：358 MPa

　　　　　　　伸长率 A：5.7%

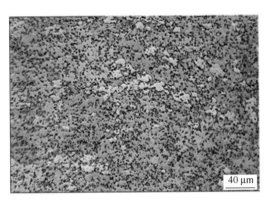

图 5-16   **×250**

混合酸水溶液浅浸蚀

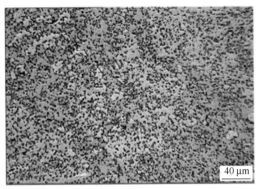

图 5-17   **×250**

混合酸水溶液浅浸蚀

合金及状态　AHST4 合金

规　　　格　ϕ35 mm 挤压棒材

组织特征　图 5-16 和图 5-17 分别为挤压棒材前端及前端切去一段后的组织。前端组织因变
形量较小残留少量铸造组织，切去一段后变形显得均匀，共晶硅呈圆形粒状，分
布均匀

力学性能（前端）　抗拉强度 R_{m}：358 MPa

屈服强度 $R_{\mathrm{p0.2}}$：278 MPa

伸长率 A：15%

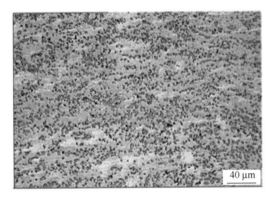

图 5-18   **×250**

混合酸水溶液浅浸蚀

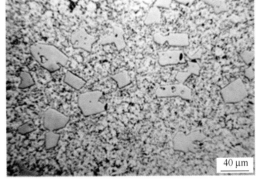

图 5-19   **×250**

混合酸水溶液浅浸蚀

合金及状态　4Y32T6 合金

规　　　格　110 mm×12 mm

组织特征　图 5-18 管材经挤压淬火时效后
组织均匀，共晶硅细小，呈粒状
分布

力学性能　抗拉强度 R_{m}：430 MPa

屈服强度 $R_{\mathrm{p0.2}}$：374 MPa

伸长率 A：12%

合金及状态　Al-17Si-4.5Cu-0.5Mg　T6 合金

规　　　格　ϕ100 mm 挤压棒材

组织特征　图 5-19 初晶 Si 最大尺寸不大
于 0.0415 mm，共晶 Si 呈细小
粒状

（3）锻件制品组织（图 5-20、图 5-21）：

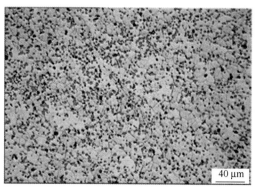

图 5-20　　　　　　　　　　　×200
混合酸水溶液浸蚀

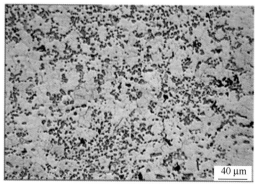

图 5-21　　　　　　　　　　　×250
混合酸水溶液浸蚀

合金及状态　　4032T6

规　　　格　　锻件

组 织 特 征　　图 5-20 取自活塞头锻件侧壁顺流纹方向，α(Al)固溶体和共晶硅等均略沿流纹分布；
　　　　　　　　图 5-21 取自活塞头顶端横断面，共晶硅呈圆粒状，分布比较均匀

力 学 性 能　　抗拉强度 R_m：395 MPa
　　　　　　　　伸长率 A：6.1%
　　　　　　　　硬度 HBS/2.5/62.5/30：131

6 5×××系（铝-镁系）合金

铝-镁系合金具有较高的抗蚀性、良好的焊接性及较好的塑性。可加工成板材、棒材、型材、管材、线材及锻件等半成品。

6.1 化学成分及相组成

这类合金的化学成分如表 6-1 所示，镁是合金的主要组成元素，在合金中还加入少量的锰、钛等其他元素。合金中的杂质主要有铁、铜及锌等。

表 6-1 常用铝-镁系合金的化学成分

合金牌号	主要成分（质量分数）/%					杂质含量（质量分数）/%，不大于						
	Mg	Mn	Si	Cr	Ti	Fe	Si	Cu	Zn	Fe+Si	其他	总和
5A02	2.0~2.8	0.15~0.4 或 Cr				0.4	0.4	0.1		0.6	0.1	0.8
5A03	3.2~3.8	0.3~0.6	0.5~0.8			0.5		0.05	0.2		0.1	0.85
5A05	4.0~5.5	0.3~0.6				0.5	0.5	0.05	0.2		0.1	
5A06	5.8~6.8	0.5~0.8		Be 0.0001~0.005	0.02~0.1	0.4	0.4	0.1	0.2		0.1	
5B05	4.7~5.7	0.2~0.6				0.4	0.4	0.2		0.6	0.1	1.10
5A12	8.3~9.6	0.4~0.8	Sb≥0.004		0.05~0.15	0.3	0.3	0.05	0.2			

随镁含量的增加，合金的力学性能也相应提高（表 6-2）。当镁含量超过 5%时，抗应力腐蚀性能变坏；镁含量超过 7%时，合金塑性降低，焊接性能变坏。

表 6-2 镁含量对铝-镁合金力学性能的影响

合金牌号	状 态	板材厚度/mm	力 学 性 能		
			R_m/MPa	$R_{p0.2}$/MPa	A/%
5A02	退 火	2.0	185		21.2
5A03	退 火	2.0	220	118	21.5
5A05	退 火	2.0	299	162	25.0
5A06	退 火	2.0	328	167	23.0

加入锰不但有利于合金的抗蚀性，而且还能使合金的强度提高。加入少量的钛和钒能细化晶粒。在 5A03 合金中加入少量的硅是为了改善合金的焊接性能。

铁、铜及锌等杂质能使合金的抗蚀性能及工艺性能变坏，应严格控制。

微量杂质钠能使含镁在 3%以上的合金产生钠脆性，因此应尽量避免用钠盐精炼。

根据 Al-Mg 系合金平衡图（图 6-1）及合金的成分范围，经金相分析和电子探针微区定性分析验证，合金在铸造缓慢冷却条件下可以看到以下组成相：

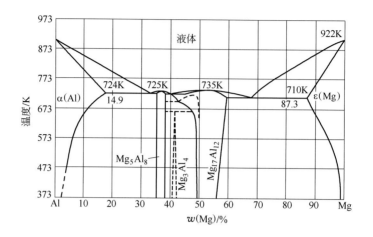

图 6-1　Al-Mg 系二元平衡图

$\beta(Mg_5Al_8)$ 相：$\alpha(Al)$＋$\beta(Mg_5Al_8)$共晶组织中的 $\beta(Mg_5Al_8)$ 相呈骨骼状，浸蚀前为浅灰色，经 $10\%H_3PO_4$ 水溶液浸蚀后，使边界显现更为清晰，见图 6-6。$\beta(Mg_5Al_8)$相具有面心立方晶格，在室温下很脆，因此合金中含量愈多，则塑性愈低。

$(FeMn)Al_6$ 相：呈多边形块状，见图 6-7，其特征详见第 4 章。

Mg_2Si 相：因在 5A03 合金中加入 0.5%～0.8%Si，所以，该合金中存在较多的 $\alpha(Al)$＋Mg_2Si 共晶，见图 6-8，其特征详见第 7 章。

$FeAl_3$ 相：合金中的杂质铁能与铝形成 $FeAl_3$ 化合物，以 $\alpha(Al)$＋$FeAl_3$ 共晶形式出现，见图 6-9，其特征详见第 2 章。

在半连续铸锭组织中，可以看到的这些相是枝晶网络主要组成物，见图 6-10～图 6-14。

在半连续铸造状态下，合金中 $\alpha(Al)$＋$\beta(Mg_5Al_8)$不平衡共晶的出现与镁含量有密切关系。例如对 $\phi192\,mm$ 圆铸锭（DC）进行相分析结果得出：在 5A02 及 5A03 合金中，没有看到 $\beta(Mg_5Al_8)$相，在 5A05 合金中能看到少量的 $\beta(Mg_5Al_8)$ 相，而在 5A06 及 5A12 合金中，$\beta(Mg_5Al_8)$相的数量随镁含量的提高而相应地增加，如图 6-2 所示。

6.2　热处理特性

在不同温度下，镁在铝中虽有较大的固溶度变化，但实际上合金没有明显的时效强化作用，这是由于在淬火、时效时形成的新相 β'和基体不发生共格强化的结果。所以这类合金均不采用淬火、时效方法来提高合金的强度。它的制品一般为退火状态或冷作硬化状态。

铝-镁合金在退火时，组织和性能发生变化。温度逐渐升高，这种变化更加明显，当温度升高到某一较高温度后，即使退火温度继续升高，组织和性能仍较稳定。例如图 6-3 所示，5A06 合金冷轧板材在 240℃退火时（保温 1 h，空冷）板材已开始再结晶。这时，在纤维状变形组织中出现了少量的再结晶晶粒，其相应的 X 光照片上也开始看到清晰的衍射斑点，合金的强度开始下降，伸长率上升。退火温度提高到 280 ℃，其显微组织已由纤维状变形组织完全变为等轴的再结晶晶粒，X 光照片上完全出现了清晰的衍射斑点。
再提高温度到 320℃ 以上，其组织和性能无明显变化。

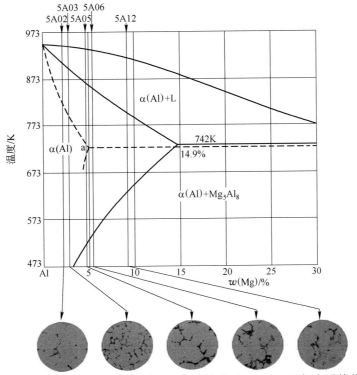

图 6-2 镁含量与半连续铸造（DC）铝镁合金中 β(Mg₅Al₈)相出现的关系

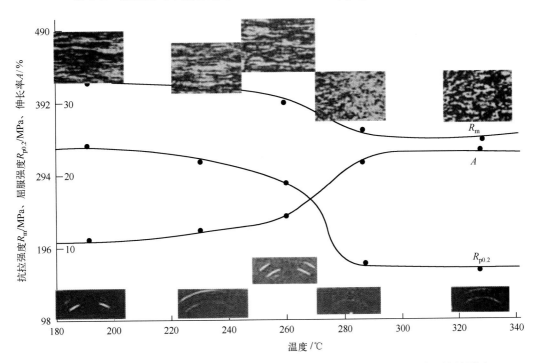

图 6-3 退火温度对 5A06 合金冷轧板（冷变形量为 60%）组织和力学性能的影响

资料和我们研究表明，合金的再结晶温度与镁含量有密切关系。把图 6-2 和图 6-4 连续起来可以看出：Al-Mg 系合金的再结晶行为和该系合金平衡图十分有关。当含镁量小于 2%时，随镁含量的增加再结晶温度高，符合合金元素对高纯铝再结晶温度升高的一般规律。再增加镁含量再结晶温度下降，大致到镁为 5%时再结晶温度下降到最低点，这点成分正好是我们研究工业生产 Al-Mg 合金中出现非平衡共晶组织的成分，见图 6-2 中的 a 点），可见镁含量在 3%~5%这个成分之间再结晶温度是随着合金熔点的降低而下降，符合 $T_{再结晶}/T_{熔化}=0.35\sim0.4$ 关系式的表现。镁含量大于 5%~6%以上，再结晶温度又升高，显然由于合金这时处于固态溶解度区，从 α(Al)析出 β(Mg₅Al₈)，在降低合金 α(Al)晶体畸变的同时，恢复作用也更充分，从而推迟再结晶作用，使再结晶温度升高。

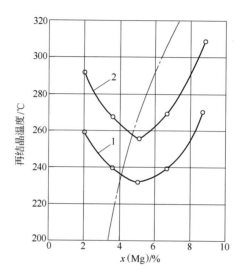

图 6-4　铝-镁系合金中不同镁含量与再结晶温度的关系

— · — · — 溶解度曲线；

1—再结晶开始温度；2—再结晶终了温度

除上所述，加工方式、退火前的冷变形程度对合金的再结晶温度也有影响。工业铝-镁系合金部分产品的再结晶温度如表 6-3 所示。

表 6-3　工业铝-镁系合金部分产品的再结晶温度

合金牌号	品种	规格或型号/mm	工 艺 条 件						再结晶温度/℃	
			压　延		挤　压		退火条件			
			温度/℃	变形量/%	温度/℃	变形率/%	盐浴槽或空气炉	时间/min	开　始	终　了
5A02		2.0							245~250	300~305
5A03	冷压板	1.0	室温	80%			空气炉	60	230~235	260~265
5A05		2.0							225~230	250~255
5A06		2.0							235~240	270~275

经冷轧的高镁合金板材，在室温下长期存放时，其力学性能会有所变化。图 6-5 是含

镁量为 6%的铝-镁合金冷轧板材，在室温下长期存放时性能变化曲线。随着存放时间的增长，板材的强度有所下降，特别是屈服强度下降明显，伸长率则显著增高。这种软化现象并随变形程度及镁含量的增加而表现得更加明显。在显微镜下观察组织，没有发生什么变化。

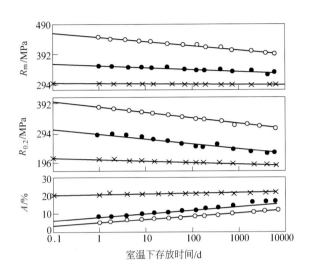

图 6-5　含 6%Mg 的铝-镁合金冷轧板材存放时间与抗拉强度、屈服强度和伸长率变化的关系

变形率：○—60%；　●—20%；　×—5%

为了防止合金冷加工后长期放置所产生的软化现象，在冷变形后，把产品进行低温退火（150℃加热 3 h）进行处理。这样，在室温下存放时力学性能即能趋于稳定。这种方法叫做稳定化处理。

镁含量小于 3%的 Al-Mg 合金，对应力耐蚀不敏感。当镁含量大于 3%时会随镁含量的增加使其敏感性增大，这是由于沿 α(Al)晶界上析出 β(Mg$_5$Al$_8$)而引起的，用热处理方法改变晶界析出物分布的状态，可降低合金对应力腐蚀的敏感性。金相观察表明当 β(Mg$_5$Al$_8$)相在 α(Al)晶界上连续分布时，合金对应力腐蚀很敏感，而当其分布不连续时则对应力腐蚀的敏感性很小。以 Al-5%Mg 合金为例，把合金加热到固态溶解度曲线以上进行固溶处理后在水中淬火，再将其加热到 148～150℃，晶界上出现连续的 β(Mg$_5$Al$_8$)相，此时出现明显应力腐蚀现象。如加热到 204～260℃ 则 β(Mg$_5$Al$_8$)相沿晶界的析出物聚集为不连续的球状，则应力腐蚀现象显著降低。把合金固溶处理后缓慢冷却到室温也可得到沿 α(Al)晶界不连续分布的 β(Mg$_5$Al$_8$)相，从而降低对应力腐蚀的敏感性。

试验表明对出现沿 α(Al)晶界上连续析出的 β(Mg$_5$Al$_8$)相的合金，给予冷加工，再在 176～178℃重新加热，使 β(Mg$_5$Al$_8$)相又聚集球化，这时耐应力腐蚀性明显提高。

6.3　铸锭（DC）及加工制品的组织和性能

（1）相组成（图 6-6～图 6-14）：

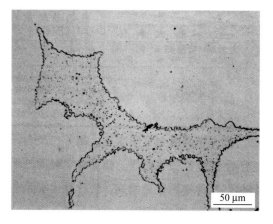

图 6-6 ×210

合　　金　5A12
状　　态　半连续铸锭在 750℃复熔，缓冷
　　　　　至 430℃，水中淬火
浸 蚀 剂　10%H₃PO₄ 水溶液
组织特征　α(Al)+β(Mg₅Al₈)共晶，β(Mg₅Al₈)
　　　　　呈骨骼状

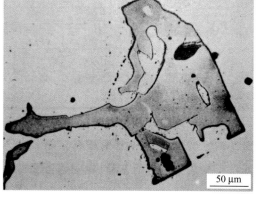

图 6-7 ×210

合　　金　5A06
状　　态　同图 6-6
浸 蚀 剂　20%H₂SO₄ 水溶液
组织特征　(FeMn)Al₆ 呈多边形块状

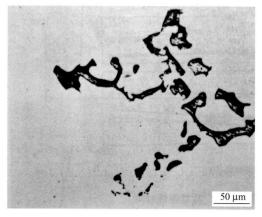

图 6-8 ×210

合　　金　5A03
状　　态　同图 6-6
浸 蚀 剂　未浸蚀
组织特征　α(Al)+ Mg₂Si 共晶，Mg₂Si
　　　　　呈骨骼状

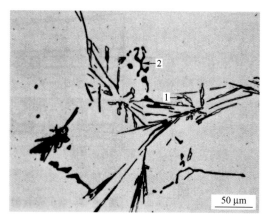

图 6-9 ×210

合　　金　5A03
状　　态　同图 6-6
浸 蚀 剂　混合酸水溶液
组织特征　1—FeAl₃ 呈针状；
　　　　　2—Mg₂Si

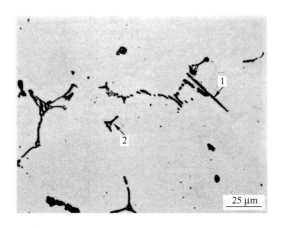

图 6-10　　　　　　　　　**×400**

合　　金	5A02
状　　态	半连续铸造状态
浸 蚀 剂	混合酸水溶液
组织特征	枝晶网络组成物
	1—$FeAl_3$；
	2—Mg_2Si

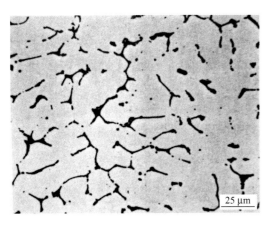

图 6-11　　　　　　**×400**

合　　金	5A03
状　　态	半连续铸造状态
浸 蚀 剂	混合酸水溶液
组织特征	枝晶网络组成物
	$\alpha(Al) + Mg_2Si$

图 6-12　　　　　　**×400**

合　　金	5A05
状　　态	半连续铸造状态
浸 蚀 剂	混合酸水溶液
组织特征	1—$\beta(Mg_5Al_8)$；
	2—Mg_2Si

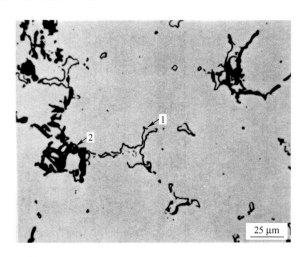

图 6-13　　　　　　　　　　　　　　×400

合　　金　5A06

状　　态　半连续铸造状态

浸 蚀 剂　混合酸水溶液

组织特征　1—Mg₅Al₈；

　　　　　2—Mg₂Si

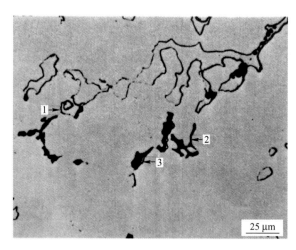

图 6-14　　　　　　　　　　　　　　×400

合　　金　5A12

状　　态　半连续铸造状态

浸 蚀 剂　混合酸水溶液

组织特征　1—β(Mg₅Al₈)；

　　　　　2—Mg₂Si；

　　　　　3—(FeMn)Al₆

（2）铸锭的组织（图 6-15～图 6-19）：

图 6-15

合金及状态　5A06 半连续铸造状态

规　　　格　ϕ192 mm

浸　蚀　剂　15%NaOH 水溶液

组 织 特 征　宏观组织。边部的晶粒比中间及中心部位的较细

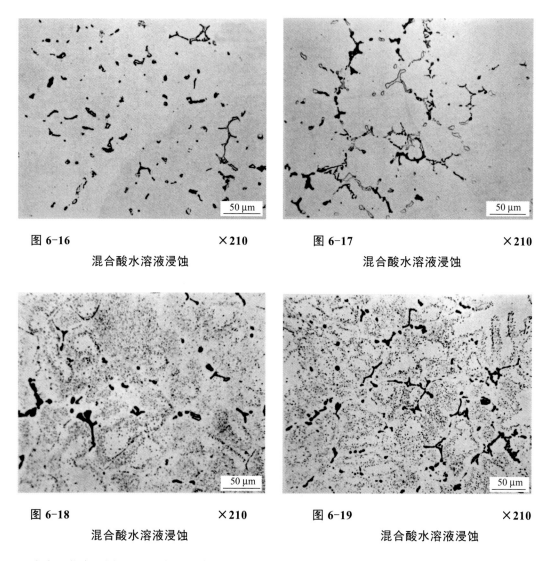

图 6-16　　　　　　　　×210
混合酸水溶液浸蚀

图 6-17　　　　　　　　×210
混合酸水溶液浸蚀

图 6-18　　　　　　　　×210
混合酸水溶液浸蚀

图 6-19　　　　　　　　×210
混合酸水溶液浸蚀

合金及状态　图 6-16，图 6-17 为 5A06 合金铸锭半连续铸造状态；

　　　　　　图 6-18，图 6-19 是该铸锭均匀化状态（475℃，24 h，空冷）

规　　　格　φ192 mm

组 织 特 征　图 6-16 为铸锭横截面边缘部位组织，枝晶网不连续；

　　　　　　图 6-17 为铸锭横截面中间部位组织，枝晶网较边缘部位连续；

　　　　　　图 6-18 及图 6-19 分别为铸锭边部及中间部位均匀化状态组织，枝晶网组

　　　　　　成物已部分地固溶，并从 α(Al)基体中析出大量的 β(Mg$_5$Al$_8$)等相的弥散质点

（3）板材的组织（图6-20～图6-28）：

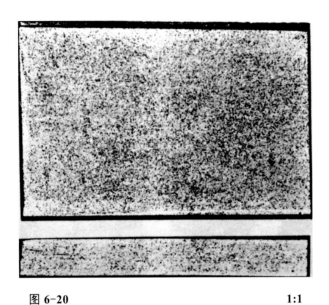

图 6-20   1:1

合金及状态　5A06 F
规　　　格　厚 6.0 mm
浸　蚀　剂　15%NaOH 水溶液
组 织 特 征　图中上部为板材表面宏观组织，
　　　　　　呈等轴细晶粒组织；
　　　　　　图中下部为板材纵截面宏观组织，
　　　　　　边部晶粒细小，中心晶粒沿压延
　　　　　　方向伸长
力 学 性 能　抗拉强度 R_m：345 MPa
　　　　　　屈服强度 $R_{p0.2}$：190 MPa
　　　　　　伸长率 A：21.0 %

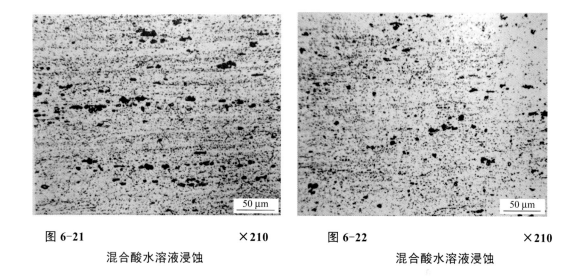

图 6-21   ×210

混合酸水溶液浸蚀

图 6-22   ×210

混合酸水溶液浸蚀

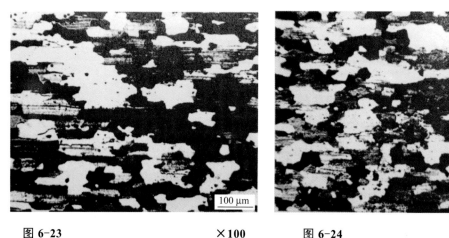

图 6-23   ×100

试样经电解抛光并阳极复膜偏振光下组织

图 6-24   ×100

试样经电解抛光并阳极复膜偏振光下组织

合金及状态   5A06 F

规   格   厚 6.0 mm

组 织 特 征   图 6-21 及图 6-23 为纵截面中间部位组织，板材热变形后，化合物破碎沿压延方向成行排列，并从 $\alpha(Al)$ 基体中析出大量的 $\beta(Mg_5Al_8)$ 等相的质点，板材已再结晶，晶粒沿压延方向伸长；

图 6-22 及图 6-24 为板材横截面中间部位组织

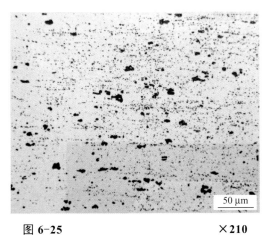

图 6-25   ×210

混合酸水溶液浸蚀

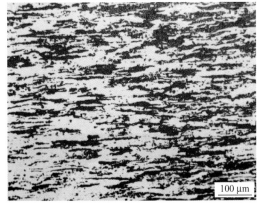

图 6-26   ×100

试样经电解抛光并阳极复膜偏振光下组织

合金及状态　5A06 H18
规　　　格　厚 1.0 mm
组 织 特 征　图 6-25 为纵截面中间部位组织，板材冷变形后，化合物破碎沿压延方向排列，
　　　　　　在 α(Al)基体上仍分布有大量的 β(Mg₅Al₈)等相的质点；

$$\alpha(Al) \quad \beta(Mg_5Al_8)$$

　　　　　　图 6-26 为图 6-25 的偏光组织
力 学 性 能　抗拉强度 R_m：450 MPa
　　　　　　屈服强度 $R_{p0.2}$：435 MPa
　　　　　　伸长率 A：7.0 %

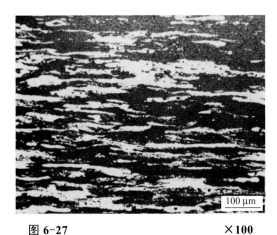

图 6-27   ×100

试样经电解抛光并阳极复膜偏振光下组织

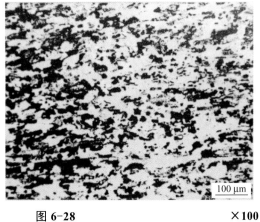

图 6-28   ×100

试样经电解抛光并阳极复膜偏振光下组织

合金及状态　5A06 O
规　　　格　厚 3.6 mm
组 织 特 征　图 6-27 为板材在 240℃退火后的组织，在纤维状组织中有再结晶晶粒出现；
　　　　　　图 6-28 为板材在 280℃退火后的组织，已完全再结晶，纤维状组织完全为再结晶
　　　　　　晶粒所代替
力 学 性 能　抗拉强度 R_m：335 MPa
　　　　　　屈服强度 $R_{p0.2}$：190 MPa
　　　　　　伸长率 A：21.0 %

（4）挤压制品的组织（图 6-29～图 6-37）：

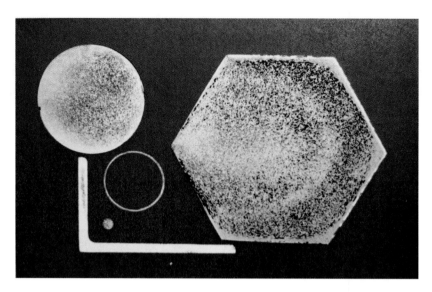

图 6-29

合 金 及 状 态　5A06 F

规　　　　格　ϕ30 mm 棒材

　　　　　　　XC113-55 型材

　　　　　　　20 mm×18 mm 管材

　　　　　　　ϕ4 mm 线材

浸　蚀　剂　15% NaOH 水溶液

组 织 特 征　图中均为挤压制品后端横截面宏观组织，除表皮层有粗晶环外，

　　　　　　　边部晶粒较中心部位的细小

力 学 性 能　抗拉强度 R_m：370 MPa

　　　　　　　屈服强度 $R_{p0.2}$：240 MPa

　　　　　　　伸长率 A：20.5 %

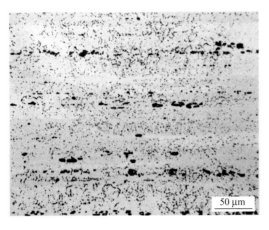

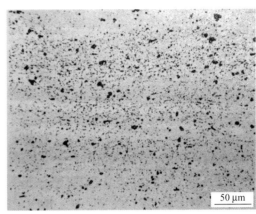

图 6-30 　　　　　　　　　　×210

混合酸水溶液浸蚀

图 6-31 　　　　　　　　　　×210

混合酸水溶液浸蚀

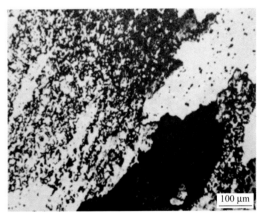

图 6-32 　　　　　　　　　　×100

试样经电解抛光并阳极复膜偏振光下组织

图 6-33 　　　　　　　　　　×100

试样经电解抛光并阳极复膜偏振光下组织

合金及状态　　5A06 F

规　　　格　　ϕ35 mm 棒材

组织特征　　图 6-30 及图 6-32 为棒材后端纵截面中间部位组织，经热变形后，化合物破碎沿挤压方向成行排列，从 α(Al)基体中析出大量的 β(Mg_5Al_8)等相的质点，合金已再结晶，晶粒沿挤压方向伸长，并还残存少量的变形组织；

　　　　　　图 6-31 及图 6-33 为棒材后端横截面中间部位组织，晶粒大小很不均匀

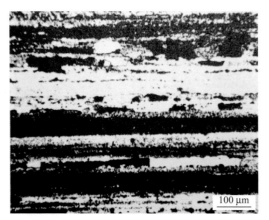

图 6-34 ×100

试样经电解抛光并阳极复膜偏振光下组织

合金及状态 5A06 F

规　　　格 XC113-55 型材

组 织 特 征 型材纵截面中间部位偏光组织，
材料已发生再结晶，还保存有
变形组织

力 学 性 能 抗拉强度 R_m：345 MPa
屈服强度 $R_{p0.2}$：230 MPa
伸长率 A：18.5 %

图 6-35 ×100

试样经电解抛光并阳极复膜偏振光下组织

合金及状态 5A06 O (390℃保温 1 h，空冷)

规　　　格 XC113-55 型材

组 织 特 征 型材纵截面中间部位偏光组织，
材料已完全再结晶，晶粒沿挤
压方向拉长

力 学 性 能 抗拉强度 R_m：345 MPa
屈服强度 $R_{p0.2}$：225 MPa
伸长率 A：19.5 %

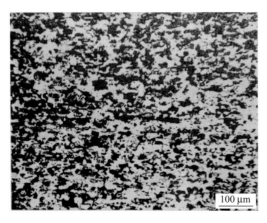

图 6-36 ×100

试样经电解抛光并阳极复膜偏振光下组织

合金及状态 5A06 O (390℃保温 1 h，空冷)

规　　　格 20 mm×18 mm 管材

组 织 特 征 管材尾部纵向偏光组织，已
完全再结晶，晶粒细小等轴

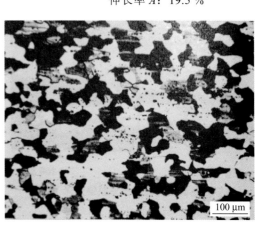

图 6-37 ×100

试样经电解抛光并阳极复膜偏振光下组织

合金及状态 5A06 O (390℃保温 1 h，空冷)

规　　　格 ϕ4 mm 冷拔线材

组 织 特 征 线材横向偏光组织，已完全再
结晶，晶粒呈等轴状

（5）模锻件的组织（图 6-38～图 6-42）：

图 6-38

合金及状态　5A06 F
规　　格　A-4 模锻件
浸　蚀　剂　15% NaOH 水溶液
组 织 特 征　锻件径向截面低倍组织，流纹沿模型轮廓均匀流动
退火状态锻件沿流纹纵向力学性能
抗拉强度 R_m：284～313 MPa
屈服强度 $R_{p0.2}$：118～157 MPa
伸长率 A：11%～15%

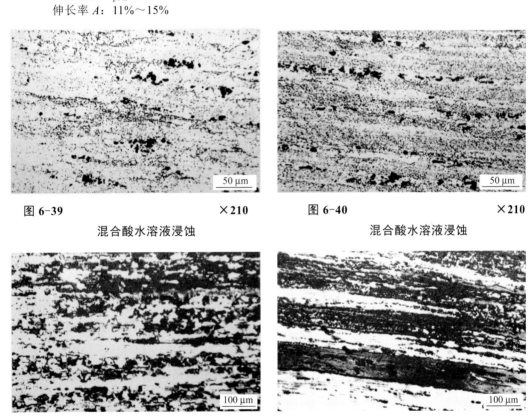

图 6-39　　　　　　　　　　×210

混合酸水溶液浸蚀

图 6-40　　　　　　　　　　×210

混合酸水溶液浸蚀

图 6-41　　　　　　　　　　×100

试样经电解抛光并阳极复膜偏振光下组织

图 6-42　　　　　　　　　　×100

试样经电解抛光并阳极复膜偏振光下组织

合金及状态　5A06 F
型　　号　A-4 模锻件
组 织 特 征　图 6-39 及图 6-41 为凸缘中心部位组织，化合物破碎后沿金属流动方向分布，α(Al)基
　　　　　　体中析出大量的 β(Mg_5Al_8)等相的质点，材料已发生再结晶，但仍保存有变形组织；
　　　　　　图 6-40 及图 6-42 为腹板中心部位组织，因其变形率较大，化合物分布的方向性
　　　　　　较图 6-39 更明显，材料已发生再结晶，但仍保存有变形组织

7 6×××系（铝-镁-硅系）合金

7.1 6×××系合金之一——铝-镁-硅-铜系合金

在铝-镁-硅-铜系合金中，常用的合金有 6A02、2A50、2B50、2A14。这类合金有着良好的锻造性能，主要用做锻件，所以也叫锻铝。

7.1.1 化学成分及相组成

该系合金的化学成分如表 7-1 所示。

表 7-1 合金化学成分

合金牌号	主要成分（质量分数）/%						杂质含量（质量分数）/%，不大于					
	Cu	Mg	Si	Mn	Ti	Cr	Fe	Ni	Zn	Fe+Ni	其他	杂质总和
6A02	0.2~0.6	0.45~0.9	0.5~1.2	或 Cr 0.15~0.35	—	—	0.5	—	0.2	—	0.1	0.8
2A50	1.8~2.6	0.4~0.8	0.7~1.2	0.4~0.8	—	—	0.7	0.1	0.3	0.7	0.1	1.1
2B50	1.8~2.6	0.4~0.8	0.7~1.2	0.4~0.8	0.02~0.1	0.01~0.2	0.7	0.1	0.3	0.7	0.1	1.1
2A14	3.9~4.8	0.4~0.8	0.6~1.2	0.4~1.0	—	—	0.7	0.1	0.3	—	0.1	1.2

铝-镁-硅-铜系合金是在铝-镁-硅系的基础上发展起来的。在这类合金中，最先出现的是 51S（镁 0.6%，硅 0.9%）。早在 1921 年就有研究者指出，Mg_2Si 对铝-镁-硅系合金的强化起决定性作用。经研究 Al-Mg_2Si 伪二元状态图（图 7-1）上的合金和含有过剩镁或硅的合金发现，合金的时效强化效果，随淬火加热时溶入固溶体中的 Mg_2Si 相数量的增加而提高，Mg_2Si 是此系合金的主要强化相。后来研究发现，51S 合金在淬火后，不立即时效，停留一段时间，会降低随后的人工时效效果。为了补偿这种损失，在 51S 合金的基础上，加入 0.2%～0.6%铜和 0.15%～0.35%锰（或铬）就成为 6A02 合金，加入 1.8%～2.6%铜，0.4%～0.8%锰即是 2A50 合金。合金中加入锰，不但细化再结晶晶粒，而且还扩大淬火温度的上限，从而使合金强度提高。同时因加入铜，显著地改善了合金在热加工时的塑性，并增强热处理强化效果。铜的加入，还能抑制挤压效应，降低合金因加锰后所出现的各向异性。

为了消除 2A50 合金铸锭的柱状晶，防止制品形成粗晶的倾向，给合金中加入 0.02%～0.1%钛和 0.01%～0.2%铬。这个合金即为 2B50 合金。

2A14 合金的铜含量更高，和硬铝相当，为 3.9%～4.8%，所以也可叫高强度硬铝合金。

合金中含铁 0.2%～0.4%，能防止淬火加热时再结晶晶粒的长大，增加强化效果。但含铁量超过 0.8%时，因出现粗大的$(FeMn)Al_6$相，降低合金塑性。

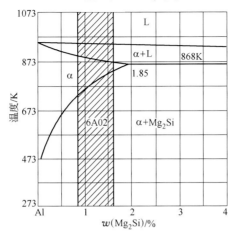

图 7-1 Al-Mg₂Si 伪二元平衡图

根据该系合金的化学成分范围和平衡图（图 7-2、图 7-3），并经金相及电子探针微区分析得出，该系合金在缓慢冷却条件下的相组成见表 7-2。

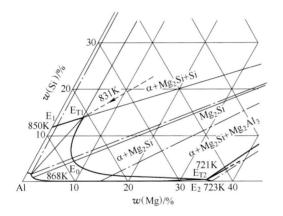

图 7-2 Al-Mg-Si 系合金平衡图靠铝角部分

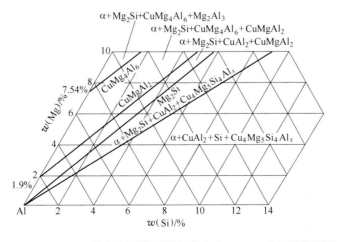

图 7-3 Al-Mg-Si-Cu 系合金平衡图靠铝角在含 5%Cu 处固态相区的分布

表 7-2　合金的相组成

合金牌号	主　要　相　组　成	杂　质　相
6A02	α(Al)，Mg$_2$Si，W(Cu$_4$Mg$_5$Si$_4$Al$_x$)	(FeMnSi)Al$_6$，AlSiFe
2A50 或 2B50	α(Al)，Mg$_2$Si，W(Cu$_4$Mg$_5$Si$_4$Al$_x$)，CuAl$_2$，少量 S(CuMgAl$_2$)	(FeMnSi)Al$_6$，TiAl$_3$[①]
2A14	α(Al)，Mg$_2$Si，S(CuMgAl$_2$)，CuAl$_2$，W(Cu$_4$Mg$_5$Si$_4$Al$_x$)	(FeMnSi)Al$_6$ 或 Mn$_3$SiAl$_{12}$

① 在 2B50 合金中添加有钛，故有 TiAl$_3$ 相出现。

在铝-镁-硅-铜系合金中，当镁与硅的比例为 1.73 时，形成 Mg$_2$Si。当比值小于 1.08 时，便可能形成 W(Cu$_4$Mg$_5$Si$_4$Al$_x$)相，剩余的铜则形成 CuAl$_2$。Mg$_2$Si 属于典型化学化合物，化合比为 1.73。CuAl$_2$、S(CuMgAl$_2$)、W(Cu$_4$Mg$_5$Si$_4$Al$_x$)等相属于金属化合物。根据资料介绍：W(CuMgSiAl)相中的 Cu:Mg:Si 为 4:5:4，含 Al 约 30%～40%，其分子式为 W(Cu$_4$Mg$_5$Si$_4$Al$_x$)。W 相在合金中的出现随结晶条件而定，当生成 W(Cu$_4$Mg$_5$Si$_4$Al$_x$)相的包晶反应能够充分进行时，出现 W(Cu$_4$Mg$_5$Si$_4$Al$_x$)，若进行得不够充分，则 W(Cu$_4$Mg$_5$Si$_4$Al$_x$)相含量很少，甚至没有。W 相与 S(CuMgAl$_2$)、CuAl$_2$、Mg$_2$Si 等相不同，在淬火加热时，只部分固溶，参与强化。

几个主要相的特征：

Mg$_2$Si 相：亮灰色，初晶呈多角形，共晶多呈鱼骨状。实际生产的半连续铸造铸锭，在偏析瘤处均能见到（图 7-9、图 7-10）。在铸锭正常部位呈枝叉状（图 7-11～图 7-14）。未浸蚀前，通常因抛光而被染成暗蓝色，容易辨认。它除不受或稍受 NaOH 水溶液浸蚀外，混合酸、25%HNO$_3$、0.5%HF 水溶液等均能使它强烈受浸蚀，甚至被溶解掉。从 α(Al)固溶体中析出的 Mg$_2$Si，以片状沿 α(Al)固溶体（100）析出，故彼此呈 90°角排列（图 7-23、图 7-24）。

W(Cu$_4$Mg$_5$Si$_4$Al$_x$)相：浅灰色，呈骨骼状或密集块状结晶，用 25%HNO$_3$ 或 0.5%HF 水溶液浸蚀，呈深褐色（图 7-5、图 7-6）。

(FeMnSi)Al$_6$ 相：亮灰色，但比 W 相稍亮，呈骨骼状。用 0.5%HF 水溶液浸蚀，呈褐色。容易和 W 相相混淆。但因它不受 25% HNO$_3$ 水溶液浸蚀，故可用此法加以区别（图 7-7～图 7-16）。

CuAl$_2$、S(CuMgAl$_2$)相：见第 3 章。

7.1.2　热处理特性

这类合金有共同的强化相 Mg$_2$Si。淬火后既可自然时效，又可人工时效。由于强化相 Mg$_2$Si 在室温下析出缓慢，所以自然时效效果不大，必须经人工时效后，才有高的强化效果。据资料介绍：合金中的硅和镁在人工时效温度下，优先形成含硅相（Mg$_2$Si、W 相），而在室温下，硅则保留在 α(Al)过饱和固溶体中，不易析出。

这类合金有个共同的缺点，即淬火后，在室温下的停留时间，会降低随后的人工时效效果，即所谓停放效应。尤以 6A02 合金表现最明显，停留时间超过 30 min，强化效果明显下降，超过 6 h，则强度达不到技术条件的要求。就是 2A14 合金淬火后，也应在 3 h 以内或 48 h 以后进行人工时效，才能达到最好的力学性能。

以下分述各合金在热处理时应注意的一些问题：

（1）6A02 合金。根据 Al-Mg$_2$Si 伪二元平衡图（图 7-1），可以看出，在共晶温度下，强化相 Mg$_2$Si 的最大溶解度为 1.85%，随着温度下降，溶解度明显降低，在 200℃时下降为 0.25%。因此合金具有较好的热处理强化效果。同时合金淬火加热的温度范围也很宽。淬火温度高于 540℃时，虽然固溶充分，使合金强化效果提高，但因形成粗晶组织，反而使强度降低（图 7-4）。淬火温度若低于 500℃，则尽管获得了细晶组织，能使强度提高，但由于固溶不充分，合金的强化效果却相应降低。为了保证强化相充分固溶，又不使合金组织粗大，根据实验与生产实践证明，最好的淬火加热温度为 520±10℃，人工时效制度为 150～160℃，保温 6～15 h。

6A02 合金的退火温度为 380～420℃。图 7-4 为不同淬火温度对 6A02 合金板材晶粒度的影响。

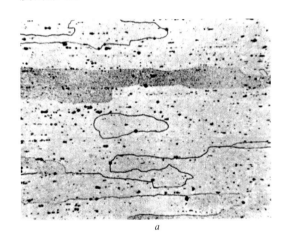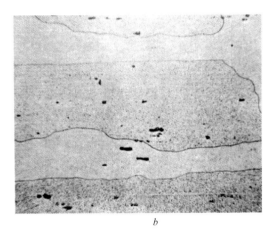

a　　　　　　　　　　　　　　　　　*b*

图 7-4　不同淬火温度对 6A02 合金板材晶粒度的影响

a—6A02 合金 5.0 mm 板材在 530℃下淬火组织，晶粒正常；

b—6A02 合金 5.0 mm 板材在 560℃下淬火组织，晶粒粗大

（2）2A50 合金。合金淬火时效时的主要强化相为 Mg$_2$Si、CuAl$_2$、W(Cu$_4$Mg$_5$Si$_4$Al$_x$) 相，以及可能出现的 S(CuMgAl$_2$)相。有人认为，2A50 合金不能同时形成 CuAl$_2$ 和 S(CuMgAl$_2$)相。我们对半连续铸造水冷铸锭进行相分析，也未发现 S(CuMgAl$_2$)相，只有 CuAl$_2$ 相。2A50 合金在 510～520 ℃加热时，强化相显著固溶，当加热温度超过 540℃ 时，也出现与 6A02 合金相似的晶粒长大现象，因而使合金强度降低。所以 2A50 合金最适宜的淬火加热温度应为 515～525℃。时效制度为 155～170℃，保温 4～15 h。

2A50 合金的退火温度可采用 350～400℃。

（3）2A14 合金。2A14 合金含有较多的强化相 CuAl$_2$、Mg$_2$Si 以及少量的 S(CuMgAl$_2$) 相。合金的过烧敏感性很大，其制品淬火加热温度不得高于 505℃。2A14 合金的人工时效与退火制度同 2A50 合金。大规格复杂形状的 2A14 合金锻件，在淬火的激冷过程中，产生很大的淬火应力，引起锻件的翘曲与裂纹，根据不同制品，在生产中通常采用热水作冷却介质，以减轻残余应力。

6A02、2A50、2A14 合金的再结晶参数如表 7-3 所示。

表 7-3　铝-镁-硅-铜系合金的再结晶参数

| 合金牌号 | 品种 | 规格或型号/mm | 工艺条件 | | | | | | 再结晶温度/℃ | | 备注 |
| | | | 压延 | | 挤压 | | 退火条件 | | | | |
			温度/℃	变形率/%	温度/℃	变形率/%	盐浴槽或空气炉	时间/min	开始	终了	
6A02	板材	1.0	室温	85			盐浴槽	20	250~255	285~290	
6A02	板材	4.0	室温	50~55			空气炉	20	250~270	320~350	
6A02	棒材	φ10			350	98.6	盐浴槽	20		445~450	挤压状态已再结晶
2A50	棒材	φ150			350	87	盐浴槽	20	380~385	550~555	
2A14	板材	2.0	室温	60			空气炉	60	250~310	350	

7.1.3　铸锭（DC）及加工制品的组织和性能

这类合金铸锭及加工制品的一般组织变化规律在总论中已谈过，现就其一些组织特点分述如下：

（1）化学成分对铸锭组织的影响。随着合金化学成分的复杂化，合金的晶粒度按 6A02、2A50、2A14 顺序变小。由于合金化程度不同，其显微组织也有明显差别，即 2A50、2A14 合金的枝晶网络比 6A02 合金厚，并且也较连续（图 7-17～图 7-32）。

由于 2A14 合金中共晶组织复杂，而且数量多，致使浸蚀后的宏观晶粒组织不如 6A02 合金清晰（图 7-17、图 7-19）。

（2）舌型模挤压制品中焊合区的组织特点。XC051 型材，是 6A02 合金的重要产品。这种型材内壁形状复杂，尺寸要求精确，系采用舌型模挤压法生产。在金相组织中，也出现了与其它方法生产的制品不同的组织区—焊合区。由于金属挤压时的条件变化，焊合区的正常组织表现出三种不同的特征：1）宏观组织呈突起的亮条，其显微组织比相邻正常部位粗大；2）宏观组织呈凹下线条，迎光观察，颜色发白，其显微组织比相邻正常部位细小，由一串细小晶粒组成（图 7-56）；3）焊合区宏观组织与正常部位差别不明显，其相应的显微组织亦无明显差别。以上三种组织都未破坏组织的连续性，其力学性能也与非焊合区的正常部位基本相同，故均属焊合良好的合格组织。由此可见，对焊合区的生产检查，若不结合显微组织观察，而单凭宏观组织特征，往往容易得出错误的结论。

（3）挤压制品粗晶环区域的锯切效应。挤压制品淬火前的锯切，会影响在锯切面附近粗晶环区的再结晶晶粒大小。例如，图 7-47 为 2A50 合金挤压制品淬火后锯切的试片宏观组织，图 7-45 为该制品淬火前锯切的试片宏观组织。由以上两图可以看出，经同一制度的热处理后，在粗晶区内的晶粒大小截然不同。图 7-47 为粗晶区的真实晶粒大小，而图 7-45 的粗晶区内晶粒显著变小，这显然是受锯切效应影响的结果。试验证明，锯切效应的影响深度与锯切方式有关。用圆盘锯锯切的影响最深，带锯其次，手锯影响最小。在一般生产条件下，影响深度为 20～30 mm 左右（图 7-46），故对淬火前锯切的试片进行粗晶环检查时，必须将锯切面端铣去 20～30 mm 后再作检查。

该类合金铸锭及加工制品的组织和性能如下：

（1）相组成（图 7-5～图 7-16）：

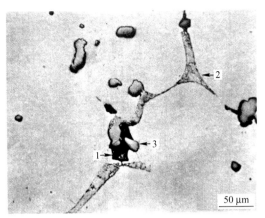

图 7-5 ×210

合　　　金	2A50
状　　　态	铸锭在 600℃复熔，缓慢冷到 580℃，保温 8 h，水冷
浸　蚀　剂	未浸蚀
组　织　特　征	1—Mg_2Si，暗蓝色； 2—$\alpha(Al)$ + $CuAl_2$ 共晶； 3—$W(Cu_4Mg_5Si_4Al_x)$浅灰色块状

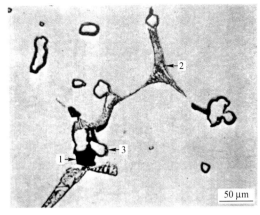

图 7-6 ×210

合　　　金	2A50
状　　　态	同图 7-5
浸　蚀　剂	25%HNO_3 水溶液，5~10 s
组　织　特　征	1—Mg_2Si 颜色变黑； 2—共晶中 $CuAl_2$ 变铜红色或棕黑色； 3—$W(Cu_4Mg_5Si_4Al_x)$稍受浸蚀

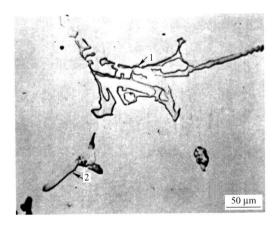

图 7-7 ×210

合　　　金	2A50
状　　　态	同图 7-5
浸　蚀　剂	未浸蚀
组　织　特　征	1—$(FeMnSi)Al_6$亮灰色，骨骼状； 2—$CuAl_2$，浅红色

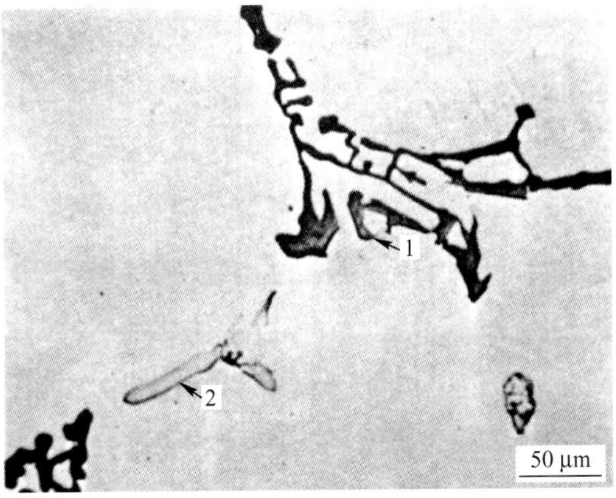

图 7-8 ×210

合　　　金	2A50
状　　　态	同图 7-5
浸　蚀　剂	0.5%HF 水溶液，5~10 s
组　织　特　征	1—$(FeMnSi)Al_6$变为褐色； 2—$CuAl_2$不受浸蚀，颜色不变

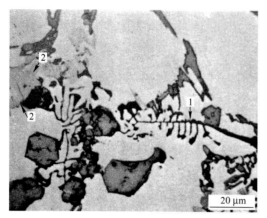

图 7-9   ×600

合 金 6A02

状 态 半连续铸造状态，偏析瘤部位

浸 蚀 剂 混合酸水溶液，5~10 s

组 织 特 征 1—Mg_2Si 受浸蚀变黑；

      2—$(FeMnSi)Al_6$ 浸蚀极弱

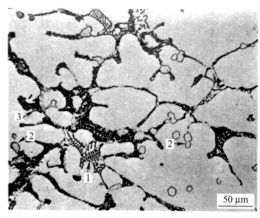

图 7-10   ×210

合 金 6A02

状 态 同图 7-9

浸 蚀 剂 25%HNO_3 水溶液，15~20 s

组 织 特 征 1—Mg_2Si 由蓝变黑；

      2—$(FeMnSi)Al_6$ 不受浸蚀，仍

        呈亮灰色；

      3—$CuAl_2$ 由浅红色变为棕黑色

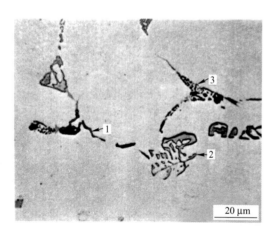

图 7-11   ×600

合 金 6A02

状 态 半连续铸造状态中心部位

浸 蚀 剂 25%HNO_3 水溶液，15~20 s

组 织 特 征 1—Mg_2Si 呈黑色；

      2—$(FeMnSi)Al_6$ 浅灰色；

      3—$\alpha(Al)+Mg_2Si+Si$ 共晶

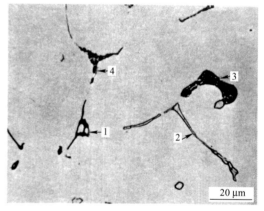

图 7-12   ×600

合 金 2A50

状 态 半连续铸造状态中心部位

浸 蚀 剂 25%HNO_3 水溶液，15~20 s

组 织 特 征 1—Mg_2Si 呈黑色；

      2—$(FeMnSi)Al_6$ 浅灰色；

      3—$\alpha(Al)+Mg_2Si+CuAl_2$ 共晶

      4—共晶中 $CuAl_2$ 呈棕黑色

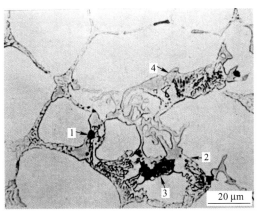

图 7-13　　　　　　　　　　　　×600

合　　　金　2A14
状　　　态　半连续铸造状态中心部位
浸 蚀 剂　未浸蚀
组织特征　1—Mg$_2$Si 呈暗蓝色，多角形片状；
　　　　　　2—CuAl$_2$ 呈浅红色；
　　　　　　3—S(CuMgAl$_2$)灰黄色蜂窝状；
　　　　　　4—(FeMnSi)Al$_6$浅灰色骨骼状

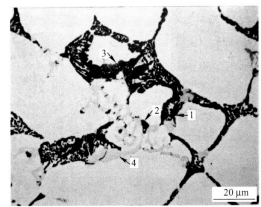

图 7-14　　　　　　　　　　　　×600

合　　　金　2A14
状　　　态　同图 7-13
浸 蚀 剂　25%HNO$_3$ 水溶液，15~20 s
组织特征　1—Mg$_2$Si 变黑色；
　　　　　　2—CuAl$_2$ 变棕黑色；
　　　　　　3—S(CuMgAl$_2$)相变暗黑色；
　　　　　　4—(FeMnSi)Al$_6$不受浸蚀

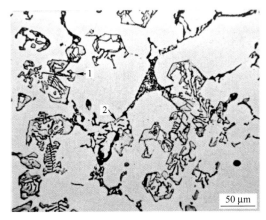

图 7-15　　　　　　　　　　　　×210

合　　　金　2A14
状　　　态　半连续铸造铸锭，极边缘部位
浸 蚀 剂　混合酸水溶液，10~15 s
组织特征　1—(FeMnSi)Al$_6$呈浅灰色；
　　　　　　2—Mg$_2$Si 呈黑色

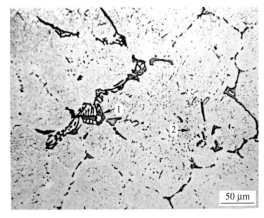

图 7-16　　　　　　　　　　　　×210

合　　　金　2A14
状　　　态　铸锭经 490℃均匀化 12 小时，
　　　　　　空冷
浸 蚀 剂　混合酸水溶液，10~15 s
组织特征　1—(FeMnSi)Al$_6$；
　　　　　　2—α(Al)固溶体中分解析出的质点

（2）铸锭的组织（图 7-17～图 7-32）：

图 7-17　　　　　　　　　　　　　　　　　　　　　　　　　　　1:3
15%NaOH 水溶液浸蚀

合金及状态　6A02 半连续铸造状态
规　　　格　ϕ290 mm 圆铸锭
组 织 特 征　铸锭横向宏观组织，边缘区为细小等轴晶，而中间部位及中心部位比边缘区域
　　　　　　晶粒稍大，晶粒较 2A50、2A14 合金粗大

图 7-18　　　　　　　　　　　　　　　　　　　　　　　　　　　1:3
15%NaOH 水溶液浸蚀

合金及状态　2A50 半连续铸造状态
规　　　格　ϕ290 mm 圆铸锭
组 织 特 征　铸锭横向宏观组织，最表面为偏析瘤，边缘区为细小等轴晶区，中间部位及中
　　　　　　心部位比边缘区晶粒稍大。晶粒比 6A02 合金细小

图 7-19 1:3

15%NaOH 水溶液浸蚀

合金及状态 2A14 半连续铸造状态

规　　格 ϕ290 mm 圆铸锭

组织特征 铸锭横向宏观组织，边缘区晶粒最小，中间部位及中心部位
　　　　　晶粒稍大。晶粒比 2A50 合金的更细小均匀

a

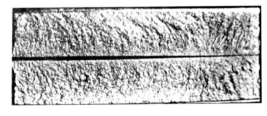

b

c

图 7-20

合金及状态 *a*—6A02；*b*—2A50；*c*—2A14 半连续铸造状态

规　　格 ϕ290 mm 圆铸锭

组织特征 脆性断口组织，组织均匀细密

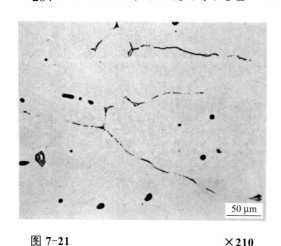

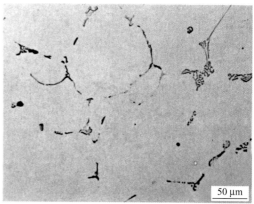

图 7-21	×210
混合酸水溶液浸蚀	

图 7-22	×210
混合酸水溶液浸蚀	

合 金 及 状 态　6A02 半连续铸造状态

规　　　格　ϕ290 mm 圆铸锭

组 织 特 征　图 7-21 为铸锭边缘部位组织，枝晶网格粗大而网络稀薄；

　　　　　　　图 7-22 为铸锭中心部位组织，枝晶网格较小，而网络较厚

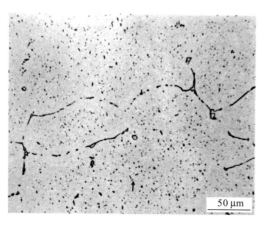

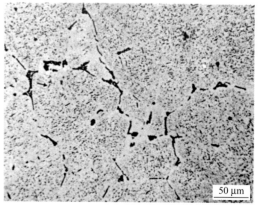

图 7-23	×210
混合酸水溶液浸蚀	

图 7-24	×210
混合酸水溶液浸蚀	

合 金 及 状 态　6A02 均匀化状态（500℃，均火 12 h，炉内冷却）

规　　　格　ϕ290 mm 圆铸锭

组 织 特 征　图 7-23 为均匀化后铸锭边缘部位组织；

　　　　　　　图 7-24 为均匀化后铸锭中心部位组织；

　　　　　　　铸锭经均匀化后，还残存一部分枝晶网状组织，并在基体上有条状的

　　　　　　　Mg_2Si 析出物（箭头所指）和含 Mn 相的分解质点

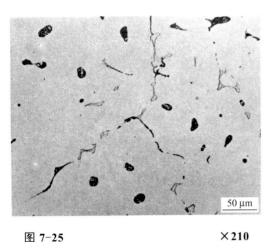

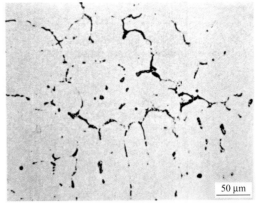

图 7-25   ×210
混合酸水溶液浸蚀

图 7-26   ×210
混合酸水溶液浸蚀

合金及状态   2A50 半连续铸造状态
规　　　格 ϕ290 mm 圆铸锭
组 织 特 征   图 7-25 为铸锭边缘部位组织，枝晶网格粗大；
　　　　　　图 7-26 为铸锭中心部位组织，枝晶网格细小

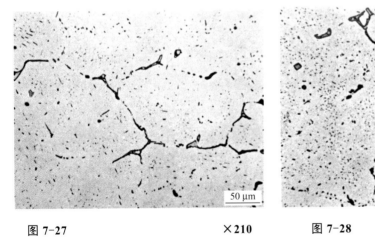

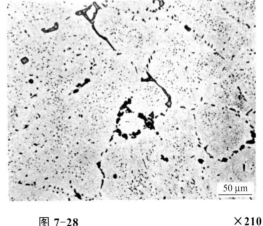

图 7-27   ×210
混合酸水溶液浸蚀

图 7-28   ×210
混合酸水溶液浸蚀

合金及状态   2A50 均匀化状态（530℃，均火 12 h，炉内冷却）
规　　　格 ϕ290 mm 圆铸锭
组 织 特 征   图 7-27 为均匀化后铸锭边缘部位组织；
　　　　　　图 7-28 为均匀化后铸锭中心部位组织；
　　　　　　铸锭经均匀化后，还残存部分枝晶网组织，并在 α(Al)基体上有
　　　　　　Mg_2Si、$CuAl_2$ 相析出物和含 Mn 相分解质点

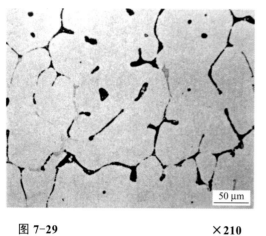

图 7-29　　　　　　　　　×210

25%HNO₃水溶液浸蚀

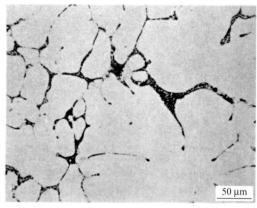

图 7-30　　　　　　　　　×210

25%HNO₃水溶液浸蚀

合金及状态　2A14 半连续铸造状态

规　　　格　ϕ290 mm 圆铸锭

组织特征　图 7-29 为铸锭边缘部位组织，枝晶网格粗大，网络较稀薄；

　　　　　　图 7-30 为铸锭中心部位组织，枝晶网格细小而不均匀，网络亦比边

　　　　　　缘部位厚。由于成分较 6A02、2A50 合金复杂，故枝晶间组成物多，

　　　　　　网络亦较厚

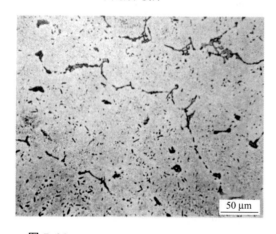

图 7-31　　　　　　　　　×210

混合酸水溶液浸蚀

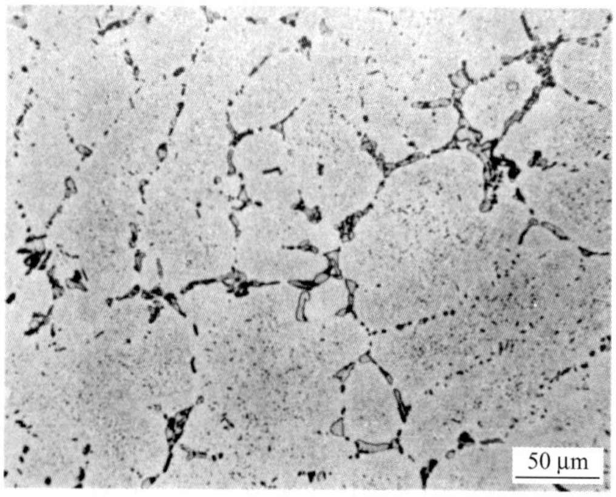

图 7-32　　　　　　　　　×210

混合酸水溶液浸蚀

合金及状态　2A14 均匀化状态（490℃，均火 12 h，炉内冷却）

规　　　格　ϕ290 mm 圆铸锭

组织特征　图 7-31 为均匀化后铸锭边缘部位组织；

　　　　　　图 7-32 为均匀化后铸锭中心部位组织；

　　　　　　铸锭经均匀化后，还残存部分枝晶网，并在 α(Al)基体上有大量

　　　　　　Mg₂Si、CuAl₂ 相析出物和含 Mn 相分解质点

（3）制品的组织（图7-33～图7-74）：

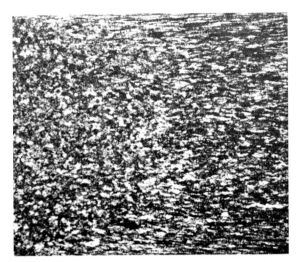

图 7-33　　　　　　　　　　　　　　1∶1
混合酸水溶液浸蚀

合金及状态　6A02T6(510℃，30 min，水冷，155℃，时效 15 h)
规　　　格　ϕ70 mm 棒材
组 织 特 征　棒材前端纵向宏观组织，顶部保留有未变形的铸造等轴晶粒，
　　　　　　　其晶粒逐渐被拉长，边缘区可明显见到变形的纤维状组织
力 学 性 能　抗拉强度 R_m：445 MPa
　　　　　　　屈服强度 $R_{p0.2}$：405 MPa
　　　　　　　伸长率 A：14.5 %

图 7-34　　　　　　　　　　　　　　1∶1
混合酸水溶液浸蚀

合金及状态　6A02T6(510℃，30 min，水冷，155℃，时效 15 h)
规　　　格　ϕ70 mm 棒材
组 织 特 征　棒材前端横向宏观组织，除边缘区晶粒被变形外，
　　　　　　　其他区域仍呈现铸态晶粒外形

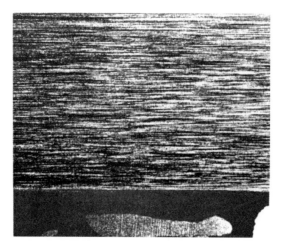

图 7-35　混合酸水溶液浸蚀

合金及状态　6A02T6(510℃，30 min，水冷，155℃，时效 15 h)

规　　　格　ϕ70 mm 棒材

组织特征　棒材后端纵向宏观组织，挤压时金属变形的不均匀性，后端比前端变形程度大，故在棒材后端外层出现了粗大的再结晶晶粒区（即为粗晶环），内层晶粒细长，呈纤维状

图 7-36　混合酸水溶液浸蚀

合金及状态　6A02T6(510℃，30 min，水冷，155℃，时效 15 h)

规　　　格　ϕ70 mm 棒材

组织特征　棒材后端横向宏观组织，因系多孔模挤压，粗晶区呈月牙形

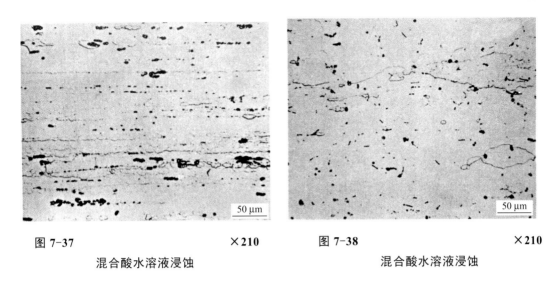

图 7-37   ×210

混合酸水溶液浸蚀

图 7-38   ×210

混合酸水溶液浸蚀

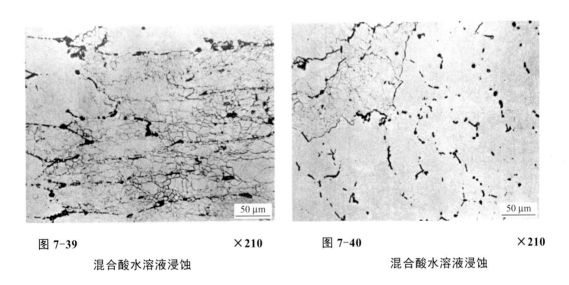

图 7-39   ×210

混合酸水溶液浸蚀

图 7-40   ×210

混合酸水溶液浸蚀

合金及状态　6A02T6

规　　　格　φ70 mm 棒材

组 织 特 征　图 7-37 为棒材前端边缘区纵向组织，化合物被破碎并沿挤压方向成行排列，合金尚未完全再结晶，再结晶晶粒沿挤压方向伸长还残留大量变形纤维状组织；

　　　　　　图 7-38 是其横向组织；

　　　　　　图 7-39 为棒材前端中心部位纵向组织，因变形量较小，尚存在铸造残留组织，除少量再结晶组织外，还可看到亚晶粒；

　　　　　　图 7-40 是其横向组织

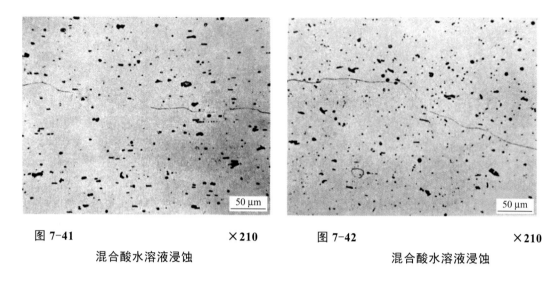

图 7-41   ×210

混合酸水溶液浸蚀

图 7-42   ×210

混合酸水溶液浸蚀

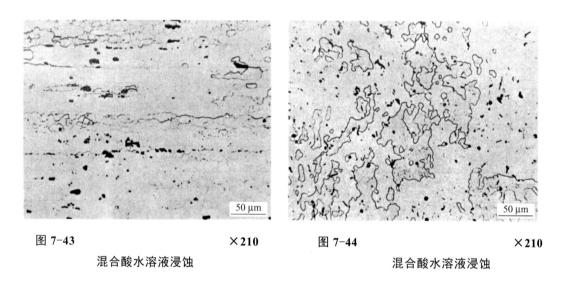

图 7-43   ×210

混合酸水溶液浸蚀

图 7-44   ×210

混合酸水溶液浸蚀

合金及状态   6A02T6

规　　　格 ϕ70 mm 棒材

组织特征   图 7-41 为棒材后端边缘区纵向组织，化合物被破碎程度很大，弥散地分布在
α(Al)基体上，合金已完全再结晶，晶粒粗大；

图 7-42 是其横向组织；

图 7-43 为棒材后端中心部位纵向组织，其变形量比边缘区小，但比前端中心
部位大，故化合物破碎程度亦比边缘区小，但比前端中心部位大，合金尚未完
全再结晶；

图 7-44 是其横向组织

图 7-45   1:1
30%NaOH 水溶液浸蚀

合 金 及 状 态   2A50T6（520℃，30 min，水冷，
                160℃，时效 8 h）

规   格 ϕ60 mm 棒材

组 织 特 征   棒材后端横向宏观组织，试片系在
                淬火前锯切，故有锯切效应，粗晶
                环内晶粒细小

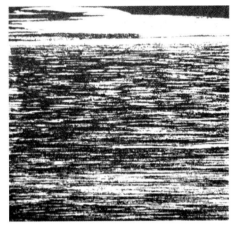

图 7-46   1:1
30%NaOH 水溶液浸蚀

合 金 及 状 态   2A50T6（520℃，30 min，水冷，
                160℃，时效 8 h）

规   格 ϕ60 mm 棒材

组 织 特 征   棒材后端纵向宏观组织，图中的左
                端对应于图 45 的横向组织，右端
                对应于图 47 的横向组织，可以看
                出锯切效应对晶粒组织的影响深度
                约为 20～30 mm

图 7-47   1:1
30%NaOH 水溶液浸蚀

合 金 及 状 态   2A50T6（520℃，30 min，水冷，
                160℃，时效 8 h）

规   格 ϕ60 mm 棒材

组 织 特 征   棒材后端横向宏观组织，但由于试
                片系在淬火后锯切，故无锯切效
                应，粗晶区内晶粒粗大

力 学 性 能   抗拉强度 R_m：455 MPa
                伸长率 A：17.5 %

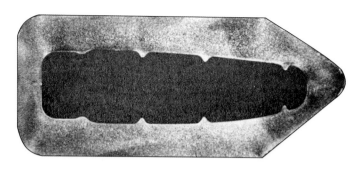

图 7-48 30%NaOH 水溶液浸蚀

力 学 性 能　抗拉强度 R_m：415 MPa

屈服强度 $R_{p0.2}$：380 MPa

伸长率 A：16.0 %

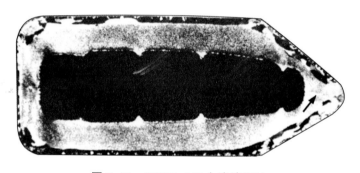

图 7-49 30%NaOH 水溶液浸蚀

合金及状态　6A02T6 (510℃，30 min，水冷，155℃，时效 15 h)

规　　　格　XC051 型材

组 织 特 征　图 7-48 为型材前端宏观组织；

图 7-49 为型材后端宏观组织；

前端组织均匀细小，后端组织极不均匀，内外层都有粗晶环。图中所见的灰白色线条（箭头所指）为型材用舌形模挤压时所产生的焊合区

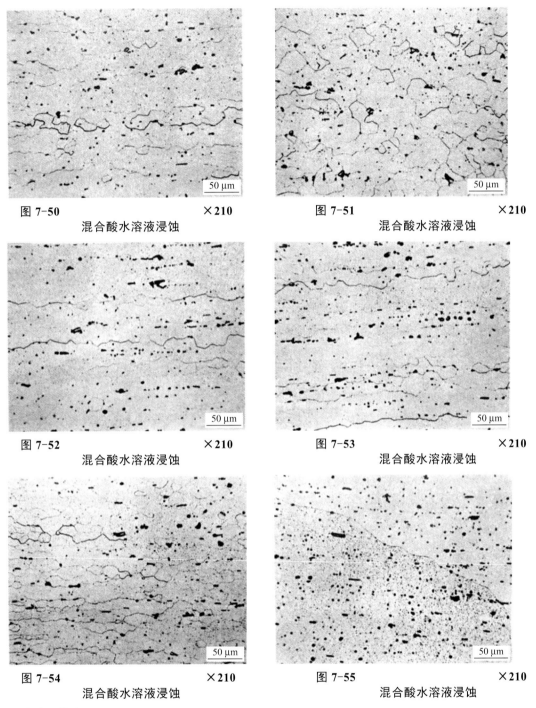

图 7-50　　　　　　　　　　　×210
混合酸水溶液浸蚀

图 7-51　　　　　　　　　　　×210
混合酸水溶液浸蚀

图 7-52　　　　　　　　　　　×210
混合酸水溶液浸蚀

图 7-53　　　　　　　　　　　×210
混合酸水溶液浸蚀

图 7-54　　　　　　　　　　　×210
混合酸水溶液浸蚀

图 7-55　　　　　　　　　　　×210
混合酸水溶液浸蚀

合金及状态　6A02T6
规　　格　XC051 型材
组织特征　图 7-50、图 7-52 及图 7-54 分别为型材前端内壁突棱区、中间区及外壁区纵向组
　　　　　织，合金已再结晶，晶粒较均匀，化合物成行排列，其破碎程度内外壁比中间大；
　　　　　图 7-51、图 7-53 及图 7-55 分别为型材后端内壁突棱区、中间区及外壁区纵向组
　　　　　织，外壁区为粗大再结晶晶粒组织，内壁突棱区及中间区为细小再结晶晶粒组织，
　　　　　化合物破碎程度比前端更大，成行排列的方向性更强

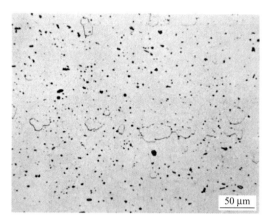

图 7-56   ×210

混合酸水溶液浸蚀

合金及状态   6A02T6

规　　　格   XC051 型材

组 织 特 征   图为焊合区的横向组织，有一
列细小的再结晶晶粒，其相应
的宏观组织呈凹沟状，并为一
颜色发白的线条

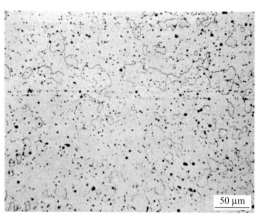

图 7-57   ×210

混合酸水溶液浸蚀

合金及状态   6A02T6

规　　　格   XC051 型材

组 织 特 征   图为焊合区的纵向组织，此处
化合物成行排列的方向性很强，
其间分布有细小的再结晶晶粒

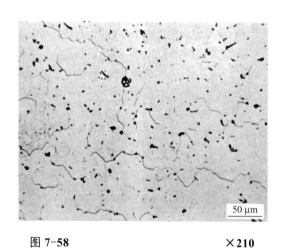

图 7-58   ×210

混合酸水溶液浸蚀

合金及状态   6A02T6

规　　　格   XC051 型材

组 织 特 征   图为焊合区临近的正常部位横
向组织，与焊合区比较，化合
物及再结晶晶粒都较粗大

图 7-59 30%NaOH 水溶液浸蚀

合金及状态　2A14T6 (503±5℃，30 min，水冷，160℃，时效 8 h)

规　　　格　XC050 型材

组 织 特 征　型材横向宏观组织，在筋条部位有粗晶环，深约 3 mm，
　　　　　　　筋条根部到内壁部位有一个三角形状的低变形区

力 学 性 能　抗拉强度 R_m：490 MPa

　　　　　　　屈服强度 $R_{p0.2}$：420 MPa

　　　　　　　伸长率 A：15.0 %

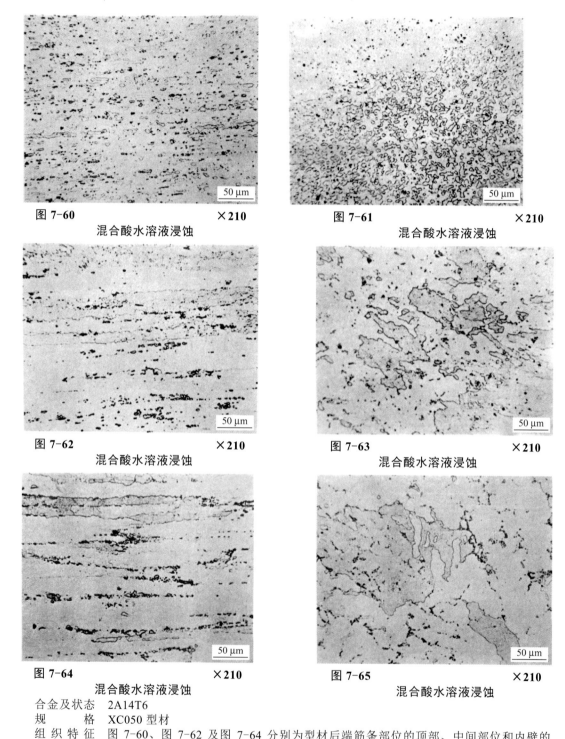

图 7-60　　　　　　　　　×210
混合酸水溶液浸蚀

图 7-61　　　　　　　　　×210
混合酸水溶液浸蚀

图 7-62　　　　　　　　　×210
混合酸水溶液浸蚀

图 7-63　　　　　　　　　×210
混合酸水溶液浸蚀

图 7-64　　　　　　　　　×210
混合酸水溶液浸蚀

图 7-65　　　　　　　　　×210
混合酸水溶液浸蚀

合金及状态　2A14T6
规　　　格　XC050 型材
组织特征　图 7-60、图 7-62 及图 7-64 分别为型材后端筋条部位的顶部、中间部位和内壁的
　　　　　　纵向组织，合金已再结晶。在低变形区内，化合物破碎程度最小，所以，在筋条
　　　　　　中间部位和内壁化合物较粗大，并成行成堆地排列着，而在筋条顶部化合物细小
　　　　　　分布均匀；
　　　　　　图 7-61、图 7-63 及图 7-65 分别为型材后端筋条部位的顶部、中间部位和内壁的
　　　　　　横向组织

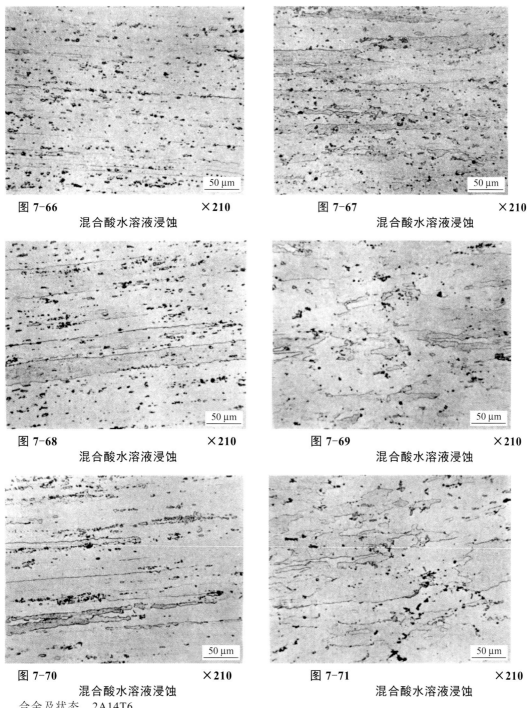

图 7-66　　　　　　　　　　　×210
混合酸水溶液浸蚀

图 7-67　　　　　　　　　　　×210
混合酸水溶液浸蚀

图 7-68　　　　　　　　　　　×210
混合酸水溶液浸蚀

图 7-69　　　　　　　　　　　×210
混合酸水溶液浸蚀

图 7-70　　　　　　　　　　　×210
混合酸水溶液浸蚀

图 7-71　　　　　　　　　　　×210
混合酸水溶液浸蚀

合金及状态　2A14T6
规　　　格　XC050 型材
组 织 特 征　图 7-66、图 7-68 及图 7-70 分别为型材后端管壁部位的外壁、中间部位和内壁的
　　　　　　纵向组织，合金已再结晶，其晶粒沿挤压方向伸长，由于变形程度比同一截面的
　　　　　　筋条部位大，故化合物不但细小，而且沿压挤方向成行排列的方向性更强；
　　　　　　图 7-67、图 7-69 及图 7-71 分别为型材后端管壁部位的外壁、中间部位和内壁的
　　　　　　横向组织

图 7-72　　　　　　　　　　　　　　　　　　　1:1

30%NaOH 水溶液浸蚀

合 金 及 状 态　6A02T6 (510℃，30 min，水冷，155℃，
　　　　　　　　时效 15 h)
规　　　格　　ϕ85 mm×77 mm 管材
组 织 特 征　图为管材横向宏观组织，在整个截面上
　　　　　　　晶粒大小均匀
力 学 性 能　抗拉强度 R_m：365 MPa
　　　　　　　伸长率 A：14.0 %

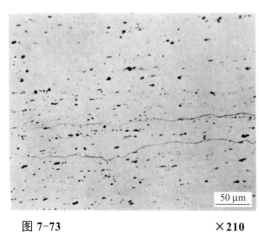

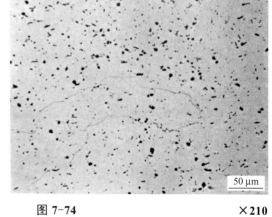

图 7-73　　　　　　　　×210　　　　　图 7-74　　　　　　　　×210
　　混合酸水溶液浸蚀　　　　　　　　　　　　混合酸水溶液浸蚀

合 金 及 状 态　6A02T6
规　　　格　　ϕ85 mm×77 mm 管材
组 织 特 征　图 7-73 为管材纵向组织，合金已完全再结晶，在 α(Al)基体上化合物细小，分布
　　　　　　　均匀；
　　　　　　　图 7-74 是其横向组织

（4）模锻件的组织（图 7-75～图 7-94）：

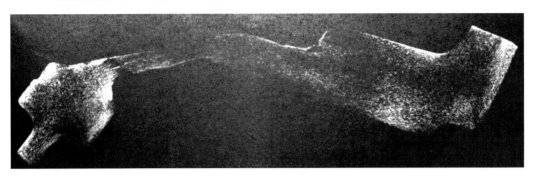

图 7-75　30%NaOH 水溶液浸蚀

合金及状态　6A02T6 (510℃，60 min，水冷，155℃，时效 15 h)
型　　　号　D2 模锻件
组 织 特 征　图为模锻件顺流纹方向的宏观组织，其组织均匀细密，流纹沿制品外形轮廓
　　　　　　分布，薄壁部位有少量粗大的再结晶晶粒组织
力 学 性 能　抗拉强度 R_m：330 MPa
　　　　　　屈服强度 $R_{p0.2}$：280 MPa
　　　　　　伸长率 A：16.0 %

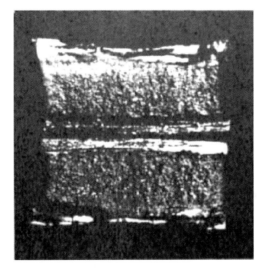

图 7-76　　　　　　　　　　　1:1

合金及状态　6A02T6
型　　　号　D2 模锻件
组 织 特 征　为图 7-75 模锻件薄壁
　　　　　　部位的横向断口组织

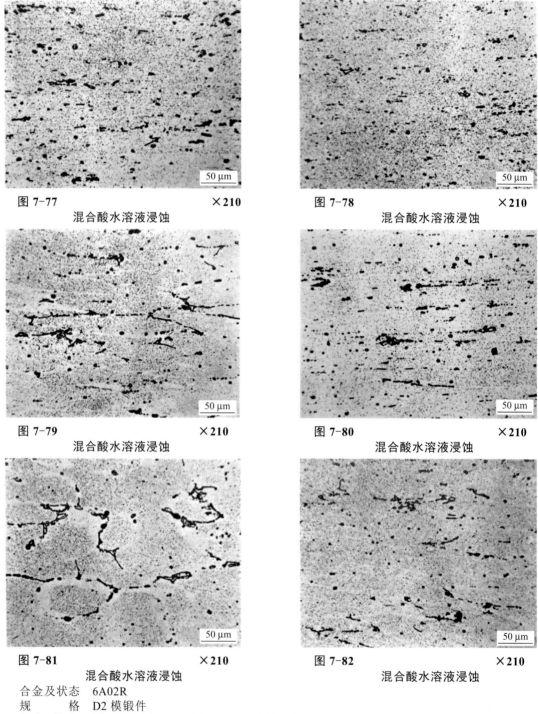

图 7-77   ×210
混合酸水溶液浸蚀

图 7-78   ×210
混合酸水溶液浸蚀

图 7-79   ×210
混合酸水溶液浸蚀

图 7-80   ×210
混合酸水溶液浸蚀

图 7-81   ×210
混合酸水溶液浸蚀

图 7-82   ×210
混合酸水溶液浸蚀

合金及状态   6A02R
规   格   D2 模锻件
组 织 特 征   图 7-77、图 7-79 及图 7-81 分别为模锻件厚壁部位的内缘区、中间区及外缘区的组织；
                图 7-78、图 7-80 及图 7-82 分别为模锻件薄壁部位的内缘区、中间区及外缘区的组织；
                模锻件薄壁部位处，因内缘变形量大，化合物破碎程度亦大；外缘区变形量小，
                化合物破碎程度亦小，中间区则介于二者之间；
                模锻件厚壁部位，因变形量比薄壁部位小，所以化合物破碎程度普遍小，有的地
                方还可看到枝晶网轮廓。并均有大量析出质点均匀分布于 α(Al)基体上

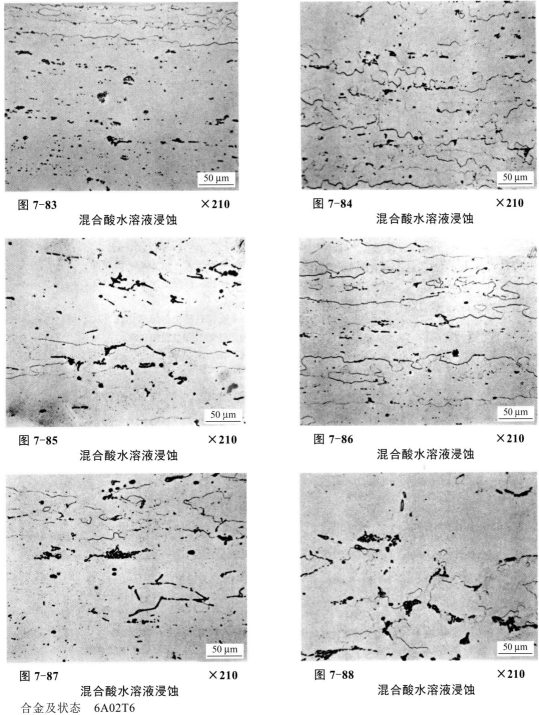

图 7-83　　　　　　　　　×210
混合酸水溶液浸蚀

图 7-84　　　　　　　　　×210
混合酸水溶液浸蚀

图 7-85　　　　　　　　　×210
混合酸水溶液浸蚀

图 7-86　　　　　　　　　×210
混合酸水溶液浸蚀

图 7-87　　　　　　　　　×210
混合酸水溶液浸蚀

图 7-88　　　　　　　　　×210
混合酸水溶液浸蚀

合金及状态　　6A02T6
规　　　格　　D2 模锻件
组织特征　　图 7-83、图 7-85 及图 7-87 分别为模锻件薄壁部位的内缘区、中间区及外缘区组织；
　　　　　　　图 7-84、图 7-86 及图 7-88 分别为模锻件厚壁部位的内缘区、中间区及外缘区组织；
　　　　　　　化合物与模锻状态相比较，因固溶而进一步减少，合金已再结晶，晶粒沿模锻
　　　　　　　主变形方向伸长

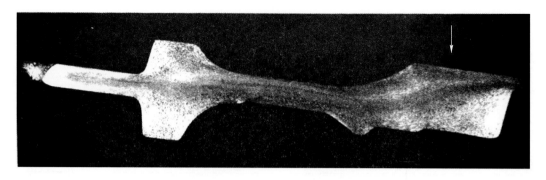

图 7-89   30%NaOH 水溶液浸蚀

合金及状态   2A50T6 (515±10℃，60 min，水冷，160℃，时效 8 h)

型　　　号   D3 模锻件

组织特征   图为模锻件径向宏观组织，其流纹细密并沿模型轮廓均匀流动

力学性能   抗拉强度 R_m：420 MPa

　　　　　屈服强度 $R_{p0.2}$：300 MPa

　　　　　伸长率 A：13.0 %

图 7-90　　　　　　　　　　　　　　　1:1

合金及状态   2A50T6

型　　　号   D3 模锻件

组织特征   图为模锻件厚壁部位（图 7-89
　　　　　箭头所指）的径向断口组织，其
　　　　　组织细致均匀

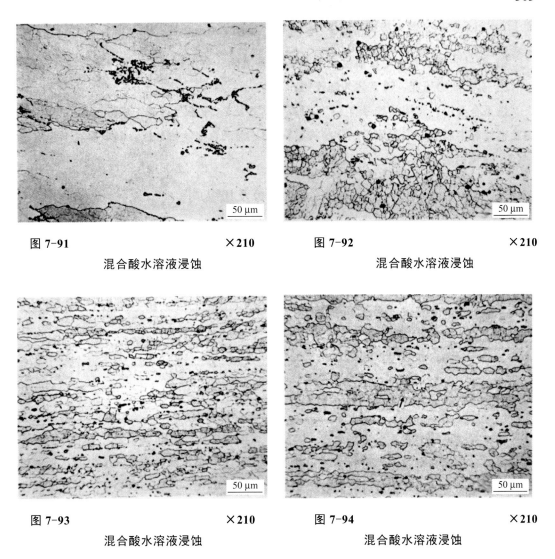

图 7-91   ×210
混合酸水溶液浸蚀

图 7-92   ×210
混合酸水溶液浸蚀

图 7-93   ×210
混合酸水溶液浸蚀

图 7-94   ×210
混合酸水溶液浸蚀

合金及状态　2A50T6
规　　　格　D3 模锻件
组织特征　图 7-91 及图 7-93 分别为模锻件厚壁部位的外缘区、中间区的组织；
　　　　　图 7-92 及图 7-94 分别为模锻件薄壁部位的外缘区、中间区的组织；
　　　　　在模锻件的厚壁部位处，因边缘区变形量小，所以化合物破碎程度小，
　　　　　仍可看到残留的铸造组织，中间区变形量大，化合物被破碎程度大，
　　　　　组织细小均匀；
　　　　　在模锻件的薄壁部位处，因其变形量比厚壁部位更大，故化合物显著
　　　　　破碎已看不到铸造残留组织，合金尚未完全再结晶，在组织中还可见
　　　　　到亚晶粒（箭头所指）

7.2　6×××系合金之二——铝-镁-硅系合金

6063、6061、6351、6082 合金属于 Al-Mg-Si 系，这些合金具有优良的工艺性能，良好的抗腐蚀性能及中等强度，挤压制品表面光亮。6063 合金广泛用作建筑和装饰材料，6061、6351 合金的棒材可用作锻件毛坯和机加工零件坯料，可用作汽车和其他机械制造工业用各种功能件。

7.2.1　化学成分及相组成

表 7-4 所示是各合金的化学成分。

表 7-4　6063、6061、6351 和 6082 合金的成分（质量分数）　（%）

合金牌号	Si	Fe	Cu	Mn	Mg	Cr	Zn	Ti	其他		备注
									单个	合计	
6063	0.2~0.6	0.35	0.10	0.1	0.45~0.9	0.1	0.1	0.1	0.05	0.15	LD31
6061	0.4~0.8	0.70	0.15~0.4	0.15	0.8~1.2	0.04~0.35	0.25	0.15	0.05	0.15	LD30
6351	0.7~1.3	0.50	0.10	0.4~0.8	0.4~0.8		0.20	0.20	0.05	0.15	
6082	0.7~1.3	0.50	0.10	0.4~1.0	0.6~1.2	0.25	0.20	0.10	0.05	0.15	

上述合金成分处于 Al-Mg-Si 系三元相图的 $\alpha(Al)+Mg_2Si$ 相区，或 $\alpha(Al)+Mg_2Si+Si$ 三相区。按合金成分中限值确定 6063、6351、6082 合金处于 $\alpha(Al)+Mg_2Si+Si$ 三相区，而 6061 合金则处于 $\alpha(Al)+Mg_2Si$ 两相区，Mg_2Si 是这些合金的主要强化相，其形态详见 7.1 铝-镁-硅-铜系合金。

由于合金中还含有 Cu、Cr、Fe 等元素，所以还会出现 $\alpha(AlSiFe)$、AlCrFeSi、AlMnSi 和 $(FeMnSi)Al_6$ 等杂质相。

7.2.2　热处理特性

7.2.2.1　6063 合金

6063 合金铸锭均匀化温度为 560±5℃，采用喷雾状水冷却，使过饱和固溶体分解质点呈细小弥散分布，挤压制品有较好的表面质量和高的力学性能。挤压用铸锭分为两种，一种是由熔铸车间提供的短铸锭，另一种采用长铸锭，在挤压车间用热剪切成短铸锭，铸锭加热温度为 460~480℃。铸锭加热采用工频感应炉以形成梯度加热，前端比后端约高100℃左右，而电阻炉和燃气炉只对铸锭进行均匀加热。

鉴于合金挤压制品采用挤压机前在线淬火，为保证制品力学性能，要求挤压制品出模孔温度必须达到 510~520℃，使 Mg_2Si 强化相最大限度固溶。保证人工时效强化效果但温度不能超过530℃，否则形成粗大再结晶组织反而使制品强度下降。因此，要保证制品出模孔时达到淬火温度，尽量提高铸锭加热温度以及在合金性能允许的范围和表面质量前提下，尽量提高挤压速度。

6063 与 6061 相比，Mg_2Si 含量相对较低，对淬火速度不太敏感，热加工后直接风冷淬火，人工时效能达到规定的力学性能，而且采用风冷与水冷淬火相比，人工时效后抗拉强度相差不大，但屈服强度差别明显。

挤压型材在挤压机出口风冷淬火时，其风冷强度不但对型材力学性能而且对型材氧化着色也有很大影响，6063 型材挤压速度可达 20～80 m/min，有的可达 100 m/min 以上。风冷强度不足时，型材温度相对较高（可达 200℃以上），从出料辊道到冷床上步进式横梁接触部位，由于局部复热造成 Mg_2Si 强化相大量析出，在氧化着色时有可能出现色差明显的"斑块"，影响型材氧化质量。生产上，为满足 6063 型材力学性能和氧化质量，要求不但在挤压机出口及出料台上设置 8～10 台悬挂式风机，使型材风冷淬火后温度降至 200℃以下，还在出料辊道和冷床底下设置 20～30 台风扇进行补充冷却以使型材在冷床上进行张力矫直前温度降至 50℃以下。

6063 合金是可热处理强化合金，淬火后即可自然时效，又可人工时效，但自然时效过程非常缓慢，达到强度指标需经过 10～15 昼夜，并且强化效果比人工时效效果差，抗拉强度低 30%左右。

对于在挤压机上进行在线风冷淬火低合金化的 6063 合金挤压型材来说，淬火后型材温度达到 100～150℃左右，相当于淬火后立即进行了预时效处理，使过渡相 β′(Mg_2Si)的稳定核心数目增多并呈弥散分布，而且在冷床上型材温度低于 50℃时又进行拉伸矫直工序，经 1%～3%的冷变形产生大量位错，使组织分布更弥散，所以型材耐蚀性良好，无晶间腐蚀倾向，为阳极氧化后表面光亮创造良好条件。

Al-Mg-Si 系合金淬火与人工时效之间的停放时间对制品的性能有不良影响，会引起时效强化效果降低，即所谓"停放效应"。有资料指出，当停放时间为 1～20 h 影响最大，其中以屈服强度影响较大（例如淬火后不进行拉伸矫直的挤压产品），如图 7-95所示。

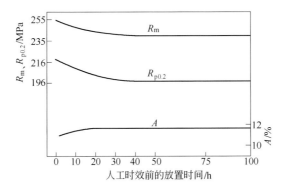

图 7-95　人工时效前的放置时间对力学性能的影响

也有研究者指出，低合金化的 Al-Mg-Si 合金，适当延长停放时间对其力学性能是有利的，而对于 Mg 和 Si 元素含量高的高合金化的 6×××合金，则要尽量缩短停放时间。

为消除在室温下停放时间对随后人工时效强化效果的影响，传统工艺采取：（1）淬火后立即在 150～200℃进行几分钟人工时效处理，可使自然时效过程停止，以形成稳定状态，这样可在人工时效前停放任何时间。（2）淬火后采用微量的冷变形（矫直拉伸），可使其力学性能随停放时间的增加降低得不多，再在较高温度（160～170℃）下人工时效，即可显著降低停放效应对性能的不利影响。

　　该合金非机台淬火温度为 525±5℃，人工时效温度为 155～175℃，保温 6～8 h，过烧温度为 595～600℃，与淬火固溶处理温度相差很大是该合金的特点。

7.2.2.2　6061 合金

　　6061 合金与 6063 合金相比，工艺性能基本相同，但强度较高，这与镁和硅含量增加较多并添加少量的铜和铬有关。铜使合金强度增加，但降低合金的耐蚀性，应适当控制铜含量。铬增加合金淬火状态的强度和人工时效效果，同时还能改善合金的耐应力腐蚀性能。

　　对于 6061 合金，随 Mg_2Si 强化相数量增加，强化效果亦增加。淬火敏感性也随之增大。风冷淬火与水冷淬火人工时效后的力学性能差别明显。实验表明，淬火冷却速度与合金中 Mg_2Si 强化相数量成正比。含 Mg_2Si 多的合金淬火敏感性高，对力学性能影响较大，如含 Mg_2Si0.8%的 6063 合金，从 454℃ 冷却到 204℃，最小冷却速度为 38℃/min，而含 Mg_2Si1.4%的 6061 合金，在上述临界冷却温度范围的冷却速度应不小于 650℃/min。因此，6063 合金的淬火敏感性较低，可实现风冷淬火，而 6061 合金则必须采用水冷，以满足材料人工时效后强化效果。研究和实际生产表明：按上述冷却速度对 6061 合金挤压制品进行机台淬火、水冷使材料基本呈现大量亚结构和部分再结晶组织，其组织和力学性能可与 6A02 合金媲美。

　　6061 合金非机台淬火温度为 525±5℃，人工时效温度为 165～175℃，保温 7～8 h。

7.2.2.3　6082 和 6351 合金

　　6082 与 6351 合金，化学成分基本相同，Mg_2Si 是主要强化相，但 6082 合金锰和镁含量稍高，并含有铬，提高了合金再结晶温度。为防止锰、铬回火分解产物在挤压过程中聚集粗化，影响随后人工时效时 Mg_2Si 时效相成核的均匀性，并降低或防止制品挠曲、变形，所以该合金不宜过高温度挤压，可以进行机台淬火。

　　这两种合金中含锰量均比 6063、6061 高，合金挤压制品未发生再结晶或再结晶甚微，具有纤维状变形组织，组织细密，各向异性均高，但可适当利用淬火及人工时效之间的间隔时间提高其性能，表 7-5 所示为停放时间对 6351 合金加工制品性能的影响。

表 7-5　停放时间对 6351 合金加工制品性能的影响

淬火与人工时效之间的间隔时间	机 械 性 能			备　注
	抗拉强度 R_m/MPa	屈服强度 $R_{p0.2}$/MPa	伸长率 A/%	
淬火后立即在 180℃人工时效 5 min 再间隔 48 h	343	285	13	人工时效制度 165±5℃ 保温 10 h
淬火+175℃/8 h 人工时效	325	273	17	

7.2.3　铸锭（DC）及加工制品的组织和性能

　　铸锭（DC）及加工制品的组织和性能如图 7-96～图 7-127 所示。

图 7-96　　　　　　　　　　　　　　　1:2

浸　蚀　剂　　15%NaOH 水溶液

合金及状态　　6063 合金铸锭

规　　　格　　ϕ120 mm 铸锭

组 织 特 征　　宏观组织均匀，晶粒细小

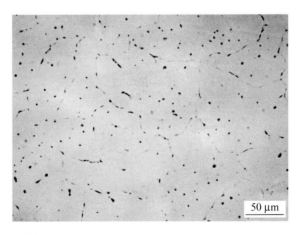

图 7-97　　　　　　　　　　　　　　　×200

6063 合金 ϕ120 mm 铸棒 1/2 处显微组织

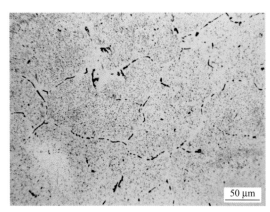

图 7-98   ×200   图 7-99   ×50

6063 合金 φ120 mm 铸棒 1/2 处均匀化组织   **阳极复膜偏振光下组织**

合金及状态   6063 合金半连续铸造状态

规　　格   φ120 mm 铸锭

组 织 特 征   图 7-97 为铸锭横向中间部位组织，枝晶网不连续呈粒状分布且均匀；

               图 7-98 为铸锭横向中间部位均匀化组织，枝晶网络大部位固溶，在 α(Al)基体上析出化合物质点均匀；

               图 7-99 为图 7-97 的偏光组织

图 7-100   1:1

浸　蚀　剂   75 mL HCl、25 mL HNO$_3$、5 mL HF 溶液浸蚀

合金及状态   6063 T6

规　　格   φ50 mm 棒材

组 织 特 征   棒材已再结晶，再结晶晶粒细小，分布均匀

图 7-101　　　　　×200
混合酸水溶液浸蚀（边部纵向）

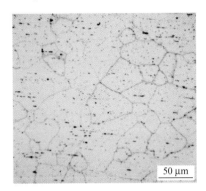

图 7-102　　　　　×200
混合酸水溶液浸蚀（1/2 部位纵向）

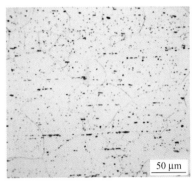

图 7-103　　　　　×200
混合酸水溶液浸蚀（中心纵向）

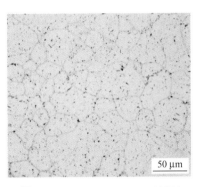

图 7-104　　　　　×200
混合酸水溶液浸蚀（1/2 部位横向）

图 7-105　　　　　×100
阳极复膜偏振光下组织（边部）

图 7-106　　　　　×100
阳极复膜偏振光下组织（中心）

合金及状态　6063 T6　水冷+175℃/7 h
规　　　格　ϕ50 mm 棒材，挤压温度为 490～510℃
组织特征　图 7-101、图 7-102 及图 7-103 为纵截面边部、中间部位和中心部位
　　　　　组织，残留二次晶，化合物破碎，沿挤压方向排列。棒材已再结晶，
　　　　　晶粒均匀；
　　　　　图 7-104 为棒材横截面中间部位组织；
　　　　　图 7-105 和图 7-106 为棒材边部和中心部位偏光组织
力学性能　抗拉强度 R_m：218.5 MPa
　　　　　屈服强度 $R_{p0.2}$：191.5 MPa
　　　　　伸长率 A：15.3%
　　　　　布氏硬度 HB：69.9

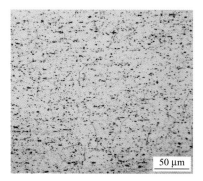

图 7-107　　　　　　×200
混合酸水溶液浸蚀（边部纵向）

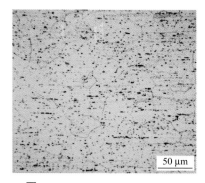

图 7-108　　　　　　×200
混合酸水溶液浸蚀（1/2 部位纵向）

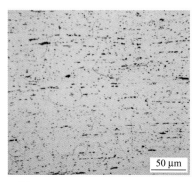

图 7-109　　　　　　×200
混合酸水溶液浸蚀（中心纵向）

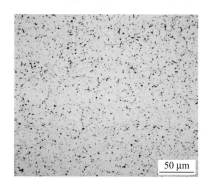

图 7-110　　　　　　×200
混合酸水溶液浸蚀（1/2 部位横向）

图 7-111　　　　　　×100
阳极复膜偏振光下组织（边部）

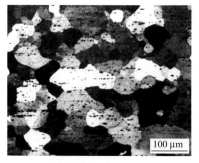

图 7-112　　　　　　×100
阳极复膜偏振光下组织（中心）

合金及状态　6063 T5
规　　　格　ϕ 50 mm 棒材，挤压温度为 490～510℃
组 织 特 征　图 7-107、图 7-108 及图 7-109 为棒材纵截面边部、1/2 处及中心部位组织，边部化合物较中心部位破碎程度大，并沿挤压方向排列。棒材已再结晶，在 α(Al) 基体上分布大量残留二次晶化合物；
　　　　　　　图 7-110 为棒材横截面 1/2 部位组织；图 7-111、7-112 为棒材纵向边部及中心部位偏光组织

力 学 性 能　　　　　　　　　　　风冷+175℃/7 h　　　　　风冷+自然时效（15 昼夜）
　　　　　　　抗拉强度 R_m　　　　202.3 MPa　　　　　　141 MPa
　　　　　　　屈服强度 $R_{p0.2}$　　135.95 MPa　　　　　80 MPa
　　　　　　　伸长率 A　　　　　　20.87%　　　　　　　30.3%
　　　　　　　布氏硬度 HB　　　　　61.3　　　　　　　　46.7

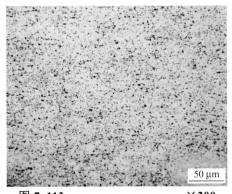

图 7-113 　　　　　　×200
混合酸水溶液浸蚀（边部纵向）

图 7-114 　　　　　　×200
混合酸水溶液浸蚀（1/2 部位纵向）

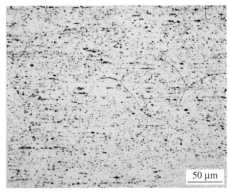

图 7-115 　　　　　　×200
混合酸水溶液浸蚀（中心纵向）

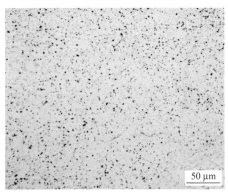

图 7-116 　　　　　　×200
混合酸水溶液浸蚀（1/2 部位横向）

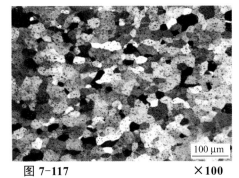

图 7-117 　　　　　　×100
阳极复膜偏振光下组织（边部）

图 7-118 　　　　　　×100
阳极复膜偏振光下组织（中心）

合 金 及 状 态　6063 F

规　　　格　ϕ 50 mm 棒材，挤压温度为 490～510℃

组 织 特 征　图 7-113、图 7-114 及图 7-115 为纵截面边部、中间部位和中心部位组织，化合物破碎均匀，沿挤压方向排列，在 α(Al)基体中析出大量的(Mg₂Si)等相的质点，棒材已再结晶；

图 7-116 为棒材横截面中间部位组织；

图 7-117、图 7-118 为棒材边部和中心部位偏光组织

力 学 性 能　抗拉强度 R_{m}：119.5 MPa

屈服强度 $R_{\mathrm{p0.2}}$：75 MPa

伸长率 A：28.45%

布氏硬度 HB：34.9

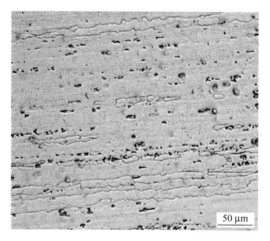

图 7-119　　　　　　　　　　×200

混合酸水溶液浸蚀（纵截面边部）

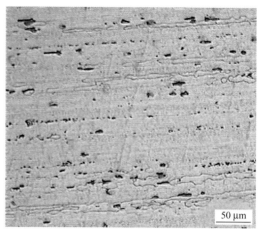

图 7-120　　　　　　　　　　×200

混合酸水溶液浸蚀（纵截面中间部位）

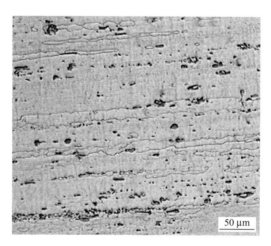

图 7-121　　　　　　　　　　×200

混合酸水溶液浸蚀（纵截面中心部）

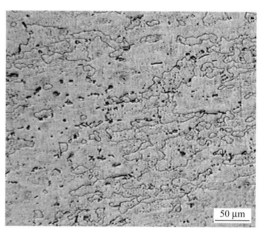

图 7-122　　　　　　　　　　×200

混合酸水溶液浸蚀

合金及状态　6061 T6（机台淬火）

规　　　格　ϕ36 mm 棒材

组织特征　图 7-119、图 7-120 及图 7-121 为纵截面边部、中间部位和中心部位组织，残留二次晶等化合物破碎沿挤压方向排列，晶界呈锯齿状，沿变形方向伸长，未完全再结晶，并有细小亚晶粒组织；

　　　　　图 7-122 为棒材中间部位横向组织

力学性能　抗拉强度 R_m：362 MPa

　　　　　屈服强度 $R_{p0.2}$：323 MPa

　　　　　伸长率 A：13.2%

　　　　　布氏硬度 HB：106

图 7-123   6082T6 轴承座低倍（15%NaOH 溶液浸蚀）

宏观组织：宏观组织致密均匀，晶粒细小

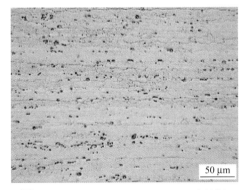

图 7-124   ×200

6082-T6 纵向边部电解浸蚀

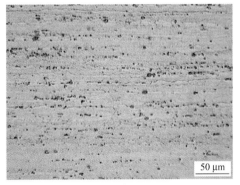

图 7-125   ×200

6082-T6 纵向二分之一处电解浸蚀

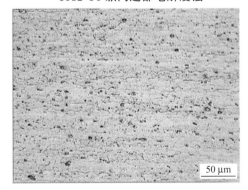

图 7-126   ×200

6082-T6 纵向中心处电解浸蚀

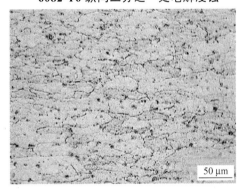

图 7-127   ×200

6082-T6 横向电解浸蚀

合金及状态   6082 T6

规　　　格   轴承座

组织特征   图 7-124、图 7-125 及图 7-126 为纵截面边部、中间部位和中心部位组织，残留二次晶等化合物破碎沿挤压方向排列，晶粒沿变形方向伸长，未完全再结晶，有细小亚晶粒组织；

图 7-127 为型材的横向组织

力学性能   抗拉强度 R_m：342～364 MPa

屈服强度 $R_{p0.2}$：318～331 MPa

伸长率 A：18.3%～19.4%

硬度 HB：110

8 7×××系（铝-锌-镁-铜系）铝合金

7×××系铝合金是目前生产的室温强度最高的一类铝合金，它比 2×××系高强铝合金（如 2A11、2A12 合金）有更高的强度，因此称为超高强铝合金。因其具有高的比强度和硬度、较好的耐腐蚀性能和较高的韧性等优点，已成为最重要的结构材料之一。

该系合金中，常用的牌号有 7A03、7A04、7A09 及 7005、7075、7475、7050、7055 等合金。可加工成板、棒、线、管材及锻件等半成品，主要用于结构材料。为了提高合金的抗蚀性，其板材表面包有含 1%Zn 的包铝层。

8.1 化学成分及相组成

7×××系铝合金的化学成分如表 8-1 所示。

表 8-1 7×××系铝合金的化学成分

序号	牌号	化学成分（质量分数）/%													备注
		Si	Fe	Cu	Mn	Mg	Cr	Ni	Zn	Ti	Zr	其他		Al	
												单个	合计		
1	7A03	0.20	0.20	1.8～2.4	0.10	1.2～1.6	0.05	—	6.0～6.7	0.02～0.08	—	0.05	0.10	余量	LC3
2	7A04	0.50	0.50	1.4～2.0	0.20～0.60	1.8～2.8	0.10～0.25	—	5.0～7.0	0.10	—	0.05	0.10	余量	LC4
3	7A05	0.25	0.25	0.20	0.15～0.40	1.1～1.7	0.05～0.15	—	4.4～5.0	0.02～0.06	0.10～0.25	0.05	0.15	余量	—
4	7A09	0.50	0.50	1.2～2.0	0.15	2.0～3.0	0.16～0.30	—	5.1～6.1	0.10	—	0.05	0.10	余量	LC9
5	7005	0.35	0.40	0.10	0.20～0.70	1.0～1.8	0.06～0.20	—	4.0～5.0	0.01～0.06	0.08～0.20	0.05	0.15	余量	—
6	7075	0.40	0.50	1.2～2.0	0.30	2.1～2.9	0.18～0.28	—	5.1～6.1	0.20	—	0.05	0.15	余量	—
7	7475	0.10	0.12	1.2～1.9	0.06	1.9～2.6	0.18～0.25	—	5.2～6.2	0.06	—	0.05	0.15	余量	—
8	7050	0.12	0.15	2.0～2.6	0.10	1.9～2.6	0.04	—	5.7～6.7	0.06	0.08～0.15	0.05	0.15	余量	—
9	7055	0.1	0.15	2.0～2.6	0.05	1.8～2.3	0.04	—	7.6～8.4	0.06	0.08～0.25	0.05	0.15	余量	—

8.1.1 Al-Zn-Mg 合金

Zn、Mg 是主要合金元素，其含量一般不大于 7.5%。

该合金随着 Zn、Mg 含量的增加，其抗拉强度和热处理效果一般是随之而增加。合金的应力腐蚀倾向与 Zn、Mg 含量的总和有关，高 Mg 低 Zn 或高 Zn 低 Mg 的合金，Zn、Mg 含量之和不大于 7%，合金就具有较好的耐应力腐蚀性能。合金的焊接裂纹倾向随 Mg 含量的增加而降低。

合金中的微量添加元素有 Mn、Cr、Cu、Zr 和 Ti，杂质主要有 Fe 和 Si。

添加 Mn 和 Cr 能提高合金的耐应力腐蚀性能，含 0.2%～0.4%Mn 时，效果显著。加 Cr 的效果比 Mn 大，如果 Mn 和 Cr 同时加入时，对减少应力腐蚀倾向的效果就更好，Cr 的添加量以 0.1%～0.2%为宜。

Zr 能显著地提高 Al-Zn-Mg 系合金的可焊性。在 AlZn5Mg3Cu0.35Cr0.35 合金中加入 0.2%Zr 时，焊接裂纹显著降低。Zr 还能够提高合金的再结晶终了温度，在 AlZn4.5Mg1.8Mn0.6 合金中，Zr 含量高于 0.2%时，合金的再结晶终了温度在 500℃以上，因此，材料在淬火以后仍保留着变形组织。含 Mn 的 Al-Zn-Mg 合金添加 0.1%～0.2%Zr，还可提高合金的耐应力腐蚀性能，但 Zr 比 Cr 的作用低些。

合金中添加 Ti 能细化合金在铸态时的晶粒，并可改善合金的可焊性，但其效果比 Zr 低。若 Ti 和 Zr 同时加入效果更好。在含 Ti0.12%的 AlZn5Mg3Cr0.3Cu0.3 合金中，Zr 含量超过 0.15%时，合金即有较好的可焊性和伸长率，可获得与单独加入 0.2%以上 Zr 时相同的效果。Ti 也能提高合金的再结晶温度。

Al-Zn-Mg 系合金中加少量的 Cu，能提高耐应力腐蚀性能和抗拉强度。但合金的可焊性有所降低。

Fe 能降低合金的耐蚀性和力学性能，尤其对 Mn 含量较高的合金更为明显。所以，Fe 含量应尽可能低，其含量应限制在 0.3%以下。

Si 能降低合金强度，并使弯曲性能稍降，焊接裂纹倾向增加，合金 Si 的含量应限制在 0.3%以下。

8.1.2 Al-Zn-Mg-Cu 合金

Al-Zn-Mg-Cu 合金为热处理可强化合金，起主要强化作用的元素为 Zn 和 Mg，Cu 也有一定强化效果，但其主要作用是为了提高材料的抗腐蚀性能。

Zn 和 Mg 是主要强化元素，它们共同存在时会形成 $\eta(MgZn_2)$ 和 $T(Al_2Mg_3Zn_3)$ 相。η 相和 T 相在 Al 中溶解度很大，且随温度升降剧烈变化，$MgZn_2$ 在共晶温度下的溶解度达 28%，在室温下降低到 4%～5%，有很强的时效强化效果，Zn 和 Mg 含量的提高可使强度、硬度大大提高，但会使塑性、抗应力腐蚀性能和断裂韧性降低。

当 Zn/Mg 比大于 2.2，且 Cu 含量大于 Mg 含量时，Cu 与其他元素能产生强化相 $S(CuMgAl_2)$ 而提高合金的强度，但在与之相反的情况下 S 相存在的可能性很小。Cu 能降低晶界与晶内电位差，还可以改变沉淀相结构和细化晶界沉淀相，但对 PFZ 的宽度影响较小，它可抑制沿晶开裂的趋势，因而改善了合金的抗应力腐蚀性能。然而当 Cu 含量大于 3%时，合金的抗蚀性反而变坏。Cu 能提高合金过饱和程度，加速合金在 100~200℃之间人工时效过程，扩大 GP 区的稳定温度范围，提高抗拉强度、塑性和疲劳强度。此外，美国 F. S. Lin 等人研究了 Cu 的含量对 7××× 系铝合金疲劳强度的影响，发现 Cu 含量在不太高的范围内随着 Cu 含量的增加提高了周期应变疲劳抗力和断裂韧性，并在腐蚀介质中降低裂纹扩展速率，但 Cu 的加入有产生晶间腐蚀和点腐蚀的倾向。另有资料介绍，Cu 对断裂韧性的影响与 Zn/Mg 比值有关，当比值较小时，Cu 含量愈高韧性愈差；当比值大时，即使 Cu 含量较高，韧性仍然很好。

合金中还有少量的 Mn、Cr、Zr、V、Ti、B 等辅助元素，Fe 和 Si 在合金中是有害杂质。

添加少量的过渡族元素 Mn、Cr 等对合金的组织和性能有明显的影响。这些元素可在铸锭均匀化退火时产生弥散的质点，阻止位错及晶界的迁移，从而提高了再结晶温度，有效地阻止了晶粒的长大，可细化晶粒，并保证组织在热加工及热处理后保持未再结晶或部分再结晶状态，使强度提高的同时具有较好的抗应力腐蚀性能。在提高抗应力腐蚀性能方面，加 Cr 比加 Mn 效果好，加入 0.45%的 Cr 比加同量的 Mn 的抗应力腐蚀开裂寿命长几十至上百倍。

用 Zr 代替 Cr 和 Mn 可大大提高合金的再结晶温度，无论是热变形还是冷变形，在热处理后均可得到未再结晶组织，Zr 还可提高合金的淬透性、可焊性、断裂韧性、抗应力腐蚀性能等，是 Al-Zn-Mg-Cu 系合金中很有发展前途的辅助元素。

Ti 和 B 能细化合金在铸态时的晶粒，并提高合金的再结晶温度。

Fe 和 Si 在 7××× 系合金中是不可避免存在的有害杂质，其主要来自原材料，以及熔炼、铸造中使用的工具和设备。这些杂质主要以硬而脆的 $FeAl_3$ 和游离的 Si 形式存在，这些杂质还与 Mn、Cr 形成 $(FeMn)Al_6$、$(FeMn)Si_2Al_5$、$Al(FeMnCr)$ 等粗大化合物，$FeAl_3$ 有细化晶粒的作用，但对抗蚀性影响较大，随着不溶相含量的增加，不溶相的体积百分数也在增加，这些难溶的第二相在变形时会破碎并拉长，出现带状组织，难溶相粒子沿变形方向呈直线状排列，由短的互不相连的条状组成。由于杂质颗粒分布在晶粒内部或者晶界上，在塑性变形时，在部分颗粒—基体边界上发生孔隙，产生微细裂纹，成为宏观裂纹的发源地，同时它也促使裂纹的过早发展。此外，它对疲劳裂纹的成长速度有较大的影响，在破坏时它具有一定的减少局部塑性的作用，这可能与杂质数量增加使颗粒之间距离缩短，从而减少裂纹尖端周围塑性变形流动性有关。因为含 Fe、Si 的相在室温下很难溶解，起到缺口作用，容易成为裂纹的起源而使材料发生断裂，对伸长率，特别是对合金的断裂韧性有非常不利的影响。因此，在合金设计及生产时，对 Fe、Si 的含量控制较严，除采用高纯金属原料外，在熔铸过程中也采取一些措施，避免这两种元素混入合金中。

根据图 8-1、图 8-2 及合金的成分范围可知，7A04 合金在退火缓慢冷却下的相组成有 $\alpha(Al)$、$MgZn_2$、$T(AlZnMgCu)$ 及 S $(CuMgAl_2)$，此外还有少量的 Mg_2Si、$AlMnFeSi$ 及 $(FeMn)Al_6$ 等。

在半连续铸造(DC)的 7A04 合金铸锭内，除了有 $\alpha(Al)$、$MgZn_2$、$T(AlZnMgCu)$ 及 $S(CuMgAl_2)$ 相外，此外还有少量的 Mg_2Si、$AlMnFeSi$ 及 $(FeMn)Al_6$ 等相。这些相均存在于枝晶网络上。

根据 Al-Cu-Mg-Zn 系四元相图可知，该系合金可生成 S、$T(Al_6CuMg_4)$ 和 $T(Al_2Mg_3Zn_3)$ 三元相，$T(Al_6CuMg_4)$ 和 $T(Al_2Mg_3Zn_3)$ 为同晶型相，这两种相可连续互溶形成 $T(AlZnMgCu)$ 相。$T(AlZnMgCu)$ 和 $\alpha(Al)$ 形成的非平衡二元共晶体是多孔密集组织，$T(AlZnMgCu)$ 相呈暗灰色，$T(AlZnMgCu)$ 相的晶体结构与 $MgZn_2$ 相同，但该晶体结构中含有大量的 Cu，因此可以用 $Mg(AlCuZn)_2$ 表示。$S(CuMgAl_2)$ 和 $\alpha(Al)$ 形成的非平衡共晶体呈层片较细的蜂窝状（图 8-3）。$T(AlZnMgCu)$ 和 $S(CuMgAl_2)$ 相均受混合酸浸蚀，但与 $T(AlZnMgCu)$ 相比，$S(CuMgAl_2)$ 相受浸蚀程度较弱。$AlMnFeSi$ 相和 $(FeMn)Al_6$ 相均为亮灰色的块状或条状。易受 H_2SO_4 水溶液浸蚀，呈

黑褐色（图 8-4、图 8-5）。

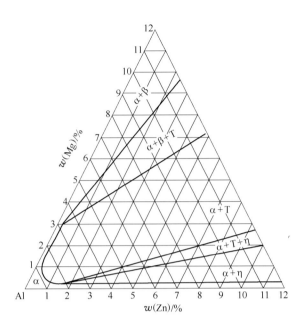

图 8-1 Al-Mg-Zn 系合金平衡图靠铝角（200℃等温截面）

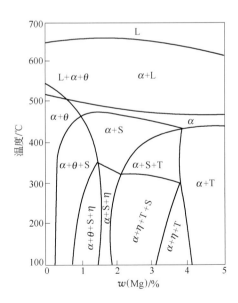

图 8-2 Al-Cu-Mg-Zn 系合金平衡图中 w（Cu+Mg）=5%，w（Zn）=6%的变温截面的断面图

表 8-2 为 7×××系铝合金中的相。

表 8-2　7×××系铝合金中的相

合　金	相组成(少量的或可能的)
7003	η、T($Al_2Mg_3Zn_3$)、Mg_2Si、AlFeMnSi、[$ZnAl_3$ 初晶]
7A03	η、T($Al_2Mg_3Zn_3$)、S($CuMgAl_2$)、[AlFeMnSi、Mg_2Si]
7A04 7B04	T(AlZnMgCu)、Mg_2Si、AlFeMnSi、AlCuFeMn、Al_7Cu_2Fe、$Al_{23}CuFe_4$、[η、S($CuMgAl_2$)、(FeMn)Al_6]
7A09	T(AlZnMgCu)、Mg_2Si、$CrAl_7$、[η、S($CuMgAl_2$)]
7A10	T(AlZnMgCu)、Mg_2Si、AlFeMnSi
7050	η($MgZn_2$)、T(AlZnMgCu)、S($CuMgAl_2$)、Al_7Cu_2Fe、$Al_{23}CuFe_4$、[$ZrAl_3$]
7055	η($MgZn_2$)、T(AlZnMgCu)、S($CuMgAl_2$)、Al_7Cu_2Fe、$Al_{23}CuFe_4$、AlCuFeSi、$ZrAl_3$

8.2　热处理特性

8.2.1　均匀化处理

均匀化处理可以在一定程度上消除铸锭组织的不均匀性，良好的均匀化处理组织是保证合金具有良好塑性加工性能和强韧性等综合力学性能的前提和基础。

该系铝合金的均匀化处理分为常规均匀化处理、高温均匀化处理和分级均匀化处理。

（1）常规均匀化处理。一般在非平衡凝固低熔点共晶产物熔化温度以下进行，均匀化热处理温度一般不超过 470℃，保温时间约在 24～48 h 之间。

（2）高温均匀化处理。先将铸锭在低于 α(Al)+AlZnMgCu 非平衡共晶相温度 478℃ 以下进行处理，处理方式一是缓慢升温，二是在 478℃ 以下保温一段时间，目的是使 α(Al)+AlZnMgCu 非平衡共晶相完全消除；然后再越过 478℃ 这个过烧温度，但在低于 α(Al)+ $CuMgAl_2$ 相熔化温度 496℃ 以下进行处理，目的是最大限度地消除 S 相。通过高温均匀化处理可以较大幅度地提高合金的断裂韧性和屈服强度。这种处理工艺已经在 7475 合金生产中采用。

（3）控制弥散相的分级均匀化处理。利用弥散相析出的预形核处理机制，先在较低的温度下进行预形核处理，然后再进行常规均匀化处理或高温均匀化处理，处理后能够减小弥散相尺寸，显著增大弥散相的密度，为抑制合金再结晶、调控合金组织和性能奠定基础。这一工艺已经在含 Zr 元素的 7050 和 7055 等合金上应用，明显地提高了合金的抗腐蚀性能、断裂韧性和疲劳性能。

8.2.2　固溶处理

该系铝合金的固溶处理分为常规固溶、强化固溶和分级固溶。

（1）常规固溶是比较简单的固溶处理方式，在低熔点共晶体熔化温度以下温度保温一段时间，获得一定的过饱和程度，随着固溶温度的提高和固溶时间的延长，合金固溶体的过饱和程度会得到相应的提高，固溶温度对固溶程度的影响要比固溶时间对固溶程度的影响大。

（2）强化固溶是指在低熔点共晶体熔化温度以上进行的固溶处理，它在避免过烧的条件下，能够突破低熔点共晶体的共晶点，使合金在较高的温度下固溶。强化固溶与一般固溶相比，在不提高合金元素总含量的前提下，提高了固溶体的过饱和度，同时减少了粗大未溶结晶相，对于提高时效析出程度和改善抗断裂性能具有积极意义，是提高超高强铝合金综合性能的一个有效途径。这种处理工艺已经在 7175 合金和 7B04 合金生产中采用。

（3）分级固溶是使合金在几个固溶温度点分级保温一定时间的热处理制度，它具有提高合金强度的作用，经过分级固溶处理后，合金的晶粒有所减小，这是由于第一级固溶处理温度较低，形变组织来不及完成再结晶，必定会保留一部分亚晶，晶界角度较小的亚晶具有较低的晶界迁移速率，从而使在分级固溶的较高温度阶段能够获得较小尺寸的晶粒组织。此外，分级固溶处理也常与强化固溶相结合，也有先低温后高温再低温处理等多种处理方式，目的是获得更好的固溶效果。

7×××系铝合金与 2×××系铝合金相比，固溶处理温度范围较宽。对于含 6%Zn 和含 3%Mg 以下的合金，淬火温度在 420～480℃之间，对其强度值的影响不很大；当固溶处理温度高于 480℃时，该系合金的抗蚀性下降。7×××系铝合金存在两个过烧温度，随合金中 Mg、Zn 含量上下限的波动，分别为 478℃和 496℃，前者为有 AlZnMgCu 共晶相的过烧温度，后者为有 S（CuMgAl$_2$）共晶相的过烧温度，因此为避免过烧，在一般情况下可在 450～470℃之间进行固溶处理。

7×××系铝合金中 Al-Zn-Mg 合金，对淬火冷却速度敏感性较小；而 Al-Zn-Mg-Cu 合金由于含有 Cu、Mn 及 Cr 等元素，增大了对淬火冷却速度的敏感性，因此，合金在淬火时应尽量缩短淬火转移时间。但近年来，新型 Al-Zn-Mg-Cu 合金采用 Zr 来代替 Mn 及 Cr，明显改善了该系合金的淬火敏感性，使材料的淬火厚度达到了 200 mm 以上。

8.2.3 时效

7×××系铝合金的热处理状态开发是沿着 T6→T73→T76→T736(T74)→T77 方向进展，与此相应的时效处理也是由单级向多级时效方向发展，如 7050 合金和 7055 合金的热处理特点是通过双级或三级时效获得优良的综合性能，第一级时效使合金强度达到峰值强度的 95％；第二级时效温度高于第一级时效温度，增加抗蚀性和获得满意的断裂韧性；第三级时效再一次采用峰值时效使合金强度进一步提高。具体时效处理工艺主要有以下几种：

（1）单级时效：在单纯追求高强度时开发出单级时效制度 T6，时效后其主要强化相是 GP 区和少量过渡相(η'相)，强度可以达到峰值，但晶界分布较细小的连续链状质点，这种晶界组织对应力腐蚀和剥落腐蚀十分敏感。7×××系铝合金的 T6 状态的时效温度一般为 100～140℃，保温时间一般为 8～36 h。

（2）双级时效：双级时效就是对固溶处理后的合金在不同温度进行两次时效处理，常规的双级处理是先在低温进行预时效，然后再进行高温时效。低温预时效相当于成核阶段，高温时效为稳定化阶段，这种双级过时效使晶界上的 η'相和 η 相质点球化，打破了晶界析出相的连续性，使组织得到改善，减小了应力腐蚀和剥落腐蚀敏感性，也提高了断裂韧性，与此同时，由于晶粒内的质点发生粗化，因此提高抗应力腐蚀是以牺牲强度作为代价。7×××系铝合金的 T73、T74 和 T76 就属于这种制度，T73 减小了应力腐蚀和剥落腐蚀敏感性，提高了断裂韧性，但强度损失 10%~15%；T76 提高了材料的抗剥落腐蚀能力，时效程度比 T73 弱，强度损失约 9%~12%；T736(T74)其时效程度介于 T76 与 T73 之间，能保证在强度损失不大的情况下能得到较好的抗应力腐蚀能力。7×××系铝合金的双级时效制度一般为(100～125)℃/(6～24)h+(155～175)℃/(8～30)h。

（3）回归再时效(RRA)处理：该制度是 20 世纪 70 年代初 Cina 公司为改善 7075 合金的 SCR 而提出的。RRA 处理主要包括以下 4 个基本步骤：1) 正常状态的固溶处理；2) 进行 120℃/24h 的峰值时效；3) 在高于 T6 状态处理温度而低于固溶处理的温度下进行短时加热，即回归处理；4) 再进行 T6 状态时效。经过 RRA 处理后，合金在保持 T6 状态强度的同时拥有 T73 状态的抗 SCC 性能。

RRA 工艺需要被处理的工件在高温下短时(几十秒到几分钟)加热，因而只能应用于小零件。后续研究结果表明，7×××系铝合金的回归处理不仅可在 200~270℃下短时加热并迅速冷却，也可在更低一些温度(165~180℃)下进行，而保温时间有所增加，需要几十分钟或数小时。1989 年美国的 Aloca 公司以 T77 热处理状态为名注册了第一个可工业应用的 RRA 处理规范(专利)，第一级时效温度为 80~163℃，第二级时效温度为 182～199℃，第三级时效温度为 80~163℃，第二级时效采用温度稍低时间较长的工艺并应用于大件产品的生产。

8.2.4 退火

7A04 合金 2.0 mm 厚冷压延板材(变形率为 60%，空气炉中加热，保温 1.5 h，室温下冷却)的再结晶开始温度为 300℃，再结晶终了温度为 370℃。挤压制品的再结晶温度较高，如壁厚为 2.0 mm 的型材，变形率为 97.8%，在同样的退火条件下，其开始再结晶温度为400℃，终了再结晶温度为460℃。

Mn、Cr 及 Zr 等微量元素，对合金的再结晶过程有很大的影响，其中 Cr 的影响最小，而 Zr 的影响最大。如含 2%Mg 及 5%Zn 的合金板材，开始再结晶温度为295℃，终了再结晶温度为320℃，加入 0.05%Zr 后，终了再结晶温度为485℃。因此这种合金在正常的淬火和退火状态下，其组织为部分再结晶组织。这种部分再结晶组织具有更高的抗应力腐蚀性能和断裂韧性。

7A04 合金退火时，在空气中冷却有淬火效应。因此，在退火时，冷却速度一般不大于30℃/h。该合金的退火温度为350～420℃，以不大于 30℃/h 的冷却速度冷至150℃出炉空冷。

不含 Mn、Cr、Zr、Ag 等合金元素的 Al-Zn-Mg 合金板材，再结晶晶粒是粗大的等轴晶。加入 Mn、Cr、Zr 以后，使晶粒细化，并沿主变形方向拉长。特别是加 Zr 后，这种现象尤为显著，晶粒沿主变形方向拉得很长，几乎呈纤维状。

8.3　铸锭（DC）及加工制品的组织和性能

（1）相组成（图 8-3～图 8-28）：

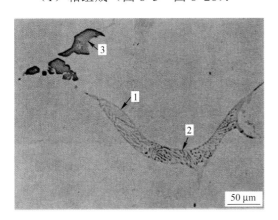

图 8-3　　　　　　　　　　　　×210

合　　金　7A04
状　　态　铸锭在 700℃复熔冷至 650℃，保温
　　　　　8h，随炉冷至 400℃，水中淬火
浸　　蚀　未浸蚀
组织特征　1—共晶组织中的 T(AlZnMgCu)；
　　　　　2—共晶组织中的 S(CuMgAl₂)；
　　　　　3—AlMnFeSi

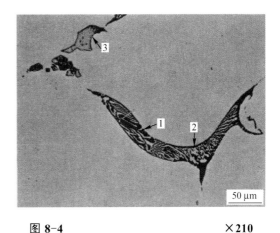

图 8-4　　　　　　　　　　　　×210

合　　金　7A04
状　　态　同图 8-3
浸　蚀　剂　20%H₂SO₄ 水溶液
组织特征　1—T(AlZnMgCu)浸蚀后变成黑色；
　　　　　2—S (CuMgAl₂)呈黑色；
　　　　　3—AlMnFeSi 呈褐色

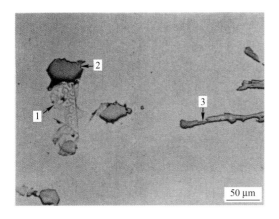

图 8-5　　　　　　　　　　　　×210

合　　金　7A04
状　　态　同图 8-3
浸　　蚀　未浸蚀
组织特征　1—α(Al)+T(AlZnMgCu)共晶；
　　　　　2—AlMnFeSi 呈灰色；
　　　　　3—(FeMn)Al₆ 呈灰色

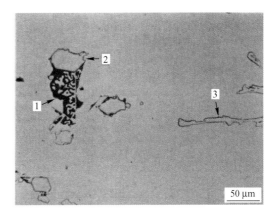

图 8-6　　　　　　　　　　　　×210

合　　金　7A04
状　　态　同图 8-3
浸　蚀　剂　0.5%HF 水溶液
组织特征　1—α(Al)+T(AlZnMgCu)共晶，
　　　　　T 相呈黑色；
　　　　　2—AlMnFeSi 呈亮褐色；
　　　　　3—(FeMn)Al₆ 呈亮褐色

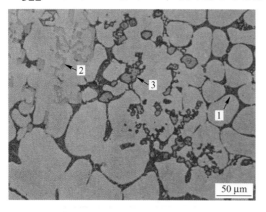

图 8-7   ×210

合　　金　7A04
状　　态　半连续铸造状态
浸 蚀 剂　25%HNO₃ 水溶液
组织特征　铸锭偏析瘤处
　　　　　1—α(Al)+T(AlZnMgCu)共晶；
　　　　　2—(FeMn)Al₆；
　　　　　3—AlMnFeSi

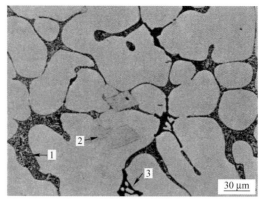

图 8-8   ×210

合　　金　7A04
状　　态　半连续铸造状态
浸 蚀 剂　25%HNO₃ 水溶液
组织特征　铸锭偏析瘤处
　　　　　1—α(Al)+T(AlZnMgCu)共晶；
　　　　　2—(FeMn)Al₆；
　　　　　3—α(Al)+Mg₂Si 共晶，Mg₂Si 呈黑色

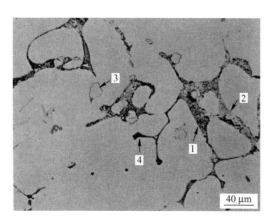

图 8-9   ×210

合　　金　7A04
状　　态　半连续铸造状态
浸 蚀 剂　25%HNO₃ 水溶液
组织特征　铸锭横向中心部位
　　　　　1—共晶中的 S (CuMgAl₂)相；
　　　　　2—共晶中的 T(AlZnMgCu)相；
　　　　　3—AlMnFeSi；
　　　　　4—Mg₂Si

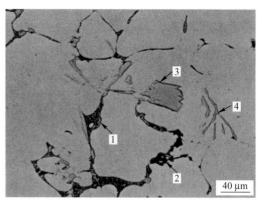

图 8-10   ×210

合　　金　7A04
状　　态　半连续铸造状态
浸 蚀 剂　25%HNO₃ 水溶液
组织特征　铸锭横向中心部位
　　　　　1—α(Al)+T(AlZnMgCu)共晶；
　　　　　2—α(Al)+Mg₂Si 共晶；
　　　　　3—AlMnFeSi；
　　　　　4—(FeMn)Al₆

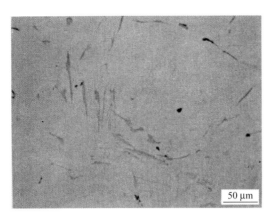

图 8-11   ×210

合　　金　7A04
状　　态　半连续铸造状态
浸 蚀 剂　未浸蚀
组织特征　铸锭横向中间部位，灰色条状
　　　　　物为(FeMn)Al$_6$

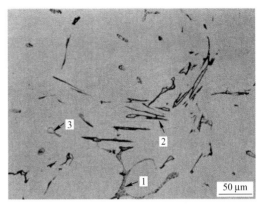

图 8-12   ×210

合　　金　7A04
状　　态　半连续铸造状态
浸 蚀 剂　混合酸水溶液
组织特征　铸锭横向中间部位
　　　　　1—α(Al)+T(AlZnMgCu)共晶；
　　　　　2—(FeMn)Al$_6$ 呈褐色；
　　　　　3—AlMnFeSi

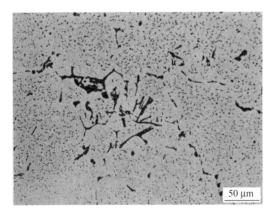

图 8-13   ×210

合　　金　7A04
状　　态　半连续铸锭，460℃、24h 均匀
　　　　　化处理
浸 蚀 剂　混合酸水溶液
组织特征　从 α(Al)基体中析出大量的
　　　　　S(CuMgAl$_2$)相及 T(AlZnMgCu)
　　　　　相、MgZn$_2$ 相，MnAl$_6$、CrAl$_7$
　　　　　的分解质点

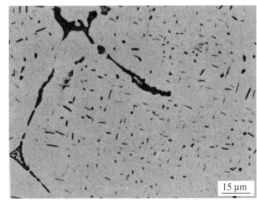

图 8-14   ×210

合　　金　7A04
状　　态　半连续铸锭，470℃、加热 2h，
　　　　　炉内冷却至 300℃，保温 8h，炉内
　　　　　冷至 50℃出炉
浸 蚀 剂　混合酸水溶液
组织特征　从 α(Al)基体中析出大量针状物，
　　　　　S 相呈黑色，T 相和 MgZn$_2$ 相呈
　　　　　深灰色

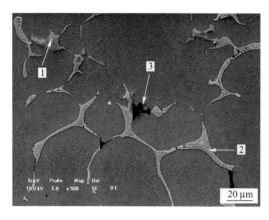

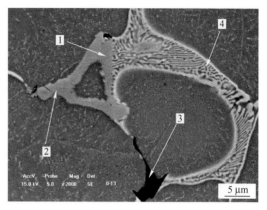

图 8-15   扫描电镜照片

合　　金   7B04
状　　态   半连续铸造状态
浸　　蚀   未浸蚀
组织特征   铸锭横向中心部位
　　　　　　1—(FeMn)Al$_6$；
　　　　　　2—α(Al)+T(AlZnMgCu)共晶；
　　　　　　3—Mg$_2$Si

图 8-16   扫描电镜照片

合　　金   7B04
状　　态   半连续铸造状态
浸　　蚀   未浸蚀
组织特征   铸锭横向中心部位，点状物为
　　　　　　MgZn$_2$质点
　　　　　　1—AlCuFeMnCrSi；
　　　　　　2—AlCuFeMn；
　　　　　　3—Mg$_2$Si；
　　　　　　4—α(Al)+T(AlZnMgCu)共晶

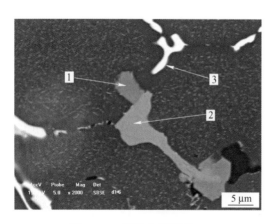

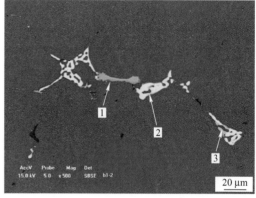

图 8-17   扫描电镜照片

合　　金   7B04
状　　态   半连续铸锭经 470℃，4 h 均匀
　　　　　　化处理
浸　　蚀   未浸蚀
组织特征   铸锭横向中心部位，点状物为
　　　　　　MgZn$_2$质点
　　　　　　1—AlCuFeMnCrSi；
　　　　　　2—AlCuFeMn；
　　　　　　3—AlZnMgCu

图 8-18   扫描电镜照片

合　　金   7B04
状　　态   半连续铸锭经 470℃，8 h 均匀化处理
浸　　蚀   未浸蚀
组织特征   铸锭横向中心部位
　　　　　　1—AlCuFeMn；
　　　　　　2—AlZnMgCu；
　　　　　　3—S (CuMgAl$_2$)

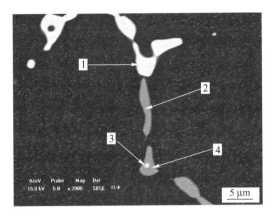

图 8-19 扫描电镜照片

合　　金　7B04
状　　态　半连续铸锭经 470℃，24h 均匀
　　　　　化处理
浸　　蚀　未浸蚀
组织特征　铸锭横向中心部位，点状物为
　　　　　MgZn₂ 质点
　　　　　1—AlZnMgCu；
　　　　　2—S(CuMgAl₂)；
　　　　　3—AlZnMgCu；
　　　　　4—S (CuMgAl₂)

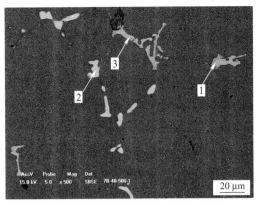

图 8-20 扫描电镜照片

合　　金　7B04
状　　态　半连续铸锭经 470℃，48h
　　　　　均匀化处理
浸　　蚀　未浸蚀
组织特征　铸锭横向中心部位
　　　　　1—AlCuFeMnCrSi；
　　　　　2—S(CuMgAl₂)；
　　　　　3—AlCuFeMn

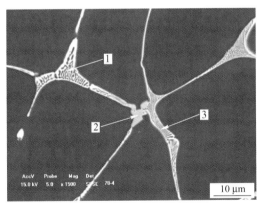

图 8-21 扫描电镜照片

合　　金　7050
状　　态　半连续铸造状态
浸　　蚀　未浸蚀
组织特征　铸锭横向中心部位
　　　　　1—α(Al)+T(AlZnMgCu)共晶；
　　　　　2—Al₇Cu₂Fe；
　　　　　3—α(Al)+S (CuMgAl₂) Zn 共晶

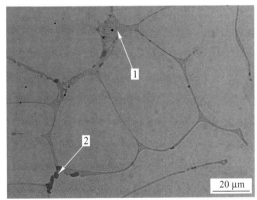

图 8-22

合　　金　7050
状　　态　半连续铸造状态
浸　　蚀　未浸蚀
组织特征　铸锭横向中心部位
　　　　　1—α(Al)+T(AlZnMgCu)共晶；
　　　　　2—Al₇Cu₂Fe

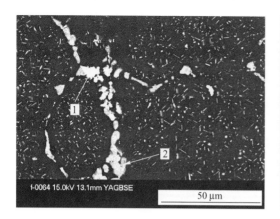

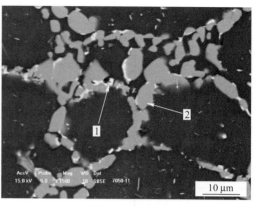

图 8-23　扫描电镜照片

图 8-24　扫描电镜照片

合　　金　7050
状　　态　半连续铸锭经 470℃,48h 均匀化
　　　　　处理
浸　　蚀　未浸蚀
组织特征　铸锭横向中心部位，点状物为
　　　　　MgZn$_2$ 质点
　　　　　1—Al$_7$Cu$_2$Fe；
　　　　　2—S(CuMgAl$_2$)

合　　金　7050
状　　态　半连续铸锭经 470℃，48h
　　　　　均匀化处理
浸　　蚀　未浸蚀
组织特征　铸锭横向中心部位
　　　　　1—T(AlZnMgCu)；
　　　　　2—S(CuMgAl$_2$)

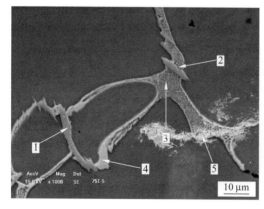

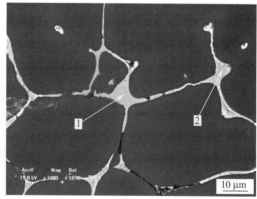

图 8-25　扫描电镜照片

图 8-26　扫描电镜照片

合　　金　7055
状　　态　半连续铸造状态
浸　　蚀　未浸蚀
组织特征　铸锭横向中心部位
　　　　　1，2—Al$_7$Cu$_2$Fe；
　　　　　3—α(Al)+T(AlZnMgCu)共晶；
　　　　　4，5—T(AlZnMgCu)

合　　金　7055
状　　态　半连续铸造状态
浸　　蚀　未浸蚀
组织特征　铸锭横向中心部位
　　　　　1—AlCuFeSi；
　　　　　2—α(Al)+T(AlZnMgCu)共晶

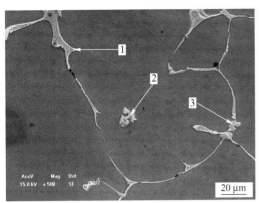

图 8-27 扫描电镜照片

合　　金　7055
状　　态　半连续铸造状态
浸　　蚀　未浸蚀
组织特征　铸锭横向中心部位
　　　　　1—共晶中的 T(AlZnMgCu)相；
　　　　　2—AlZrTi；
　　　　　3—Al₇Cu₂Fe

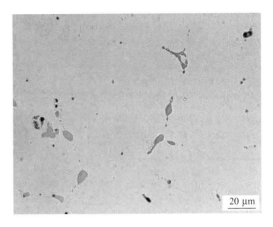

图 8-28

合　　金　7055
状　　态　半连续铸锭，经 470℃，
　　　　　32 h 均匀化处理，水冷
浸　　蚀　未浸蚀
组织特征　α(Al)基体及灰色 S 相

（2）铸锭的组织（图 8-29～图 8-56）：

图 8-29

合金及状态　7A04 半连续铸造状态
规　　　格　ϕ 280 mm 圆铸锭
浸　蚀　剂　15%NaOH 水溶液
组织特征　铸锭横向宏观组织，边缘有 2～3 mm 厚的偏析瘤，边部晶粒比中间
　　　　　和中心部位的更细小

图 8-30

合金及状态　7A04 半连续铸造状态
规　　　格　ϕ280 mm 圆铸锭
浸　蚀　剂　15%NaOH 水溶液
组 织 特 征　纵向断口组织，组织细密均匀

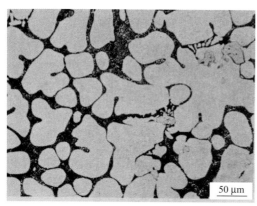

图 8-31

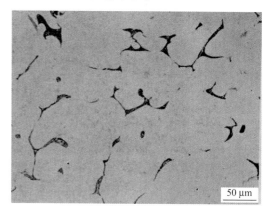

图 8-32

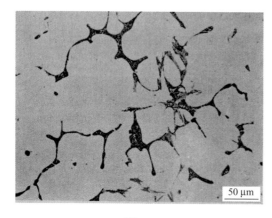

图 8-33

图 8-34

合金及状态　7A04 半连续铸造状态
规　　　格　ϕ280 mm 圆铸锭
浸　蚀　剂　混合酸水溶液
组 织 特 征　图 8-31～图 8-34 分别为铸锭横向偏析瘤、边部、中间部位及中心
　　　　　　部位组织，均为枝晶网状组织。偏析瘤处网络厚而密集，边部网络
　　　　　　薄而稀疏，不连续。中间及中心部位，网络厚而连续

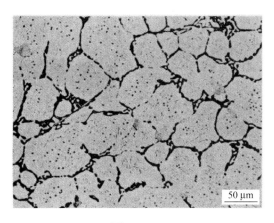 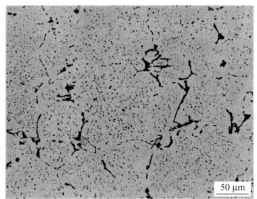

图 8-35　　　　　　　　　　　　　　　　　　图 8-36

合金及状态　7A04 半连续铸造状态，经 460℃，24 h 均匀化处理
规　　　格　ϕ280 mm 圆铸锭
浸　蚀　剂　混合酸水溶液
组 织 特 征　图 8-35 为横向表面偏析瘤处组织，枝晶网络减薄而比较连续，在
　　　　　　α(Al)基体上析出的点状物为含 Mn、Cr 的化合物质点，黑色条状
　　　　　　物为 S(CuMgAl$_2$)相，灰色条状物为 T(AlZnMgCu)相和 MgZn$_2$ 相；
　　　　　　图 8-36 为横向中间部位组织，枝晶网已大部分固溶

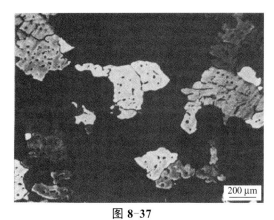 

图 8-37　　　　　　　　　　　　　　　　　　图 8-38
试样经电解抛光并阳极覆膜偏振光下组织　　　　试样经电解抛光并阳极覆膜偏振光下组织

合金及状态　7A04 半连续铸造状态
规　　　格　ϕ280 mm 圆铸锭
组 织 特 征　图 8-37 为横向边部组织，图 8-38 为铸锭横向中心部位组织，边部晶粒较中心部位的细小

图 8-39

合金及状态　7B04 半连续铸造状态
规　　　格　ϕ 192 mm 圆铸锭
浸　蚀　剂　15%NaOH 水溶液
组 织 特 征　铸锭横向宏观组织，边缘有
　　　　　　1～2 mm 厚的偏析瘤，边部
　　　　　　晶粒比中间和中心部位的细小

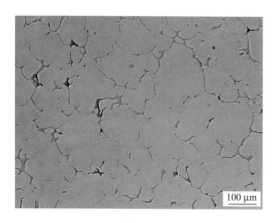

图 8-40

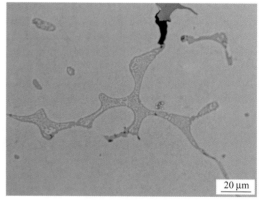

图 8-41

合金及状态　7B04 半连续铸造状态
规　　　格　ϕ 192 mm 圆铸锭
浸　　　蚀　未浸蚀
组 织 特 征　图 8-40 和图 8-41 为不同放大倍率的铸锭横向中间部位组织，为枝晶网状
　　　　　　组织。其中灰白色组织主要为 α(Al)+T(AlZnMgCu)非平衡共晶相，共晶
　　　　　　特征不明显的颜色更深些或呈黑色的第二相则为 Mg$_2$Si 和(FeMn)Al$_6$ 等相

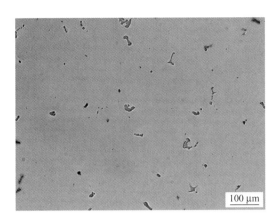

图 8-42

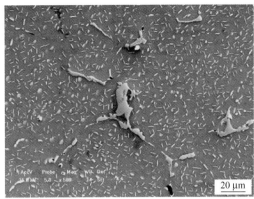

图 8-43 扫描电镜照片

合金及状态　7B04 半连续铸造状态，经 470℃，48 h 均匀化处理
规　　　格　ϕ192 mm 圆铸锭
浸　　　蚀　未浸蚀
组织特征　图 8-42 为均匀化处理水淬后的横向中间部位组织，枝晶网络已不连续，α(Al)+
　　　　　　T(AlZnMgCu) 非平衡共晶相基本消除，余下的主要是 S(CuMgAl$_2$)相和杂质相；
　　　　　　图 8-43 为均匀化处理缓冷后的横向中间部位组织，大块相为 S (CuMgAl$_2$)
　　　　　　和 AlCuFeMn 等相，基体中析出的小条点状相是 MgZn$_2$ 相

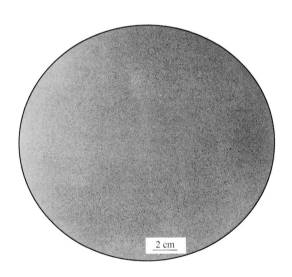

图 8-44

合金及状态　7050 半连续铸造
规　　　格　ϕ192 mm 圆铸锭
浸　蚀　剂　15%NaOH 水溶液
组织特征　铸锭横向宏观组织，边缘有
　　　　　　1～2 mm 厚的偏析瘤，边部
　　　　　　晶粒比中间和中心部位的细小

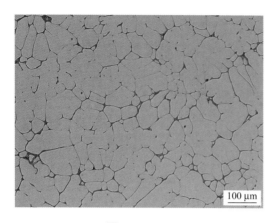

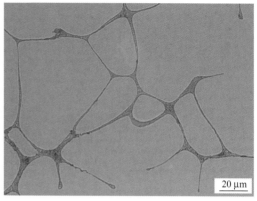

图 8-45

图 8-46

合 金 及 状 态　7050 半连续铸造状态
规　　　　格　ϕ192 mm 圆铸锭
浸　　　　蚀　未浸蚀
组 织 特 征　图 8-45 和图 8-46 为不同放大倍率的铸锭横向中间部位组织，为
　　　　　　　枝晶网状组织。其中灰白色组织主要为 α(Al)+T(AlZnMgCu)
　　　　　　　及 S (CuMgAl$_2$) Zn 非平衡共晶相，共晶特征不明显的颜色更
　　　　　　　深些或呈黑色的第二相则为 Al$_7$Cu$_2$Fe 和其他杂质相

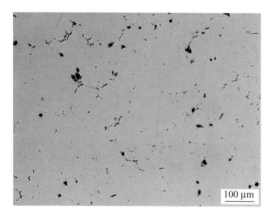

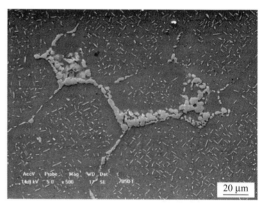

图 8-47

图 8-48　扫描电镜照片

合 金 及 状 态　7050 半连续铸造状态，经 470℃，48 h 均匀化处理
规　　　　格　ϕ192 mm 圆铸锭
浸　　　　蚀　未浸蚀
组 织 特 征　图 8-47 为均匀化处理水淬后的横向中间部位组织，枝晶网络已不连续，绝大部分
　　　　　　　α(Al)+T(AlZnMgCu) 非平衡共晶相已经消除，余下的主要是 S(CuMgAl$_2$)相和杂质
　　　　　　　相；图 8-48 为均匀化处理缓冷后的横向中间部位组织，大块相为 S(CuMgAl$_2$)和
　　　　　　　Al$_7$Cu$_2$Fe 等相，S(CuMgAl$_2$)边部有很少量的 T(AlZnMgCu)相，基体中析出的小条
　　　　　　　点状相是 MgZn$_2$ 相

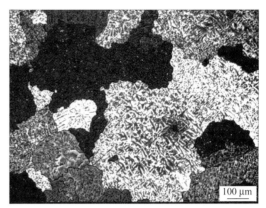

图 8-49
试样经电解抛光并阳极复膜偏振光下组织

图 8-50
试样经电解抛光并阳极复膜偏振光下组织

合 金 及 状 态　7050 半连续铸造状态
规　　　格　ϕ192 mm 圆铸锭
组 织 特 征　图 8-49 为横向边部组织，图 8-50 为铸锭横向中心部位组织，边部晶粒较中心部位的细小

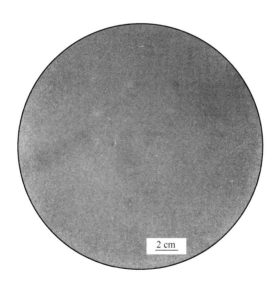

图 8-51

合 金 及 状 态　7055 半连续铸造
规　　　格　ϕ192 mm 圆铸锭
浸　蚀　剂　15%NaOH 水溶液
组 织 特 征　铸锭横向宏观组织，边缘有 1～2 mm 厚的偏析瘤，边部晶粒比中间和中心部位的细小

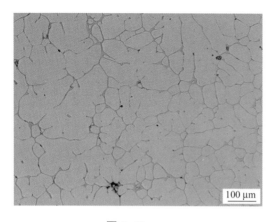

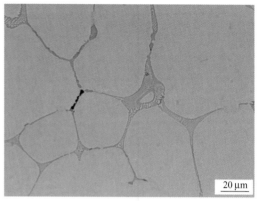

图 8-52　　　　　　　　　　　　　　　　图 8-53

合 金 及 状 态　7055 半连续铸造状态
规　　　　格　φ192 mm 圆铸锭
浸　　　　蚀　未浸蚀
组 织 特 征　图 8-52 和图 8-53 为不同放大倍率的铸锭横向中间部位组织，为
　　　　　　　枝晶网状组织。其中灰白色组织主要为 α(Al)+T(AlZnMgCu)及
　　　　　　　S(CuMgAl₂)Zn 非平衡共晶相，共晶特征不明显的颜色更深些或
　　　　　　　呈黑色的第二相则为 Al₇Cu₂Fe 、AlCuFeSi 及其他杂质相

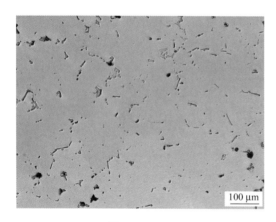

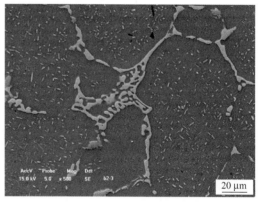

图 8-54　　　　　　　　　　　　　　图 8-55　扫描电镜照片

合 金 及 状 态　7055 半连续铸造状态，经 470℃，48 h 均匀化处理
规　　　　格　φ192 mm 圆铸锭
浸　　　　蚀　未浸蚀
组 织 特 征　图 8-54 为均匀化处理水淬后的横向中间部位组织，枝晶网络已不连续，
　　　　　　　绝大部分 α(Al)+T(AlZnMgCu) 非平衡共晶相已经消除，余下的主要是
　　　　　　　S(CuMgAl₂)相和杂质相；图 8-55 为均匀化处理缓冷后的横向中间部位
　　　　　　　组织，大块相为 S(CuMgAl₂)和 Al₇Cu₂Fe 等相，S(CuMgAl₂)边部有很少
　　　　　　　量的 T(AlZnMgCu)相，基体中析出的小条点状相是 MgZn₂ 相

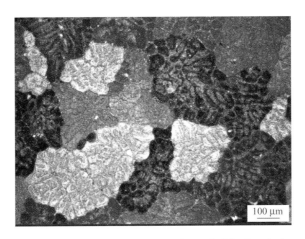

图 8-56　试样经电解抛光并阳极复膜偏振光下组织

合金及状态　7050 半连续铸造状态
规　　　格　φ192 mm 圆铸锭
组 织 特 征　铸锭横向中心部位组织，晶粒较粗大

（3）板材的组织（图 8-57～图 8-85）：

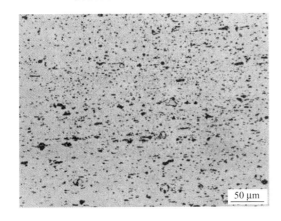

图 8-57

合金及状态　7A04-F
规　　　格　厚 8.5 mm
浸 蚀 剂　混合酸水溶液
组 织 特 征　图为板材纵向中心部位组织，
　　　　　　化合物破碎后沿压延方向排列，
　　　　　　在 α(Al)基体上有析出相质点

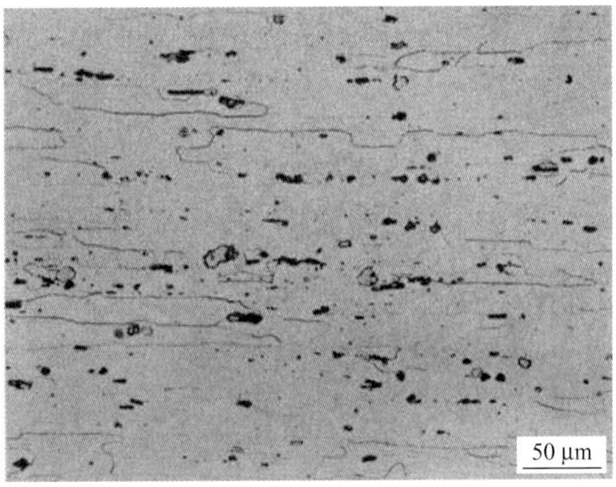

图 8-58

合金及状态　7A04-T6
规　　　格　厚 8.5mm
浸 蚀 剂　混合酸水溶液
组 织 特 征　图为板材纵向中心部位组织，
　　　　　　合金已再结晶，晶粒沿压延方
　　　　　　向伸长。还残存有未固溶的
　　　　　　S($CuMgAl_2$)相、T(AlZnMgCu)
　　　　　　相及难溶相 AlMnFeSi 等
力 学 性 能　抗拉强度 R_m：≥490 MPa
　　　　　　屈服强度 Rp0.2：≥410 MPa
　　　　　　伸长率 A：≥7%

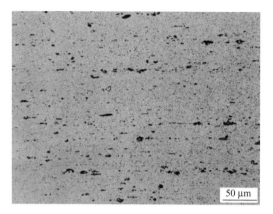

图 8-59

合 金 及 状 态　7A04-H18
规　　　格　厚 4.5 mm
浸　蚀　剂　混合酸水溶液
组 织 特 征　图为板材纵向中心部位组织，化
　　　　　　合物进一步破碎，排列的方向性
　　　　　　较强，并在 α(Al) 基体上存在着大
　　　　　　量的弥散质点

图 8-60

合 金 及 状 态　7A04-T6
规　　　格　厚 4.5 mm
浸　蚀　剂　混合酸水溶液
组 织 特 征　图为板材纵向中心部位组织，
　　　　　　合金已完全再结晶，还残存
　　　　　　S(CuMgAl$_2$)相和 T(AlZnMgCu)
　　　　　　相及难溶相 AlMnFeSi 等
力 学 性 能　抗拉强度 R_m：≥490MPa
　　　　　　屈服强度 $R_{p0.2}$：≥410 MPa
　　　　　　伸长率 A：≥7%

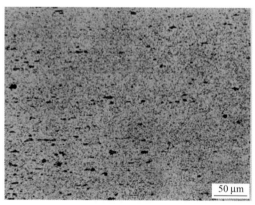

图 8-61

合 金 及 状 态　7A04-O(370℃保温 1.5h)
规　　　格　厚 2.0 mm
浸　蚀　剂　混合酸水溶液
组 织 特 征　α(Al)固溶体发生分解，S(CuMgAl$_2$)
　　　　　　相及 T (AlZnMgCu)相弥散地分布
　　　　　　在 α(Al)基体上

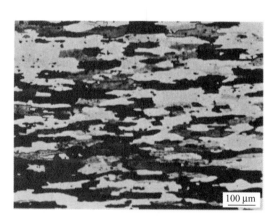

图 8-62　试样经电解抛光并阳极复膜

合 金 及 状 态　7A04-O(370℃保温 1.5h)
组 织 特 征　为图 8-61 的偏光组织，合金
　　　　　　已完全再结晶
力 学 性 能　横向抗拉强度 R_m：≤245 MPa
　　　　　　伸长率 A：≤10%

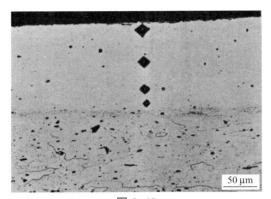

图 8-63

合金及状态　7A04-T6
规　　　格　厚 5.0 mm
浸 蚀 剂　混合酸水溶液
组 织 特 征　图中的亮色基体是板材表面的包铝
　　　　　　层，厚约 0.12 mm，其下方的暗色
　　　　　　基体区为基体金属 7A04，从包铝层
　　　　　　中显微硬度痕迹的分布状况可知，
　　　　　　在热处理后，合金元素向包铝层中
　　　　　　扩散形成明显的浓度梯度现象
力 学 性 能　纵向抗拉强度 R_m：≥490 MPa
　　　　　　屈服强度 $R_{p0.2}$：≥410 MPa
　　　　　　伸长率 A：≥7%

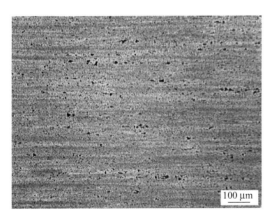

图 8-64

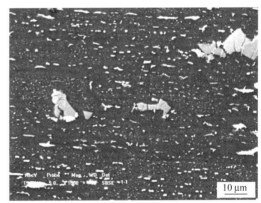

图 8-65　扫描电镜照片

合金及状态　7B04-F
规　　　格　厚 40 mm
浸 蚀 剂　图 8-64 混合酸水溶液，图 8-65 未浸蚀
组 织 特 征　图 8-64 和图 8-65 为板材纵向中心部位组织，化合
　　　　　　物破碎后沿压延方向排列，在 α(Al)基体上有许多第
　　　　　　二相质点，如 $MgZn_2$、$Mg_{32}(AlZn)_{49}$、AlZnMgCu、
　　　　　　$Al_{23}CuFe_4$ 和 Mg_2Si 等相

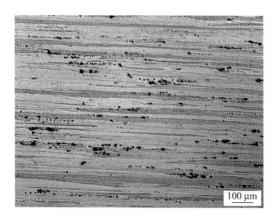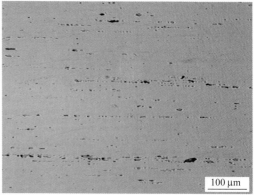

| 图 8-66　试样经电解抛光并阳极复膜 | 图 8-67 |

合金及状态　7B04　经 470℃，1 h 固溶处理
规　　格　厚 40 mm
浸　　蚀　图 8-67 混合酸水溶液轻浸蚀
组 织 特 征　图 8-66 和图 8-67 为板材纵向中心部位组织，
　　　　　　基体上分布着大量细小的第二相颗粒逐渐消
　　　　　　失，而大块的第二相颗粒溶入到基体中较少，浸
　　　　　　蚀后晶界变得清晰，晶粒沿压延方向伸长；还
　　　　　　残存有未固溶的 S(CuMgAl$_2$)相、T(AlZnMgCu)
　　　　　　相及难溶的 AlMnFeSi 相等

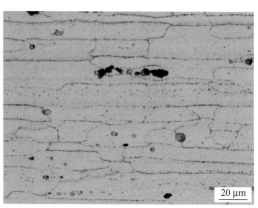

| 图 8-68 | 图 8-69 |

合金及状态　7B04-T74
规　　格　厚 10 mm
浸 蚀 剂　混合酸水溶液
组 织 特 征　图 8-68 和图 8-69 为板材纵向中心部位组织，合
　　　　　　金已完全再结晶，还残存 S(CuMgAl$_2$)相、
　　　　　　T(AlZnMgCu)相及难溶相 AlMnFeSi 等
力 学 性 能　纵向抗拉强度 R_m：≥470～550MPa
　　　　　　屈服强度 $R_{p0.2}$：≥390～480 MPa
　　　　　　伸长率 A：≥8%

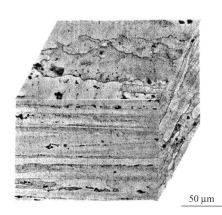

图 8-70 试样经电解抛光并阳极复膜

合金及状态　7B04-T651
规　　格　　厚 40 mm
组 织 特 征　板材纵向中心部位三维金相
　　　　　　组织，合金部分再结晶，晶
　　　　　　粒沿压延方向伸长；还残存
　　　　　　有未固溶的 S(CuMgAl$_2$)相、
　　　　　　T(AlZnMgCu)相及难溶的
　　　　　　AlMnFeSi 相等
力 学 性 能　纵向抗拉强度 R_m：≥530 MPa
　　　　　　屈服强度 $R_{p0.2}$：≥460 MPa
　　　　　　伸长率 A：≥6%

图 8-71 试样经电解抛光并阳极复膜

合金及状态　7B04-T7451
规　　格　　厚 40 mm
组 织 特 征　板材纵向中心部位三
　　　　　　维金相组织，合金部
　　　　　　分再结晶，晶粒沿压延
　　　　　　方向伸长；还残存有未
　　　　　　固溶的 S(CuMgAl$_2$)相、
　　　　　　T(AlZnMgCu)相及难溶
　　　　　　的 AlMnFeSi 相等
力 学 性 能　纵向抗拉强度 R_m：
　　　　　　≥490~560 MPa
　　　　　　屈服强度 $R_{p0.2}$：
　　　　　　≥420~500 MPa
　　　　　　伸长率 A：≥7%

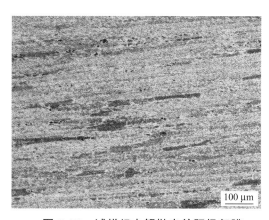

图 8-72 试样经电解抛光并阳极复膜　　　　**图 8-73 扫描电镜照片**

合金及状态　7050-F
规　　格　　厚 60 mm
浸　　蚀　　图 8-73 未浸蚀
组 织 特 征　图 8-72 和图 8-73 为板材纵向中心部位组织，化合物破碎后沿压
　　　　　　延方向排列，在 α(Al)基体上有许多第二相质点，如 MgZn$_2$、
　　　　　　AlZnMgCu、S(Al$_2$CuMg)、Al$_7$Cu$_2$Fe 和 Mg$_2$Si 等相，其中 1~2 μm
　　　　　　宽度的为 MgZn$_2$ 相，大量 3~5 μm 宽度的为 S 相

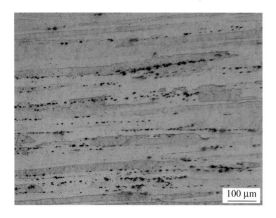
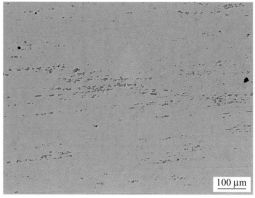

图 8-74   试样经电解抛光并阳极复膜　　　　　　　　图 8-75

合 金 及 状 态　7050 经 470℃，1 h 固溶处理

规　　　格　厚 60 mm

浸　　　蚀　图 8-75 未浸蚀

组 织 特 征　图 8-74 和图 8-75 为板材纵向中心部位组织，基体上大
　　　　　　　量细小的第二相颗粒逐渐消失，而大块的第二相颗粒溶
　　　　　　　入到基体中较少，浸蚀后晶界变得清晰，晶粒沿压延方
　　　　　　　向伸长；还残存有未固溶的 $S(CuMgAl_2)$ 相、Al_7Cu_2Fe
　　　　　　　相及其他难溶的杂质相

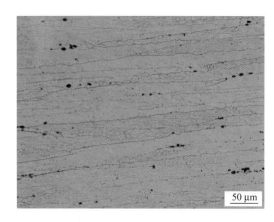
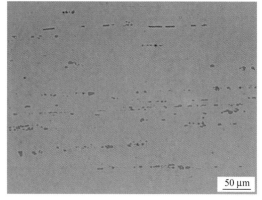

图 8-76　　　　　　　　　　　　　　　　　图 8-77

合 金 及 状 态　7050-T7451

规　　　格　厚 60 mm

浸　蚀　剂　图 8-76 混合酸水溶液，图 8-77 未浸蚀

组 织 特 征　图 8-76 和图 8-77 为板材纵向中心部位组织，合金不完全
　　　　　　　再结晶，但存在大量亚晶，这些亚晶对合金性能有非常良
　　　　　　　好的作用；还残存有未固溶的 $S(CuMgAl_2)$ 相、Al_7Cu_2Fe 相
　　　　　　　及其他难溶的杂质相

力 学 性 能　纵向抗拉强度 R_m：≥503 MPa
　　　　　　　屈服强度 $R_{p0.2}$：≥434 MPa
　　　　　　　伸长率 A：≥9%

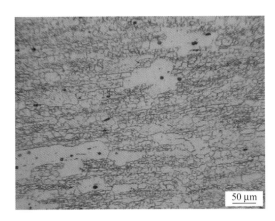

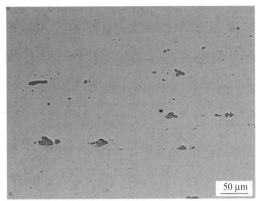

图 8-78　　　　　　　　　　　　　　　　　图 8-79

合金及状态　　7050-T7451
规　　　格　　厚 12 mm
浸 蚀 剂　　　图 8-78 混合酸水溶液，图 8-79 未浸蚀
组 织 特 征　　图 8-78 和图 8-79 为板材纵向中心部位组织，合金未完全再
　　　　　　　　结晶，但存在大量亚晶，这些亚晶对合金性能有非常良好
　　　　　　　　的作用；还残存有未固溶的 S(CuMgAl$_2$)相、Al$_7$Cu$_2$Fe 相及
　　　　　　　　其他难溶的杂质相
力 学 性 能　　纵向抗拉强度 R_m：≥510 MPa
　　　　　　　　屈服强度 $R_{p0.2}$：≥441 MPa
　　　　　　　　伸长率 A：≥10%

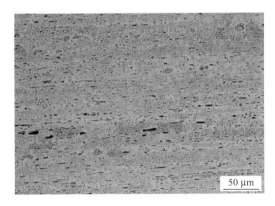

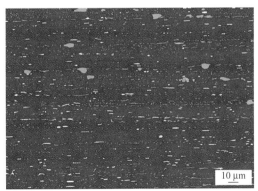

图 8-80　　　　　　　　　　　　　图 8-81　扫描电镜照片

合金及状态　　7055-F
规　　　格　　厚 25 mm
浸 蚀 剂　　　图 8-80 混合酸水溶液，图 8-81 未浸蚀
组 织 特 征　　图 8-80 和图 8-81 为板材纵向中心部位组织，化合物破
　　　　　　　　碎后沿压延方向排列，在 α(Al)基体上有许多第二相质
　　　　　　　　点，如 MgZn$_2$、AlZnMgCu、S(Al$_2$CuMg)、Al$_7$Cu$_2$Fe 和
　　　　　　　　Mg$_2$Si 等相

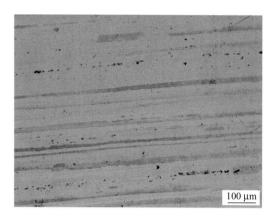

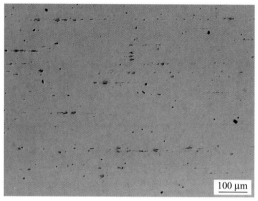

图 8-82 试样经电解抛光并阳极复膜   **图 8-83**

合金及状态　7055　经 470℃，1 h 固溶处理
规　　格　厚 25 mm
浸 蚀 剂　图 8-83 未浸蚀
组织特征　图 8-82 和图 8-83 为板材纵向中心部位组织，基体上大
　　　　　量细小的第二相颗粒逐渐消失，而大块的第二相颗粒溶
　　　　　入到基体中较少，浸蚀后晶界变得清晰，晶粒沿压延方
　　　　　向伸长；还残存有未固溶的 $S(CuMgAl_2)$ 相、Al_7Cu_2Fe 相
　　　　　及其他难溶的杂质相

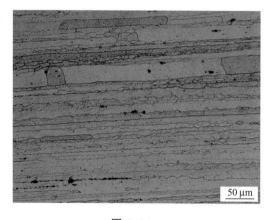

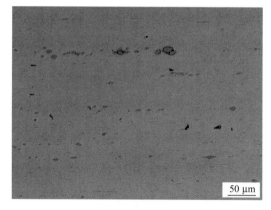

图 8-84   **图 8-85**

合金及状态　7055-T7751
规　　格　厚 25 mm
浸 蚀 剂　图 8-84 混合酸水溶液，图 8-85 未浸蚀
组织特征　图 8-84 和图 8-85 为板材纵向中心部位组织，合金不完
　　　　　全再结晶，但存在大量亚晶，这些亚晶对合金性能有非
　　　　　常良好的作用；还残存有未固溶的 $S(CuMgAl_2)$ 相、
　　　　　Al_7Cu_2Fe 相及其他难溶的杂质相
力学性能　纵向抗拉强度 R_m：≥648 MPa
　　　　　屈服强度 $R_{p0.2}$：≥634 MPa
　　　　　伸长率 A：≥11%

（4）挤压制品的组织（图 8-86～图 8-115）：

图 8-86　　　　　　　　　　　　图 8-87

合 金 及 状 态　7A04-T6
规　　　　格　ϕ60 mm 多孔挤压棒材
浸　蚀　剂　25%NaOH 水溶液
组 织 特 征　图 8-86 为棒材前端横向宏观组织，晶粒细小均匀；图 8-87 为棒
　　　　　　　材后端横向宏观组织，粗晶区呈月牙形，其余部分晶粒细小

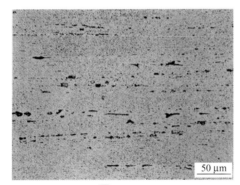 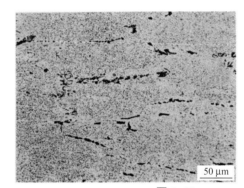

图 8-88　　　　　　　　　　　　图 8-89

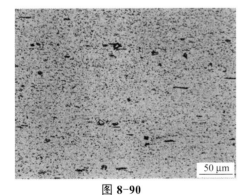 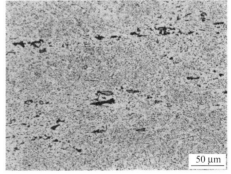

图 8-90　　　　　　　　　　　　图 8-91

合 金 及 状 态　7A04-F
规　　　　格　ϕ60 mm 多孔挤压棒材
浸　蚀　剂　混合酸水溶液
组 织 特 征　图 8-88 及图 8-89 分别为棒材前端纵向边部和中心部位组织，中心部位变
　　　　　　　形量比边部的小，故能看到残留铸造组织，在 α(Al)基体上析出大量的可
　　　　　　　溶相质点；
　　　　　　　图 8-90 及图 8-91 分别为棒材后端纵向边部及中心部位组织，较前端的变
　　　　　　　形更加充分

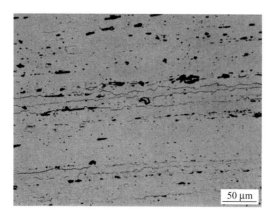

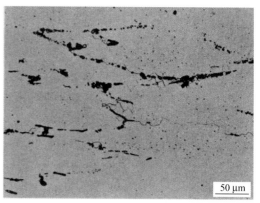

图 8-92　　　　　　　　　　　　　　　　　图 8-93

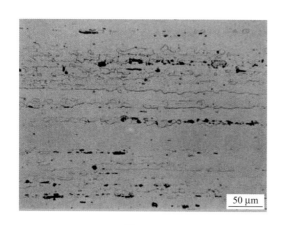

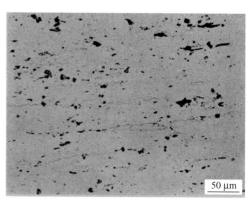

图 8-94　　　　　　　　　　　　　　　　　图 8-95

合金及状态　7A04-T6
规　　　格　ϕ60 mm 多孔挤压棒材
浸　蚀　剂　混合酸水溶液
组织特征　图 8-92 及图 8-93 分别为棒材前端纵向边部和中心部位组
　　　　　织，再结晶不完全，晶粒沿挤压方向伸长，还残留有未固
　　　　　溶的 S(CuMgAl$_2$)相、T(AlZnMgCu)相及难溶相 AlMnFeSi
　　　　　等；
　　　　　图 8-94 及图 8-95 分别为棒材后端纵向边部及中心部位
　　　　　组织，边部晶粒细小，中心部位再结晶程度较低
力学性能　抗拉强度 R_m： ≥530 MPa
　　　　　屈服强度 $R_{p0.2}$： ≥440 MPa
　　　　　伸长率 A： ≥6%

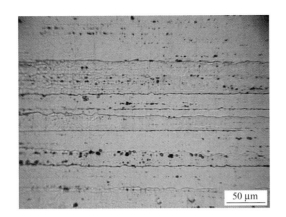

图 8-96

合金及状态	7050-T77
规　　格	ϕ 50 mm 挤压棒材
浸　蚀　剂	混合酸水溶液
组 织 特 征	棒材前端纵向中心部位组织，再结晶不完全，晶粒沿挤压方向伸长，还残存有未固溶的 $S(CuMgAl_2)$ 相、Al_7Cu_2Fe 相及其他难溶的杂质相
力 学 性 能	抗拉强度 R_m：$\geqslant$648 MPa 屈服强度 $R_{p0.2}$：$\geqslant$634 MPa 伸长率 A：$\geqslant$12%

图 8-97

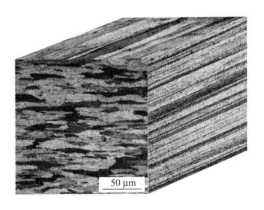

图 8-98　试样经电解抛光并阳极复膜

合金及状态	7050-F
规　　格	25 mm×102 mm 挤压带板
浸　蚀　剂	图 8-97 混合酸水溶液
组 织 特 征	挤压带板纵向中心部位组织，化合物被破碎并沿挤压方向排列，在 α(Al)基体上有析出相质点

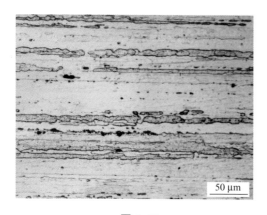

图 8-99

合金及状态　7050-T74
规　　格　25 mm×102 mm 挤压带板
浸　蚀　剂　混合酸水溶液
组织特征　挤压带板纵向中心部位组
　　　　　织，晶粒沿挤压方向伸
　　　　　长，合金部分再结晶，还
　　　　　残存有未固溶的
　　　　　$S(CuMgAl_2)$ 相、Al_7Cu_2Fe
　　　　　相及其他难溶的杂质相
力学性能　抗拉强度 R_m：≥505 MPa
　　　　　屈服强度 $R_{p0.2}$：≥435 MPa
　　　　　伸长率 A：≥7%

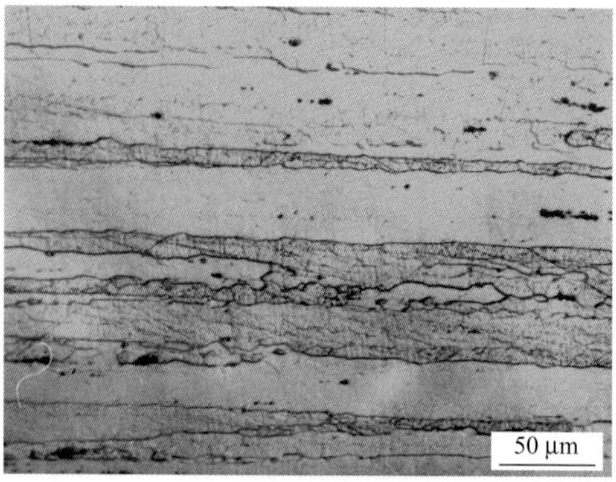

图 8-100

合金及状态　7050-T77
规　　格　25 mm×102 mm 挤压带板
浸　蚀　剂　混合酸水溶液
组织特征　挤压带板纵向中心部位组
　　　　　织，晶粒沿挤压方向伸
　　　　　长，合金部分再结晶，还
　　　　　残存有未固溶的
　　　　　$S(CuMgAl_2)$ 相、Al_7Cu_2Fe
　　　　　相及其他难溶的杂质相
力学性能　抗拉强度 R_m：≥648 MPa
　　　　　屈服强度 $R_{p0.2}$：≥634 MPa
　　　　　伸长率 A：≥12%

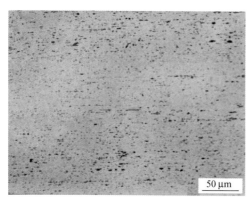

图 8-101

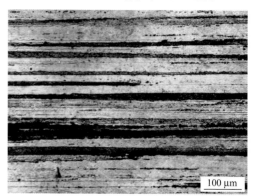

图 8-102　试样经电解抛光并阳极复膜

合金及状态　7055-F
规　　格　25 mm×102 mm 挤压带板
浸　蚀　剂　图 8-101 混合酸水溶液
组织特征　挤压带板纵向中心部位组织，化合物被破碎并沿挤压
　　　　　方向排列，在 α(Al) 基体上有析出相质点

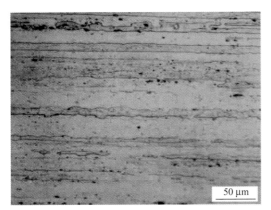

图 8-103

合 金 及 状 态	7055-T6
规　　　格	25 mm×102 mm 挤压带板
浸　蚀　剂	混合酸水溶液
组 织 特 征	挤压带板纵向中心部位组织，晶粒沿挤压方向伸长，合金部分再结晶，还残存有未固溶的 S(CuMgAl$_2$) 相、Al$_7$Cu$_2$Fe 相及其他难溶的杂质相

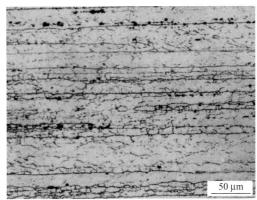

图 8-104

合 金 及 状 态	7055-T77
规　　　格	25mm×102 mm 挤压带板
浸　蚀　剂	混合酸水溶液
组 织 特 征	挤压带板纵向中心部位组织，晶粒沿挤压方向伸长，合金未完全再结晶，存在大量亚晶，还残存有未固溶的 S(CuMgAl$_2$) 相、Al$_7$Cu$_2$Fe 相及其他难溶的杂质相
力 学 性 能	抗拉强度 R_m：≥610 MPa 屈服强度 $R_{p0.2}$：≥560 MPa 伸长率 A：≥6%

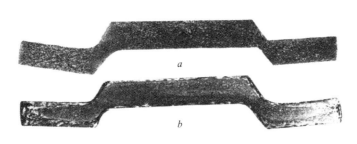

图 8-105

合 金 及 状 态	7A04-T6
规　　　格	XC3124 型材
浸　蚀　剂	25%NaOH 水溶液
组 织 特 征	图 8-105a 为前端横向宏观组织，晶粒大小均匀，图 8-105b 为后端横向宏观组织，边部有粗晶环，中心部位晶粒细小

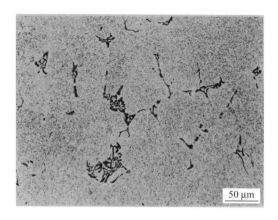 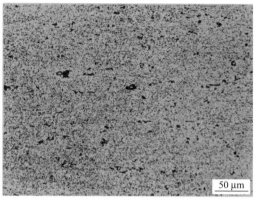

图 8-106　　　　　　　　　　　　　　　图 8-107

合金及状态　7A04-F
规　　　格　XC3124 型材
浸　蚀　剂　混合酸水溶液
组织特征　图 8-106 为前端横向中心部位组织，因变形率低，仍残存
　　　　　有铸造组织，在 α(Al)基体上有大量的可溶相析出质点；
　　　　　图 8-107 为后端横向中心部位组织，因变形更加充分，化
　　　　　合物已显著破碎

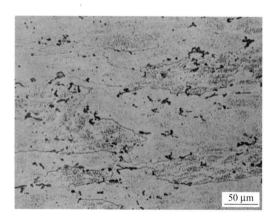 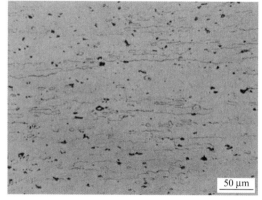

图 8-108　　　　　　　　　　　　　　　图 8-109

合金及状态　7A04-T6
规　　　格　XC3124 型材
浸　蚀　剂　混合酸水溶液
组织特征　图 8-108 为前端横向中心部位组织，已再结晶，晶粒粗大，
　　　　　在 α(Al) 基体上分布有残留的可溶相 S(CuMgAl$_2$)、
　　　　　T(AlZnMgCu)和难溶相 AlMnFeSi 等；
　　　　　图 8-109 为后端横向中心部位组织，已再结晶，晶粒较前
　　　　　端细小
力学性能　抗拉强度 R_m：≥530 MPa
　　　　　屈服强度 $R_{p0.2}$：≥441 MPa
　　　　　伸长率 A：≥6%

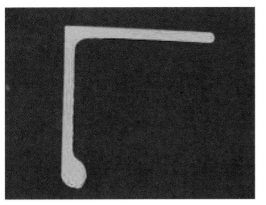

图 8-110

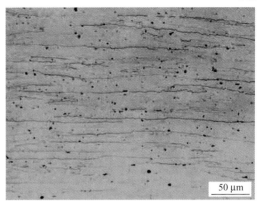

图 8-111

合金及状态　7B04-T6
规　　格　　XC111-27 型材
浸 蚀 剂　　25%NaOH 水溶液
组 织 特 征　型材横向宏观组织，晶粒大小均匀
力 学 性 能　抗拉强度 R_m：≥510 MPa
　　　　　　屈服强度 $R_{p0.2}$：≥460 MPa
　　　　　　伸长率 A：≥6%

合金及状态　7B04-T6
规　　格　　XC111-27 型材
浸 蚀 剂　　混合酸水溶液
组 织 特 征　型材横向中心部位组织，
　　　　　　已再结晶，晶粒粗大，在
　　　　　　α(Al)基体上分布有残留的
　　　　　　可溶相 S(CuMgAl₂)、
　　　　　　T(AlZnMgCu) 和难溶相
　　　　　　AlMnFeSi 等

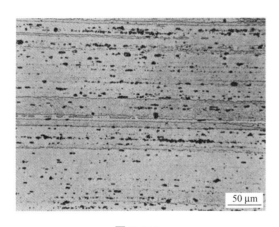

图 8-112

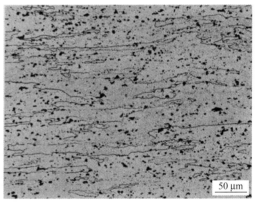

图 8-113

合金及状态　7A04-T6
规　　格　　φ76 mm×64 mm 管材
浸 蚀 剂　　混合酸水溶液
组 织 特 征　图 8-112 为纵向中心部位组织，合金已有再结晶，晶粒仍
　　　　　　沿挤压方向伸长；
　　　　　　图 8-113 为横向中心部位组织
力 学 性 能　抗拉强度 R_m：≥530 MPa
　　　　　　屈服强度 $R_{p0.2}$：≥400 MPa
　　　　　　伸长率 A：≥6%

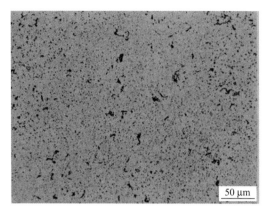

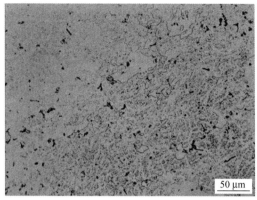

图 8-114

合金及状态 7A04-H18
规　　　格 φ6 mm 冷拉线材
浸　蚀　剂 混合酸水溶液
组 织 特 征 为横向中心部位组织，化合物进
　　　　　　一步被破碎细化，α(Al)基体上密
　　　　　　布可溶相以及含 Mn、Cr 等相析
　　　　　　出质点

图 8-115

合金及状态 7A04-T6
规　　　格 φ6 mm 冷拉线材
浸　蚀　剂 混合酸水溶液
组 织 特 征 为横向中心部位淬火组织，
　　　　　　已再结晶，α(Al) 基体上密
　　　　　　布 Mn、Cr 等相的析出质点
　　　　　　和残留的可溶相及杂质相

（5）模锻件的组织（图 8-116～8-127）：

图 8-116

合金及状态 7A04-T6
型　　　号 A 5 模锻件
浸　蚀　剂 25%NaOH 水溶液
组 织 特 征 图中 1 为筋部，2 为腹板部位，金属流纹沿模型轮廓均匀流
　　　　　　动，边缘区域变形程度大，组织更细密

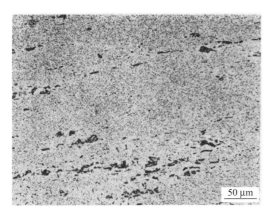

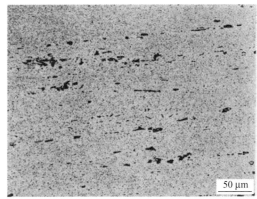

图 8-117　　　　　　　　　　　　　　　　　图 8-118

合 金 及 状 态　7A04-F
型　　　　号　A 5 模锻件
浸　蚀　剂　混合酸水溶液
组 织 特 征　图 8-117 及图 8-118 分别为筋部及腹板部位纵向中心区域
　　　　　　　组织，因模压而破碎的化合物沿变形方向排列，从 α(Al)
　　　　　　　基体中析出大量可溶相 S(CuMgAl$_2$)相、T(AlZnMgCu)相及
　　　　　　　含 Mn、Cr 等相的质点

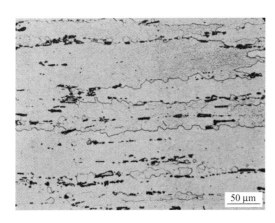

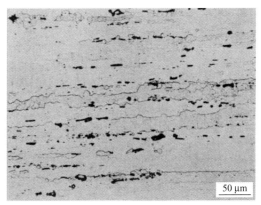

图 8-119　　　　　　　　　　　　　　　　　图 8-120

合 金 及 状 态　7A04-T6
型　　　　号　A 5 模锻件
浸　蚀　剂　混合酸水溶液
组 织 特 征　图 8-119 及图 8-120 分别为筋部及腹板部位纵向组织，未完全再结
　　　　　　　晶，晶粒沿变形方向排列；在图 8-120 中还可以看到亚晶粒
力 学 性 能　纵向抗拉强度：≥610 MPa，屈服强度：≥550 MPa，伸长率：≥10%
　　　　　　　高向抗拉强度：≥470 MPa，屈服强度：≥440 MPa，伸长率：≥3%

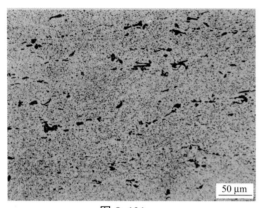

图 8-121

合金及状态　7A04-F
型　　　号　A 5 模锻件
浸 蚀 剂　混合酸水溶液
组织特征　为腹板部位中心区域横向组织。
　　　　　已破碎的化合物，在 α(Al)基体上
　　　　　分布无明显方向性。析出相质点，
　　　　　弥散地分布在 α(Al)基体上

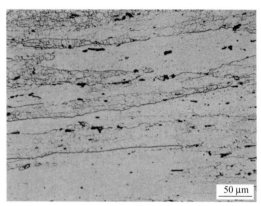

图 8-122

合金及状态　7A04-T6
型　　　号　A 5 模锻件
浸 蚀 剂　混合酸水溶液
组织特征　为腹板部位中心区域横向
　　　　　组织。未完全再结晶，可
　　　　　看到亚晶粒
力 学 性 能　横向抗拉强度：≥490 MPa
　　　　　屈服强度：≥440 MPa
　　　　　伸长率：≥3.5%

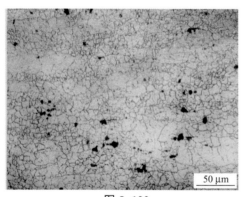

图 8-123

合金及状态　7050-T74
规　　　格　ϕ2010/ϕ1790 mm×100 mm 锻环
浸 蚀 剂　混合酸水溶液
组织特征　锻环纵向中心部位组织，合
　　　　　金不完全再结晶，存在大量
　　　　　亚晶粒，这些亚晶粒对合金
　　　　　性能有非常良好的作用；还
　　　　　残存有未固溶的 S(CuMgAl$_2$)
　　　　　相、Al$_7$Cu$_2$Fe 相及其他难溶
　　　　　的杂质相
力学性能(纵向)　抗拉强度：≥590 MPa
　　　　　屈服强度：≥420 MPa
　　　　　伸长率：≥8%

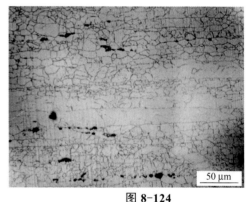

图 8-124

合金及状态　7050-T74
规　　　格　ϕ2010 mm / ϕ1790 mm×
　　　　　100 mm 锻环
浸 蚀 剂　混合酸水溶液
组织特征　锻环横向中心部位组织，合
　　　　　金不完全再结晶，存在大量
　　　　　亚晶粒
力学性能（横向）　抗拉强度：≥485MPa
　　　　　屈服强度：≥405MPa
　　　　　伸长率：≥5%

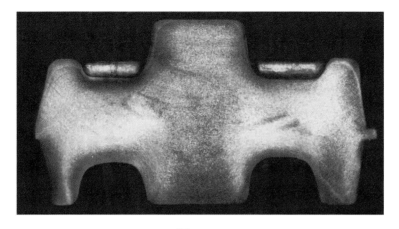

图 8-125

合金及状态　7055-T77
型　　　号　接头模锻件
浸　蚀　剂　25%NaOH 水溶液
组 织 特 征　接头模锻件横截面宏观组织，流线沿锻造变形方向
　　　　　　分布，晶粒大小均匀

图 8-126

图 8-127

合金及状态　7055-77
型　　　号　接头模锻件
浸　蚀　剂　混合酸水溶液
组 织 特 征　图 8-126 及图 8-127 分别为模锻件横向和纵向的中心部
　　　　　　位组织，化合物因锻压而破碎，晶粒沿变形方向排列，
　　　　　　合金不完全再结晶，存在大量亚晶，这些亚晶对合金性
　　　　　　能有非常良好的作用；还残存有未固溶的 $S(CuMgAl_2)$
　　　　　　相、Al_7Cu_2Fe 相及其他难溶的杂质相
力学性能（纵向）　抗拉强度：≥560 MPa
　　　　　　　　　屈服强度：≥510 MPa
　　　　　　　　　伸长率：≥6%

（6）焊接件的组织（图 8-128～图 8-130）：

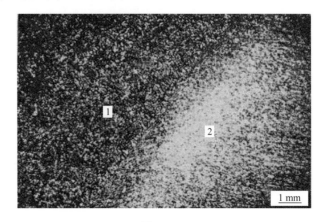

图 8-128

合 金 及 状 态　(Mg2.9%；Zn8.1%；Cu2.5%；
　　　　　　　　Mn0.35%；Cr0.17%；Zr0.12%；
　　　　　　　　Fe<0.5%；Si<0.3%)焊接状态
规　　　格　厚 3.0 mm 板材，氩弧焊接件
浸 蚀 剂　混合酸水溶液
组 织 特 征　1—焊缝区；
　　　　　　　2—热影响区

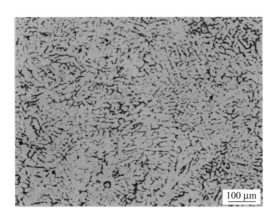

图 8-129

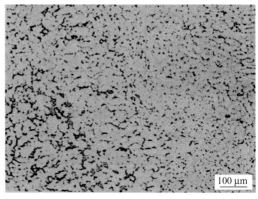

图 8-130

合 金 及 状 态　(Mg2.9%；Zn8.1%；Cu2.5%；
　　　　　　　　Mn0.35%；Cr0.17%；Zr0.12%；
　　　　　　　　Fe<0.5%；Si<0.3%)焊接状态
规　　　格　厚 3.0 mm 板材，氩弧焊接件
浸 蚀 剂　混合酸水溶液
组 织 特 征　图 8-129 为焊缝区组织，具有铸态组织特征，呈枝晶网状；
　　　　　　　图 8-130 为热影响区组织，距焊缝区越近，晶界越粗化，
　　　　　　　化合物更加聚集

9 8×××系(以铝-铜-锂系为主)合金

锂是最轻的金属元素。每添加 1%的锂,可以使铝的密度减少约 3%,而且添加 1%的锂可以使铝的弹性模量增加 6%。除此而外,铝锂合金与常规铝合金比较具有更加优异的力学性能如高强度、高的高频疲劳抗力和高频疲劳裂纹扩展阻力,且在极低温度下仍保持原有的抗疲劳性能。铝锂合金与新型结构材料如钛合金和复合材料相比,在成本上具有明显的优势。铝锂合金虽然有这些优点,但也存在诸如伸长率低、低周疲劳抗力低和平面断裂韧性低、尤其是厚度方向断裂韧性更低等缺点。这些合金还易出现强烈的织构取向和纤维状晶粒组织,因此在力学性能上各向异性现象严重。

9.1 化学成分和相组成

9.1.1 化学成分

表 9-1 中列出了各种铝锂合金化学成分范围。较早研究和应用铝锂合金的是1420(Al–Mg-Li-Zr)合金。在这个合金中加入 5%Mg 的作用是固溶强化和改善焊接性能,且降低合金密度,加入 2%的 Li 起到提高弹性模量和析出强化的作用。添加微量约 0.1%Zr 的作用是控制再结晶和晶粒长大。1420 合金在 20 世纪 80 年代早期以焊接件用于 MIG-29 机身,然后用于民用飞机。

表 9-1　各种工业 Al–Li 合金的化学成分(质量分数)　　(%)

注册牌号 AA/Russian	最初注册 公司/国家	Li	Cu	Mg	Zr	Si	Fe	其他	数据来源
1420[N]	Russia	2.0	—	5.0	0.1	0~0.15	0~0.15	—	Fridlyander (1994)
1421[N]	Russia	2.1	—	5.2	—	0~0.1	0~0.15	0.15(Sc)	
1460[N]	Russia	2.0	3.0	—	—	0~0.1	0~0.1	0.1 (Sc)	
8090	Alcan/Alcoa/ Pechiney	2.2~2.7	1.0~1.6	0.6~1.3	0.04~0.16	0~0.2	0~0.3	—	Starke & Csontos Pechiney (1998)
2090		1.9~2.6	2.4~3.0	0~0.25	0.08~0.15	0~0.1	0~0.12	—	
2091(CP274)	Pechiney	1.7~2.3	1.8~2.5	1.1~1.9	0.04~0.16	0~0.2	0~0.3	—	
2095	Martin Marietta Russia	0.7~1.5	3.9~4.6	0.25~0.8	0.04~0.18	0~0.12	0~0.15	0.25~0.6 (Ag)	
1441		1.8~2.1	1.5~1.8	0.7~1.1	0.04~0.16	0~0.1	0~0.1	—	Bird et al (2000)

注:N 为名义成分。

但是，1420 合金的强度和断裂韧性不能充分满足现代飞机的要求，所以又发展了诸如 AA 8090、AA 2090、AA 2091、1441、1460 等合金。

9.1.2   相组成

对于 Al-Cu-Li 系合金来讲，主要存在以下几类相：

（1）所有的 Al-Li 合金：$\alpha(Al)$、δ' (Al_3Li)、δ (AlLi)；

（2）Al-Li-Mg：$\alpha(Al)$、δ' (Al_3Li)、Al_2MgLi；

（3）Al-Li-Cu (高 Li/Cu 比)：$\alpha(Al)$、T_1 (Al_2CuLi)；

（4）Al-Li-Cu-Mg：$\alpha(Al)$、GP 区、S'、$S(Al_2CuMg)$。

加工制品最终的晶粒尺寸和形态取决于加工工艺和热处理参数。虽然动态回复占支配地位，但是在非常高的温度和很低变形速率下，也可以观察到动态再结晶。因此，大多数商用 Al—Li 合金加工产品在三维方向上都显示出具有很大宽厚比的薄饼状晶粒结构(见图 9-1)。

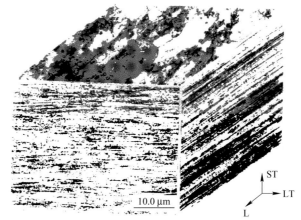

图 9-1   商用(Alcan)Al-Li 合金(AA8090T8E51)厚板三维金相照片
（在三维直角坐标上显示出大的宽厚比）

加 Zr 可以阻碍再结晶和晶粒长大，并且改善韧性、抗应力腐蚀性和淬火敏感性。Li 加入 Al-Cu-Mg 系合金中降低了 Cu 和 Mg 的溶解度，因此增加了含 Cu/Mg 相，如 S'、$T_2(Al_2CuLi_3)$)的析出量，并且可以观察到 β' (Al_3Zr)相。合金中 Zr 含量控制在工业规定范围内时，Zr 在 α-Al 基体中保持过饱和固溶状态。均匀化处理中，350℃左右时，开始出现亚稳析出相 Al_3Zr。经过 535℃保温 24 h 典型的均匀化处理后，直径 20~30 nm 的 Al_3Zr 析出质点表现为非均匀分布状态，其质点呈球形。

9.2   热处理特性

铸锭从均匀化处理温度冷却下来和随后的热加工过程中，总是会造成平衡相如 $Al_6CuLi_3(T_2)$ 和 AlLi(δ)的析出。这些析出相在板材的超塑性变形过程中起着重要的作用。作为常规结构材料使用时，这些平衡相在随后的固溶处理时又重新固溶回去，最后通过有效控制其析出，以达到时效硬化的目的。

图 9-2 为 AA8090Al–Li 合金峰值时效条件下可能出现的各种析出相的示意图。

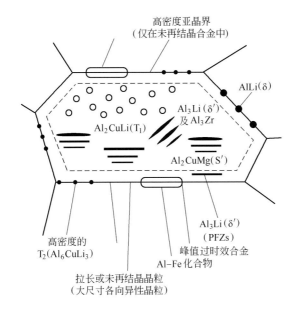

图 9-2 AA8090 合金典型显微结构示意图

图 9-3 示出了 AA8090T8E51 厚板的透射电镜图像。

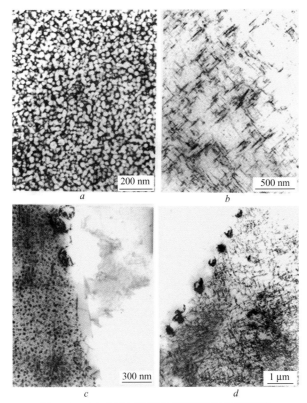

图 9-3 AA 8090-T8E51 厚板投射电镜图像

a—δ' 析出相；b—S 析出相；c—δ' 无析出带；d—沿着大角度晶界网状析出的 $T_2(Al_6CuLi_3)$ 相

铝锂合金典型的时效温度是在 150~190℃ 范围内，在此温度区间内、甚至在室温下（自然时效），δ′ 相的析出占主导地位。δ′ 相具有 Li_2 超点阵结构，并且与 α-(Al) 基体呈立方-立方取向关系。它或者均匀性析出，或者包裹在球形的 β′（Al_3Zr）质点外异质形核析出，而形成特殊的牛眼状结构（见图 9-2 和图 9-3a）。刚进行完固溶处理合金中超点阵镜像存在的证据也说明 δ′ 形成于固溶处理过程中。由于自然时效现象的存在，限制了半成品固溶处理后，在预拉伸、形变等工序前室温下的存放时间。

除了 δ′ 相均匀、高密度析出外，人工时效的 AA8090 铝-锂合金还有一定量的条状以及与基体半共格斜方晶系的 Al_2CuMg(S 或 S′)相析出。开始 S′ 相的析出较慢，因为与 Li 原子有高结合能的空位浓度太低。在进行自然时效、人工时效前，先进行 2%~3% 的预拉伸或过时效会加速 S 或 S′ 相的析出。除了 δ′ 和 S′ 相的析出，具有六方结构的、分散分布的 Al_2CuLi（T_1）析出质点，也会出现在包括 AA8090 在内的铝-锂合金中（见图 9-3 中的 TEM 图片）。在不含 Mg 的合金中，如 AA2090，不会析出 S 相，而 T_1(Al_2CuLi)相成为第二位的主要析出相。在不含 Cu 的 1420 系列合金中，δ′ 相是唯一出现的亚稳相。

时效到硬度在峰值前后时，平衡相 T_2（Al_2CuLi_3）或 δ（AlLi）相析出。析出相优先在晶界和相界上形核。长时间时效后可以在晶内观察到独立的 T_2 相析出。

同高强 Al-Zn-Mg 合金一样，Al-Li 系合金显微结构的另一个重要特征是无析出带 (PFZ)。在峰值和过时效合金中，发现在临近晶界和平衡析出相 $0.5\mu m$ 宽度范围内无 δ′ 相的析出。由于富 Li 平衡相的析出使这些区域内锂含量减低而形成无析出带。

对于给定的 Li 含量和时效温度，PFZ 的生长速度与时间关系曲线呈抛物线型。PFZ 的生长实际上是受扩散控制的，因此，提高时效温度加速 PFZ 的形成，提高 Li 含量使 PFZ 变宽。亚时效处理可以使 PFZ 最小化，并且避免析出相的粗化。时效前进行受控制的预拉伸成为加速其他相如 S 相和 T_1 相析出的重要措施，这些相的析出促使屈服强度达到峰值水平，图 9-3c 显示出 AA8090 合金中典型的 PFZ 形貌。

9.3 铸锭（DC）及加工制品的组织和性能

（1）铸锭和均匀化处理后的组织（图 9-4~图 9-8）：

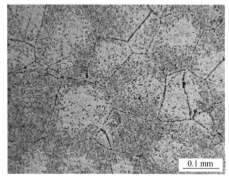

图 9-4   ×200

合金及状态   1420 合金半连续铸造状态
规   格 ϕ600 mm 圆锭
浸   蚀   剂   凯勒试剂
组织特征   在 α(Al)基体上 δ(AlLi)析出

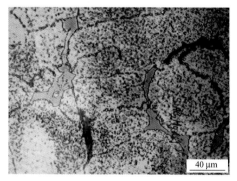

图 9-5   ×500

合金及状态   1420 合金半连续铸造状态
规   格   400 mm×1200 mm 方锭
浸   蚀   剂   凯勒试剂
组织特征   在 α(Al)上 δ(AlLi)析出和粗大的 Al_2MgLi 相

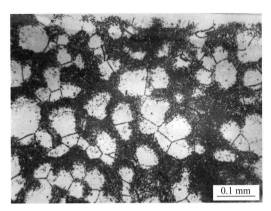

图 9-6   ×200

合金及状态　1420 合金 450℃/10 h 均热/空冷
规　　　格　ϕ600 mm 圆锭
浸 蚀 剂　凯勒试剂
组 织 特 征　在 α(Al)基体上 δ(AlLi)析出

图 9-7   ×200

合金及状态　1420 合金 450℃/10 h 均热/水冷
规　　　格　ϕ600 mm 圆锭
浸 蚀 剂　凯勒试剂
组 织 特 征　合金具有细等轴晶，在 α(Al)
　　　　　　基体上无 δ(AlLi)析出

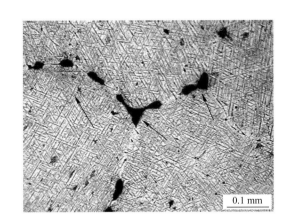

图 9-8   ×200

合金及状态　1420 合金 540℃/10 h 均热/空冷
规　　　格　ϕ600 mm 圆锭
浸 蚀 剂　凯勒试剂
组 织 特 征　在 α(Al)上的针状 θ(Al₃Li)析出，
　　　　　　箭头所指位置是处在晶界/枝晶
　　　　　　界上的疏松

（2）加工和热处理状态组织金相照片（图 9-9～图 9-14）：

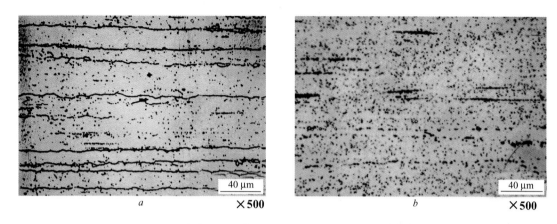

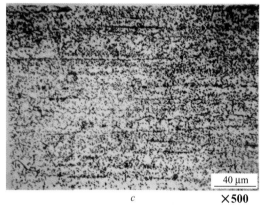

图 9-9　1420 合金挤压带板在不同热处理后的显微组织(纵向)

　　a—挤压状态，可看出由原始晶界形成带状组织；

　　b—固溶淬火，带状组织基本消失，化合物仍沿挤压方向分布；

　　c—T4 状态，基体中大量析出 δ′相

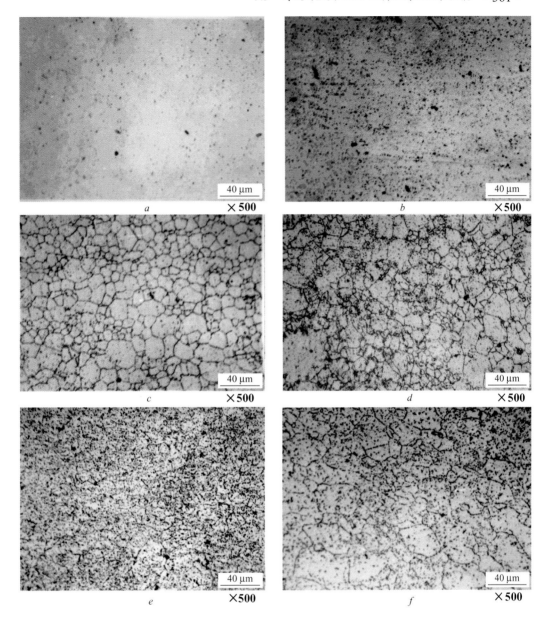

图 9-10 退火温度对 1420 合金挤压带材固溶体分解的影响(从退火温度开始在水中冷却)（横向）

a—100℃，固溶体未分解，基体未见析出质点；

b—150℃，固溶体开始分解，均匀析出 δ′相；

c—200℃，由于晶界存在大量位错和空位，晶界析出占主导地位；

d—250℃，温度较高，晶内也出现局部析出；

e—300℃，温度高，晶内、晶界同步析出；

f—350℃，析出与溶解平衡，质点聚集粗化

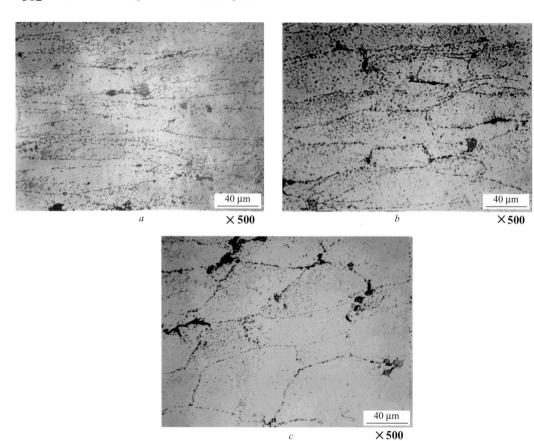

图 9-11　1420 合金模锻件的显微组织

（高向组织显示存在未破碎的残留铸造组织；纵向组织反映出变形流动方向，铸造组织基本破碎）

a—纵向；*b*—横向；*c*—高向

图 9-11　1420 合金横锻件的力学性能如表 9-2 所示。

表 9-2　图 9-11 1420 合金模锻件的力学性能

力学性能	R_m/MPa	$R_{p0.2}$/MPa	A/%
纵　　向	460～480	275～295	8.5～11.5
横　　向	455～465	255～270	10.0～12.0
高　　向	410	295	7.5

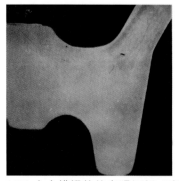

图 9-12　1420 合金模锻件的宏观组织（有沿金属流动方向定向的局部细小亮区或带）

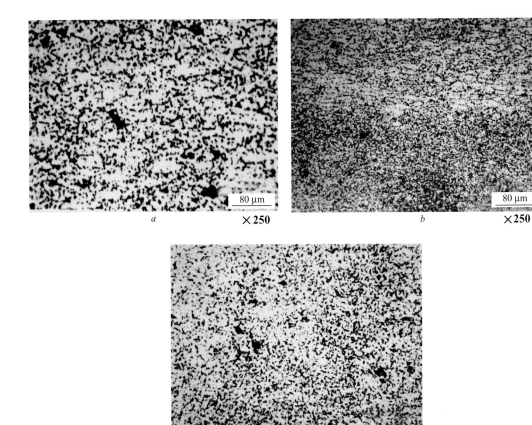

图 9-13 图 9-12 中 1420 合金模锻件横截面的显微组织

a—低倍组织亮区，晶粒和析出相较粗；

b—低倍组织亮暗交界区，粗细晶粒交界；

c—低倍组织暗区，晶粒和析出相较细

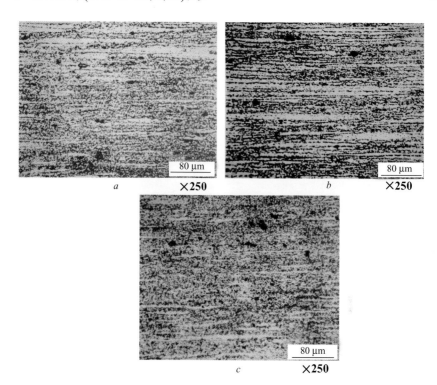

图 9-14 图 9-12 中模锻件纵截面的显微组织（比较可见其中的细小亮区是由于晶粒偏粗引起的）

a—低倍组织亮区，晶粒和析出相较粗；*b*—低倍组织亮暗交界区，粗细晶粒交界；

c—低倍组织暗区，晶粒和析出相较细

（3）Al-Li 合金铸锭热处理后表面脱锂组织（图 9-15～图 9-18）：

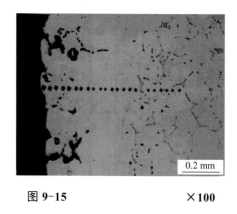

图 9-15   ×100

合金状态   φ450 mm1420 合金铸锭，表面车光

热 处 理   525℃/24h（氩气保护）

试样处理   机械抛光，显微硬度试验

组织特征   表层晶间氧化且含锂相消失，次表层晶间含锂相消失。显
            微硬度变化情况见图 9-16，大致分为严重脱锂区（0～
            275 μm），过渡区（275～475 μm）、未脱锂区（＞500 μm）

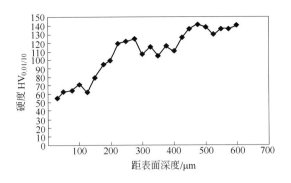

图 9-16　图 9-15 试样显微硬度变化曲线

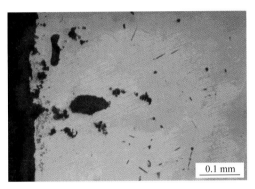

图 9-17　　　　　　　　　　　×200

合金状态	ϕ450 mm1420 合金铸锭，表面车光
热 处 理	525℃/1 h(空气炉)
试样处理	机械抛光
组织特征	表层晶间氧化物

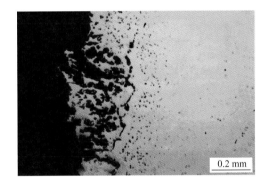

图 9-18　　　　　　　　　　　×100

合金状态	ϕ450 mm1420 合金铸锭，表面车光
热 处 理	525℃/5 h(空气炉)
试样处理	机械抛光
组织特征	表层晶间严重氧化致使晶粒剥落

10 粉末冶金铝合金

最早出现的粉末冶金铝材是用球磨机在控制氧含量的保护介质中研磨工业纯铝粉，使粉粒表面生成很薄的氧化膜，将铝粉经过压实、烧结和热加工制成烧结铝材料（SAP）。在热加工过程中，氧化铝薄膜被破碎，弥散地分布在基体中，成为烧结铝的弥散强化相，它使烧结铝具有一定的室温强度和很好的高温性能。

为了大幅度提高材料强度、耐蚀性、耐热性、断裂韧性等性能，通过将铝合金熔体雾化，快速凝固成粉末，再将粉末压制、烧结、压力加工成铝合金材料。制得的材料晶粒细小，金属间化合物粒子细化，化学成分均匀，合金元素的过饱和固溶度增加，弥散强化、固溶强化和时效强化作用得到综合利用，因而材料有很高的强度和很好的抗应力腐蚀性能。例如：美国铝业公司（Alcoa）研制成了粉末冶金高强度铝合金 7090、7091、CW67、MR61 和 MR64。

20 世纪 80 年代以来，我国一些科研单位、高等院校以及部分企业，对快速凝固-粉末冶金技术、机械合金化-粉末冶金技术进行了卓有成效的研究，在研制耐热性和高强度粉末冶金铝合金方面取得了一定的成果。

10.1 铝合金粉末

快速凝固制粉方法有气体雾化法、转筒喷雾法、辊溅射雾化法、圆盘旋转法、熔体旋转法等。一般工业常用的是气体雾化法，首先熔炼铝合金，达到雾化温度后，调整流动的气体，使喷嘴内导流管的末端产生虹吸作用，在喷嘴内熔体遇到调整气流被击碎成小液滴，在冷凝室内飞行过程中冷却凝固成粉末，然后再用筛分法或旋风分级法进行分级。

铝合金粉末的压实过程一般包括冷压、真空脱气和热压实到完全密实。通常采用工艺过程是：粉末冷压→将冷压块装入壳筒→真空脱气处理→热压实→去掉壳筒并去皮，得到锭坯。

机械合金化法(MA)是用带有水冷套的高能球磨机，在控制氧含量的氮气中研磨金属粉制取合金粉末。高能球磨机制取铝合金粉末的过程中，生成尺寸 $30\mu m$ 以下的氧化物和碳化物质点(Al_2O_3、Al_4C_3、MgO 等)，它们弥散地分布在粉末冶金铝合金材料中，起到弥散强化作用。在球磨过程中，粉末被强烈地打击和破碎，产生细小的晶粒，且出现亚结构强化(高的位错密度和细小的亚晶粒)。因此，机械合金化法制粉可以综合利用各种强化作用提高粉末冶金铝合金的性能，如固溶强化，氧化物弥散强化，碳化物弥散强化，细晶粒强化，高位错密度和亚结构强化。

在高能球磨机研磨制粉的过程中，加入少量的有机物(例如硬脂酸)，一方面控制球磨过程中粉粒的焊合和破碎，另一方面与铝发生反应生成碳化物(Al_4C_3)弥散粒子。碳化铝、氧化铝和氧化镁的弥散粒子起弥散强化作用，同时稳定细小的晶粒。

快速凝固耐热铝合金的组织为过共晶体或包晶体。这种组织中含有两种或两种以上的在通常情况下不固溶于铝的过渡族金属(例如 Fe、Ni、Ti、Zr、Cr、V、Mo 等)，偶尔也添加非金属如 Si。这类合金大部分是 Al-Fe(7%～12.5%)基三元或四元合金，也有少数其他系合金，例如 Al-Cr 基合金。Al-Fe 基合金包括：Al-Fe-X 型，其中 X 是形成共晶体的元素，如 Ce、Ni 或 Mn；Al-Fe-Z 型，其中 Z 是形成包晶体的元素，如 Mo、V、Zr 或 Ti；Al-Fe-Z-Z 型，其中 Z-Z 是两种形成包晶体的元素，如 Mo-V 或 V-Zr；Al-Fe-Si-Z 型，其中 Z 是形成包晶体的元素，如 V、Cr 或 Mo。这些合金中所固溶的溶质总量为 5～9(原子)%，接近快速凝固法可获得的最大固溶度。这些元素在快速凝固过程中和或其后的加工处理过程中，形成细小弥散的金属间化合物，提高合金的耐热性能。

10.2　锭坯及加工制品特性

烧结铝粉末经过冷压、脱气、热压实制成坯锭，将坯锭锻造或挤压或轧制成各种半成品。为了便于脱气，冷压时的压力不宜太大，使冷压块保留一定的孔隙度。由于氧化铝含量较高($Al_2O_3 \cdot 3H_2O$ 较多)，需要在较高的温度下(500～600℃)真空脱气处理。

在 500～600℃烧结和用 700MPa 压力热压实。挤压温度为 480～550℃，挤压终了温度不低于 250～300℃。

烧结铝可以用于制造燃气轮机叶片，强力发电机活塞、活塞杆、小型齿轮和其他在 300～500℃工作的零部件。在地质矿业的深孔钻探中，烧结铝管材可用作钻探管，因为深孔中的地热温度能达到300～400℃。在造船工业和化工机械制造以及在原子反应堆中都能应用。

7090 合金的成分为：7.3%～8.7%Zn，2.0%～3.0%Mg，0.6%～1.3%Cu，1.0%～1.9%Co，0.2%～0.5%O，Si 含量小于 0.12%，Fe 含量小于 0.15%，余量为 Al。7091 合金的成分为：5.8%～7.1%Zn，2.0%～3.0%Mg，1.1%～1.8%Cu，0.2%～0.6%Co，0.2%～0.5%O，Si 含量小于 0.12%，Fe 含量小于 0.15%，余量为 Al。

在快速凝固-粉末冶金(PM 粉末冶金)7×××系合金中通过喷雾制粉的快速凝固加 Co，生成细小稳定的 Co_2Al_9，呈现弥散分布。Co 还捕获有害杂质 Fe，生成$(Co,Fe)Al_9$弥散粒子。它们既是细小弥散强化相，又能细化晶粒，在粉末的热压实和热加工过程中能阻碍晶粒长大。含 Co 的过饱和固溶体热处理时也析出弥散强化相，大大改善合金的性能，特别是耐腐蚀性。

PM7090 合金特别适用于承受压应力而需要高强度与高抗腐蚀性能的零件，例如加强肋、长桁和起落架锻件等。PM7091 合金制品有承受压应力或拉应力的结构所要求的性能，当屈服强度和 IM7075-T6 合金相等时，它具有更高的断裂韧性和更好的抗应力腐蚀性能。可用来制造机翼下部构件、直升机的旋翼和其他主要结构零、部件。

Alcoa 公司还研制了一个牌号为 CW67 的粉末冶金高强度铝合金，成分为：9.0%Zn-2.5%Mg-1.5%Cu-0.14%Zr-0.1%Ni-0.35%O，余量为 Al。CW67-T7X2 的强度和 7090 的相等，比 7091 的高，比 IM7075-T7354 的高 15%～20%；其断裂韧性比 7090、7091 和 IM7075 合金的好。

MR61 合金的名义成分为：8.9%Zn -2.5%Mg -1.5%Cu -0.6%Co -0.2%Zr，Si 含量不大于 0.1%，Fe 含量不大于 0.2%，O 含量不大于 0.5%，余量为 Al。合金成分的特点是，在 7×××系 IM 铝合金成分的基础上除含有少量 Co 外，还添加少量 Zr 或 Cr，作附加晶粒细化剂和稳定剂。合金的性能与 7090 和 7091 合金的近似。

IN9021 模拟 IM2024 铝合金的成分为 4.0%Cu-1.5%Mg-0.8%O-1.1%C，S 含量不大于 0.1%，Fe 含量不大于 0.1%,余量为 Al。IN9052 模拟 IM5083 铝合金的成分为：4.0%Mg-0.8%O-1.1%C，Si 含量不大于 0.1%，Fe 含量不大于 0.1%,余量为 Al。

CU78 合金的性能与现有耐热铝合金 2219 相比较，其模锻叶轮的室温屈服强度与 2219-T6 合金相等，在 232℃ 和 228℃，其强度比 2219-T6 的高 53%；CU78 合金的断裂韧性基本合格；锻件室温高周期疲劳强度与 2219 合金相当，在 232℃ 的疲劳强度至少保留 75%。由于 CU78 的耐热性能好，可用它取代钛合金制造喷气发动机的涡轮，其成本可降低 65%，质量减轻 15%。

C7A2 合金薄板在 150℃ 温度以下，其比强度比 2024-T8 的典型力学性能稍高，而在更高的温度下，C7A2 合金的强度明显地优于 2024-T8 状态：在 260℃ 热暴露 100h，C7A2 合金薄板的强度比 2024-T8 状态高 50%左右；在 316℃ 热暴露 100 h 后，C7A2 合金薄板能保留 90%以上的室温强度。

Al-Fe-V-Si 系合金中均匀分布着直径小于 40 μm 的细小的类球状硅化物 $Al_{12}(FeV)_3Si$ 弥散相，它们是合金的主要强化相，在 FVS0812 合金中，其体积分数为 27%，而在 FVS1212 合金中高达 36%。它们大多数分布在晶粒边界，在高温下能阻碍晶粒长大和抑制再结晶。它们与铝基体存在特定的位相关系，与铝基体共格良好，粗化速度比其他粉末冶金铝合金中弥散相的粗化速度缓慢得多，热稳定性好。所以，这些合金有很高的热强性。同时，合金中不存在任何能降低合金延性和断裂韧性的粗大针状或片状金属间化合物。

10.3　锭坯及加工制品的组织和性能

锭坯及加工制品的组织和性能如图 10-1~图 10-22 所示。

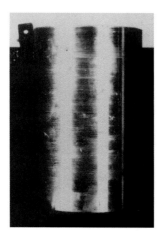 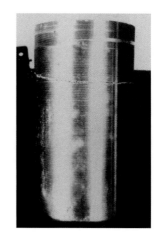

图 10-1　　　　　　　　　　　　　图 10-2

合金及状态　LT71-H112(Al-11%Al_2O_3)粉末烧结镦粗锭坯
规　　　格　ϕ190 mm 圆锭坯
组 织 特 征　图 10-1 是粉末烧结后正常的镦粗锭坯，图 10-2
　　　　　　　是粉末烧结镦粗过程中产生裂纹的锭坯

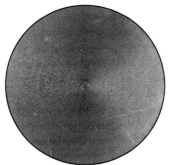
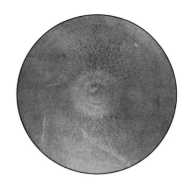

图 10-3　　　　　　　　　　　　　　　　　图 10-4

合金及状态　LT71-H112 粉末烧结铝合金热挤压棒

规　　　格　ϕ47 mm 棒材

浸　蚀　剂　25%NaOH 水溶液

组 织 特 征　图 10-3 为烧结铝棒材横向头部的正常宏观组织，组织上无缺陷；
　　　　　　　图 10-4 为烧结铝棒材横向尾部的正常宏观组织，组织上无缺陷

常 温 性 能　抗拉强度：≥320 MPa，伸长率：≥4%

高 温 性 能　500℃时，抗拉强度：≥90MPa，伸长率：≥1%

图 10-5　　　　　　　　　　　　　　　　　图 10-6

合金及状态　LT71-H112

规　　　格　ϕ47 mm 棒材

浸　蚀　剂　25%NaOH 水溶液

组 织 特 征　图 10-5 和图 10-6 为烧结铝棒材白环缺陷的宏观组织，白
　　　　　　　环为局部纯铝富集区（Al_2O_3 贫乏区）

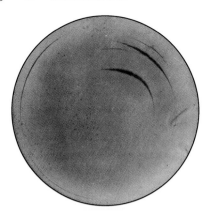

图 10-7

图 10-8

合金及状态　LT71-H112

规　　　格　ϕ 47 mm 棒材

浸　蚀　剂　25%NaOH 水溶液

组 织 特 征　图 10-7 和图 10-8 为烧结铝棒材黑环缺陷的宏观组织，Al_2O_3 质点大
　　　　　　量聚集区

图 10-9

图 10-10

合金及状态　LT71-H112

规　　　格　ϕ 47 mm 棒材

浸　蚀　剂　25%NaOH 水溶液

组 织 特 征　图 10-9 和图 10-10 为烧结铝棒材缩尾缺陷的宏观组织

图 10-11   图 10-12

合金及状态　LT71-H112

规　　　格　ϕ 47 mm 棒材

浸　蚀　剂　25%NaOH 水溶液

组 织 特 征　图 10-11 为烧结铝棒材成层缺陷的宏观组织；
　　　　　　　图 10-12 为烧结铝棒材黑区缺陷的宏观组织

图 10-13   图 10-14

合金及状态　LT71-H112

规　　　格　ϕ 47 mm 棒材

浸　蚀　剂　混合酸水溶液浸蚀

组 织 特 征　图 10-13 和图 10-14 为棒材纵向正常组织，无明显的 Al_2O_3 贫乏区（白环）和
　　　　　　　聚集区（黑环）

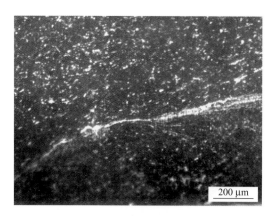

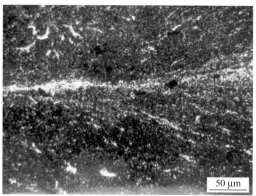

图 10-15   图 10-16

合金及状态　LT71-H112

规　　　格　ϕ 47 mm 棒材

浸　蚀　剂　混合酸水溶液浸蚀

组 织 特 征　图 10-15 和图 10-16 为棒材纵向白环部位组织，白色纯铝区被破碎后沿压延
　　　　　　　方向排列，在基体上分布白色纯铝富集区

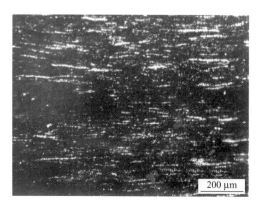

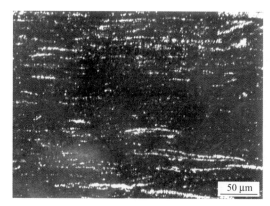

图 10-17   图 10-18

合金及状态　LT71-H112

规　　　格　ϕ 47 mm 棒材

浸　蚀　剂　混合酸水溶液浸蚀

组 织 特 征　棒材纵向黑环部位组织，Al_2O_3 大量聚集区

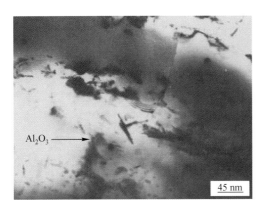

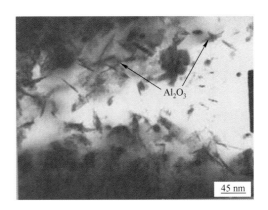

图 10-19 透射显微镜照片

图 10-20 透射显微镜照片

合金及状态 LT71-H112 粉末烧结镦粗锭坯

规　　　格 ϕ190 mm 圆锭坯

组织特征 图 10-19 是粉末烧结镦粗锭坯长度方向的显微组织，纯铝基体晶界分布
　　　　　Al_2O_3 颗粒；

　　　　　图 10-20 是粉末烧结镦粗锭坯横向显微组织，纯铝基体内分布 Al_2O_3 颗粒

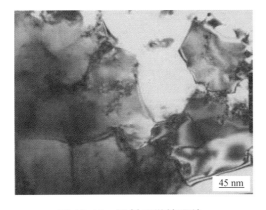

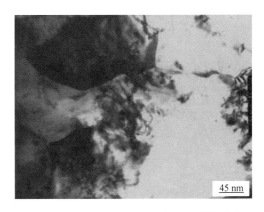

图 10-21 透射显微镜照片

图 10-22 透射显微镜照片

合金及状态 LT71-H112

规　　　格 ϕ47 mm 棒材

组织特征 图 10-21 是粉末烧结热挤压棒材挤压方向显微组织，合金发生再结晶，沿晶
　　　　　分布 Al_2O_3 颗粒；

　　　　　图 10-22 是粉末烧结热挤压棒材挤压方向显微组织，基体内分布有 Al_2O_3 颗粒

11 铝合金双金属复合板

铝合金双金属复合钎焊板带因其质量轻、耐腐蚀、比强度和比刚度高，表面易着色和良好的成形性，以及钎焊性好，性能可靠等优点，现已大量应用于汽车热交换器(如汽车水箱散热口、汽车空调冷凝器、蒸发器等)、化工用热交换器、工业制氧机和工程机械等设备中。

11.1 铝合金双金属复合板

铝合金复合钎焊板带主要由 3×××系(一般为 3003 合金)做芯材，双面包复板为硅含量 9.0%～11.0%近共晶成分的 4004 或 4045 合金制成作为钎焊材料，要求一是层与层之间金属的焊合质量要良好，二是各层金属的厚度要均匀。铝合金复合钎焊板的显微组织形貌如图 11-1、图 11-2 所示。

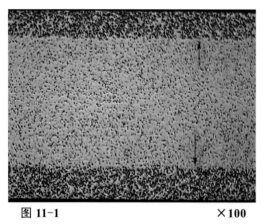

图 11-1 ×100

434 包复板显微组织

(心部组织和箭头所示包复层合金组织)

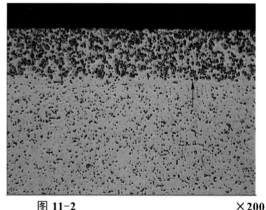

图 11-2 ×200

434 包复板显微组织

(心部组织和箭头所示包复层的组织)

图中箭头所指处为硅含量 9.0%～10.5%的 4004 合金包复层，心部为 3003 合金。

11.2 热轧复合

铝合金双金属复合钎焊板带生产方法主要有热轧复合、冷轧复合和反向凝固等，热轧复合是当前国内广泛采用的生产方法。

热轧复合是将芯板和包复板以一定的包复比重叠后周围焊接，加热至某一温度后进行轧制。在高温和一定压力共同作用下，金属板间形成牢固结合。热轧复合时金属间容易结合，所需压力较低。

铝合金双金属钎焊板带热轧复合工艺流程如下：

芯材铸块→均匀化→铣面→表面处理 ————————————┐ 加热→热轧复合卷取→中间退火 ⇄
包复板铸块→均匀化→铣面→热轧→表面处理 —————┘ 冷轧→冷轧至成品

热轧复合是铝合金复合板最重要的工序。首先是板坯的加热温度和保温时间、热轧温度(一般在 410~450℃)、轧制道次和总加工率直接影响层与层之间金属的焊合质量和各层金属的均匀性。其次是冷轧加工率和中间退火工艺的合理控制，可获得满意的力学性能和内部组织。

热轧复合前的芯材和包复材表面处理质量好坏对热轧复合时金属间结合质量影响极大。为避免其表面残存有油污、灰尘及其他脏物，以保证热轧复合结合质量，表面处理工艺如下：

$(12\% \sim 15\%)$NaOH 水溶液 $\xrightarrow[\text{浸洗}]{50\sim70℃}$ 室温水上下多次清洗→$(20\% \sim 30\%)$HNO$_3$ 水溶液浸洗→

室温水上下多次冲洗→70℃以上热水冲洗→擦干

热轧复合生产方法，其成品复合板带的包复层厚度百分比及均匀性是重要的技术质量指标。由于两种金属（基体合金与包复层合金）工艺塑性不同，在变形条件下，因某一金属的塑性较低，在轧制变形时使金属流动速度不同，而影响包复层的均匀性及焊合质量。所以在生产工艺上要根据不同金属特性，采用合适的轧制方法和工艺以得到焊合质量好、表面质量高、各层厚度均匀的双金属板带。

热轧复合铝合金钎焊板带生产方法存在生产效率低、包复层不均匀、成品率低等缺点，而冷轧复合具有生产效率高、产品性能稳定，适用于高精度多层金属复合轧制，不需对金属预先加热，而是采用较大的压力使金属一次变形达 60%~70%，超出了一般轧机的承受能力，所以轧机要求高，投资较大。

总之，轧制复合工艺复杂、生产成本较高，对复合板的厚度和均匀性及焊合质量影响较大。目前美国某铝业公司开发出了多合金同步连续铸造技术，该技术是将两种甚至三种熔化的铝合金同时倒入一个 DC（水冷）扁锭结晶器中，凝固成一个多合金铸锭，各层之间形成一个非常好的冶金结合。铸锭经过轧制工艺得到所要求的厚度，提高钎焊质量和耐蚀性。合金层在轧制过程中通过合理工艺控制保持各层金属的完整性和各自的特性。

同步铸造方法克服了传统方法生产包复合金（通过热轧方法将包复合金板与合金芯板轧在一起）中的问题，如表面氧化物或脏物有可能被带入两层合金的接合面上，此工艺还可能导致在随后带材轧制过程出现分层而引起焊合不良问题等缺点，但该工艺减少了工序处理，降低了成本，提高生产效率和成品率。多合金同步连续铸造技术的开发使钎焊板带复合技术又提升到一个新水平。

附 录

附录 1 变形铝合金化学成分

化学成分(质量分数)/%

序号	牌号 原牌号	牌号 新牌号	Si	Fe	Cu	Mn	Mg	Cr	Ni	Zn	Ti	Zr	其他 单个	其他 合计	Al
1	L0	1A90	0.060	0.060	0.010	—	—	—	—	0.008	—	0.015	—	0.01	—	99.90
2	L00	1A85	0.08	0.10	0.01	—	—	—	—	0.01	—	0.01	—	0.01	—	99.85
3	L1	1070	0.20	0.25	0.04	0.03	0.03	—	—	0.04	0.05 V	0.03	—	0.03	—	99.70
4	L2	1060	0.25	0.35	0.05	0.03	0.03	—	—	0.05	0.05 V	0.03	—	0.03	—	99.60
5	L3	1050	0.25	0.40	0.05	0.05	0.05	—	—	0.05	0.05 V	0.03	—	0.03	—	99.50
6	L4	1A30	0.10~0.20	0.15~0.30	0.05	0.01	0.01	—	0.01	0.02	—	0.02	—	0.03	—	99.30
7	L5	1100	0.95 Si+Fe		0.05~0.20	0.05	—	—	—	0.10	—	—	—	0.05	0.15	99.00
8	L6	8A06	0.55	0.50	0.10	0.10	0.10	—	—	0.10	1.0 Si+Fe	—	—	0.05	0.15	余量
9	LY1	2A01	0.50	0.50	2.2~3.0	0.20	0.20~0.50	—	—	0.10	—	0.15	—	0.05	0.10	余量
10	LY2	2A02	0.30	0.30	2.6~3.2	0.45~0.7	2.0~2.4	—	—	0.10	—	0.15	—	0.05	0.10	余量
11	LY6	2A06	0.50	0.50	3.8~4.3	0.50~1.0	1.7~2.3	—	—	0.10	0.001~0.005 Be	0.03~0.15	—	0.05	0.10	余量
12	LY9	2B12	0.50	0.50	3.8~4.5	0.30~0.7	1.2~1.6	—	—	0.10	—	0.15	—	0.05	0.10	余量
13	LY10	2A10	0.25	0.20	3.9~4.5	0.30~0.50	0.15~0.30	—	—	0.10	—	0.15	—	0.05	0.10	余量
14	LY11	2A11	0.7	0.7	3.8~4.8	0.40~0.8	0.40~0.8	—	0.10	0.30	0.7 Fe+Ni	0.15	—	0.05	0.10	余量
15	LY12	2A12	0.50	0.50	3.8~4.9	0.30~0.9	1.2~1.8	—	0.10	0.30	0.50 Fe+Ni	0.15	—	0.05	0.10	余量
16	LY16	2A16	0.30	0.30	6.0~7.0	0.40~0.8	0.05	—	—	0.10	—	0.10~0.20	0.20	0.05	0.10	余量
17	LY17	2A17	0.30	0.30	6.0~7.0	0.40~0.8	0.25~0.45	—	—	0.10	—	0.10~0.20	—	0.05	0.10	余量
18	LD5	2A50	0.7~1.2	0.7	1.8~2.6	0.40~0.8	0.40~0.8	—	0.10	0.30	0.7 Fe+Ni	0.15	—	0.05	0.10	余量

续附录 1

序号	牌号 原牌号	牌号 新牌号	化学成分(质量分数)/% Si	Fe	Cu	Mn	Mg	Cr	Ni	Zn		Ti	Zr	其他 单个	其他 合计	Al
19	LD6	2B50	0.7~1.2	0.7	1.8~2.6	0.40~0.8	0.40~0.8	0.01~0.20	0.10	0.30	0.7 Fe+Ni	0.02~0.10	—	0.05	0.10	余量
20	LD10	2A14	0.6~1.2	0.7	3.9~4.8	0.40~1.0	0.40~0.8	—	0.10	0.30	—	0.15	—	0.05	0.10	余量
21	LD7	2A70	0.35	0.9~1.5	1.9~2.5	0.20	1.4~1.8	—	0.9~1.5	0.30	—	0.02~0.10	—	0.05	0.10	余量
22	LD8	2A80	0.50~1.2	1.0~1.6	1.9~2.5	0.20	1.4~1.8	—	0.9~1.5	0.30	—	0.15	—	0.05	0.10	余量
23	LD9	2A90	0.50~1.0	0.50~1.0	3.5~4.5	0.20	0.40~0.8	—	1.8~2.3	0.30	—	0.15	—	0.05	0.10	余量
24	LF21	3A21	0.6	0.7	0.20	1.0~1.6	0.05	—	—	0.10	—	0.15	—	0.05	0.10	余量
25	—	3004	0.30	0.7	0.25	1.0~1.5	0.8~1.3	—	—	0.25	—	—	—	0.05	0.15	余量
26	—	3102	0.40	0.7	0.10	0.05~0.40	—	—	—	0.30	—	0.10	—	0.05	0.15	余量
27	—	3104	0.6	0.8	0.05~0.25	0.8~1.4	0.8~1.3	—	—	0.25	0.05 Ga, 0.05 V	0.10	—	0.05	0.15	余量
28	—	4004	9.0~10.5	0.8	0.25	0.10	1.0~2.0	—	—	0.20	—	—	—	0.05	0.15	余量
29	—	4032	11.0~13.5	1.0	0.50~1.3	—	0.8~1.3	0.10	0.50~1.3	0.25	—	—	—	0.05	0.15	余量
30	—	4043	4.5~6.0	0.8	0.30	0.05	0.05	—	—	0.10	—	0.20	—	0.05	0.15	余量
31	—	4043A	4.5~6.0	0.6	0.30	0.15	0.20	—	—	0.10	—	0.15	—	0.05	0.15	余量
32	—	4047	11.0~13.0	0.8	0.30	0.15	0.10	—	—	0.20	—	—	—	0.05	0.15	余量
33	—	4047A	11.0~13.0	0.6	0.30	0.15	0.10	—	—	0.20	—	0.15	—	0.05	0.15	余量
34	LT1	4A01	4.5~6.0	0.6	0.20	—	—	—	—	0.10 Zn+Sn	—	0.15	—	0.05	0.15	余量
35	LD11	4A11	11.5~13.5	1.0	0.50~1.3	0.20	0.8~1.3	0.10	0.50~1.3	0.25	—	0.15	—	0.05	0.15	余量
36	LT13	4A13	6.8~8.2	0.50	0.15 Cu+Zn	0.50	0.05	—	—	—	0.10 Ca	0.15	—	0.05	0.15	余量
37	LT17	4A17	11.0~12.5	0.50	0.15 Cu+Zn	0.50	0.05	—	—	—	0.10 Ca	0.15	—	0.05	0.15	余量
38	—	4Y32	10.0~12.0	0.11~0.25	2.5~3.5	0.35~0.64	0.4~0.6	0.10	—	0.25	0.10~0.20 Sb	—	—	0.05	0.15	余量
39	—	AHS	10.0~11.5	0.40	2.0~3.0	0.10	0.2~0.5	0.05	0.30	0.30	—	—	—	0.05	0.15	余量
40	—	4019	18.5~21.5	4.6~5.4	—	—	—	—	1.8~2.2	—	—	—	—	0.05	0.15	余量

续附录 1

序号	原牌号	新牌号	化学成分(质量分数)/% Si	Fe	Cu	Mn	Mg	Cr	Ni	Zn		Ti	Zr	其他 单个	其他 合计	Al
41	LF2	5A02	0.40	0.40	0.10	或 Cr0.15~0.40	2.0~2.8	—	—	—	0.6 Si+Fe	0.15	—	0.05	0.15	余量
42	LF3	5A03	0.50~0.8	0.50	0.10	0.30~0.6	3.2~3.8	—	—	0.20	—	0.15	—	0.05	0.10	余量
43	LF5	5A05	0.50	0.50	0.10	0.30~0.6	4.8~5.5	—	—	0.20	—	—	—	0.05	0.10	余量
44	LF6	5A06	0.40	0.40	0.10	0.50~0.8	5.8~6.8	—	—	0.20	0.0001~0.005 Be	0.02~0.10	—	0.05	0.10	余量
45	LT66	5A66	0.005	0.01	0.005	—	1.5~2.0	—	—	—	—	—	—	0.005	0.01	余量
46	LF10	5B05	0.40	0.40	0.20	0.20~0.6	4.7~5.7	—	—	—	0.6 Si+Fe	0.15	—	0.05	0.10	余量
47	LF12	5A12	0.30	0.30	0.05	0.40~0.8	8.3~9.6	—	0.10	0.20	0.005 Be; 0.004~0.05 Sb	0.05~0.15	—	0.05	0.10	余量
48	LD2	6A02	0.50~1.2	0.50	0.20~0.6	或 Cr0.15~0.35	0.45~0.9	—	—	0.20	—	0.15	—	0.05	0.10	余量
49	LD30	6061	0.40~0.8	0.7	0.15~0.40	0.15	0.8~1.2	0.04~0.35	—	0.25	—	0.15	—	0.05	0.15	余量
50	LD31	6063	0.20~0.6	0.35	0.10	0.10	0.45~0.9	0.10	—	0.10	—	0.10	—	0.05	0.15	余量
51	—	6082	0.7~1.3	0.50	0.10	0.40~1.0	0.6~1.2	0.25	—	0.20	—	0.10	—	0.05	0.15	余量
52	—	6351	0.7~1.3	0.50	0.10	0.40~0.8	0.40~0.8	—	—	0.20	—	0.20	—	0.05	0.15	余量
53	—	6101	0.30~0.7	0.50	0.10	0.03	0.35~0.8	0.03	—	0.10	0.06 B	—	—	0.03	0.10	余量
54	—	6101A	0.30~0.7	0.40	0.05	—	0.40~0.9	—	—	0.05	—	—	—	0.03	0.10	余量
55	—	6181	0.8~1.2	0.45	0.10	0.15	0.6~1.0	0.10	—	0.20	—	0.10	—	0.05	0.15	余量
56	LC3	7A03	0.20	0.20	1.8~2.4	0.10	1.2~1.6	0.05	—	6.0~6.7	—	0.02~0.08	—	0.05	0.10	余量
57	LC4	7A04	0.50	0.50	1.4~2.0	0.20~0.6	1.8~2.8	0.10~0.25	—	5.0~7.0	—	0.10	—	0.05	0.10	余量
58	LC9	7A09	0.50	0.50	1.2~2.0	0.15	2.0~3.0	0.16~0.30	—	5.1~6.1	—	0.10	—	0.05	0.10	余量
59	LC10	7A10	0.30	0.30	0.50~1.0	0.20~0.35	3.0~4.0	0.10~0.20	—	3.2~4.2	—	0.10	—	0.05	0.10	余量
60	—	7050	0.12	0.15	2.0~2.6	0.10	1.9~2.6	0.04	—	5.7~6.7	—	0.06	0.08~0.15	0.05	0.15	余量
61	—	7055	0.10	0.15	2.0~2.6	0.05	1.8~2.3	0.04	—	7.6~8.4	—	0.06	0.08~0.25	0.05	0.15	余量
62	—	8011	0.50~0.9	0.6~1.0	0.10	0.20	0.05	0.05	—	0.10	—	0.08	—	0.05	0.15	余量
63	—	8090	0.20	0.30	1.0~1.6	0.10	0.6~1.3	0.10	—	0.25	—	0.10	0.04~0.16	0.05	0.15	余量
64	LT27	—	0.05~0.15	0.25~0.35	0.01	0.01	0.01	—	0.01	0.02	0.0001 Cd; 0.0001 B	0.01	—			Li 按 6×10^{-4} 计算
65	LT71	—							含 9%~11% Al_2O_3							

附录 2　变形铝合金主要相晶体结构及浸蚀前后的特征

相	晶体结构	晶格常数/nm a	b	c	单位晶胞原子数	浸蚀前相的颜色和形态	$2\,mLHF+3\,mLHCl+5\,mLHNO_3+250\,mLH_2O$	$0.5\,mLHF+99.5\,mLH_2O$	$1\,g\,NaOH+100\,mLH_2O$	$10\,g\,NaOH+100\,mLH_2O$	$20\,mL\,H_2SO_4+80\,mLH_2O$	$25\,mL\,HNO_3+75\,mLH_2O$	$0.5\,mLHF+1.5\,mLHCl+25\,mLHNO_3+99.5\,mLH_2O$	$20\,mLHCl+20\,mLHNO_3+5\,mLHF+55\,mLH_2O$	$10\,mLH_3PO_4+90\,mLH_2O$	$10\,g\,Fe(NO_3)_3+75\,mLH_2O$	显微硬度 HV	熔点/℃
S $CuMgAl_2$ 或 $Cu_2Mg_2Al_5$ 或 $Cu_7Mg_8Al_{13}$	面心斜方晶格	0.401	0.925	0.715	16	黄灰色，呈蜂窝状、密集结晶	暗褐色（强烈）	微受浸蚀，长时间浸蚀变浅棕色	不	颜色发暗	暗棕色	黑褐色	暗褐色	暗褐色	受浸蚀变为棕色	受浸蚀变为暗棕色	449	550
Mg_2Si	面心立方晶格	0.6351			12	海蓝色，通常为青兰色，初晶为菱形块状	黑色（强烈）	不	不	颜色比原来更蓝	黑	黑色（强烈）	黑色（强烈）	黑色	受浸蚀颜色发暗	受浸蚀颜色发暗	450	1102
$CuAl_2$	体心立方晶格	0.6066		0.4874	12	微弱玫瑰色，初生次生晶体集结晶，初晶分布在椭圆形的 $\alpha(Al)$ + $CuAl_2$ 共晶体内	不	褐色	颜色发暗	铜红色	不	铜红色（强烈）	不	不	不	铜红色至褐色（强烈）	560	591
$MgZn_2$	六方晶格	0.518		0.8517	12	浅灰色，呈片状结晶	黑色（强烈）	不	不	不	浸蚀微弱，长时间浸蚀变黑色	黑	黑	黑	受浸蚀颜色发暗	受浸蚀颜色发暗		590
W $Cu_4Mg_5Si_4Al_x$	体心立方晶格	1.263			162	浅灰色，通常呈骨骼状，少数情况下呈块状集结晶	浸蚀微弱	深褐色（敏感）	不	不	浸蚀微弱	深褐色	浸蚀微弱	黑	不	不	495	
T $Mg_2Zn_3Al_2$	体心立方晶格	1.419			150	浅灰色，较 $MgZn_2$ 为暗，蜂窝状	棕	不	不	暗褐色	强烈浸蚀	黑褐色	棕	棕	不	不	427	530
T $CuMn_2Al_{12}$ 或 $Cu_2Mn_3Al_{20}$	斜方晶格	2.411	1.251	0.777		灰灰色，片状或密集结晶	黑	浅褐色至棕褐色	浸蚀微弱	褐色	浸蚀微弱	不	黑	青	不	不	702	
$FeNiAl_9$ 或 $FeNi_2Al_{12}$ 或 $FeNi_2Al_3$	单斜晶格					亮灰色，呈粗大片状结晶或较亮 AlCuNi 亮	褐色至黑褐色	棕	颜色变暗	褐色	不	不	棕褐色至黑褐色	棕色至黑褐色	不	不	700	810

续附录 2

相	晶体结构	晶格常数/nm			单位晶胞原子数	浸蚀前相的颜色和形态	2 mLHF+3 mLHCl+5 mLHNO₃+250 mLH₂O	0.5 mLHF+99.5 mLH₂O	1 g NaOH+100 mLH₂O	10 g NaOH+100 mLH₂O	20 mL H₂SO₄+80 mLH₂O	25 mL HNO₃+75 mLH₂O	0.5 mLHF+1.5 mLHCl+25 mLHNO₃+99.5 mL H₂O	20 mLHCl+20 mL HNO₃+5 mLHF+55 mLH₂O	10 mL H₃PO₄+90 mLH₂O	10 g Fe(NO₃)₃+75 mLH₂O	显微硬度 HV	熔点/℃
		a	b	c														
$TiAl_3$	体心四方晶格	0.3848		0.8596	8	亮灰色,呈片状结晶	浸蚀微弱	浸蚀极微弱	不	浅褐色	不	不	浸蚀微弱	浸蚀微弱	不	不		1340
$FeAl_3$	单斜晶格	1.5520	0.8099	1.2501	100	灰色,呈片状结晶	浸蚀微弱	不	颜色变暗	颜色变暗	褐色并板落去	不	浸蚀微弱	颜色发暗至棕色	不	颜色发暗	960	1160
$NiAl_3$	斜方晶格	0.6611	0.7366	0.4812	16	灰色,片状结晶	黑褐色(强烈)	深灰色或深褐色	颜色变暗	颜色发暗调液呈棕色有深蓝色	颜色稍许发暗	不	浸蚀微弱	浸蚀微弱	颜色发暗	颜色发暗	770	854
$MnAl_6$	斜方晶格	0.6498	0.7552	0.8870	28	亮灰色,大都呈洞的菱形结晶	不	浸蚀微弱	起初呈棕色后亮蓝色颜色按位向而不同	颜色由蓝变黑色(强烈)	不	不	不	不	不	不	540	710
$MnAl_4$	六方晶格	2.841		1.238		亮灰色,较$MnAl_6$稍暗	不	不	变为棕色(强烈)	强烈而浸蚀不均,为暗色	不	不	不	不	不	不	749	822
Si	面心立方晶格	2.816			1166	灰色,偏光下具有浅红色内反射,晶状呈片状	浸蚀极微弱	不	不	不	不	被溶去	浸蚀极微弱	浸蚀微弱呈液蓝色	不	不	1320	
β Mg_2Al_3 或 Mg_5Al_8 固溶体	面心立方晶格					浅灰色,初生晶体比较密集(骨骼状)但比$CuAl_2$分散	浸蚀微弱不变色	不	不	不	被溶去	被溶去	浸蚀微弱	浸蚀微弱	不	不	340	452
(FeMn)Al₆固溶体						与$MnAl_6$颜色相同,为亮灰色,但较$FeAl_3$为亮	浸蚀微弱不变色	不	略变色变粗糙	变色发暗	不	不	稍浸蚀不浸蚀	稍微蚀不浸蚀	不	不	704	
α(Fe_3SiAl_{12})		1.2548				亮灰色,较$FeAl_3$及$FeSiAl_9$为亮,为鱼骨状或典型中国字型	不	不	不	不	轻微浸蚀	轻微浸蚀但不变色	不	不	不	不		860

续附录 2

相	晶体结构	a	b	c	单位晶胞原子数	浸蚀前相的颜色和形态	$2\,mLHF+3\,mLHCl+5\,mLHNO_3+250\,mLH_2O$	$0.5\,mLHF+99.5\,mLH_2O$	$1\,g\,NaOH+100\,mLH_2O$	$10\,g\,NaOH+100\,mLH_2O$	$20\,mL\,H_2SO_4+80\,mLH_2O$	$25\,mL\,HNO_3+75\,mLH_2O$	$0.5\,mLHF+1.5\,mLHCl+25\,mLHNO_3+99.5\,mL\,H_2O$	$20\,mLHCl+20\,mL\,HNO_3+5\,mLHF+55\,mLH_2O$	$10\,mL\,H_3PO_4+90\,mLH_2O$	$10\,g\,Fe(NO_3)_3+75\,mLH_2O$	显微硬度 HV	熔点 /℃
																	晶格常数/nm	
$\beta(Fe_2Si_2Al_9)$		0.612	0.612	4.148		亮灰色，较$FeAl_3\alpha$稍暗，较Si为亮，相呈大针状	易变为微棕色	受浸蚀变为棕色	不	浸蚀并变色	强烈浸蚀或溶去	轻微浸蚀前不变色	微棕色	不	不	不	578	700
$\delta(FeSi_2Al_4)$	正方晶格	0.616		0.949		浅灰色，通常呈片状结晶	浸蚀微弱颜色稍变暗	浸蚀微弱	颜色发暗	颜色发暗	颜色发暗	浸蚀微弱	浸蚀微弱颜色稍许发暗	浸蚀微弱颜色稍发暗	浸蚀微弱	受浸蚀颜色发暗		870
$CrAl_7$	斜方晶格	2.48	2.47	3.02	1160	亮灰色，呈片状结晶	不	不	浸蚀微弱颜色发暗	浅褐色	不	不	不	不	不	不	510	725
$(FeMnSi)Al_6$						浅灰色，呈树枝状或块状大结晶	浸蚀极弱	黄褐色至蓝色	浸蚀微弱	受浸蚀，通常具有各种杂色	暗黑色	不	浸蚀极微弱颜色稍许发暗	浸蚀微弱	不	受浸蚀颜色发暗		
N Cu_3FeAl_6 或 Cu_2FeAl_7	正方晶格	0.6336		1.4870	40	亮灰色，一般以针状与其他相呈密集大结晶	受浸蚀颜色变浅到变褐色	浸蚀微弱颜色从浅灰变到深灰色	变色发暗	变色，颜色按各部位而不同	变色，由发暗至黑色	稍变暗	变色发暗，变粗糙，颜色按部位向而不同	浸蚀微弱，微弱变至深灰色	不	棕色	608	
Mn_2SiAl_{10}	立方晶格	1.2625				亮灰色，较$MnAl_6$暗，较其他Si为壳	不	不	不	不	不	强烈浸蚀棕色	不	不	不	浸蚀微弱	958	
T_{Ni} Cu_3NiAl_6 (AlCuNi)	体心立方晶格	1.46				灰色，呈极分散的树枝状结晶	不	不	不	不	不	褐色	不	不	颜色发暗	颜色发暗	1000	820
S_{Ni} $(CuNi)_2Al_3$						暗灰色，呈极分散的树叉状结晶	浸蚀微弱	受浸蚀，颜色变接近于浅褐色	浸蚀极弱	浸蚀微弱长时间浸蚀颜色变到浅褐色变到褐色或黄褐色	浸蚀微弱	褐色	浸蚀微弱	浸蚀微弱	浸蚀微弱	浸蚀微弱		

附录 3　变形铝合金部分制品的力学性能参考数据

合金	制品名称	规格或型号/mm	加工制度			热处理制度		力学性能												硬度 HB
			状态	温度/℃	变形率/%	温度/℃	保温时间/min	R_m/MPa				$R_{p0.2}$/MPa				A/%				
								纵	横	45°	高	纵	横	45°	高	纵	横	45°	高	
1060	热压板	厚 10.5	F	400	98			93	94	85		63	73	65		33.27	27.03	29.56		24.2(边部) 27.4(中间) 28.4(中心) 23.4(表面)
1060	热压板	厚 10.5	O	400	98	400	60	77	78	81		44	44	45		41.5	31.7	41.03		23.0(边部) 23.8(中间) 25.9(中心) 22.2(表面)
1060	冷压板	厚 0.5	H18	室温	95			182	188	185						7.19	4.06	5.26		41.5
1060	冷压板	厚 0.5	O	室温	95	400	60	87	81	92						33.38	35.80	42.02		23.4
1A30	型材	JX1380-2	F	400				74(薄壁) 73(厚壁)	180			49(薄壁) 44(厚壁)	166			31.97(薄壁) 35.5(厚壁)	1.75			25.9
LD2	铸锭	φ380	铸态																	
LD2	棒材	φ70	T6	370	92.4	510~540 155	180 300	439(前端) 433(后端)				380(前端) 375(后端)				15.4(前端) 17.1(后端)				
6A02	一次压挤带材	230×90	T6	370~420	86.7	510~540 155	60 300	428	389		377	388	347		340	14.73	13.6		10.5	
6A02	二次压挤型材	AP218	T6	370~420	95.7	510~540 155	40 300	352	351			314	319			15.2	14.6			
6A02	锻件	冂2	F	450~490	80			148(薄壁) 158(薄壁)				134(薄壁) 138(薄壁)				26.4(薄壁) 26.6(厚壁)				
6A02	锻件	冂2	T6	450~490	80	510~540 150~185	90 720~900	364(薄壁) 368(厚壁)	372(厚壁)			314(薄壁) 305(厚壁)	341(厚壁)			16.1(薄壁) 17.8(厚壁)	13.90			
2A12	铸锭※	φ280	铸态					232	210			199	176			1.94	1.49			
2A12	铸锭		均匀化			487	720	248	181			199	147			2.85	2.21			
2A12	冷压板	厚 1.0	H18	室温	80			283	297	285		275	291	275		22.24	21.0	23.4		
2A12	冷压板	厚 1.0	T4	室温	80	485~503	18	460	452	441		302	309	297		20.4	19.36	23.0		
2A12	冷压板	厚 1.0	O	室温	80	350~420	60~180	141	186	184		116	114	112		16.95				
2A12	一次压挤型材	φ40	O	320~450	97	380~420	120	218				138				15.52				
2A12	一次压挤型材		T4			495~500	40	554				403				16.25				
2A12	二次压挤型材	壁厚 2.0	O	320~450		380~420	120	208				140				21.22				
2A12	二次压挤型材		T4			495~500	20	464				288								
2A12	一次压挤棒材	φ40	T6	320~450	92.8	500 190	50 360	547				477				9.32				

※　铸造温度：730~715℃，熔炼温度750~700℃；铸造速度：55~60 mm/min，水压30~100 kPa；结晶槽高度：150 mm。

附录 4　铝合金制品的表示方法

序　号	品　种	表示方法	举　例
1	方铸锭	厚×宽	200 mm×1400 mm
2	实心圆铸锭	直径(ϕ)	ϕ800 mm
3	空心圆铸锭	外径×内径(ϕ)	ϕ360 mm×210 mm
4	板　材	厚×宽×长	200 mm×1500 mm×4000 mm
5	管　材	外径×内径(ϕ)	ϕ160 mm×152 mm
6	棒　材	直径(ϕ)	ϕ60 mm
7	型　材	专用型号	XC15-1
8	线　材	直径(ϕ)	ϕ2.5 mm
9	箔　材	厚×宽	0.0075 mm×300 mm
10	锻　件	专用型号	K3

附录 5　铝合金制品的状态代号

序　号	名　称	原代号	新代号
1	退火(闷火)	M	O
2	固溶处理状态(淬火)	C	W
3	固溶处理后自然时效至基本稳定状态	CZ	T4
4	固溶处理后又进行人工时效状态	CS	T6
5	硬状态	Y	H×8
6	3/4 硬、1/2 硬、1/3 硬、1/4 硬	Y1、Y2、Y3、Y4	H×6、H×4、H×3、H×2
7	特　硬	T	H×9
8	热加工（热轧、热挤）	R	H112 或 F

其他详细制品状态代号见 GB/T16475—1996 变形铝及铝合金状态代号

参 考 文 献

[1] 变形铝合金金相图谱编写组. 变形铝合金金相图谱[M]. 北京：冶金工业出版社，1975.

[2] 肖亚庆. 铝加工实用技术手册[M]. 北京:冶金工业出版社，2005.

[3] 毛为民. 金属材料的晶体学织构和各向异性[M]. 北京:科学出版社,2002.

[4] 屠世润,高越等. 金相原理与实践[M]. 北京:机械工业出版社.1990

[5] 王祝堂，田荣璋. 铝合金及其加工手册[M]. 长沙:中南大学出版社，2000.

[6] Mondolfo LF. Aluminium alloys structure and properties[M]. Butter Worths London-Boston，1976.

[7] Fink W L，Keller F，Sicha W E，Nock J A，JR.E.H.DIX.JR. Physical Metallurgy of Aluminium alloys[M]. American Socety for Metals Cleveland.onio，1949 :44～80，93～128.

[8] 苏北华，沈韵琪. 铝合金的微量元素[J]. 轻合金加工技术，1997，25（6）：35～37.

[9] 张坤，戴圣龙、黄敏、杨守杰、颜鸣皋. 高纯 Al-Cu-Mg-Ag 合金的时效析出行为[J].中国有色金属学报, 2007 , 17 (3):417～420.

[10] 徐祖耀.金属学原理[M].上海：上海科学技术出版社,1964：226～238,353～355,408～412.

[11] 宋维希.金属学[M]. 北京:冶金工业出版社，1980:92～100 ,110～116,177～180,200～202.

[12] 滨住松二郎.非铁金属および合金[M]. 东京:内田老鹤圃新社, 1972:109～115 ,140～162.

[13] 李学朝. 金相偏光法在变形铝合金组织研究中的应用[J]. 轻合金技术(文集) .北京: 中国工业出版社 , 1965 :229～238.

[14] УМАСКИЕ В С. 金属学物理基础[M].中国科学院金属研究所译. 上海: 上海科学技术出版社，1958 :262～299,309～366,399～413.

[15] 毛卫民 , 张新兵. 金属的再结晶与晶粒长大[M].北京: 冶金工业出版社, 1994.

[16] С.И.古布金. 金属压力加工原理[M].梁炳文译. 北京:高等教育出版社, 1956.

[17] 《轻金属材料加工手册》编写组. 轻金属材料加工手册[M].北京:冶金工业出版社 ,1980.

[18] Добаткин ВИ.Структура и Свойства Полуфабрикатов из Алюмниевых Сплавов[M] Москва Металлургия,1974.

[19] 林肇琦. 铝合金的显微组织与应力腐蚀开裂问题[J]//东北工学院金相教研室 (内部资料),1980.

[20] 高革编译. 铝合金形变热处理 [J]. 轻合金加工技术， 1979.

[21] [美].J.Wddman. 铝合金新生产工艺. 毕喜微译. 于永棣校. 轻合金加工技术, 1980:11～20.

[22] 李长明，王永海 ,梁忠华 . 2024 合金 T81 T861 T361 状态的研究[J].轻合金加工技术，1993,21(8):22～28.

[23] 中国航空材料手册编辑委员会. 中国航空材料手册, 第三卷 轻金属 [M].1981:133 ,106～110.

[24] 李学朝 . 工业纯铝箔材、LD10 合金锻件、LY12 合金型材和 LC4 合金板材热处理状态组织的电子显微镜观察 [J].东北轻合金加工厂金相室研究报告(内部资料).

[25] 李学朝. 变形铝合金中"氧化膜""白块"的电子显微镜分析. 东北轻合金加工厂金相室研究报告(内部资料),1965.

[26] 郭可信.电子衍衬金相学.中国科学院金属研究所（内部资料），1963.

[27] 金头男,尹志民,肖亚庆.LD10 合金的时效特性[J].轻合金加工技术,1996 :27～30.

[28] Добаткин В И. Газзи и Окислы в Аюмниевых Деформируемых Сплавах. Металлугия, 1976.

[29] 李学朝.国外变形铝合金制件"氧化膜"出现情况和对性能影响的调查报告 [J].东北轻合金加工厂 201 金相室研究报告(内部资料) , 1981.

[30] 李学朝.变形铝合金制件中的"氧化膜"和氢气[C] //黑龙江省金属学会.1982 年全国理化检验年会报告文集.1982.

[31] 李学朝. А Д. 工业纯铝半连续铸造铸锭中花边状组织(羽毛状晶粒)的研究[C].东北轻合金加工厂金相室研究报告(内部资料) , 1958.

[32] 张振禄等.工艺因素对羽毛晶形成的影响(1)(2) [J].轻金属,1981,10:48～51.

[33] 张振禄等.羽毛状晶对铸锭及挤压制品性能的影响[J]. 轻金属,1982(7):49～52.

[34] 李学朝,汪洋.定量金相技术[M]//中国大百科全书(矿冶).北京:中国大百科全书出版社,1984:103～105.

[35] Charlie R,Brooks. Heat Treatment Structure and Properties of Nonferrous Alloys.American society for metals.Metals Park.Ohio ,1982:115～137.

[36] 李学朝 ,陈玉珊 ,王正芳. LY12 硬铝合金的过烧[J] .理化检验 A 物理分册,上海,1982,18(5):7～12.

[37] [美]田家凯，G.S.安塞尔. 合金及显微结构设计[M].叶曾锐 ,庄毅, 陈国良, 谢锡善等译校.北京: 冶金工业出版社, 1985.

[38] 邵尉田. 低温形变热处理对 2A12 合金厚板组织和性能的影响,东北轻合金加工厂 201 试验室研究报告(内部资料),1993.

[39] 《彩色金相技术》编写组编.彩色金相技术[M].北京: 国防工业出版社,1991.

[40] Коваленко.金相显示剂手册[M].北京:国防工业出版社. 1983.

[41] Zlatko Kampus, Blaz Nard. in Improving workability in ironing. Journal of Materials Processing Technology ,2002,130:64～68.

[42] Warmuzekb M, Mr'owkaa G , Sieniawskia J. Influence of the heat treatment on the precipitation of the intermetallic phases in commercial AlMn1FeSi alloy. Journal of Materials Processing Technology ,2004,157:624～632.

[43] Alexander D T L, Greer A L . Solid-state intermetallic phase tranformations in $3 \times \times \times$ aluminium alloys. Acta Materialia ,2002,50 :2571～2583.

[44] Tanaka , et al.. Aluminium alloy sheet for easy-open can ends having excellent corrosion resistance and age softening resistance and its production process. United States Patent，1998.

[45] Eiki usui,Tichigi, Takashi Inaba, Tochigi. Aluminium alloy sheet with good forming workability and method for manufacturing the same.Uninted States Patent,4753685,1998.

[46] Aghaie-Khafri M, Mahmudi R. Optimizing homogenization parameters for better stretch formability in an Al-Mn-Mg alloy sheet. Materials Science and Engineering , 2005, A 399 :173～180 .

[47] Sanders Jr R E , Hollinshead P A , Simielli EA .Industrial Development of Non-Heat Treatable Aluminium Alloys. Materials Forum Volume 28 - Published ,2004.

[48] Katsumi Koyama , Sachio Urayoshi，et al.. Development of Low-Earing Can Body Stock Using the 4-stand Hot Finishing Mill at the Fukui Works. Furukawa Review, 1999,No. 18.

[49] Ответственные , Редакторы ,Квасов Ф И, Фрцдляндер Р Е . Промышленные Деформируемые Спеченные и Литейные Алюминиевыесплавы.Москва Металлургия , 1972:41～48.

[50] Ответственые Редаторы ,Квасов ФИ,Фридляндер ИН. Промышленные Деформируемые

Спеченные и Литейные Алюминиевые Сплавы[М]. Москва Металлургия，1972：58～86，88～98，109～120，133～146，204～229.

[51] Шилова Е Н ，Никитаева О Г，Амбарцумин С М，Скачков Ю Н. Свойства Сплавов Системы Алюминий-Меды-Магний-Марганец. Металловедение Легких Сплавов[М]. Издательство Наук Москва，1965：6～17，57～58，78～86.

[52] Лужников Л П. Деформируемые Алюминиевые Сплавы Для Работы При Повышенных Температурах[М]. Издательства-Металлургия,1965:10～76.

[53] Ворон С М. Процессы Упрочения Сплавов Алюминий-Магний-Кремний и их Новые Промышленные Композичий. Избранные Труды по Легким Сплавам[М]. Государс-твенное Издательство Оборонной Промышленностп Москва，1957：17～82.

[54] Banerjee S, Ayra A, Das G P . Foundation of an ordered intermetallic phase from a disordered solid solution - A study using first principles calculation in Al-Li alloys. Acta Metall. 1997,45:601～609.

[55] Bird R K, Discus D L, Fridyander I N, Sandler V S . Al-Li alloy 1441 for fuselage applications.Mater. Sci. Forum , 2000,331～337: 907～912.

[56] Chen D L, Chaturvedi MC. Near-threshold fatigue crack growth behaviour of 2195 aluminium-lithium alloy-prediction of crack propagation direction and influence of stress ratio. Metall. Mater.Trans. 2000,A31: 1531～1541.

[57] Clarke E R, Gillespie P, Page F M. Heat treatments of Li/Al alloys in salt baths. In Aluminium-lithium alloys (eds) C Backer, P J Gregson, S J Harris, C J Peel (London: Ins. Metals) ,1986 , 3:159～163.

[58] Csontos A A, Starke E A. The effect of processing and microstructure development on the slip and fracture behaviour of the 2.1 wt.% Li AF/C-489 and 1.8 wt. % Li AF/C-458 Al-Li-Cu-X alloys. Metall. Mater. Trans. 2000,A31: 1965～1976.

[59] Cui J, Fu Y, Li N, Sun J, He J, Dai Y .Study on fatigue crack propagation and extrinsic toughening of an Al-Li alloy. Mater. Sci. Eng. 2000,A281: 126～131.

[60] Eswara Prasad N, Malakondaiah G，Rama Rao P. Strength differential in Al-Li alloy 8090. Mater.Sci. Eng. 1992,A150: 221～229.

[61] Fragomemi J M, Hillberry B M, Sanders T H. An investigation of the δ' particle strengthening mechanisms and microstructure for an Al-Li-Zr alloy. Aluminium-lithium alloys (eds)Thsanders,E A Starke (Birmingham: Mater. Components Eng. Publ.) ,1989, 2: 837～848.

[62] 马志新,胡捷,李往富等.层状金属复合板的研究和生产现状[J] .稀有金属,,2003,27(6):799～803.

[63] 乌曼斯基等著.金属学物理基础[M]. 中国科学院金属研究所译. 北京：科学出版社 , 1958.

[64] 刘静安. 热加工工艺对 Al-Mg-Si 系合金型材性能的影响[J],轻合金加工技术, 2002,30(2):5.

[65] Fridlyander J N, Kolobnev N I, Khokhlatova L B, Tarasenko L V, Zhegina I P.Study of the structure and properties of 1420 alloy modifications for sheets. In Aluminium alloys: Their physical and mechanical properties(eds) T Sata,T Kumai,Y Murakami (Tokyo: Japan Inst. Metals),1998,3:2055 ～2060.

[66] Gregson P J, Flower H M. Microstructural control of toughness in aluminium-lithium alloys.Acta Metall. 1985,33: 527～537.

[67] Grimes R, Davis T, Saxty H J, Fearon J E. Progress to aluminium-lithium semi-fabricated products. J. Phys. (Paris), 1987,48: c3.11~c3.24.

[68] Guvenilir A, Stock S R . High resolution computed topography and implications for fatigue crack closure modelling. Fatigue Fracture Eng. Mater. Struct. ,1998, 21: 439~450.

[69] Hales S J, Hafley R A. Texture and anisotropy in Al-Li alloy 2095 plate and near-net-shape extrusions. Mater. Sci. Eng, 1998 ,A257: 153~164.

[70] Harris S J, Noble B, Dinsdale K. Effect of composition and heat treatment on strength and fracture characteristics of Al-Li-Mg alloys. In Aluminium–lithium alloys (eds) T H Sanders, E A Starke(Warrendale, PA: Metall. Soc. AIME) ,1984 : 219~233.

[71] Jha S C, Sanders T H, Dayananda M A. Grain boundary precipitate free zones in Al–Li alloys.Acta Metall. 1987,35: 473~482.

[72] Peel C J, McDarmaid D, Evans B . Considerations of critical factors for the design of aerospace structures using current and future aluminium-lithium alloys. In Aluminium-lithium alloys-design,244 N Eswara Prasad et al. development and applications update (eds) R J Kar, S P Agrawal, W E Quist (Metals Park, Ohio:ASM Int.), 1988:315~337.

[73] Radmilovic V, Fox A G, Fisher R M, Thomas G. Lithium depletion in precipitate free zones(PFZ's) in Al-Li base alloys. Scr. Metall. 1989,23: 75~79.

[74] Sanders T H, Ludwiczak E A, Sawtell R R. The fracture behaviour of recrystalized Al-2.8%Li-0.3%Mn sheet. Mater. Sci. Eng, 1980,43: 247~260.

[75] Venkateswara Rao K T, Ritchie R O. a Mechanical properties of aluminium-lithium alloys: Part I. Fracture toughness and microstructure. Mater. Sci. Technology. 1989.

部分照片彩图

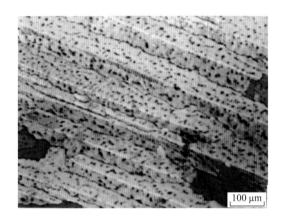

图 1-179

图 1-180

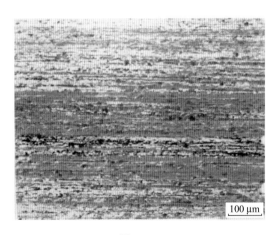

图 2-22

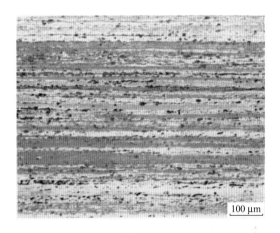

图 2-24

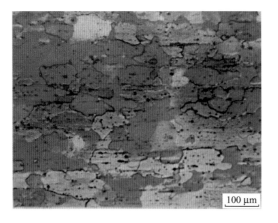

图 2-26

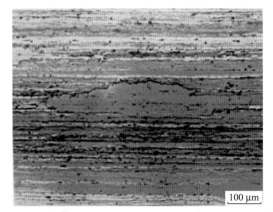

图 2-28

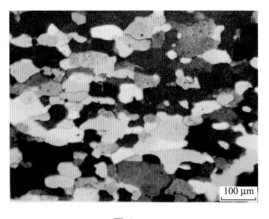

图 2-36

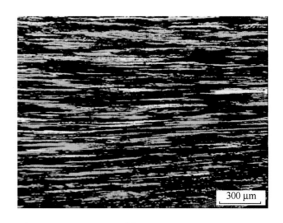

图 4-45

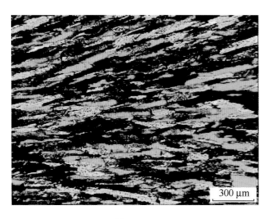

图 4-46

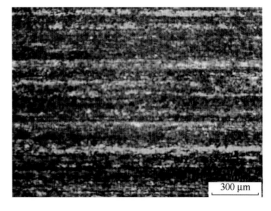

图 4-48